"十三五"江苏省高等学校重点教材

药物分离技术

吴 昊　张 洁　主编
李冰峰　主审

YAOWU
FENLI
JISHU

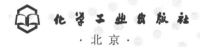

化学工业出版社

·北京·

内 容 简 介

《药物分离技术》为"十三五"江苏省高等学校重点教材，定位于高等职业教育制药类、药学类和生物技术类相关专业。本教材提供两种教学模式。主教材为模块-案例教学模式，包括药物粗提（生物材料预处理、萃取分离技术、沉淀分离技术、固液分离技术）、药物分离纯化（吸附分离技术、离子交换分离技术、色谱分离技术、膜分离技术）、药物成品化（浓缩技术、结晶技术、干燥技术）三个职业行动领域（模块），设计"基础知识""难点解答""拓展阅读""案例分析""思政与职业素养教育"等栏目，适合大多数高职院校开展教学。教材同时以二维码形式提供项目化教学模式内容，设计了发酵液中青霉素，银杏叶中黄酮，猪胰脏中胰岛素的提取、分离与纯化3个项目14个任务，具备条件的学校可以参考作为教材使用。

本书配有视频、动画以及在线开放课程（中国大学慕课平台）等丰富的数字资源；电子课件可从www.cipedu.com.cn下载参考。

图书在版编目（CIP）数据

药物分离技术/吴昊，张洁主编. —北京：化学工业
出版社，2021.7（2024.1重印）
"十三五"江苏省高等学校重点教材
ISBN 978-7-122-38885-8

Ⅰ.①药… Ⅱ.①吴… ②张… Ⅲ.①药物-分离-
高等学校-教材 Ⅳ.①TQ460.6

中国版本图书馆 CIP 数据核字（2021）第 063327 号

责任编辑：迟　蕾　李植峰　　　　　　　　文字编辑：朱雪蕊　陈小滔
责任校对：宋　夏　　　　　　　　　　　　装帧设计：王晓宇

出版发行：化学工业出版社（北京市东城区青年湖南街 13 号　邮政编码 100011）
印　　装：涿州市般润文化传播有限公司
787mm×1092mm　1/16　印张 18½　字数 477 千字　　2024 年 1 月北京第 1 版第 2 次印刷

购书咨询：010-64518888　　　　　　　　　售后服务：010-64518899
网　　址：http://www.cip.com.cn
凡购买本书，如有缺损质量问题，本社销售中心负责调换。

定　　价：59.80 元

前言

　　为深入贯彻落实国务院《国家职业教育改革实施方案》（国发〔2019〕4 号）、教育部《全国职业院校教师教学创新团队建设方案》（教师函〔2019〕4 号）、教育部《职业院校专业人才培养方案制订与实施工作的指导意见》（教职成〔2019〕13 号）等文件要求，全面推进教师、教材、教法"三教"改革，创新人才培养模式，基于工作过程和岗位职业能力导向的专业课程体系构建的要求，编者不断学习，大胆实践，积极探索，本着"知识够用，学以致用"的原则，从理论与实践两个层面，根据学校制订的教学实施计划和课程标准的要求，编写"十三五"江苏省高等学校重点教材《药物分离技术》（高职高专）。

　　教材将分离操作技术、工艺与设备有机整合，形成药物分离生产过程系统化的教学内容。考虑各院校教改和教学需求，本教材提供两种教学模式。

　　主教材为模块-案例教学模式，通过对药物生产分离工作岗位的实际工作任务和能力分析，对重要的、出现频率高的工作任务进行整合，形成典型工作任务；对典型工作任务中相近的工作任务进行集合，形成药物粗提、药物分离纯化、药物成品化三个职业行动领域（模块）。根据专业学习领域对知识的要求，将生物材料预处理、萃取分离技术、沉淀分离技术、固液分离技术设置为药物粗提领域，将吸附分离技术、离子交换分离技术、色谱分离技术、膜分离技术设置为药物分离纯化领域，将浓缩技术、结晶技术、干燥技术设置为药物成品化领域。设计"基础知识""难点解答""拓展阅读""案例分析""思政与职业素养教育"等栏目，增加新颖性和可读性，适合大多数院校开展教学。

　　教材同时以二维码形式提供项目化教学模式的内容，设计了发酵液中青霉素，银杏叶中黄酮，猪胰脏中胰岛素的提取、分离与纯化 3 个项目 14 个任务，具备条件的学校可以参考作为教材使用。

　　本书配有视频、动画以及微课等丰富的数字资源，可扫描二维码观看学习；电子课件可从 www.cipedu.com.cn 下载参考。

　　本教材具体编写分工为：徐州工业职业技术学院吴昊编写绪论、第一章、第七章和第八章以及项目化教学一；徐州工业职业技术学院刘焕编写第二章；徐州工业职业技术学院张洁编写第三章和第四章；徐州工业职业技术学院刘姗编写第五章和第十一章；常州工业职业技术学院吴玲编写第六章；徐州工业职业技术学院苏成勇编写第九章；徐州工业职业技术学院芮怀瑾编写第十章；江苏万邦生化医药股份有限公司王鹏编写项目化教学二；江苏万邦生化医药股份有限公司曹云婷编写项目化教学三。全书由吴昊统稿，南京科技职业学院李冰峰审阅全稿。

　　本书编写过程中参考了大量国内外有关书籍和文献，在此谨致以由衷的谢意！本书编写还得到了编者所在单位的大力支持和同事们的热情帮助，从而保证了编写出版工作的顺利进行，在此表示衷心的感谢！

　　由于编者水平有限，疏漏和不妥之处在所难免，恳请广大读者和同行提出宝贵意见，以便进一步修改和完善。E-mail: wuhao315425@163.com。

编者

2021.6

目录
CONTENTS

目录
CONTENTS

目录

CONTENTS

目录
CONTENTS

模块二
药物分离纯化　/ 106

目录
CONTENTS

目录
CONTENTS

目录
CONTENTS

模块三
药物成品化 / 212

目录
CONTENTS

目录
CONTENTS

绪　论

药物的研究开发、生产与应用，最重要的前提是获得所需纯度的化合物；而且制剂中的药物成分分析，也大多数要求分离纯化后才能进行分析检测。因此，分离纯化技术是药物研究、开发、生产与分析过程中的关键技术。

一、药物分离技术基础知识

1. 药物分离纯化相关的概念

我国防病治病的三大药源分别是生物药物、化学药物和中药。制药工业根据这些药源的不同将制药过程分为生物制药、化学合成制药和中药制药三大类。无论生物制药、化学合成制药，还是中药制药，都会遇到分离纯化的难题。从含有目的药物成分的混合物中，经提取、精制并加工制成高纯度的、符合药典规定的各种药品的生产技术，统称为药物分离技术。

（1）生物制药　生物药物是从动物、植物、微生物等生物体中制取的各种天然生物活性物质以及人工合成、半合成的天然物质类似物。

生物制药以生物体、生物组织或其成分为原料，采用生物学、生物化学、微生物学、免疫学、物理化学和药学等原理与方法（如酶工程技术、细胞工程技术、基因工程技术等），得到预防、诊断、治疗的生物药物。

多数生物药物的生产过程是由菌体选育-菌体培养（发酵）-预处理-浓缩-产物提取-纯化-精制等单元组成。习惯上将菌体培养以前部分称为"上游过程"，与之相应的后续过程称之为"下游过程"或"生物药物分离过程"。发酵液或反应液需要经过下游加工过程才能成为药物。从行业领域来看，生物下游技术（下游加工过程）是生物制药的重要组成部分，主要指的是生物分离纯化技术。

生物制药要走向产业化，上下游过程必须兼容、协调，以使全过程能优化进行。与上游过程相比，下游处理过程是一个多步骤、高能耗、低效率的过程。由于历史的原因，生物制药发展初期，绝大多数的投入是在上游过程的开发，而下游处理过程的研究投入要比上游过程少得多，因而下游加工过程的研究明显落后，这已成为生物制药整体优化的瓶颈，严重制约了生物制药工业的发展。因此，当务之急是要充实和强化下游加工过程的研究，以期有更多的积累和突破，使下游加工过程尽快达到和适应上游过程的技术水平和要求。

据统计，生物药物分离过程的成本占生产总成本的 60% 以上，而对于基因工程产品，下游加工的费用可占整个生产费用的 80%～90%。因此，下游技术在生物制药成本中所占比例较大，是生物制药实现产业化的关键。生物制药的下游技术主要是指目标产物的分离纯化所需要的一系列单元操作技术，其中的蒸馏、萃取、过滤、结晶、吸附和干燥属于传统的单元操作，而另一些则为后续发展的操作单元，如细胞破碎、液膜萃取、膜分离、色谱分离等。

(2) 化学合成制药 化学合成制药是以化学结构比较简单的化合物为原料，利用化学合成和物理处理过程（称全合成），或由已知具有一定基本结构的天然产物，经对化学结构进行改造和物理处理过程（称半合成）的方法，得到预防、诊断、治疗的化学合成药物。如磺胺、对乙酰氨基酚、诺氟沙星等药物属于化学合成制药。

化学药物的制备包括有机合成和分离纯化两个阶段。有机合成反应常伴有副反应，产物中除了目标产物外，还有副产物，因此，分离阶段也是化学药物制备的重要阶段。整个化学药物制备的资金支出和操作成本的 60%～80% 都用于分离阶段。

近几十年来，无论有机合成还是分离纯化技术均取得了突破性的进展。化学合成制药的分离纯化手段与生物制药有很多是类似的。

(3) 中药制药 中药制药是指以天然植物、动物和矿物为原料，利用炮制（如煎煮、烘焙等）方法与手段，得到预防、诊断、治疗的药物。

中国传统医药制备工艺仍然存在着有效成分含量低、杂质多、质量不稳定等方面的问题，临床用药大多建立在经验的基础上，不能与现代医学接轨，这就迫切需要实现中药现代化。近几十年来，中成药的生产实现了一定程度的半机械化和机械化，促进了中药工业化生产。特别是在中药材的预处理、炮制以及中药提取浸膏的方法与技术上得到改进和规范化，取得了一定的成效。

现如今，中药逐步与现代科学结合起来，实现中药现代化。中药的提取包括浸出或萃取、澄清、过滤和浓缩等许多的单元操作。浸出或萃取是其中很重要的单元操作，是大多数中药生产的起点。中药制药工艺的先进性、可行性、重现性，直接关系到中药材的利用率和后续制剂技术实施的难易，因此中药制药工艺可以视为中药生产现代化的重要环节。

无论是生物制药、化学合成制药还是中药制药，其制备分离单元操作原理是相通的。本书以生物药物分离工艺的思路来编写。

2. 生物药物分离的概念和生物药物材料的来源

(1) 生物药物分离的概念 生物药物分离是指从微生物发酵液、酶反应液或动植物组织细胞培养液中分离、纯化生物产品的过程。生物分离的目的是从生物体及其代谢产物中分离出有效活性物质。

(2) 生物药物材料的来源 生产生物药物和生物制品的主要生物资源是动物、植物、微生物的组织、器官、细胞与代谢产物（如发酵液）。其种类主要有以下几种。

① 动物脏器。以动物组织或器官为原料可制备 100 多种生物药物及生物制品。动物组织或器官的主要来源是猪，其次是牛、羊、家禽和鱼类等。

② 血液和分泌物等其他代谢物。血液中水分占 80%，干物质占 20%。血液资源丰富，可用于生产药品、生化试剂、营养食品、医用化妆品及饲料添加剂等。以动物血为原料生产的制品有凝血酶、血活素、原卟啉、血红蛋白、血红素、SOD 等。尿液、胆汁、蜂毒等分泌代谢物也是重要的生物药物材料。由尿液可制备尿激酶、激肽释放酶、蛋白抑制剂等。由胆汁可生产胆酸、胆红素等。

③ 海洋生物。海洋生物是防治常见病、多发病和疑难病的重要生物药物材料来源。用于生产生物药物的海洋生物主要有海藻、腔肠动物、鱼类、软体动物等。

④ 植物。药用植物种类繁多，除含有生物碱、强心苷、黄酮、皂苷、挥发油、树脂等有效药理成分外，还含有氨基酸、蛋白质、酶、激素、糖类、脂类等众多生化成分。由植物材料寻找有效生物药物已逐渐引起研究学者重视，被发现的活性成分的种类数量逐年增加，

如伴刀豆球蛋白、天花粉蛋白、人参多糖等。

⑤ 微生物。微生物种类繁多，资源丰富，而且由于其代时短，繁殖效率高，成为生物药物分离常用的对象。生物制药中应用的微生物主要有细菌、放线菌、真菌，其代谢产物有1300 多种，应用前景很广。以微生物为资源，除了可生产初级代谢产物（如氨基酸和维生素）外，还可用于生产许多次级代谢产物（如在抗菌治疗方面有青霉素和四环素等，在抗癌、抗真菌感染方面有丝裂霉素、灰黄霉素等）。

3. 药物分离纯化的重要性

（1）药物生产，质量第一　药物经过制剂加工形成药品，其质量的好坏直接关系到人民的身体健康和生命安危，也是衡量制药工业生产水平的重要标志之一。

（2）药物分离技术对药物质量起着非常重要的作用　药物分离过程中要克服分离步骤多、加工周期长、影响因素复杂、控制条件严格、生产过程中不确定性较大、收率低、重复性差等弊端。综合运用多种现代分离与纯化技术手段，保证药物的有效性、稳定性、均一性和纯净度，使药品质量符合国家药典标准要求。

另外，药物分离系统是一个复杂的多相系统，成分复杂，杂质含量高，有效成分浓度较低，许多生物活性药物通常很不稳定。有些药物还要求无菌操作，某些反应过程须分批进行，要求分离操作有一定的弹性。这些特点使得药物分离技术方法和设备需要达到较高的要求。

（3）药物分离技术是制药工艺的重要组成部分　分离纯化过程的成本占制药总成本的比例越来越高，分离纯化对制药生产起着决定性作用。合成药物的分离成本是合成成本的 2～3 倍，抗生素类药物的分离费用为发酵部分的 3～4 倍，新开发的基因药物和各种生物药物分离纯化费用可占整个生产费用的 80%～90%。

药物生产原料的多样性、反应过程的复杂性、药物质量要求的严格性，推动药物分离纯化技术向前发展。许多新型分离纯化技术应运而生，成为制药生产工艺的重要组成部分之一。

二、药物分离技术过程原理

前面所述生物制药、化学合成制药和中药制药制备形成的中间产物都是一类混合物，这是后续药物分离或加工的对象，因此有必要了解药物分离混合物的相关概念。

1. 药物分离混合物的来源及性质

混合物多种多样，由于混合物原料来源和反应条件不同，其特性不同，成分的差异也很大。不同特性的混合物，需要采用不同的药物分离纯化方法，选择不同的操作条件。

（1）混合物分类　根据混合物内是否有相界面存在，混合物可分为均相混合物和非均相混合物两大类。

① 均相混合物中，各组分均匀分布、相互溶解，形成单一相，如空气、溶液等。

② 非均相混合物中，各组分之间互不相溶或部分互溶，物质以不同的形态、不同的相态混合在一起，如菌悬液、油水混合液等。

（2）药物分离混合物主要来源

① 天然物质。如动物、植物及微生物等，都含有多种成分。药物生产中需向这些天然混合物中加入某些物质，如向动物的组织、药用植物中加入水或乙醇等溶剂进行浸取，以获得含有目的药物成分的混合物。一般情况下，天然物质混合物的成分比较复杂。

② 化学反应产物。经化学反应过程获得含有目的药物成分的混合物，主要包含目的产

物、副产物和未转化的反应物，可能还有催化剂、溶剂等。

③ 生物反应产物。经生物反应过程获得含有目的药物成分的混合物，主要包含目的产物、生物代谢的副产物、生物体、未被利用的培养基及其他物质。生物反应产物是一个复杂的多相混合物系统。

（3）药物分离混合物的性质　药物分离混合物的性质除了混合物中各组分的性质之外，另一个就是混合物的总体性质。大体上主要指的是物理性质、化学性质与生物学性质。具体主要有混合物的密度、黏度、熔点、沸点、两相密度差、表面张力、溶解度、分配系数、蒸气压、扩散系数、静电吸引力、亲和力等，它们是后续分离纯化的理论基础。

2. 分离纯化过程原理

（1）分离纯化系统　原料、产物、分离剂、分离装置组成了分离纯化系统。分离纯化过程的简单示意图如图 0-1 所示。分离装置有分液漏斗、离心机、超临界流体萃取仪等仪器设备，加入分离剂（如沉淀分离中加入的沉淀剂、蒸馏分离中的加热），使目标产物达到一定的纯度。

图 0-1 中所示的原料为某种混合物，产物为不同组分或相的物流。分离剂是分离过程的辅助物质或推动力，它可以是某种形式的能量，也可以是某一种物质。如蒸馏过程的分离

图 0-1　分离纯化过程示意图

剂是热能，液液萃取过程的分离剂是萃取剂，离子交换过程的分离剂是离子交换树脂。分离装置主要提供分离场所或分离介质。

原料来源的不同，对分离程度的要求不同，所选用的分离剂不同，分离装置将有很大差异。另外，对于某一混合物的分离要求，有时用一种分离方法就能完成，但大多数情况下需要用两种甚至多种分离方法才能实现。有时分离技术上可行，但经济上不一定可行，需要将几种分离技术优化组合，才能达到高效分离的目的。综上所述，对于某一混合物的分离过程，其分离工艺和设备是多种多样的。

（2）分离组分的物理、化学和生物学性质　分离纯化混合物是利用不同物质之间物理、化学或生物学性质的差异进行分离。通常用于分离的物质性质见表 0-1。

表 0-1　分离组分的物理、化学和生物学性质

物理性质	力学性质	密度、摩擦因素、表面张力、尺寸、质量
	热力学性质	熔点、沸点、临界点、蒸气压、溶解度、分配系数、吸附
	电磁性质	电导率、介电常数、迁移率、电荷、磁化率
	扩散性质	扩散系数、分子扩散速度
化学性质	热力学性质	反应平衡常数、化学吸附平衡常数、电离常数
	化学反应速率	反应速率常数
生物学性质	热力学性质	生物亲和力、生物吸附平衡
	生化反应速率	生物学反应速率常数

不同物质的物理、化学和生物学性质差异与外场能量（温度场、压力场、离心场等）可以有多种组合形式，能量的作用方式也可以有变化，因此，衍生出来的分离方法也就多种多样，如压力过滤、离心过滤等。

3. 分离方法的分类

（1）按被分离组分的性质分类

① 物理分离法。按被分离组分物理性质的差异，采用适当的物理手段进行分离，如离心分离、电磁分离。

② 化学分离法。按被分离组分化学性质的差异，通过适当的化学过程使其分离，如沉淀分离、溶剂萃取、色谱分离、选择性溶解。

③ 物理化学分离法。按被分离组分物理化学性质的差异进行分离，如蒸馏、电泳、膜分离。

（2）按分离过程的本质分类

① 平衡分离法。平衡分离法为利用外加能量或分离剂，使原混合物体系形成新的相界面，利用互不相溶的两相界面上的平衡关系使均相混合物得以分离的方法。如溶剂萃取过程中，向含有待分离溶质的均相水溶液中加入有机溶剂（一般含有萃取剂）形成互不相溶的有机相-水相两相体系，利用溶质在两相中分配系数的差异，平衡后，目标溶质进入有机相，共存溶质留在水相。

② 差速分离法。差速分离法是一种利用外加能量，强化特殊梯度场（重力梯度、压力梯度、温度梯度、浓度梯度、电位梯度等）的分离过程，主要用于非均相混合物分离的方法。

当样品为固体和液体，或固体和气体，或液体和气体的非均相混合物时，可利用力学的能量（如重力或压力）进行分离。如液固混合物，当固体颗粒足够大，在重力场中放置较短时间可自然沉淀而分离；当固体颗粒很小、颗粒密度也不高时，颗粒下沉速度会很慢，这时就需要外加离心力场，甚至外加高速或超速离心力场，或采用过滤材料等形成不同物质移动的速度差，从而实现分离。

③ 反应分离法。反应分离法是一种利用外加能量或化学试剂，促进化学反应达到分离的方法。

4. 分离纯化方法的评价

通常以分离因子（因数、系数或度）、回收率、富集倍数、纯化倍数、纯度等参数对分离方法加以评价。但在实际使用过程中，还需考虑更多的问题，如设备成本、有无环境污染、使用成本、对被分离物质是否有破坏等。

（1）分离因子（因数、系数或度）　分离因子表示两种物质被分离的程度，它是指分离后 A、B 物质的总量与分离前 A、B 物质的总量之比值，也是 A 物质和 B 物质的回收率之比。假设 A 为目标分离组分，B 为共存组分，则 A 对 B 的分离因子 $S_{A,B}$ 定义为：

$$S_{A,B} = \frac{M_{A2}/M_{B2}}{M_{A1}/M_{B1}} = \frac{c_{A2}/c_{B2}}{c_{A1}/c_{B1}}$$

$$= \frac{M_{A2}/M_{A1}}{M_{B2}/M_{B1}} = \frac{c_{A2}/c_{A1}}{c_{B2}/c_{B1}} = \frac{R_A}{R_B}$$

式中　M_{A2}——分离后 A 组分物质的量；

c_{A2}——分离后 A 组分的物质的量浓度；

M_{A1}——分离前 A 组分物质的量；

c_{A1}——分离前 A 组分的物质的量浓度；

M_{B2}——分离后 B 组分物质的量；

c_{B2}——分离后 B 组分的物质的量浓度；

M_{B1}——分离前 B 组分物质的量；

c_{B1}——分离前 B 组分的物质的量浓度；

R_A——A 组分的回收率；

R_B——B 组分的回收率。

从式中可知，分离因子既与分离前样品中 A 与 B 的比例相关，也与分离后二者的比例相关。分离因子的数值越大，分离效果越好。

(2) 分离过程回收率 药物分离过程回收率是分离中的一个重要评价指标，它反映的是被分离物在分离过程中损失量的多少，分离回收过程见图 0-2。药物分离纯化过程回收率包括单步操作回收率和总回收率。单步操作回收率是指分离操作后目标产物的总量（M_2）与操作前目标产物总量（M_1）百分比。公式表示如下：

$$R = \frac{M_2}{M_1} \times 100\%$$

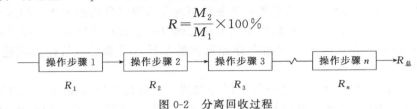

图 0-2 分离回收过程

总回收率是指经分离纯化得到的最终产物的总量与初始原料中产物的总量的百分比；总回收率等于各步操作的回收率（R_1、R_2、R_3、…、R_n）的乘积，用公式表示如下：

$$R_{总} = R_1 \times R_2 \times R_3 \times \cdots \times R_n \times 100\%$$

例如，某个活性物质经历三个分离操作步骤，各步骤回收率均是 90%，则 $R_{总} = 0.9 \times 0.9 \times 0.9 \times 100\% = 72.9\%$。可见分离步骤越多，回收率越低，而且分离步骤多，设备投入大，物资消耗大，生产周期长。但是分离步骤过少，则影响分离效果，达不到分离的要求。

(3) 富集倍数 富集是分析分离中的概念，是指通过分离将目标组分在样品中的摩尔分数提高的一个过程，反过来说就是基体组分摩尔分数减少的过程。富集操作过程分离出的目标组分比例越高或基体组分比例越低，则富集后的样品中目标组分的摩尔分数越大。富集倍数定义为富集后目标组分的回收率和基体组分的回收率之比，即：

$$富集倍数 = \frac{目标组分的回收率}{基体组分的回收率}$$

富集的对象通常都是含量在百万分之几以下的微量和痕量组分，对富集倍数的大小依据样品中组分的最初含量和后续分析方法中所用检测技术灵敏度的高低而定。高灵敏度和高选择性的测定方法有时不仅无需富集，相反还要将样品进行适当的稀释。高效和高选择性的分离技术可以达到数万倍甚至数十万倍的富集倍数。

(4) 纯度 纯度是用来表示纯化产物主成分含量高低或所含杂质多少的一个概念，是分离效果的一个重要评判指标。纯度是相对的，不是绝对的。纯度越高，则纯化操作成本越高。物质的用途不同，对纯度的要求也不同。

(5) 纯化倍数 纯化倍数是指操作后纯度与操作前纯度之比。单步纯化倍数高低取决于所采用的纯化方法和纯化效果。总纯化倍数高低取决于目的产物含量比例和纯化效果。

纯化倍数与回收率在一定范围内呈负相关，总纯化倍数越高，需要的分离纯化步骤就越多，则总回收率越低。在制药生产中，要综合考虑纯度的要求、回收率与分离操作成本等各方面因素，寻求合理的分离操作工艺。

 疑难解答

浓缩、富集和纯化有什么区别与联系？

富集是指通过分离使目标组分在某空间区域的浓度增大的过程。浓缩是指将溶剂部分分离，使溶质浓度提高的过程。纯化是指通过分离使某种物质的纯度提高的过程。可根据目标组分在原始溶液中的摩尔分数的不同进行区分，一般来说，富集中被分离目标组分的摩尔分数小于 0.1，浓缩介于 0.1～0.9，纯化大于 0.9。

三、药物分离与纯化工艺过程

1. 药物分离与纯化过程的特点

绝大多数药物分离与纯化方法来源于化学品的分离方法，大约 80% 的化工分离方法可应用于药物分离技术中。药物不同于一般的工业产品，其生产必须执行《药品生产质量管理规范》（GMP）。药物的特殊性使得药物分离过程与一般化工分离过程存在着明显的差异，生物药物分离一般比化工分离难度大。

（1）药物种类繁多，性质差异较大，混合物复杂多样　目前世界上有药物 2 万余种。我国目前有中药制剂 5100 多种，西药制剂 4000 多种，共有各种药物制剂近万种，中药材 5000 余种。根据不同药品种类和来源，选择适宜的分离技术手段和方法。

（2）混合物中待分离的目的药物成分含量低，分离步骤多，收率低　例如发酵液中抗生素的质量分数为 1%～3%、酶为 0.1%～0.5%、维生素 B_{12} 为 0.002%～0.005%、胰岛素不超过 0.02%、单克隆抗体不超过 0.0001%，而杂质含量却很高，并且杂质往往与目的药物成分有相似的结构，从而加大了分离的难度。因此，分离过程需要多种方法联合使用，使有效成分的含量不断提高。

药物从研发到生产，分离过程在处理量上的差别很大，小到含量为 10^{-6}g（微克）级用以鉴定，大到生产的吨级纯化。

（3）药物成分的稳定性通常较差　药物成分中，特别是生物活性物质对温度、酸碱度都十分敏感，遇热或使用某些化学试剂会造成失活或分解，使分离纯化方法的选择受到很大限制。因此需要采用适当的分离方法和条件，以保证产品的稳定性。如青霉素发酵液在整个分离纯化过程中，温度始终控制在 10℃ 以下。

（4）药物分离操作严格　某些药物在分离与纯化过程中要求无菌操作。对于基因工程产品，还应注意药物生物安全问题，即在密闭环境下操作，防止因生物体扩散对环境造成危害。

（5）药物质量要求高　药物生产要求质量第一，确保药物的安全有效、稳定均一，才能达到防病治病、保护健康的目的。如果在质量上不严格要求，就会对患者造成危害，形成各种药源性疾病。

药物的质量必须达到国家的标准，生产环境需要达到一定的洁净度，防止环境对产品的污染。依据国家药品标准，药品只有合格品与不合格品，所有不合格药品不准出厂，不准销售，不准使用。

2. 药物分离与纯化的一般工艺过程

药物的品种多，原料来源广泛，反应过程多种多样，使其生成的含有目的药物成分的混合物组成复杂，分离与纯化工艺及设备也各不相同。按药物生产的过程划分，分离与纯化工艺过程可划分为四个阶段，即生物原材料预处理、初步分离、分离纯化与成品（化）加工。其一般工艺过程如图 0-3 所示。

（1）生物原材料预处理　生物原材料预处理是药物分离操作的先前步骤。利用凝聚、絮凝、沉淀等技术，除去部分杂质，改变流体特性，以利于后续的固液分离；经离心分离、膜分离等固液分离操作后，分别获得固相和液相。若目的药物成分存在于固相（如胞内产物），则将收集的固相（如细胞）进行破碎和碎片的分离，最终使目的药物成分存在于液相中，便

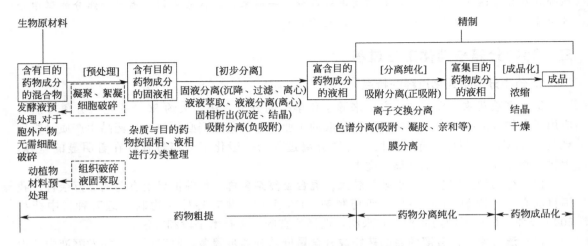

图 0-3 药物分离与纯化的一般工艺过程

于下一步的提取分离操作。

（2）初步分离 初步分离是药物分离操作的前期步骤。利用过滤、萃取、吸附等分离技术进行提取操作，除去与产物性质差异较大的杂质，提高目的药物成分的浓度，为下一步的分离纯化操作奠定基础。

（3）分离纯化 分离纯化是药物分离操作的关键步骤。采用离子交换分离、色谱分离、膜分离等对产物有较高选择性的纯化技术，除去与目的药物成分性质相近的杂质，达到富集药物的目的。

（4）成品（化）加工 成品（化）加工是药物分离操作的后期步骤。根据药品应用的要求和国家药典的质量标准，药物分离纯化后还需进行无菌过滤和去热原、浓缩、结晶、干燥、造粒、分级过筛等成品加工操作，经检验合格后包装，完成生产过程。

总体来说，药物分离过程可分为三部分即药物粗提、分离纯化和成品化，通常将分离纯化和成品化统称为精制。各个分离阶段包含有多种分离方法和手段，其中一些分离方法既可用于粗提阶段，又可用于精制阶段，例如过滤、离心、吸附等分离方法。

3. 药物分离纯化技术的发展趋势

药物生产中反应生成的混合物成分越来越复杂，药物质量要求不断提高，人们的环保和节能意识进一步增强，这些都对药物分离纯化技术提出了越来越高的要求。传统分离技术逐步提高和完善，多种新型分离技术得到开发，各种分离纯化技术相互交叉和渗透。

（1）传统分离技术的提高和完善 随着新材料的开发、加工制造手段的提高、各种分离技术的耦合，传统分离技术得到了不断的提高和完善，并赋予传统分离技术新的内涵。如精馏、吸收中采用新型材料制造填料以及填料形状的改进，都使得精馏、吸收的效率有了较大的提高；各种新型高效过滤机械和萃取机械的研制成功，提高了产品的收率和生产效率。

（2）新型分离与纯化技术的研究和开发

① 新型分离介质的研究开发。纵观膜技术发展历史，几乎每十年一项新的膜分离技术就被研究和开发，如微滤、透析、电渗析、反渗透、超滤、气体分离膜、渗透汽化等。膜材料和膜制造工艺是技术关键，只有开发研制出性能良好、价格低廉的膜，才能不断提高已经工业化的膜分离技术的应用水平，拓展应用范围，有效实现实验室向工业化的转化，开拓出

一些新型的膜分离技术。

最早的离子交换剂是天然物质（如沸石）。随着化学工业的发展，合成高分子离子交换树脂的生产工艺水平不断提高，新型离子交换树脂材料不断被开发应用，如大网格树脂、分离纯化蛋白质的离子交换剂等。离子交换分离技术在制药工业中已广泛应用于水处理、抗生素的分离、中药的提取分离、蛋白质的分离纯化等生产中。

近年来，色谱分离技术正逐渐从实验室应用走向工业规模，其关键是提高色谱介质的机械强度、研制适于大规模分离的色谱介质、开发各种新型高选择性固定相。新型色谱分离技术成功放大应用，为制药工业提供了分离效率高、使用方便、用途广泛的分离技术。

② 各种分离与纯化技术的耦合与融合。各种分离与纯化技术之间是可以相互结合、相互交叉、相互渗透的，并显示出良好的分离性能和发展前景。如将蒸馏技术与其他分离技术结合，形成膜蒸馏、萃取蒸馏等新型分离技术；将反应和精馏耦合，形成反应精馏技术；将亲和技术与其他分离技术结合，形成亲和色谱、亲和过滤、亲和膜分离等新型分离技术。这些融合的分离技术具有较高的选择性和分离效率。

③ 其他新型分离与纯化技术。如双水相萃取、超临界流体萃取、反胶团萃取等新型分离技术，在制药工业中应用较广泛。双水相萃取技术用于生物物质如酶、蛋白质、细胞器和菌体碎片的分离；超临界流体萃取技术在天然物质有效成分的提取方面应用较多；反胶团萃取分离技术已在溶菌酶、细胞色素 c 等药物的生产中应用。

电泳分离技术经过半个多世纪的发展，特别是电泳技术原理的不断扩展，电泳仪器和检测手段不断完善，使之成为实验室中强有力的分析、鉴定和分离技术，并从实验室应用逐渐扩大到制备规模，如胶体粒子、蛋白质、氨基酸、病毒等的分离。另外，将电泳原理与其他分离技术原理相结合，还将开发研制出许多其他新型电泳分离技术。

总结归纳

本章知识点思维导图

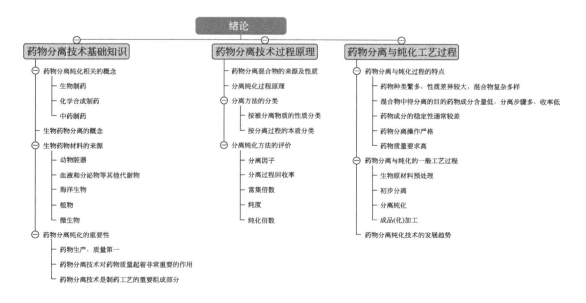

拓展阅读

生物药物分离纯化：难跑的最后一棒

注射疫苗出现副作用，使用血液制品感染疾病，热销的生物制品紧急召回……这样的消息接连见诸报端。出现上述问题的背后，可能都是生物分离纯化技术不过关在"捣鬼"。

生物制药对纯度要求颇高，需要通过生物分离纯化技术将有害物质或杂质去除，但又不能破坏目标产物的活性，其过程十分复杂。包括生物制药在内的生物技术各相关产业流程，到最后都绕不过分离纯化这一步。

业内人士更是形象地将分离纯化技术，比作为生物医药技术产业化的"最后一棒"，而跑过的人都知道这一棒的艰难程度。

一、不可替代的产业角色

根据业内人士的共识，生物技术有所谓的上、下游之分。习惯上，把由生物学家从事的工作，包括分子生物学、生物化学、生物物理学以及遗传、育种、细胞培养、代谢等的研究划分为上游技术，而把生物技术初级制品的进一步分离、纯化、精制，进而制成最终产品的过程统称为下游技术。因此，生物分离纯化技术常常被称作生物技术的下游工程。

从工业流程上来看，分离纯化技术也是距离终端产品最近的关键一步。

在生物技术科研和生产过程中，存在着大量的蛋白质、多肽和核酸等生物大分子的分析、分离和纯化工作，需要高效快速的分析、分离和制备方法。

而生物分离纯化技术又有别于传统的化学分离方法。与化学方法相比，生物分离纯化要保持生物分子的活性，通常需要低温、特定的酸碱度、渗透压等。化学分离法通常利用物质挥发度的不同，通过加热来分离，比如蒸馏、精馏；但对于生物分子，例如蛋白质，通过加热就容易失去活性，所以传统化工方法往往不适用于具有生物活性产物的分离纯化。因此，生物分离纯化技术是不可替代的产业角色。

在生物制品的生产流程中，分离纯化成本一般占总成本的60％以上，主要是因为分离过程中的选择性不高，有效成分损失多。对于一些最终产物纯度要求高的产品，分离步骤越多，产物的最终收率越低。

特别是用于临床的生物医药产品，不仅要达到很高的纯度，而且还要在分离过程中最大限度地保持其生物活性，因为一旦失活，不仅失效，甚至可能产生有毒有害物质。某些不合格疫苗等生物制品在人体出现副作用，其背后往往存在生产企业生物分离纯化技术不过关的问题。

二、令人又爱又怵

目前很多学生非常愿意学习生物分离纯化技术，甚至从其他专业"投奔"过来，认为产业需求大，很多企业都需要这方面人才，毕业好找工作。

而与此形成鲜明对比的是，国内长期在这一领域从事研究的学者却并不多。有别于大多数基础科学研究，生物分离纯化技术的应用性很强，需要产业实践来检验，很难出理论成果，也不容易在国际一流期刊上发表论文。除此以外，该领域的科研人员还需要直面来自企业的压力，花了真金白银的企业不会在乎学者发了多少文章，而是看能不能解决产业化问题。因此，研究者对于从事生物分离纯化技术研究的矛盾心理也就不难理解了。

那么，生物分离纯化技术到底难在哪？

生物活性物质对外界很敏感，具有天生的不稳定性，对分离条件要求高，从而限制了分离的手段，而同时其分离和纯化又是一个非常复杂的过程。例如，生物合成的发酵液或反应液是很复杂的多相体系。它含有微生物细胞、细胞碎片、代谢产物、未用完的培养基等，杂质含量较高，而目标产物的浓度却非常低，常常不到百分之一甚至千分之一；有的杂质还具有与产物非常相似的化学结构及理化性能，很难去除；目标产物具有生理活性物质，极不稳定，遇热或遇某些化学试剂极易失活或分解，还容易受到环境微生物的污染，因此常常要求在无菌条件下进行分离纯化。

三、受制于人的局面必须打破

生物分离纯化的复杂性，直接导致了其工艺流程长、需要的设备多、对原材料要求高等特点。

而在生物分离纯化领域，我国生物产业却面临着受制于国外厂商的尴尬局面。有些设备和原材料看似简单，但对精度和 GMP 符合程度的要求很高，国内还不能生产，只能从国外进口。例如色谱柱，国内产品精度和强度能达到生物制药生产要求的很难找到；再比如分离介质，进口产品在国内的售价要比在原产国高出 50%～100%。

这意味着我国具有战略意义的生物产业，其命脉却掌握在别国手中。长期以来我国生物分离纯化关键技术、设备和部分原材料依靠国外引进，这是发展阶段所决定的，但我们若想实现生物技术新产品的创制，就必须打破这一局面。

四、产业发展建议

应加强生物分离纯化技术的基础研究，因为基础科学是原动力，而如何在复杂系统中分离生物产品，其中某些科学规律还有待研究揭示。

很多专家学者认为，要想攻克在设备和原材料方面的难题，必须重视分离介质。应针对特定的产品开发高选择性的分离纯化介质，从而缩短分离流程，提高产品得率。这需要材料学、化学、生物技术及化学工程等各学科的紧密合作，并与终端市场需求、生产企业需求紧密结合。

另外，还需依靠有技术优势的中小企业来开发，但这些企业又因规模小不受重视。国家在选择扶持对象时，应该更多关注专于某个细分领域的小企业，这样的企业非常重要，没有它们，现代化的生物技术产业链就无法建立，这些小公司不该被忽视。

五、产业化长跑不能倒在冲刺阶段

科技产品从基础研究到投放市场，会经历漫长的过程。如果把这比作长跑，那生物技术产业化就是马拉松。

当前业内人士无不感慨生物产业的煎熬，多少品种在中试阶段表现良好，结果一放大生产就功亏一篑。而生物分离纯化正是产业化冲刺阶段的关键技术。

人们常说，不要输在起跑线上。经过近些年的努力，我国在生物医药技术基础研究上的成果可谓丰硕，已成为在国际顶级期刊上发表论文的常客。而在距离产业化最近的生物分离纯化阶段，我们同样需要合作共同攻坚，要吸引更多优秀学者从事于生物产业。

生物药物分离纯化过程复杂，涉及多种设备和原材料，其中有些虽然附加值高，但由于用量低，并且技术要求高，对于习惯生产低端大宗工业品的企业不具吸引力，还需依靠有技术优势的中小企业来开发。但这些企业往往规模小，抗风险能力差，一个订单被国外抢走就可能倒闭。

它们就像机器上的一颗颗螺丝钉，易被忽视但又不可或缺。它们期盼扶持政策的甘霖。国家应当鼓励更多的中小企业专于某一细分领域，给起跑不久的它们推上一把，这样，生物医药产业的整体才能尽早抵达终点。

来源：王庆．药物分离纯化：难跑的最后一帮 [N]．工人日报，2013-05-03（006）.

? 复习与练习题

1. 根据你的理解，用自己的语言阐述分离与分析两个概念的区别与联系。
2. 阐述浓缩、富集和纯化三个概念的差异与联系。
3. 回收率、分离因子、富集倍数和纯化倍数有什么区别和联系？
4. 简述制药分离与纯化过程的特点。
5. 列举一个日常生活中你认为尚未很好解决的分离问题，如果这个分离问题得以解决，人们的生活质量将会明显改善。

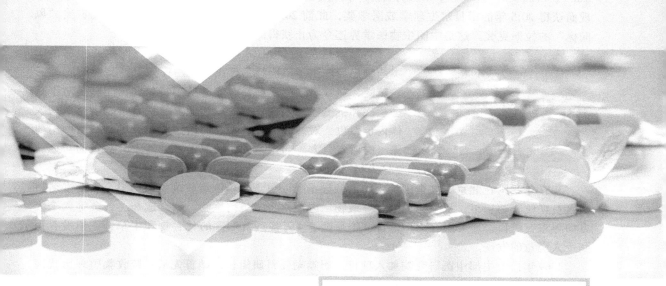

模块一

药物粗提

思政与职业素养教育

◎ 青蒿素的发现过程—— 中国第一个获得诺贝尔生理奖或医学奖的科学家屠呦呦

2015 年诺贝尔生理学或医学奖被授予美国、日本和中国的三位科学家—— 美国科学家 William C. Campbell、日本科学家大村智和中国科学家屠呦呦。中国科学家屠呦呦是因青蒿素的发现而获得 2015 年的诺贝尔生理学或医学奖，此前 2011 年 9 月，她曾获得被誉为诺贝尔奖"风向标"的拉斯克奖。这是中国生物医学界迄今为止获得的世界最高级大奖。

青蒿素是在 20 世纪 60 年代被发现的，那时疟原虫对奎宁类药物已经产生了抗药性，严重影响治疗效果。青蒿素是继乙氨嘧啶、氯喹、伯喹之后最有效的抗疟特效药，尤其是对于脑型疟疾和抗氯喹疟疾，具有速效和低毒的特点，能迅速消灭人体内疟原虫，对恶性疟疾有很好的治疗效果。屠呦呦受中国典籍《肘后备急方》启发，成功提取出了青蒿素，被誉为"拯救 2 亿人口"的发现。

1967 年我国在北京成立全国疟疾防治领导小组，数十个单位组成攻关协作组， 500 多名科研人员在统一部署下，从生药、中药提取物、方剂、奎宁类衍生物、新合成药、针灸等六个大方向寻求突破口。研究组在 1967～1969 年筛选了 4 万多种抗疟疾的化合物和中草药，但没有得到令人满意的发现。

1969 年，卫生部中医研究院加入项目，屠呦呦任科研组长。她首先从系统收集整理历代医籍、本草入手，并收集地方药志及中医研究院建院以来的群众来信，寻访老大夫总结的实际经验等，汇总了植物、动物和矿物等 2000 余种内服外用方药，从中整理出一册《抗疟单验方集》，包含 640 多种草药，其中就有后来声名远扬的青蒿。不过，在药物筛选实验中，青蒿提取物对疟疾的抑制率很差，甚至还不及胡椒有效。因此，在相当长的一段时间里，青蒿并没有被引起重视。

其实中医典籍中有关青蒿的记载多有疏漏或错谬。首先，传统中药青蒿包括两个品种，学名为黄花蒿的具有抗疟作用，而学名为青蒿的没有任何抗疟作用。其次，绝大多数中药用煎熬等高温方法配制，实际上青蒿素在温度高于 60℃时就完全分解了，不可能对疟疾有任何治疗作用。

屠呦呦重新把古代文献搬了出来，一本一本地细细翻查。最后，东晋葛洪《肘后备急方》中"青蒿一握，以水二升渍，绞取汁，尽服之"几句话给了她启发，很有可能是高温破坏了青蒿的有效成分。于是改进提取方法，用沸点较低的乙醚进行实验。终于在 1971 年 10 月 4 日，第 191 次实验中，观察到青蒿提取物对疟原虫的抑制率达到了 100%！于是青蒿素终于被发现。

传统提取青蒿素的方法有冷浸提取、温浸提取、回流提取、索氏提取等，主要是为提高青蒿素的溶解性而不断进行改进。其中乙醚、石油醚是较适宜的提取介质。然而传统有机溶剂提取青蒿素虽然工艺路线成熟，但需要经过多次萃取浓缩，因此造成操作困难、精制困难、环境污染等问题，受到较大的限制。现代采用超临界 CO_2 萃取技术和双水相萃取技术提取青蒿素，可提高萃取效率。

屠呦呦的事迹给我们很多启迪： 1. 我国是科技大国、科技强国，我国科学家在很多领域取得了令世人瞩目的成就； 2. 中医药是文化瑰宝，我们应有足够的文化自信； 3. 科学研究需要人们巨大的奉献与付出，需要坚韧和执着，创新与辛勤是相辅相成的。

第一章　生物材料预处理

生物材料包含范围比较广，一般可分为微生物、植物和动物材料。微生物个体较小，比表面积较大，植物和动物较微生物进化高等，含有组织、器官以及细胞，因而它们的处理方法又各不相同。

生物材料预处理关键在于细胞的破碎，细胞破碎技术是胞内产物分离纯化的基础。现如今已开发了多种破碎技术和方法，破坏细胞壁和细胞膜，使细胞内的目标产物成分释放出来。为了提高细胞破碎率，有必要先了解各种微生物、动植物等生物体的细胞壁或细胞膜组成和结构。

 基础知识

一、生物细胞特征

细胞是生物体基本的结构和功能单位。已知除病毒之外的所有生物均由细胞所组成，但病毒生命活动也必须在细胞中才能体现。

细胞体形极微，在显微镜下才能看见，形状多种多样，主要由细胞膜、细胞核与细胞质构成。高等植物细胞膜外还有细胞壁，细胞质中常有质体，体内有叶绿体和液泡，以及线粒体。动物细胞无细胞壁，细胞质中常有中心体，而高等植物细胞中则无中心体。细胞有运动、营养和繁殖等机能。

二、细胞壁

细胞壁是位于细胞膜外的一层较厚、较坚韧并略具弹性的结构，其成分为黏质复合物。不同种类生物的细胞壁组成和结构不同，细菌细胞壁主要成分是肽聚糖，植物细胞壁主要包括纤维素和果胶。

三、比表面积

比表面积是指单位质量物料所具有的总面积，单位是 m^2/g。这里通常指的是固体材料，例如粉末、纤维、颗粒、片状、块状等材料的比表面积。

比表面积还有另一种定义，即面积/体积，指的是物体的表面积与体积的比值，单位 m^2/m^3 或 m^{-1}。通常微生物的比表面积用此方法表示。对球形物体来说，面积$=4\pi R^2$，体积$=\frac{4}{3}\pi R^3$，则面积/体积$=3/R$。由此可以看出，半径越小，比表面积越大。可见微生物个体小，则比表面积大，与外界环境的接触面大，从外界环境吸收营养和排出代谢废物的速度就快，所以微生物代谢旺盛。

第一节　微生物发酵液预处理

大多数微生物发酵产物存在于发酵液中，也有少数产物存在于菌体中，或发酵液和菌体中都含有。对于胞外产物，经预处理应尽可能使目的产物转移到液相，然后经固液分离除去固相；对于胞内产物，则应首先收集菌体或细胞，经细胞破碎后，目的产物进入液相，随后再将细胞碎片分离。

一、发酵液预处理目的

发酵液中有些杂质，如可溶性黏胶状物质（主要是杂蛋白）和不溶性多糖，会使发酵液的黏度提高。另外，还有些对后续操作有影响的无机离子，特别是高价金属无机离子如 Fe^{3+}、Ca^{2+}、Mg^{2+}，这些杂质在预处理时应尽量除去。因此预处理的目的主要有两个：①改变发酵液体（培养液）的物理性质，以利于固液分离，主要方法有加热、凝聚和絮凝；②去除发酵液中部分杂质，以利于后续各步操作。

二、发酵液预处理方法

1. 加热

加热是最简单和经济的预处理方法，即把发酵液（或培养液）加热到所需温度并保温适当时间。加热能使杂蛋白变性凝固，从而降低发酵液（或培养液）的黏度，使固液分离变得容易。但加热的方法只适合对热稳定的生物活性物质。

2. 凝聚和絮凝

凝聚和絮凝在预处理中常用于细小菌体或细胞、细胞的碎片以及蛋白质等胶体粒子的去除。其处理过程就是将一定的化学药剂预先投加到发酵液（或培养液）中，改变细胞、菌体和蛋白质等胶体粒子的分散状态，破坏其稳定性，使它们聚集成可分离的较大结合体，再进行分离。但是应当注意，凝聚和絮凝原理不同，其具体处理过程也是有差别的。

（1）凝聚

① 凝聚的概念和原理。凝聚是指在某些电解质作用下，破坏细胞、菌体和蛋白质等胶体粒子的分散状态，使胶体粒子聚集的过程。发酵液（或培养液）中细胞、菌体或蛋白质等胶体粒子的表面都带有同种电荷，使得这些胶体粒子之间相互排斥，保持一定距离而不互相凝聚。另外，这些胶体粒子和水有高度的亲和性，其表面很容易吸住水分，形成一层水化层从而使胶体粒子呈分散状态。在发酵液（或培养液）中加入电解质，就能中和胶体粒子的电荷，夺取胶体粒子表面的水分子，破坏其表面的水化层，从而使胶体粒子能直接碰撞而聚集起来。

② 常用的凝聚剂。凝聚剂主要是一些无机类电解质。由于大部分待处理的物质带负电荷（如细胞或菌体），因此工业上常用的凝聚剂大多为阳离子型，可分为无机盐类和金属氧化物类。常用的无机盐类凝聚剂有 $Al_2(SO_4)_3 \cdot H_2O$（明矾）、$AlCl_3 \cdot 6H_2O$、$FeCl_3$、$ZnSO_4$、$MgCO_3$ 等；常用的金属氧化物类凝聚剂有 $Al(OH)_3$、Fe_3O_4、$Ca(OH)_2$ 或 CaO 等。阳离子对带负电荷的胶粒凝聚能力的次序为：$Al^{3+} > Fe^{3+} > H^+ > Ca^{2+} > Mg^{2+} > K^+ > Na^+ > Li^+$。

（2）絮凝

① 絮凝的概念和原理。絮凝是使用絮凝剂（通常是天然或合成的分子量较大的物质）在悬浮粒子之间产生架桥作用而使胶粒形成粗大的絮凝团的过程。加入的絮凝剂通过混合、

吸附和架桥作用，把大分子连接在一起（图 1-1）。

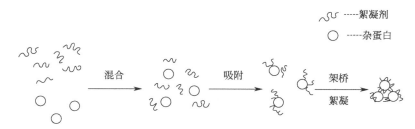

图 1-1　高分子絮凝剂作用示意图

絮凝剂一般为高分子，具有长链线状结构，容易溶于水，分子量高达数万至千万，在长长的链节上含有相当多的活性功能团，其功能团能强烈地吸附在胶粒的表面。由于一个高分子絮凝剂的长链节上含有很多的活性功能团，所以一个絮凝剂分子可分别吸附在不同颗粒的表面，从而产生架桥连接。

② 常用的絮凝剂。絮凝剂根据组成结构可分为四类，分别是天然有机高分子、人工合成有机高分子、无机高分子和生物絮凝剂。天然有机高分子有壳聚糖和葡聚糖等聚糖类。人工合成有机高分子有聚丙烯酰胺类衍生物等。无机高分子有聚合铝盐和聚合铁盐等。生物絮凝剂是近年来研究和开发的新型絮凝剂，是一类由微生物产生的具有絮凝功能的代谢物质，可以是微生物菌体，也可以是细胞代谢产物。其优点是安全、无毒和没有二次污染，缺点是使用成本较高。

絮凝剂根据活性功能团所带电性不同，可以分为阴离子型、阳离子型、两性离子型和非离子型四类。熟知的聚丙烯酰胺絮凝剂，经不同方法改性可以成为上述四种类型之一。

③ 影响絮凝的因素。影响絮凝效果的因素很多，主要是絮凝剂的分子量和种类、絮凝剂用量、溶液 pH、搅拌速度和时间等。有机高分子絮凝剂的分子量越大，链越长，吸附架桥效果就越明显。但是随分子量增大，絮凝剂在水中溶解度减少，因此分子量的选择应适当。絮凝剂的用量也是一个重要因素，当絮凝剂浓度较低时，增加用量有助于架桥充分，絮凝效果提高；但用量过多反而会引起吸附饱和，在胶粒表面上形成覆盖层而使絮凝失去与其他胶粒架桥的作用，出现胶粒再次稳定的现象，絮凝效果反而降低，造成残留在液体中的细胞含量反而增多的后果。

三、杂质的去除方法

1. 杂蛋白的去除方法

（1）沉淀

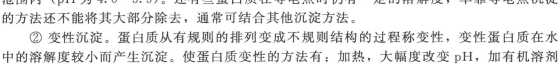

① 等电点沉淀法。蛋白质在等电点时溶解度最小，能沉淀而除去。其沉淀方法原理详见第三章第一节等电点沉淀内容。一般来说，羧基的电离度比氨基大，蛋白质的酸性性质常强于碱性，因而很多蛋白质的等电点都在酸性范围内（pH 为 4.0～5.5）。还有些蛋白质在等电点时仍有一定的溶解度，单靠等电点沉淀的方法还不能将其大部分除去，通常可结合其他沉淀方法。

② 变性沉淀。蛋白质从有规则的排列变成不规则结构的过程称变性，变性蛋白质在水中的溶解度较小而产生沉淀。使蛋白质变性的方法有：加热，大幅度改变 pH，加有机溶剂（氯仿、丙酮、乙醇等），加重金属离子（Ag^+、Cu^{2+}、Pb^{2+} 等），加有机酸（三氯乙酸、水杨酸、苦味酸、鞣酸等）以及加表面活性剂。例如，粗多糖中的杂蛋白常用 Sevage 法，

该方法是将多糖的水溶液与 Sevage 试剂（氯仿和正丁醇的比例是 4∶1 的混合溶剂）混合充分振荡，再离心去除杂蛋白，Sevage 试剂一般加入量约为溶液体积的 1/5。加有机溶剂使蛋白质变性的方法成本较高，只适用于处理量较小或浓缩的场合。

（2）吸附 利用吸附作用能有效地除去杂蛋白。在发酵液中加入一些反应剂，它们互相反应生成的沉淀物对蛋白质具吸附作用而使其凝固。例如，在枯草杆菌的碱性蛋白酶发酵液中，常利用氯化钙和磷酸盐反应生成磷酸钙沉淀物，后者不仅能吸附杂蛋白和菌体等胶状悬浮物，还能起助滤剂作用，大大加快过滤速度。

（3）生物酶解法 该方法是利用生物酶降解发酵液中的底物，例如，利用蛋白酶能够降解蛋白质的性质去除杂蛋白。

2. 不溶性多糖的去除方法

当发酵液中含有较多不溶性多糖时，黏度增大，液固分离困难，可用酶将它转化为单糖以提高过滤速度。例如，在蛋白酶发酵液中加 α-淀粉酶能将培养基中多余的淀粉水解成单糖，降低发酵液黏度，提高滤速。

3. 高价金属离子的去除方法

对成品质量影响较大的无机杂质主要有 Ca^{2+}、Mg^{2+}、Fe^{3+} 等高价金属离子，预处理中应将它们除去。

去除钙离子，常采用草酸钠或草酸，反应后生成的草酸钙在水中溶解度很小，因此能将钙离子较完全去除。生成的草酸钙沉淀还能促使杂蛋白凝固，提高过滤速度和滤液质量。

镁离子的去除也可用草酸，但草酸镁溶解度较大，故沉淀不完全。此外，还可采用磷酸盐，使其生成磷酸镁沉淀而除去。

除去二价铁离子，可使用铁氰化钾（俗称赤血盐），形成滕氏蓝沉淀。

$$3Fe^{2+}+2K_3[Fe(CN)_6]=\!=\!=Fe_3[Fe(CN)_6]_2\downarrow+6K^+$$

除去三价铁离子，可使用亚铁氰化钾（俗称黄血盐），形成普鲁士蓝沉淀。

$$4Fe^{3+}+3K_4[Fe(CN)_6]=\!=\!=Fe_4[Fe(CN)_6]_3\downarrow+12K^+$$

第二节 植物材料及其预处理

植物是地球上较为丰富的一类生物，除了能够美化环境、保护生态外，有的植物还具有一定的药用功能，我国的中药材大部分都属于植物类材料。通常将治疗、预防疾病和对人体有保健功能的植物统称为药用植物。药用植物来源比较广泛，不仅取自于大自然，还可来源于人工栽培和利用生物技术繁殖的个体及产生药物活性的植物。

一、植物细胞结构与特征

植物细胞是植物生命活动的结构与功能的基本单位，由原生质体和细胞壁两部分组成。原生质体是细胞壁内一切物质的总称，主要由细胞核和细胞质组成。在细胞质或细胞核中还有若干不同的细胞器，此外还有细胞液和后含物等，如图 1-2 所示。植物细胞的各种结构分别具有各自的功能，它们协调配合，共同完成细胞的生命活动。

细胞核多为球形，埋藏在细胞质中，外面有核膜包围，核膜内充满核液，核液中悬挂着染色质丝和核，染色质丝在细胞分裂时经多次缠绕和折叠，最后形成条状或短棒状的染色体。不同植物染色体数目不同，染色体主要功能是传递遗传信息。细胞核包括核膜、核仁、染色质和核基质四个部分，在传递遗传性状和控制细胞代谢中起着重要作用。

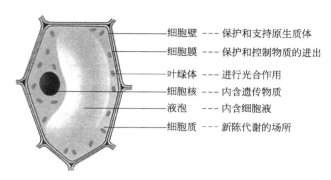

图 1-2　植物细胞结构

细胞质包括细胞基质和细胞器，经常处于运动的状态。细胞质的外表为质膜，紧贴于细胞壁。质膜有选择透过性，与控制细胞内外物质的交换、接收外界信号、调节细胞生命活动等有关。细胞器包括线粒体、质体、内质网、高尔基体、液泡、溶酶体、圆球体、微体、核糖体、微管、微丝等。其中质体是植物特有的细胞器，也是植物细胞合成代谢中最主要的细胞器。根据质体内所含的色素不同，可分为白色体、叶绿体和有色体三种。液泡具有贮藏、消化以及调节渗透等功能，由液泡膜和细胞液构成。多数分化成熟的植物细胞中，液泡约占整个细胞体积的 90%。一些原生质体代谢活动所产生的后含物，如淀粉、蛋白质、脂肪、无机盐晶体、单宁、色素、树脂、树胶、生物碱等，都存在于液泡和细胞质中。

细胞壁质地坚硬，具有保护原生质体、维持细胞一定形状的作用。

植物细胞一般较小，高等植物细胞直径通常为 $10\sim100\mu m$。其形态多种多样，常见的有圆形、椭圆形、多面体、圆柱状和纺锤状。

二、植物细胞壁结构与化学组成

植物细胞壁的结构组成如图 1-3 所示。

1. 纤维素

植物细胞壁的主要成分是多糖，其中最主要的是纤维素。它赋予植物细胞的硬度和强度，同动物细胞外基质中的胶原具有相似的作用。在细胞壁中，由 $50\sim60$ 个纤维素分子形成一束、相互平行排列、长的、坚硬的微纤维。

2. 半纤维素

半纤维素是由几种不同类型的单糖构成的异质多聚体，半纤维素木聚糖在木质组织中占总量的 50%。它结合在纤维素微纤维的表面，并且相互连接，这些纤维构成了坚硬的细胞相互连接的网络。

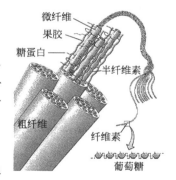

图 1-3　植物细胞壁结构

3. 果胶

果胶是由半乳糖醛酸和它的衍生物组成的多聚体。其在细胞壁中的作用主要是连接相邻细胞壁，并且形成细胞外基质，将纤维素包埋在水合胶中。

4. 木质素

木质素是由聚合的芳香醇构成的一类物质，主要位于纤维素之间，它的作用是抵抗压力。

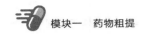

另外，糖蛋白也是植物细胞壁中的重要成分之一，占总量的 10%。其中最重要的一种糖蛋白叫伸展蛋白，这种蛋白质同其他的相关蛋白质一起，与纤维素等形成交叉网络，产生一种加固蛋白质-多糖复合物的力。

三、植物组织与器官

植物组织是指来源相同，形态、结构相似，执行共同生理机能的细胞群。根据生理功能和形态结构可分为分生组织、薄壁组织、保护组织、输导组织、机械组织、分泌组织六种。

植物器官是由多种组织有机地结合起来而构成的，能够执行特定的生理功能。一株典型的种子植物具有根、茎、叶、花、果实和种子六个器官。其中叶、茎、根称为营养器官，花、果实、种子称为生殖（繁殖）器官。很多植物器官可作为药材使用，例如，人参、当归、甘草、何首乌等植物根均为著名药材。药材杜仲、桂枝、半夏等均是植物的茎或茎的一部分。中成药夏桑菊中的桑叶、枇杷膏中的枇杷叶等均来自于植物叶。金银花、木棉花、玉米须、菊花等药材均来自于植物的花。枸杞子、八角、连翘、陈皮、决明子、罗汉果等果实与种子是人类治疗与预防疾病的重要药材。

药用植物的有效成分均存在于它们的器官中。不同药用植物富含有效成分的器官部位有可能不同。例如，银杏黄酮主要存在于银杏叶中，石榴多酚主要存在于石榴果实中，金银花绿原酸主要存在于金银花花蕾中，黄连素主要存在于黄连的根茎中。因此，可根据药用植物活性成分富集部位来选择植物材料的器官材料。

 知识拓展

我国药用植物学的发展简史

公元 1 世纪到 2 世纪的《神农本草经》，收载药物 365 种，其中有药用植物 237 种，是我国现存的第一部记载药物的专著。唐代（公元 659 年）由官方颁发的《新修本草》（习称《唐本草》），被认为是古代首部药典。最著名的古代本草著作是明朝李时珍的《本草纲目》。

四、药用植物成分

1. 药用植物成分分类

药用植物成分根据作用的功效不同可分为有效成分、辅成分和无效成分。

（1）**有效成分**　指有显著生理活性和药理作用，在临床上有一定应用价值的成分，包括生物碱、苷类、挥发油等。

（2）**辅成分**　指具有次要生理活性和药理作用的成分，有的在临床上具有一定的应用价值，有的能促进有效成分的吸收，增强疗效。如洋地黄皂苷能促进洋地黄强心苷的吸收；槟榔中的鞣质可保护槟榔碱在胃中不溶解，而到肠中才游离出来发挥疗效；大黄中的鞣质可使在泻下的同时，兼有收敛作用。

（3）**无效成分**　指无生理活性，在临床上无医疗作用的成分，如纤维、木栓、角质、黏液、色素、树脂等。

上述成分的功效对不同种类植物来说不是绝对的和固定不变的，如鞣质在地榆和五倍子中为有效成分，在大黄中为辅成分，在肉桂中为无效成分。随着人们认识的深入，原来的"无效成分"变成了有效成分，如天花粉蛋白质被发现有引产、抗癌作用。蘑菇多糖有抑制肿瘤作用，叶绿素能促使肉芽生长。

2. 药用植物的有效成分

药物植物的有效成分主要有以下几种。

（1）生物碱 是生物体内一类含氮的有机碱性化合物，具有特殊的生理活性和医疗效果。如麻黄中含有治疗哮喘的麻黄碱、莨菪中含有解痉镇痛作用的莨菪碱等。

（2）苷类物质 是由糖或糖的衍生物与非糖化合物以糖苷键方式结合而成的化合物，即糖与苷元（非糖部分）生成苷。

（3）挥发油 又称精油，是具有香气和挥发性、可随水蒸气蒸馏的油状液体。由多种化合物组成的混合物，具有生理活性，在医疗上有多方面的作用，如止咳、平喘、发汗、解表、祛痰、祛风、镇痛、抗菌等。

（4）单宁（鞣质） 是存在于植物体内的一类结构比较复杂的多元酚类化合物。例如，五倍子鞣质，具收敛、止泻、止汗作用。

（5）其他组分 如糖类、氨基酸、蛋白质、酶、有机酸、油脂、色素等。

五、植物材料预处理

药用植物活性成分的提取可使用新鲜材料，但更多的是使用经晾晒或低温烘烤干燥后的材料，因为干燥的药材易于保存和运输。药材的采集、加工和贮藏是不容忽视的问题。采集时应注意药材的真伪。我国药材种类繁多，历代本草收载的中药材已达 2000 余种，加上各地民间和习惯用药，供药用的品种有 5000 余种。常用大宗药材存在许多品种混乱的现象，虽然部分药材由野生已变为人工培养，特别是中药材的标准化栽培（GAP），品种的单一性和品质的稳定性得到一定的保证，但相当一部分药材仍主要依赖野生资源，在采集和收购中易出现混淆，特别是外形相似、同科属植物的药用部位更易混入其中。药材真伪和品质可通过性状鉴别、显微鉴别和理化鉴别等手段来保证，最好留下凭证标本和少量样品，以便日后验证。

选择药用植物材料部位视具体情况而定。对于植物药，有的是取其整体作为药用，有的只是部分器官、分泌物或其加工产物作为药用，也有不同部位作不同药用的情况。在我国中药材料的预处理和加工是消除杂质和除去无药用或药效很弱的部位，以便于后续的炮制、切片和粉碎等。目的是尽可能保留有效成分，去除无效的物质，或是将无效成分转化为有效成分，将毒性强的成分转化为毒性弱的成分。

通常选择植物材料中的器官部位或组织，先进行干燥处理，便于后续的保藏以及粉碎。

1. 粉碎目的

粉碎是指固体物料在外力的作用下，克服物料的内聚力，使大颗粒破碎成小颗粒的过程。其主要目的是降低固体物料的粒径，粉碎成规定的细度，增大比表面积。

2. 粉碎方法分类

（1）粉碎方式 根据物料的粉碎方式不同可分为干法粉碎和湿法粉碎。干法粉碎是指将药材经适当干燥，使药材中的水分降低到一定限度（含水率少于 5%）再粉碎的方法。除特殊中药外，一般药材均采用干法粉碎。干法粉碎包括混合粉碎和单独粉碎。混合粉碎是将药材适当处理后，全部或部分混合在一起粉碎。湿法粉碎是指往药材中加入适量水或其他液体并与之一起研磨粉碎的方法（即加液研磨法）。湿法粉碎一般使用磨碎或研磨设备、胶体磨。例如，实验室中的新鲜植物原料一般采用液氮研磨法。通常选用的液体是以药材遇湿不膨

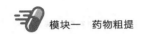

胀、两者不起变化、不妨碍药效为原则。加入的液体减少药材分子间的引力而易于粉碎。对某些有较强刺激性或毒性药物，用此法可避免粉尘飞扬。

（2）**尺寸大小**　根据被粉碎物料和成品粒度的大小，粉碎可分为粗粉碎、中粉碎、微粉碎（细粉碎）和超微粉碎四种。粗粉碎的原料粒径在 $40\sim1500mm$ 范围内，成品颗粒粒径 $5\sim50mm$；中粉碎的原料粒径在 $10\sim100mm$ 范围内，成品颗粒粒径 $5\sim10mm$；微粉碎的原料粒径在 $5\sim10mm$ 范围内，成品颗粒粒径 $100\mu m$ 以下；超微粉碎的原料粒径在 $0.5\mu m\sim5mm$ 范围内，成品颗粒粒径 $10\sim25\mu m$。

（3）**其他粉碎方法**　有些物料在低温时物料的脆性增加有利于粉碎，因此可采用低温粉碎法，适用于树脂、树胶类，含糖、黏液质较多以及中药干浸膏类药物的粉碎。

 知识拓展

粉碎方法及其分类

粉碎是破碎和磨碎的总称。破碎是用机械方法使大块固体物料变成小块的操作，磨碎是用机械方法使小块固体物料变成粉末的操作。

粉碎作业是对固体原料进行破碎，以求减小其粒度。粉碎的原理是抗拒固体的内聚力，使其分裂成细粒，从而增大固体单位体积的表面积。破碎后的颗粒，其边长与总表面积的增加成反比，即颗粒越细，边长越短，其表面积增加越大。

粉碎操作可分为干法粉碎和湿法粉碎两种。干法粉碎是指物料在粉碎过程中完全处于干燥状态，不与任何液体接触。干法粉碎主要是依赖粉碎机械的作用，物料本身一般没有任何摩擦和润滑作用。干法粉碎在粉碎过程中物料产生大量的粉尘，污染环境，危害操作人员的身体健康，长期从事干法粉碎操作可能导致"硅肺病"。另外，有些物料在粉碎过程中产生的粉末与空气中的氧气达到一定的比例时，遇火能燃烧甚至发生爆炸，例如金属铝粉、金属锌粉等都有这样的危险性。再次，某些物料不易达到预期的细度。

采用简易法生产时，最简单的粉碎方法是人力使用大锤、榔头等将物体锤碎、击破，或用石臼、石碾、石磨等器具进行粉碎。采用粉碎设备进行粉碎则效率高，产量大，可连续生产，减轻劳动强度。用于粉碎固体物料的机器设备，一般简称为粉碎机，其原理系利用挤压、撞击、剪切、研磨等作用，有时还有弯曲和撕裂等附带的作用。

第三节　动物材料及其预处理

动物来源的药物是利用动物的细胞、组织、器官以及动物的某些代谢产物为原料，从中提取有效的药用成分。动物药物含有生物活性的物质，并且有自己独特的分子空间结构。这种结构往往与功能密切相关，一旦破坏了空间结构，生物学功能也随之丧失。维持这种空间结构的力是一些非共价键作用，如氢键、范德瓦耳斯力等。这些键的作用力较弱，易受到外界因素的干扰，致使分子的空间结构被破坏而失去生物活性。因此动物药物在预处理及提取的过程中，应尽可能地避免那些物理的、化学的、生物的因素的影响，如紫外线、辐射、高温高压、剧烈搅拌、强酸强碱、重金属元素、微生物污染等。因此，动物药物在分离纯化工艺过程中，为确保有效成分的分子结构及空间结构不被破坏，应采取适当的分离纯化工艺技术。

要想制取动物药物，首先要了解动物药物在动物体内的存在部位、存在形式以及性质，从而确定后续的预处理和提取方法。

一、动物细胞结构特征

组成动物体的细胞称为动物细胞，与植物细胞大体上相同，都有细胞核、细胞质和细胞膜。但是也有不同的地方：植物细胞在细胞膜外面，有一层厚而坚硬的细胞壁，而动物细胞没有细胞壁。动物细胞大小相差比较大，卵细胞为 $100\mu m$，精细胞为 $9\sim10\mu m$，一般动物细胞直径为 $20\sim30\mu m$。

如图 1-4 所示，动物细胞没有细胞壁，液泡不明显。动物细胞的结构含有细胞膜、细胞质、溶酶体以及其他的细胞器。它们的主要作用是控制物质的进出、进行物质转换，是生命活动的主要场所，控制细胞的生命活动。

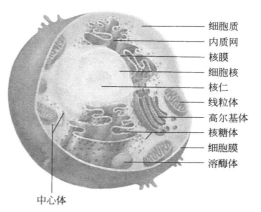

图 1-4　动物细胞立体结构图

（标注：细胞质、内质网、核膜、细胞核、核仁、线粒体、高尔基体、核糖体、细胞膜、溶酶体、中心体）

1. 细胞膜

一般来说，细胞膜的主要成分是脂质和蛋白质，其中脂质主要是磷脂，动物细胞膜的脂质中还有胆固醇，而植物细胞却不含有胆固醇。

细胞膜把细胞包裹起来，使细胞能够保持相对的稳定性，维持正常的生命活动。此外，细胞所必需的养分的吸收和代谢产物的排出都要通过细胞膜。所以，细胞膜的这种选择性地让某些分子进入或排出细胞的特性，叫作选择渗透性。这是细胞膜最基本的一种功能，如果丧失了这种功能，细胞就会死亡。

2. 细胞核

细胞核具有双层膜结构，包含有由 DNA 和蛋白质构成的染色体。

3. 内质网

内质网分为粗面的与滑面的。粗面内质网表面附有核糖体，参与蛋白质的合成和加工；滑面内质网表面没有核糖体，参与脂类合成。

4. 溶酶体

溶酶体是分解蛋白质、核酸、多糖等生物大分子的细胞器。溶酶体是具有单层膜的泡状结构，内含许多水解酶。溶酶体在细胞中的功能，是分解从外界进入到细胞内的物质，也可消化细胞自身的局部细胞质或细胞器。当细胞衰老时，其溶酶体破裂，释放出水解酶，消化整个细胞而使其死亡。

二、动物组织与器官

动物体中的活性物质存在于动物的细胞、组织、器官以及代谢产物中。因动物种类的不同，组织的不同，器官的不同以及年龄的不同，它的含量和活性也有很大的差异。生物活性物质本身在生物体内含量比较低，而且生物活性越高的成分，含量往往越低。因此动物材料的选取显得尤为重要。

动物组织是由形态相同和相似的细胞和细胞间质组成的，具有一定的形态、结构和生理功能的基本结构。动物器官是由几种不同类型的组织联合形成的，具有一定的形态特征和一定生理功能。

动物的四大组织分别是上皮组织、结缔组织、肌肉组织和神经组织。例如，小肠是一种具有消化和吸收功能的器官，由上皮组织、疏松结缔组织、平滑肌、神经组织以及血管等组织组成。这些组织分别承担着不同的生理功能。

1. 上皮组织

上皮组织覆盖于动物体的外表面或衬在体内各种管、腔及囊的内表面，具有保护、吸收、排泄、分泌、呼吸、感觉等功能。

2. 结缔组织

结缔组织广泛分布于身体各处，连接身体各种组织，具有支持、保护、吸收、营养、修复及物质运输等功能。

3. 肌肉组织

肌肉组织主要由收缩性强的肌细胞构成。主要功能是收缩，机体的各种动作、体内各脏器的活动都由它完成。

4. 神经组织

神经组织由神经元和神经胶质细胞组成。神经元是神经组织中的主要成分，具有接受刺激和传导兴奋的功能，也是神经活动的基本功能单位。神经胶质在神经组织中起着支持、保护和营养作用。

三、动物组织中的主要化学成分

1. 动物药物的药用部位

由于动物药物化学成分复杂，大多为大分子化合物，分离分析难度较植物药物大，与植物药物活性成分的研究相比远远落后。然而，由于其生物活性强、临床疗效高、含量丰富等特点，又激励人们不懈地去探索动物药物的药效物质及其开发利用前景。

动物药物的药用部位有：①动物的干燥全体，如全蝎、蜈蚣、斑蝥、土鳖虫等；②除去内脏的动物体，如蚯蚓、蛤蚧、蛇类中药等；③动物体的某一部分，如石决明、牡蛎、蛤蟆油、龟甲、鸡内金、鹿茸等；④动物的分泌物，如麝香、蟾酥等，麝香是雄体麝鹿阴囊部分泌的一种香囊干燥分泌物，蟾酥是由蟾蜍科两栖爬行动物的耳后腺及皮肤腺分泌物经加工而成；⑤动物的排泄物，如五灵脂、蚕沙等，五灵脂指的是复齿鼯鼠的干燥粪便，蚕沙是家蚕幼虫的干燥粪便；⑥动物的生理或病理产物，如蝉蜕、珍珠、牛黄、马宝等，蝉蜕是蝉科昆虫黑蚱羽化后的蜕壳，珍珠是在珍珠贝类和珠母贝类软体动物体内因内分泌作用而生成的含碳酸钙的矿物珠粒；⑦动物体某一部分的加工品，如阿胶、鹿角胶等，阿胶是用驴皮炼制出来的胶状物质，鹿角胶为鹿角加水煎熬浓缩而成的固体胶。

2. 动物药物的主要化学成分

动物组织成分复杂，有药效作用的主要化学成分有蛋白质（酶）、多肽及氨基酸类，生物碱类，多糖类，甾体类，萜类，酚、酮、酸类六大类。

（1）蛋白质（酶）、多肽及氨基酸类　蛇毒蛋白酶、蛇毒酶等蛋白质用于血栓治疗，水蛭素多肽具有抗凝血作用和溶解血栓的作用，紫河车的氨基酸提取物对白细胞减少症有一定治疗作用。

（2）生物碱类　动物药物所含生物碱有多种类型。如蛤蚧及全蝎中的肉毒碱，为氨基酸衍生物，能防止室性心律不齐；河豚卵巢中的河豚毒素，属胍类衍生物，毒性极强，阻断神经元传导作用比可卡因强 16 万倍，并有松弛肌肉痉挛、减轻晚期癌痛的作用。

（3）多糖类　动物性多糖包括单一多糖如糖原、甲壳素和不均一多糖。不均一多糖又称为酸性糖胺聚糖如硫酸软骨素、肝素等。

据现代药理研究，动物多糖具有独特的生理与药理功效。如广泛分布于动物各种组织中的肝素用于抗凝；虾、蟹等甲壳动物的外壳和昆虫体壁中的甲壳素用于抗菌抗辐射；棘皮动物糖胺聚糖具抗癌和抗凝血酶活性；鲨鱼及深海软骨鱼骨骼所含杂多糖，具有显著的肿瘤抑制作用。

（4）甾体类　甾体类化合物在药用动物中广泛分布，化学结构多样，生物活性多样，如性激素、胆汁酸、蟾毒、蜕皮素及甾体皂苷等。属于性激素或性信息素的有紫河车中的黄体酮、鹿茸中的雌酮、海狗肾中的雄甾酮等。胆汁酸有利胆、溶解胆结石、镇咳祛痰、解热、抗菌抑癌等多种功效。昆虫蜕皮素有促进人体蛋白质合成，排出体内胆甾醇，降低血脂和抑制血糖上升等作用。皂苷一般能抑制癌细胞的生长，并有抗真菌、抗辐射、增强白细胞吞噬的功能。

（5）萜类　萜类在动物中的分布广泛，结构奇特。斑蝥素为昆虫分泌的单萜类防御物质，具抗癌、抗病毒、抗真菌作用；鲨鱼肝所含鲨烯是杀菌剂，并具有抗癌活性；海绵属动物含有的环烯醚萜类成分有抗白色黏球菌作用等。

（6）酚、酮、酸类　酚、酮、酸类化合物也是动物药物中重要的活性成分。例如，海绵含有的酚类成分具有抗菌活性；麝香中的麝香酮有强心、抗炎、兴奋呼吸和中枢神经的作用；地龙（蚯蚓）中的花生四烯酸有解热作用；蜂王浆中的王浆酸有抗菌、抗肿瘤作用。

四、动物材料的选取

根据所要提取的目标成分选择适当的动物材料，要注意以下几个问题。

1. 动物材料的来源

首先不能选择珍稀保护动物，其次动物原料应丰富易得、易于加工处理、成本低廉。同时应尽可能对原材料进行综合利用、节约资源、降低成本。

2. 动物的品种与部位

尽量选择那些含有目标成分较高的动物材料为原料，如提取超氧化物歧化酶（SOD），用动物的红细胞为原料；提取胆红素，可用牛或猪的胆汁为原料，如果用羊胆汁则得率较低。

3. 动物的生长期

在动物的不同生长时期中，某些生物活性物质的含量和活性有很大的差别。如胸腺素的提取只能用幼年动物的胸腺为原料，含量较高；成年动物的胸腺腺体萎缩并且呈纤维化，胸腺素含量非常低不宜作为提取原料。另外，还要考虑季节、环境、动物营养状况等因素对生物活性物质的含量及活性的影响。

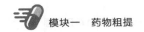

五、动物材料的采集与保存

1. 动物材料的采集

动物材料采集后必须保存新鲜，能投料时最好及时投料，不能投料则速冻保存或采用其他方法保存以防腐败变质，造成生物活性物质降解。生物活性丧失的原因一是由于生物的组织或器官离体后，细胞逐渐死亡，细胞内的溶酶体破裂释放出各种水解酶类，引起细胞组织自溶导致目标分子失活；二是由于生物组织易受微生物的污染导致目标分子失活；三是有些生物材料摘取后易受到空气中氧的作用使分子结构发生改变。此外，还要注意在摘取某些生物材料时使用的工具和容器，避免与目标分子发生化学反应。同时，原料摘取要尽量完整，如动物的胰脏采集不仅仅将胰体采出，而且要摘取胰头、胰尾，否则会造成资源的浪费。

2. 动物材料的保存

动物材料的保存应根据不同的器官组织材料以及不同的目的，采取不同的方法。对于大多数动物材料一般采用−40℃急冻后放入−20℃冷冻保存；有些特殊动物器官组织需用有机溶剂脱水或浸泡在有机溶剂中；在提取有些动物材料的某些生物活性物质时，只能用新鲜材料提取，如用胰脏提取胰蛋白酶原时，采用经过冷冻保存后的胰脏为原料，无法得到胰蛋白酶原的结晶。

六、动物材料预处理

动物材料预处理一般先去除脂肪，而后进行冷冻。动物组织如需要进行细胞破碎，常用刨削机、绞肉机、高速组织捣碎器处理，或者加石英砂研磨，少量材料可用玻璃匀浆器。经过这些处理是为了有利于下一步的抽提，还可以进一步制成丙酮粉或反复进行冻融处理等。丙酮粉法是将新鲜材料粉碎后在低于 0℃的条件下加入 5～10 倍量的低温预冷的丙酮，迅速搅拌均匀后经过滤、低温干燥和粉碎即得丙酮干粉。这是一种有效的破细胞壁（膜）的方法，又具有去除脂类物质免除脂类的干扰作用和容易保存等优点。

第四节　细胞破碎方法

一些生物活性物质在细胞培养（或发酵）过程中能分泌到细胞外的培养液（或发酵液）中。如细菌产生的碱性蛋白酶、霉菌产生的糖化酶等胞外酶，不需要预处理或经过简单预处理后就能进行固液分离，然后将获得的澄清的滤液再进一步纯化即可。但是还有许多生物活性物质位于细胞内部，在细胞培养（或发酵）过程中不能分泌到细胞外的培养液（或发酵液）中，如青霉素酰化酶、碱性磷脂酶等胞内酶，必须在固液分离以前先将细胞破碎，使细胞内产物释放到液相中，然后再进行固液分离。

细胞破碎是指选用物理、化学、酶或机械的方法来破坏细胞壁或细胞膜。通常细胞壁较坚韧，细胞膜强度较差，容易受渗透压冲击而破碎，因此破碎的阻力来自细胞壁。各种生物的细胞壁的结构和组成不完全相同，主要取决于遗传和环境等因素，因此细胞破碎的难易程度不同。

一、常见微生物细胞壁结构

1. 细菌细胞壁

根据细菌细胞壁的结构和化学组成不同，可将其分为 G^+ 细菌（即革兰氏阳性菌）与

G^-细菌（即革兰氏阴性菌）。G^+细菌的细胞壁较厚（20～80nm），但化学组成比较单一，含有90%的肽聚糖和10%的磷壁酸；G^-细菌的细胞壁较薄（10～15nm），却有多层构造（肽聚糖、脂蛋白和磷脂层等），其化学成分中除含有肽聚糖以外，还含有一定量的磷脂和蛋白质等成分。此外，两者的表面结构也有显著不同，如图1-5所示。

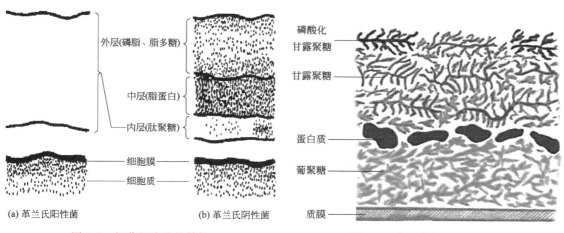

图1-5　细菌细胞壁的结构

图1-6　酵母菌细胞壁的结构

2. 酵母菌细胞壁

酵母菌细胞壁按结构划分可分为三层，内层为葡聚糖层，中间层主要由蛋白质组成，外层为甘露聚糖层，层与层之间可部分镶嵌（图1-6）。按化学组成划分，甘露聚糖约占酵母细胞壁干重的30%，β-葡聚糖约占40%，糖蛋白和几丁质约占10%，蛋白质、类脂、无机盐等其他成分约占20%。最内层的β-葡聚糖属结构多糖，与原生质体膜相连接，构成了酵母细胞壁的主要成分，功能是支撑外层甘露聚糖。

3. 霉菌细胞壁

霉菌细胞壁干重的80%由糖类组成，如几丁质、脱乙酰壳多糖、葡聚糖、纤维素、半乳聚糖等。霉菌细胞壁干重的10%是由蛋白质及糖蛋白构成，蛋白质包括负责细胞壁生长的酶、特定胞外酶和将多糖交联起来的结构蛋白。

常见微生物细胞壁的结构与组成如表1-1所示。

表 1-1　常见微生物细胞壁的结构与组成

微生物	革兰氏阳性细菌	革兰氏阴性细菌	酵母菌	霉菌
壁厚/nm	20～80	10～15	100～300	100～250
层次	单层	多层	多层	多层
主要组成	肽聚糖（40%～90%） 磷壁酸（1%～10%）	肽聚糖（5%～10%） 脂蛋白 脂多糖 磷脂（11%～22%）	葡聚糖（30%～40%） 甘露聚糖（30%） 几丁质（1%～2%） 蛋白质（6%～8%） 脂类（8.5%～13.5%）	几丁质 葡聚糖（80%～90%） 脂类 蛋白质（10%～20%）

二、细胞破碎阻力

一般来说，细胞壁的强度主要取决于细胞阻力，即细胞壁的结构与组成。一般情况下，动物细胞没有细胞壁，因而易破碎，但需要用温和的方法。微生物细胞壁成分较复杂，一般用较强方法。植物细胞较难破碎，需用中等或强度大的方法。

　　动物细胞虽没有细胞壁，但具有细胞膜，也需要一定的细胞破碎方法来破膜，达到提取产物的目的。细菌、酵母、真菌、植物细胞都有细胞壁，但因组成成分和细胞壁的网状结构不同，致使其细胞壁的坚固程度不同，总体上呈现递增态势。因而，细胞破碎时受到的细胞破碎阻力也是呈现递增长（图 1-7）。

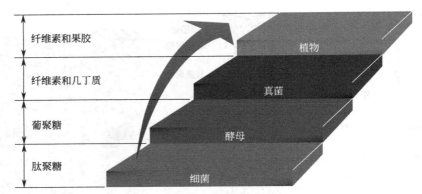

图 1-7　各类细胞破碎阻力比较

　　此外，细胞生长的条件也是影响细胞壁的合成和强度的因素。例如，生长在复合培养基中的大肠杆菌，其细胞壁要比生长在简单培养基中的强度要高。细胞壁的强度还与细胞的生长阶段有关。在对数生长期阶段的细胞壁较弱，在转入稳定生长期后细胞壁变得坚硬，这主要是胞壁酸厚度增加且交联程度得到加强所致。较高的生长速度，如连续培养，产生的细胞壁较弱；相反，较低的生长速度，如分批次培养，则细胞合成强度更高的细胞壁。

　　不同的生化物质，其稳定性也存在很大差异，在破碎过程中应防止其变性或被细胞内存在的酶水解，因此选择适宜的破碎方法十分重要。

三、细胞破碎的方法

　　根据破碎原理，细胞破碎方法可分为机械法和非机械法，非机械法又可分为物理法、化学法与生物法（酶解法）。

1. 机械法

　　机械法是指通过机械运动产生的剪切力，达到破碎组织、细胞的目的。

　　（1）研磨法　研磨法是利用研杵和研钵对细菌及植物材料进行研磨，它适用于细胞器的制备，如线粒体、溶酶体、微粒体等（图 1-8）。一些难以破碎的细胞或微生物菌体则可加一些研磨剂，如玻璃粉、石英砂、氧化铝等，破壁效果更好。

　　（2）珠磨法　珠磨法是在待研磨的物料中加入研磨珠，以达到更好的珠磨效果。上述提到的研磨法中加入研磨剂，也称之为珠磨法，即为手动珠磨法。

　　对于大规模的细胞破碎采用的是高速珠磨法，用到的设备是高速珠磨机。其原理是进入珠磨机的细胞悬浮液与极细的玻璃小珠、石英砂、氧化铝等研磨剂（直径小于 1mm）一起快速搅拌或研磨，研磨剂、珠子与细胞之间的互相剪切、碰撞，使细胞破碎，释放出内含物。在珠液分离器的协助下，珠子被滞留在破碎室内，浆液流出从而实现连续操作。破碎中产生的热量一般采用夹套冷却的方式带走。

　　（3）高速组织捣碎法　该方法使用的是固体剪切力。将材料配成稀糊状液，放置于筒内约 1/3 体积，盖紧筒盖，将调速器先拨至最慢处，开动开关后，逐步加速至所需速度（图 1-9）。此法适用于处理动物内脏组织、植物肉质种子等。为了避免发热引起酶活性的降低或丧失，常采用间歇式操作。

（4）匀浆法 匀浆法是利用液体剪切力将细胞破碎，可由玻璃匀浆器（图 1-10）或高压匀浆器（图 1-11）来实现。玻璃匀浆法是先将剪碎的组织置于管中，加入适量匀浆液，再套入研杆来回研磨，上下移动，即可将细胞研碎。匀浆器的研杆磨球和玻璃管内壁之间间隙保持在十分之几毫米距离。此法细胞破碎程度比高速组织捣碎机高，适用于量少的动物脏器组织。

図 1-8　研杆和研钵　　　　図 1-9　高速组织捣碎机　　　　图 1-10　玻璃匀浆器

高压匀浆器是由高压泵和匀浆阀组成。其原理是利用高压使细胞悬浮液通过针形阀，突然减压和高速冲击撞击环使细胞破碎，细胞悬浮液自高压室针形阀喷出时，速度高达每秒几百米，高速喷出的浆液又射到静止的撞击环上，被迫改变方向从出口管流出。细胞在这一系列高速运动过程中经历了剪切、碰撞及由高压到常压的变化，从而造成细胞破碎。高压匀浆法是大规模细胞破碎的常用方法，在工业规模的细胞破碎中，对于酵母等难破碎的或者是高浓度的细胞，可采用多次循环的操作方法。对于易造成堵塞的团状或丝状真菌、较小的革兰氏阳性菌或者是含有包含体的基因工程菌（因包含体坚硬，容易损伤匀浆阀），不宜采用高压匀浆法。

（5）X-press 法 X-press 法是在高压匀浆法基础上改进的方法（图 1-12），将浓缩的菌体悬浮液冷却至 −25℃ 形成冰晶体，利用 500MPa 以上的高压冲击，使冷冻细胞从高压阀小孔中挤出。细胞破碎是冰晶体的磨损，使包埋在冰中的微生物变形而引起的。此法主要用于实验室，具有适应各类型细胞、破碎率高、细胞碎片粉碎程度低及活性保留率高等优点，但不适应于对冷冻敏感的活性物质。

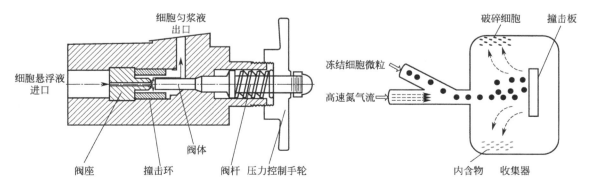

图 1-11　高压匀浆器结构示意图　　　　图 1-12　X-press 法示意图

(6) 超声波破碎法 超声波破碎法是用一定功率在超过 $15\sim20kHz$ 频率下的超声波处理细胞悬液，使细胞急剧振荡破裂（图1-13）。超声波属于机械波，对细胞的作用主要有热效应、空化效应和机械效应，其中空化效应是指在超声波的作用下，生物体内形成空泡，随着空泡振动和其猛烈的聚爆而产生出机械剪切压力和振荡，使细胞破碎。超声波破碎时的细胞浓度一般为每毫升溶液 $50\sim200mg$ 菌体，功率在 $100\sim800W$。为避免持续超声过程中产生的热量影响超声探头，常需要多次超声，一般单次超声时间不超过 10s，间隙时间最好大于超声时间，累计处理时间 $10\sim20min$，此法的缺点是在处理过程会产生大量的热，应采取相应降温措施。对热敏感的蛋白质或核酸应慎用。该方法处理量少，操作简单省时，多用于微生物和组织细胞破碎，如用大肠杆菌制备各种酶。

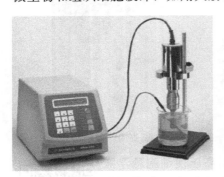
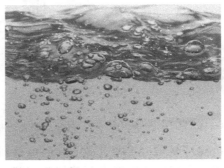

(a) 探头式超声波破碎仪　　　　　　(b) 超声波空化效应示意图

图1-13 超声波破碎法

2. 物理法

(1) 渗透压冲击法 该方法属于压力差破碎法，是较温和的一种破碎方法。将细胞放在高渗透压溶液中（如一定浓度甘油、Ca^{2+} 或蔗糖溶液），由于渗透压的作用，细胞内水分便向外渗出，细胞发生收缩，当达到平衡后，将介质快速稀释，或将细胞转入水或缓冲液中，由于渗透压的突然变化，胞外的水迅速渗入胞内，引起细胞快速膨胀而破裂。该法无特殊试剂的引入，但操作条件难以控制。

(2) 反复冻融法 该方法属于温度差破碎法。将细胞放在 $-20℃$ 低温下冷冻，然后在室温中融化，反复多次而达到破壁作用。冷冻，一方面能使细胞膜的疏水键结构破裂，从而提高细胞的亲水性能，另一方面胞内水结晶，形成冰晶粒，引起细胞膨胀而破裂。对于细胞壁较脆弱的菌体可采用此法，一般至少操作三次以上。操作简单方便，无需特殊设备。

(3) 干燥法 菌体经干燥后，细胞结合水分丧失，从而改变细胞的通透性（渗透性）。然后用丙酮、丁醇或缓冲液等溶剂处理时，胞内物质就容易被抽提出来。例如，气流干燥主要适用于酵母菌，一般在 $25\sim30℃$ 的气流中吹干，再用水、缓冲液或其他溶剂抽提时，效果较好。真空干燥适用于细菌，把干燥成块的菌体磨碎再进行抽提。冷冻干燥适用于制备不稳定的活性物质，在冷冻条件下磨成粉，再用缓冲液抽提。

3. 化学法

应用各种化学试剂与细胞壁或膜作用，改变细胞壁或膜的通透性（渗透性），从而使胞内物质有选择地渗透出来。该法取决于化学试剂的类型以及细胞壁或膜的结构与组成。

化学法破碎优点是对产物释放有一定的选择性，可使一些小分子量的溶质如多肽和较小分子的酶蛋白透过，而核酸等大分子量的物质仍滞留在胞内。此外，还具有细胞外形完整、碎片少、浆液黏度低、易于固液分离和进一步提取等优点。缺点是通用性差、时间长、效率低，一般胞内物质释放率不超过 50%，而且有些化学试剂有毒。

（1）有机溶剂 有机溶剂能分解细胞壁中的磷脂，使细胞结构破坏，胞内物质被释放出来。有机溶剂可采用丁酯、丁醇、丙酮、氯仿和甲苯等。

（2）变性剂 盐酸胍和脲是常用的变性剂。变性剂与水中氢键作用，削弱溶质分子间的疏水作用，从而使疏水性化合物溶于水溶液。

（3）表面活性剂 无论表面活性剂是阴离子、阳离子还是非离子型，都是两性的，既能和水作用也能和脂作用。表面活性剂能与细胞壁上的脂蛋白结合，形成微泡，使膜的通透性增加或溶解，促使细胞某些组分溶解，其增溶作用有助于细胞的破碎。

细胞破碎常用的表面活性剂有牛黄胆酸钠、十二烷基硫酸钠（SDS，阴离子型）以及非离子型如曲拉通（Triton X-100）和吐温（Tween）等。Triton X-100 是一种非离子型清洁剂，对疏水性物质具有很强的结合力，能结合并溶解磷脂，破坏内膜的磷脂双分子层，使某些胞内物质释放出来。

（4）酸碱试剂 酸处理可以使蛋白质水解成氨基酸，通常采用 6mol/L HCl 处理。碱也能溶解细胞壁上脂类物质或使某些组分从细胞内渗漏出来。该方法成本低，反应激烈，不具选择性。

（5）EDTA 螯合剂 EDTA 螯合剂处理 G$^-$ 细菌，对细胞壁外层有破坏作用。G$^-$ 细菌的壁外层结构通常靠二价阳离子 Ca^{2+} 或 Mg^{2+} 结合脂多糖和蛋白质来维持，一旦 EDTA 将 Ca^{2+} 或 Mg^{2+} 螯合，大量的脂多糖分子将脱落，使细胞壁外层膜出现洞穴。这些区域由内层膜的磷脂来填补，从而导致内层膜通透性的增强。

（6）抗生素试剂 某些抗生素如青霉素，能阻止细胞壁的合成。在细胞分裂阶段，致使细胞壁缺陷，胞内产物释放出来，通常在发酵过程中细胞生长的后期加入。

4. 生物法（酶解法）

酶解法是利用溶解细胞壁的酶处理菌体细胞，使细胞壁受到破坏后，再利用渗透压冲击等方法破坏细胞膜。根据酶的来源不同可分为自溶法和外加酶法。

（1）自溶法 自溶作用是利用生物体自身产生的酶来溶壁，而不需外加其他的酶。微生物在代谢过程中，大多数都能产生一种能水解细胞壁上聚合物的酶，以便生长过程继续下去。改变其生长环境（温度、pH、缓冲液），可以诱发产生过剩的这种酶或激发产生其他的自溶酶，以达到自溶目的，称为自溶作用。影响自溶过程的主要因素有温度、时间、pH、激活剂和细胞代谢途径等。微生物细胞的自溶法常采用加热法或干燥法。例如，酵母细胞的自溶需要在 45~50℃下保持 12~24h。

自溶法缺点是易引起所需蛋白质的变性，自溶后细胞悬浮液黏度增大，过滤速度下降，因而自溶法不适用于制备具有活性的核酸或活性蛋白质。

（2）外加酶法 利用外加酶处理细胞时必须根据细胞壁的结构和化学组成选择适当的酶，并确定相应的次序。例如，对酵母细胞采用酶法破碎时，先加入蛋白酶作用于蛋白质-甘露聚糖结构，使二者溶解，再加入葡聚糖酶作用于裸露的葡聚糖层，最后只剩下原生质体，这时若缓冲液的渗透压变化，则细胞膜破裂，释放出胞内产物。

溶菌酶能专一性地分解细胞壁上肽聚糖分子的 β-1,4 糖苷键，因此主要用于细菌类细胞壁的裂解。革兰氏阳性菌悬浮液中加入溶菌酶，很快就产生溶壁现象。但对于革兰氏阴性菌，单独采用溶菌酶无效果，必须与螯合剂 EDTA 一起使用。

放线菌的细胞壁结构类似于革兰氏阳性菌，以肽聚糖为主要成分，所以也能采用溶菌

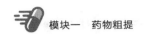

酶。酵母和真菌由于细胞壁的组分主要是纤维素、葡聚糖、几丁质等，常用蜗牛酶、纤维素酶、多糖酶等。植物细胞壁的主要成分是纤维素、半纤维素和果胶等，常采用纤维素酶、半纤维素酶和果胶酶裂解。

外加酶解法的优点是：①专一性强，能选择性地释放产物；②发生酶解的条件温和；③收率高，细胞外形较完整。缺点是：①溶酶价格高；②溶酶法通用性差（不同菌种需选择不同的酶）；③存在产物抑制作用。

四、细胞破碎效果评价

细胞破碎率定义为被破碎细胞的数量占原始细胞数量的比例，目前 N_0（原始细胞数量）和 N（经 t 时间操作后保留下来的未损害完整细胞数量）主要通过下面的方法获得。

1. 直接计数法

对破碎后的样品进行适当的稀释后，通过在血细胞计数板上用显微镜观察来实现细胞计数。有的菌体在显微镜下不好观察，可通过染色再计数。破碎率可通过以下公式来计算。

$$Y = [(N_0-N)/N_0] \times 100\%$$

N_0 和 N 不能很清楚地确定，因此这种破碎率的评价非常困难。

2. 间接计数法

间接计数法有产物测定法和导电率测定法。产物测定法是在细胞破碎后，测定悬浮液中细胞释放出来的化合物的量（如可溶性蛋白、酶等）。破碎率可通过释放出来化合物的量 R 与所有细胞的理论最大释放量 R_{max} 之比进行计算。通常的做法是将破碎后的细胞悬浮液离心分离去掉固体（完整细胞和碎片），然后对清液进行含量或活性分析。产物测定法最常测定的是蛋白质，特别是释放到基质中的酶活性，是破碎程度很好的指示参数。

导电率测定法是指细胞破碎后，大量带电荷的内含物释放到水相中，使导电率上升，通过导电率的变化判断破碎效果。

五、细胞破碎方法的选择依据

细胞破碎的方法很多，在选择时需要综合考虑细胞的数量和细胞壁的强度、产物对破碎条件（温度、化学试剂、酶等）的敏感性、破碎程度及其速率等这些因素。在实际操作中，需要从高产物释放率、低能耗（成本）以及便于后续提取分离这三个方面进行权衡。表 1-2 列出常用细胞破碎方法的特点供选择参考。

表 1-2　常用细胞破碎方法特点及其成本

分类	方法	原理及特点	效果	成本	应用
机械法	研磨法	将液氮预冻的样本放入研钵内研磨。多用于坚硬植物材料，研磨时常加入少量石英砂、玻璃粉或其他研磨剂，以提高研磨效果	适中	便宜	植物组织
	玻璃匀浆法	先将剪碎的组织置于管中，再套入研杆来回研磨，上下移动即可将细胞研碎。此法细胞破碎程度比高速组织捣碎机高，适用于量少的动物脏器组织	适中	适中	动物组织

032

续表

分类		方法	原理及特点		效果	成本	应用
机械法		高压匀浆法	利用超高压能量使样品通过狭缝瞬间释放,在剪切效应、空穴效应、碰撞效应的作用下,使细胞破碎。可连续操作,适合于处理大量样本,主要用于从微生物样本中提取蛋白质等胞内产物		剧烈	昂贵	细菌提取蛋白质,酵母
		珠磨法	细胞悬浮液与极细的研磨剂在搅拌桨作用下充分混合,珠子之间以及珠子与细胞之间的互相剪切、碰撞促进细胞裂解,释放出内含物。此方法是目前最快且一次可处理最多样品的方法。小量且多样处理效率高,具有冷却功能		剧烈	便宜	组织均质物
		超声波法	用一定功率的超声波处理细胞悬液,使细胞急剧振荡破裂。处理量少,操作简单省时,多用于微生物和组织细胞破碎,如用大肠杆菌制备各种酶		适中	便宜	细胞悬液
非机械法	物理法	反复冻融法	将细胞在−20℃以下冰冻,室温融化,反复几次,细胞内冰粒形成和剩余细胞液的盐浓度增高引起溶胀,使细胞结构破碎		温和	便宜	/
		渗透冲击	高渗溶液(蔗糖、高盐等)平衡后迅速转入低渗溶液或水中		温和	便宜	动物组织均质物或细胞悬液
	化学法	化学试剂法	细胞分为增溶法、脂溶法、酸碱处理法。某些有机溶剂(如苯、甲苯)、抗生素、表面活性剂、金属螯合剂、变性剂、酸碱等化学试剂都可以改变细胞壁或膜的通透性从而使内含物有选择地渗透出来。提取核酸时,常用此法破碎细胞	增溶法	温和	适中	动物或植物组织均质物,提取DNA
				脂溶法	适中	便宜	
				酸碱处理法	剧烈	便宜	
	生物法	酶消化法	利用各种水解酶,如溶菌酶、纤维素酶、蜗牛酶、半纤维素酶、脂肪酶等,将细胞壁分解,使细胞内含物释放出来。有些细菌对溶菌酶敏感而溶解。适用多种微生物,具有作用条件温和、内含物成分不易受到破坏、细胞壁损坏程度可以控制等优点		温和	昂贵	细菌或酵母

 ## 案例分析

一、青霉素发酵液预处理

青霉素发酵液中的杂质如高价金属离子（Fe^{3+}、Ca^{2+}、Mg^{2+}）以及杂蛋白在离子交换过程中对提炼影响很大，不利于树脂对抗生素的吸收。在用溶剂（溶媒）萃取法提取时，青霉素发酵液中蛋白质的存在会产生乳化，使溶剂（溶媒）和水相分离困难。

1. 高价离子的去除

对高价离子的去除，可采用草酸或磷酸等。

① 加草酸，草酸与钙离子生成的草酸钙还能促使蛋白质凝固以提高发酵滤液的质量。

② 加磷酸（或磷酸盐），既能降低钙离子浓度，也利于去除镁离子。

③ 加黄血盐及硫酸锌，前者有利于去除铁离子，后者有利于凝固蛋白质。

2. 蛋白质的去除

蛋白质的去除，采用絮凝剂。

为了有效地去除发酵液中的蛋白质，需加入絮凝剂，例如聚丙烯酰胺。絮凝剂是一种能

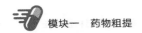

溶于水的长链高分子化合物。

二、链霉素发酵液预处理

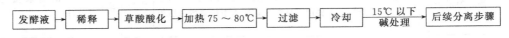

图 1-14　链霉素发酵液预处理工艺

图 1-14 是链霉素发酵液预处理工艺。发酵结束时，所产生的链霉素有一部分是与菌丝体相结合的。用酸、碱或盐短时间处理以后，与菌丝体相结合的大部分链霉素就能释放出来。首先，加水稀释发酵液，降低黏度。然后采用草酸或磷酸等酸化剂处理，以草酸效果较好，可用草酸将发酵液酸化至 pH 3 左右，直接蒸汽加热（75~80℃），维持 2min（这样能使蛋白质凝固，提高过滤速度，使得过滤速度增大 10~100 倍，滤液黏度可降低 1/6），过滤或离心分离后，迅速冷却（根据链霉素的稳定性，为了防止链霉素破坏，温度应适当降低，维持在 15℃以下）。过滤后所得的酸性滤液也可进行碱性处理，进一步除去蛋白质，或者直接用 NaOH 调 pH 值至 6.7~7.2。

原液中高价离子（Ca^{2+}、Mg^{2+}）对后续的离子交换吸附影响很大，因此必须在发酵液预处理时将这些离子除掉。草酸能将 Ca^{2+} 去除。一些配合剂如三聚磷酸钠（$Na_5P_3O_{10}$）能和 Mg^{2+} 形成络合物，减少树脂对 Mg^{2+} 的吸附。

三、生物细胞破碎

随着基因工程技术的发展，生物技术发生了质的飞跃，广泛应用于动物、植物与微生物细胞的基因重组。动物细胞培养的产物大多分泌在细胞外培养液中，微生物的代谢产物有的分泌在细胞外，也有许多是存在于细胞内部，例如大肠杆菌表达的基因工程产物、某些酶（如青霉素酰化酶、碱性磷酸酯酶等）。而植物细胞产物，多为胞内物质。为了提取胞内的蛋白质、酶、多肽和核酸等生化物质，首先必须收集细胞或菌体，进行细胞破碎。

下面以生物细胞 DNA 提取时细胞破碎为例讲解。首先是选材，通常选用 DNA 含量相对较高的生物组织。一般动物材料中选择鸡血，植物材料中选择洋葱或猕猴桃，微生物材料选择细菌或酵母菌。需要说明的是，猪属于哺乳动物，哺乳动物成熟的红细胞中没有细胞核和细胞器，因此猪血不能作为提取 DNA 的材料。

鸡血细胞极易吸水溶胀破膜，可利用渗透压冲击法达到破膜的目的。因此在鸡血细胞破碎时，在鸡血细胞中加入一定的蒸馏水，同时用玻棒沿同一个方向缓慢搅拌防止 DNA 断裂，过滤收集滤液即可。

植物细胞含有细胞壁，对细胞膜有支撑作用，不容易吸水胀破。植物细胞的破碎以洋葱为例。先将洋葱切碎，然后加入一定的洗涤剂和食盐进行充分搅拌和研磨，过滤后收集研磨液。这是利用洗涤剂中的表面活性剂溶解细胞膜，增加通透性，达到破膜的目的。食盐的作用是溶解 DNA。

从某些细菌细胞中提取质粒 DNA 时，可采用溶菌酶破细胞壁。而在破酵母细胞时，常采用蜗牛酶，将酵母细胞悬于 0.1mmol/L 柠檬酸-磷酸氢二钠缓冲液（pH5.4）中，加 1% 蜗牛酶，在 30℃ 处理 30min，即可使大部分细胞壁破裂。如同时加入 0.2% 巯基乙醇（巯基乙醇的作用是破坏多酚氧化酶的二硫键，保护酚类物质不被氧化，从而保护 DNA 不被降解），效果会更好。此法可以与研磨法联合使用。

总结归纳

本章知识点思维导图

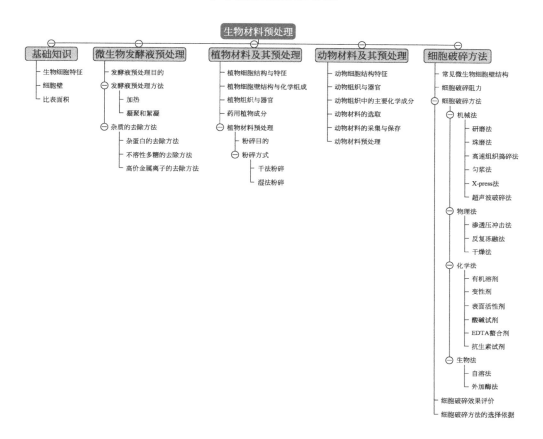

 拓展阅读

动物来源药物

我国医药学应用动物药防治疾病的历史悠久,远在几千年前就利用动物的各种器官、组织及代谢产物进行防病治病。《五十二病方》中即载有以鹿肉、鸡血及蛋卵等动物药入方剂以疗病。在中医学典籍《黄帝内经》中有处方是以动物器官及组织入药。其方药数比例之大,说明中国古代医药学家早就对动物药的应用相当重视,并对某些动物药的良好药效有所认识,如"治之以鸡矢醴,一剂知,二剂已"。在现存最早的完整药学典籍《神农本草经》已有牛黄、犀角、鹿茸、阿胶等多种动物药的记载。尤其是阿胶的应用,说明了我国在制药技术上早已用动物药为原料,进行加工、提取、精制而制成较为纯净的药剂。

在后世的历代方书和本草中亦有相当数量的动物药材记述,如明代李时珍编著的《本草纲目》收载药物 1892 种,其中有动物药 444 种,约占 1/4;现代出版的《中药大辞典》收载药物 5767 种,其中动物药有 740 种,这与现代动物生化制药学认为此类药物的作用机制,在于补充、调整、抑制、替代或纠正人体的代谢作用,有其共同之处。

当前中医临床常用的动物药约有 200 种，其中列为"细料药"的有几十种。如羚羊角、珍珠、鹿茸、琥珀、玳瑁、麝香、蛇胆、海狗肾、蛤蚧、白花蛇、海马、海龙等。因动物药往往具有独特的疗效，一般毒性低、副作用少、容易被人体吸收。因此，动物药早已成为我国医药学宝库中的重要组成部分，近年来动物药提取制剂有了一定发展，如研制出人工牛黄、"新阿胶"、犀角代用品等。

国外也就利用动物脏器防治疾病，过去由于多数制品的有效成分不明确，统称为"脏器制剂"。从 20 世纪 20 年代开始，对动物各种脏器的有效成分已有所了解，如甲状腺素及胰岛素等；40～50 年代，相继发现了肾上腺皮质激素和脑垂体激素等对机体的重要作用，使这类药物的品种日益增加。由于 60 年代以来，从生物体分离和提纯酶的技术日趋成熟，开始了酶制剂在医药上的应用。至 70 年代这类药物已增至 140 种，并日益增多。现代生化技术的发展，使从动物来源的药物大多数已能进行分离和提纯。这类药物许多为高分子物质，现在多数尚不能用合成的方法生产。中药中的动物药也是"动物生化药物"研究的重要内容，因为为数众多的动物药早已用于人体防治疾病，从中寻找有效成分，进行分离提纯是一个很好的途径。

来源：尹述凡.药物原理概论［M］.四川大学出版社，2018，04.354.

？ 复习与练习题

一、选择题

1. 植物体内的色素存在于（   ）结构中。

A. 质体和液泡　　　　　　　　　　　B. 线粒体

C. 内质网和高尔基体　　　　　　　　D. 细胞溶胶

2. 下列物质属于絮凝剂的有（   ）。

A. 石灰　　　　　　B. 硫酸亚铁　　　　　C. 明矾　　　　　　D. 聚丙烯酰胺

3. 从动物细胞提取酶时采用的破碎方法是（   ）。

A. 溶菌酶　　　　　　B. 化学溶剂　　　　　C. 高温裂解　　　　　D. 研磨法

4. 下列（   ）微生物的细胞壁最容易破碎。

A. 真菌　　　　　　B. 革兰氏阴性细菌　C. 革兰氏阳性细菌　D. 酵母菌

5. 下列（   ）方法属于压力差破碎细胞。

A. 反复冻融法　　　B. 超声波法　　　　C. 渗透压冲击法　　　D. 珠磨法

6. 下列有关药物粉碎的叙述中，不正确的是（   ）。

A. 粉碎方法分为干法粉碎、湿法粉碎和低温粉碎

B. 混合粉碎为干法粉碎，是将处方药物适当处理后，全部或部分混合在一起粉碎

C. 加液研磨法为湿法粉碎，是将药料中加少量液体后进行研磨，直到药料被研细

D. 低温粉碎适用于树脂、树胶类，含糖、黏液质较多以及中药干浸膏类药物的粉碎

二、简答题

1. 微生物发酵液预处理的目的是什么？

2. 凝聚和絮凝的区别是什么？

3. 动植物材料预处理的方法有哪些？

第二章　萃取分离技术

萃取技术是化工生产中常用的提取、分离方法之一，也是制药生产过程中常用的分离方法。萃取技术是利用溶液中各个组分在萃取相与萃余相中的分配系数不同而实现的分离方法。通过萃取，能从固体或液体混合物中提取出所需要的物质。萃取技术和其他分离技术相比有如下的特点：

① 萃取过程具有选择性。
② 能与其他需要的纯化步骤（如结晶、蒸馏）相配合。
③ 通过相的改变，可以减少由降解（水解）引起的产品损失。
④ 分离效率高，生产能力大，适用范围广。
⑤ 传质速度快，生产周期短，便于连续操作，容易实现计算机控制。

萃取技术根据参与溶质分配的两相不同而分成液液萃取和液固萃取两大类。每类萃取分离方法各有特点，适用于不同药物生产中的分离。一般来说，液液萃取适用于从液态样品中提取药物，而液固萃取适合于从固态样品中提取药物。

 基础知识

一、萃取相关概念

1. 萃取过程

萃取是利用混合物中目标物质和杂质的溶解特性，选用合适的溶剂（萃取剂），根据它们在萃取剂中的溶解度不同，且由于萃取剂与原溶液溶剂密度的差异实现分层，形成两相，从而将所需要的目标物质从混合物中分离出来的操作，如图 2-1 所示。

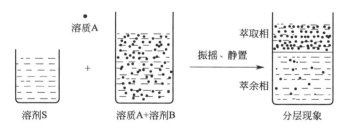

图 2-1　萃取示意图

(1) 相的概念　根据系统中物质存在的形态和分布不同，将系统分为相。相是指在没有外力作用下，物理和化学性质完全相同、成分相同的均匀物质的聚集态。
(2) 萃取剂　能与被萃取物形成溶于有机相的萃合物的化学溶剂。
(3) 萃取相　萃取剂和料液混合萃取后分成两相，含萃取剂较多的一相即为萃取相，通常为上相。该相溶液部分称为萃取液。

（4）萃余相 经萃取剂萃取后余留下来的混合物液相，它包括未被溶剂萃取出的所有物质及在萃取过程中溶入其中的少量溶剂，也称为贫溶剂相，通常为下相。该相溶液部分称为萃余液。

2. 重相与轻相

工业生产上，混合液和溶剂分别连续地引入抽提塔的底部和顶部，并且在重力的影响下形成两股流动方向相反的料液流和溶剂流。密度大的液流自上而下叫作重相；密度小的液流自下而上叫作轻相，如图 2-2 所示。

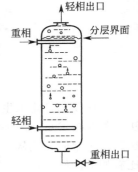

图 2-2 喷洒萃取塔

3. 溶剂"相似相溶"性质

"相似相溶"指极性分子间的电性作用，使得极性分子组成的溶质易溶于极性分子组成的溶剂，难溶于非极性分子组成的溶剂；非极性分子组成的溶质易溶于非极性分子组成的溶剂，难溶于极性分子组成的溶剂。

单一溶剂的极性大小顺序为：石油醚＜汽油＜庚烷＜己烷＜二硫化碳＜二甲苯＜甲苯＜氯丙烷＜苯＜溴乙烷＜溴化苯＜二氯乙烷＜三氯甲烷＜异丙醚＜硝基甲烷＜乙酸丁酯＜乙醚＜乙酸乙酯＜正戊烷＜正丁醇＜苯酚＜甲乙醇＜叔丁醇＜四氢呋喃＜二氧六环＜丙酮＜乙醇＜乙腈＜甲醇＜氮氮二甲基甲酰胺＜水。

4. 反萃取

反萃取是指把萃取到有机溶剂中的物质转移到水溶液中的过程，它是萃取的逆过程。当完成萃取操作后，为进一步纯化目标产物，需要将目标产物转移到水相，这种调节水相条件，使目标产物由有机相转到水相的操作称为反萃取。用来反萃取的水相溶液叫反萃剂。

二、萃取分类

1. 根据参与溶质分配的两相不同分类

（1）液液萃取 以液体为萃取剂，目标产物的混合物为液态，目前包括溶剂萃取、双水相萃取、液膜萃取和反胶团萃取等。

（2）固液萃取 以液体为萃取剂，目标产物的混合物为固态，也称为浸取。

2. 根据有无化学反应分类

（1）物理萃取 溶质根据相似相溶的原理在两相间达到分配平衡，萃取剂与溶质之间不发生化学反应，其理论基础是分配定律。广泛应用于抗生素及天然植物中有效成分（脂肪酸、酮类、醚类等）的提取，如利用乙酸丁酯萃取青霉素。

（2）化学萃取 利用脂溶性萃取剂与溶质之间的化学反应生成脂溶性复合分子实现溶质向有机相的分配。萃取剂与溶质之间的化学反应包括离子交换反应和络合反应等，服从相律和一般化学反应的平衡规律。例如，链霉素与月桂酸形成的复合物易溶于丁醇、乙酸丁酯等，此复合物在酸性条件下（pH5.5～5.7）可分解。因此，可在中性条件下用月桂酸进行化学萃取，然后用酸性水溶液进行反萃取，使复合物分解，链霉素重新分配到新的水相中。

3. 根据萃取剂的种类和形式不同分类

（1）溶剂萃取 依靠溶质在互不相溶的溶剂中分配系数的差异进行分离的萃取法。

（2）**超临界流体萃取**　利用某些流体在高于其临界压力和临界温度时具有很高的扩散系数和很低的黏度，但具有与液体相似的密度的性质，对一些液体或固体物质进行萃取的方法。

（3）**双水相萃取**　依靠分离物在不相溶的高分子水溶液中形成的两相的分配系数不同而分离的萃取法。

（4）**反胶团萃取**　利用反胶团进行的萃取分离的方法。

（5）**固相萃取**　利用固体吸附剂将液体样品中的目标化合物吸附，与样品的基体和干扰化合物分离，然后再用洗脱液洗脱或加热解吸，达到分离和富集目标化合物的目的。固相萃取过程是液相和固相的物理萃取过程，该方法通常用于样品分析预处理，其分离原理实质上是吸附分离技术，这在后面章节里介绍。

4. 根据萃取操作方式的不同分类

（1）**间歇式萃取**　间歇式萃取也叫分步萃取，利用溶质在溶解度或分配系数不同的两种互不相溶（或微溶）的溶剂中，使溶质从一种溶剂转移到另外一种溶剂中。经过反复多次分步萃取，将绝大部分的溶质提取出来。

（2）**连续式萃取**　连续式萃取也称萃取循环，指的是包括溶剂萃取、反萃取，通常还包括洗涤在内的一系列净化步骤。经过一次萃取和反萃取的循环后，一般达不到净化要求，因此需要反复地进行萃取和反萃取。连续萃取可以减少萃取物的损失。

第一节　液液萃取

液液萃取技术又称溶剂萃取技术，是用溶剂分离和提取液体混合物中的组分的过程。在液体混合物中加入与其不相混溶（或稍相混溶）的选定的溶剂，利用其组分在溶剂中的不同溶解度而达到分离或提取目的。与其他分离溶液组分的方法相比，液液萃取体系主要有以下特点：

① 萃取相与被萃取相不互溶或只有很小的互溶度。

② 对被萃取组分（溶质）具有大的饱和溶解度，对溶质和被萃取相中的其他组分有高的选择性。

③ 必须考虑萃取后萃取相中的溶质的回收难易程度。

④ 常温操作，节省能源，不涉及固体、气体，所需仪器设备简单，操作方便。

⑤ 无毒、不燃或不易燃、无腐蚀性、成本低廉。

一、液液萃取基本原理

液液萃取是利用系统中组分在溶剂中的分配系数不同来分离混合物的单元操作，如图2-3所示。

液液萃取过程的特点如下：

① 萃取过程的传质前提是两个液相之间相互接触；

② 两相的传质过程是分散相液滴和连续相之间相际传质过程；

③ 两相间的有效分散是提高萃取效率的有效手段；

④ 两相的分离需借助两相的密度差来实现；

⑤ 液液萃取过程可以在多种形式的装置中通过连续或间歇的方式实现。

1. 分配系数

在一定温度下，达到平衡时溶质在两相中的浓度之比称为分配系数。

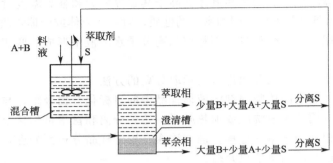

图 2-3 萃取过程示意图

溶质 A 在两相中的分配关系用分配系数 k_A 表示：

$$k_A = \frac{A\,在萃取相中的浓度}{A\,在萃余相中的浓度} = \frac{y_A}{x_A}$$

同理，对于原溶剂 B 组分在两相中的分配关系用分配系数 k_B 表示：

$$k_B = \frac{B\,在萃取相中的浓度}{B\,在萃余相中的浓度} = \frac{y_B}{x_B}$$

分配系数反映了被萃取组分在两个平衡液相中的分配关系。分配系数的值越大，被萃取物越容易进入萃取相，萃取分离效果越好。分配系数与溶剂的性质和温度有关，在温度一定的情况下为常数，应根据实验来测定。$k = 0$ 表示待萃取物不被萃取，$k = \infty$ 表示完全被萃取。

2. 选择性系数

如果原料液中含有组分 A 和 B，萃取剂 S 对溶质 A 和原溶剂 B 的溶解能力的差别，就是萃取剂的选择性。若萃取剂 S 对溶质 A 的溶解能力比对原溶剂 B 的溶解能力大得多，那么这种萃取剂的选择性就好。萃取剂的选择性可用选择性系数 β 表示，是指在同一萃取体系中，相同萃取条件下两组分的分配系数的比值。选择性系数 β 又称为萃取分离因数。

$$\beta = \frac{k_A}{k_B} = \frac{y_A/x_A}{y_B/x_B} = \frac{y_A/y_B}{x_A/x_B} = \frac{(A/B)_E}{(A/B)_R}$$

式中，$(A/B)_E$ 为萃取相中 A、B 组分的浓度之比；$(A/B)_R$ 为萃余相中 A、B 组分的浓度之比。β 值的大小反映了在萃取体系中两种组分可被某种萃取剂所分离的难易程度。选择性系数值越大于 1，两种组分越容易分离；反之则不容易。

3. 萃取过程

工业生产中萃取流程一般包括以下四个主要阶段，如图 2-4 所示。

（1）萃取 将萃取剂和含有目标组分的原料液混合接触，目标组分从原料液转移到萃取剂中，分离互不相溶的两相。

（2）洗涤 用某种水溶液与萃取液充分接触，使进入有机相的杂质回到水相的过程。这种只洗去萃取液中的杂质又不使萃取物分离出来的水溶液叫作洗涤液。

（3）反萃取 用适当的水溶液与经过洗涤后的萃取液充分接触，使被萃取物重新从有机相转入水相的过程叫反萃取。所用的水溶液叫反萃剂。

（4）回收 将萃取剂从萃取相及萃余液（残液）中除去，回收再利用。

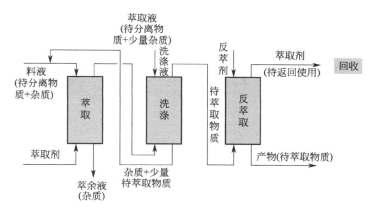

图 2-4　一般工业液液萃取过程

二、液液萃取工艺

工业生产中常见的萃取工艺有单级萃取、多级错流萃取和多级逆流萃取。

1. 单级萃取

单级萃取是溶剂萃取中最简单的操作形式，一般用于间歇操作，也可以进行连续操作，见图 2-5。原料液 F 与萃取剂 S 一起加入萃取器内，并用搅拌器加以搅拌，使两种液体充分混合，然后将混合液引入分离器，经静置后分层，萃取相 L 进入回收器，经分离后获得萃取剂和产物，萃余相 R 送入溶剂回收设备，得到萃余液和少量的萃取剂，萃取剂可循环使用。单级萃取操作不能对原料液进行较完全的分离，萃取液浓度不高，萃余液中仍含

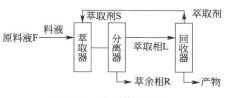

图 2-5　单级萃取工艺

有较多的溶质。单级萃取流程简单，只用一个萃取混合器和一个澄清分离器，但萃取效率不高。一般对分离要求不高的工艺，采用此种工艺较为合适。

2. 多级萃取

多级萃取是指在多级串联的设备中进行多级萃取的方法。每级包括一个萃取混合器和一个分离器。

（1）多级错流萃取工艺　图 2-6 为多级错流萃取示意图，原料液 F 从第 1 级加入，依次通过各级，新鲜溶剂则分别加入各级的混合器中，萃取相和最后一级的萃余相分别进入溶剂回收设备。

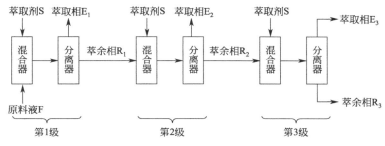

图 2-6　多级错流萃取示意图

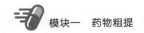

料液经萃取后的萃余液再用新的萃取剂进行萃取的方法叫错流萃取（图 2-7）。采用多级错流萃取工艺时，萃取率比较高，但萃取剂用量较大，溶剂回收处理量大，能耗较大。

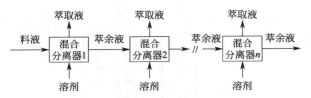

图 2-7 多级错流萃取工艺

（2）多级逆流萃取工艺 图 2-8 为多级逆流萃取示意图，原料液 F 从第 1 级加入，依次经过各级萃取，成为各级的萃余相，其溶质 A 含量逐级下降，最后从第 3 级流出；萃取剂则从第 3 级加入，依次通过各级与萃余相逆向接触，进行多次萃取，其溶质含量逐级提高，最后从第 1 级流出。最终的萃取相 E_1 送至溶剂分离装置中分离出产物和溶剂，溶剂循环使用；最终的萃余相 R_3 送至溶剂回收装置中分离出溶剂供循环使用。

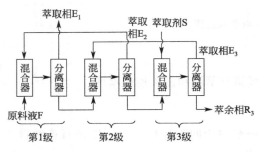

图 2-8 多级逆流萃取示意图

在第一级中加入料液，萃余液作为后一级的料液，而在最后一级加入萃取剂，萃取液作为前一级的萃取剂（图 2-9），由于料液移动的方向和萃取剂移动的方向相反，故叫逆流萃取。如果有足够多的萃取混合分离器，那么在第一级容器中就能得到浓度高的产物，在第 n 级容器中流出废液。多级逆流萃取效率最高，可获得产物浓度很高的萃取液，产物收率高，而且萃取剂的用量少，在工业生产中得到广泛的应用。

图 2-9 多级逆流萃取工艺

三、液液萃取的影响因素

1. pH 值

不论是物理萃取还是化学萃取，水相 pH 值对弱电解质分配系数均具有显著影响。pH 低有利于酸性物质分配在有机相，碱性物质分配在水相。

物理萃取时，弱酸性电解质的分配系数 k 随 pH 值降低（即氢离子浓度增大）而增大，而弱碱性电解质则正好相反。

2. 温度

温度会影响萃取速度和分配系数。随着温度的升高，分子扩散速度加快，故萃取速度随之加快；温度升高也影响了物质的溶解度，而使分配系数 k 发生变化。但由于生物产物在较高温度下不稳定，故萃取操作一般在常温或较低温度下进行，所以选择适当的操作温度，有利于目标产物的回收和纯化。

3. 盐浓度

无机盐的存在可降低溶质在水相中的溶解度，生化物质在水中的溶解度下降，有利于溶质向有机相中分配。但盐的添加量要适当，以利于目标产物的选择性萃取。如萃取维生素 B_{12} 时加入硫酸铵，萃取青霉素时加入氯化钠等。

4. 萃取剂种类

溶剂萃取中，根据目标产物以及与其共存杂质的性质选择合适的有机溶剂，使溶剂对目标产物有较高的选择性。根据相似相溶的原理，选择与目标产物极性相近的有机溶剂为萃取剂，可以得到较大的分配系数。因此，萃取剂需满足以下要求。

（1）物理化学方面　萃取剂在萃取中要对欲萃取溶质起到良好的溶解作用，对诸如稀释剂等其他溶液组分要做到不溶或少溶。在溶液组分选择上，萃取剂应具备明确的选择性：不与目标产物发生反应；与水溶液不互溶；不发生乳化；对目的产物有高的分配系数；低黏度；在密度上同水有大的差别；在消毒过程中热稳定；化学稳定性好，不易分解；等。

（2）生物学方面　萃取剂对生物催化剂（酶）或活细胞无毒性，且对人体无毒性或毒性低，使用安全。

（3）经济方面　萃取剂经济实用，廉价易得，低成本；能大批供应；对人员无毒；不易燃；容易回收和再利用等。

此外，萃取剂还具备了原料来源较为丰富，制备较为简易的特点。面对类型多样的萃取剂，在进行选择时需要将各类影响因素通盘考虑，确保萃取剂选取的有效合理性。

事实上，能够全部具备以上所说的各种条件的萃取剂少之又少。在萃取工艺中，要结合工艺特点和药物性质，在权衡利弊的基础上，针对性地选择相应的萃取剂。

常用于抗生素类生物产物萃取的有机溶剂有丁醇（醇类），乙酸乙酯、乙酸丁酯和乙酸戊酯（乙酸酯类）以及甲基异丁基酮（酮类）等。这些溶剂可较好地满足上述对有机溶剂的要求，调节水相的 pH 值，可使目标产物有较大的分配系数和选择性。

5. 萃取剂用量及萃取方式

选择萃取剂用量时，既要考虑到浓缩的目的，又要考虑到收率和质量。对于分配系数不大的萃取剂，一般是加大萃取剂用量，增加溶剂比（萃取剂体积/料液体积）；而分配系数大的溶剂，可减少用量，减小溶剂比。例如，青霉素酸化第一次萃取加入 2/5～2/3 料液体积的乙酸丁酯，而反萃取时，碱化萃取的分配系数很大，加入 1/5～1/3 体积的碳酸氢钠缓冲溶液。

萃取剂用量对单级萃取收率的影响较大，但同样的溶剂用量对多级逆流萃取的收率影响要小得多，也优于错流萃取，故一般多采用三级逆流萃取。

6. 乳化程度

水或有机溶剂以微小液滴形式分散于有机相或水相中的现象，称为乳化现象。乳化在药物制剂中的增溶、稳定释放、储存等方面发挥重要的作用，但是在萃取中出现的乳化现象（图 2-10）会造成有机相和水相分层困难，出现夹带、收率低、纯度低。因此通常在萃取阶段尽量避免出现乳化现象。

对于轻度乳化，一般采取加热（热敏物质不能加热）、过滤、离心等方法消除。对于重度乳化，一般加

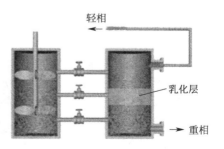

图 2-10　乳化现象示意图

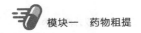

入十二烷基硫酸钠（SDS）、十二烷基苯硫酸钠（SDBS）、十五烷基溴化吡啶（PPB）、十六烷基溴化吡啶（CPB）等表面活性剂或者电解质（如氯化钠、硫酸铵）等方法破乳。

四、液液萃取设备

1. 萃取设备的分类

在液液萃取过程中，要求在萃取设备内能使两相密切接触并伴有较高程度的湍动，以实现两相之间的质量传递，而后，又能较快地分离。但是，由于萃取中两相间的密度差较小，实现两相的密切接触和快速分离要比气液系统困难。为了适应这种特点，出现了多种结构型式的萃取设备。

① 按液流接触方式，可分为逐级接触式和连续接触式。逐级接触式的典型代表是用机械搅拌的混合澄清器，也包括空气脉冲混合澄清器、重力式筛板塔和离心萃取器等；而连续接触设备主要是萃取塔，其次是离心萃取器。

② 按相分散的动力，萃取塔又包括重力式的喷淋塔和填料塔、机械搅拌式的转盘塔、希贝尔塔、米克西科塔和库尼塔等。

2. 典型萃取设备

（1）混合澄清器 混合澄清器是一种常见组合式萃取设备，每一级均由混合器与澄清槽组成，如图 2-11 所示。原料液与萃取剂进入混合室在搅拌作用下使一相液体分散在另一相中，充分接触后进入澄清槽。在澄清槽内两液体的密度差使两液相得以分层。

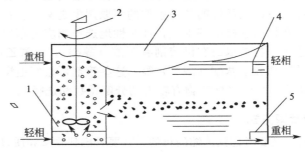

图 2-11 混合澄清器

1—混合器；2—搅拌器；3—澄清槽；4—轻相液出口；5—重相液出口

（2）塔式萃取设备 塔式萃取设备最先用在铀的提取上，后来广泛用在化工、制药行业中。在萃取塔中，水相和有机相分别从塔顶和塔底加入，经连续逆流接触进行萃取、反萃取或洗涤。两相分离在塔的两端实现。

与混合澄清器相比，萃取塔具有占地面积小、通量大、容积率高、溶剂滞留量小和操作维修费用低等优点。特别是在要求较多的理论级数而占地面积又受限制时，萃取塔更显出其优越性。

萃取塔的类型有很多，主要有填料塔、脉冲筛板萃取塔、振动筛板萃取塔和转盘萃取塔等。

（3）**离心式萃取设备**　离心萃取器是利用离心力、搅拌剪切力或与外壳的环隙之间的摩擦力进行两相混合，并利用离心力使两相澄清分离的萃取设备。由于离心加速度远大于重力加速度，离心力远大于重力，所以离心萃取器能在短短几秒钟的停留时间内保证两相充分混合、迅速分离。

与其他萃取器相比，离心萃取器具有停留时间短、容积效率高、溶剂滞留量小、操作适应性强、易于清洗等优点，特别适于处理易乳化、密度差小、难分离、两相流比大的萃取体系。常用离心萃取器有圆筒式离心萃取器和卢威式离心萃取器两种。

第二节　液固萃取

液固萃取是利用溶剂分离固体混合物中的组分，又称为浸取或浸提。利用有机或者无机溶剂将固体原料中的可溶性有效组分溶解，使其进入液相，再将不溶性固体与溶液分开的单元操作，称为液固萃取技术。在制药生产中主要用于中草药的有效成分的提取。

选择液固萃取的溶剂应考虑以下原则：

① 溶质的溶解度大，以便节省溶剂用量；

② 与溶质之间有足够大的沸点差，以便于回收利用；

③ 溶质扩散系数大，应能最大限度地溶解和浸出有效成分，而尽量避免浸出无效成分或有害物质；

④ 价廉易得，无毒，腐蚀性小；

⑤ 本身无药理作用，不与药材中有效成分发生不应有的化学反应，不影响含量测定。

一、浸取过程

1. 药物浸取操作

提取时首先要使药材与溶剂充分混合，保持良好的液固相接触状态，溶剂进入细胞组织溶解其有效成分，经一定时间的提取后将提取液与残渣分离开来。最后将溶质从提取液中分离出来，并对提取剂进行回收处理。具体步骤如下：

① 溶剂与固体物料密切接触，使可溶组分转入液相，成为浸出液。

② 浸出液与不溶固体（残渣）的分离。

③ 用溶剂洗涤残渣，回收附着在残渣上的可溶组分。

④ 浸出液的提纯与浓缩，取得可溶组分的产品。

⑤ 从残渣中回收有价值的溶剂。

2. 浸出过程

一般药材浸出过程包括溶剂的浸润与渗透、成分的解吸与溶解、浸出成分的扩散与置换等阶段。

（1）**浸润与渗透**　溶剂被吸附在植物材料表面，由于液体静压力和植物材料毛细作用，被吸附的溶剂渗透到植物细胞组织内部。溶剂渗透到植物细胞组织中后使干瘪的细胞膨胀，

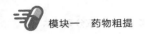

恢复细胞壁的通透性，形成通道，能够让目的产物从细胞内扩散出来。

（2）解吸与溶解　由于目的产物各成分在细胞内相互之间有吸附作用，需要破坏吸附力才能溶解。因此溶剂在溶解溶质之前首先要解除吸附作用，即解吸。解吸后溶质进入溶剂即溶解。具体过程如图 2-12。

图 2-12　浸润、解吸与溶解示意图

（3）扩散　随着细胞内溶质进入溶剂而浓度增大，在细胞内外产生了溶质浓度差，从而产生了渗透压。溶质将进入低浓度溶液中，溶剂将进入高浓度溶液中，引起溶质从高浓度部位向低浓度部位的扩散过程。

扩散可分为内扩散和外扩散两个阶段。内扩散就是细胞内已经进入溶剂中的溶质，随溶剂通过细胞壁转移到细胞外的过程；外扩散就是植物材料和溶剂边界层的溶质传递到溶剂主体中去的过程。

（4）置换　用新鲜溶剂或稀的浸提液不断更换药材粉粒周围的浓浸出液，保持最大浓度梯度，以提高浸出推动力。

二、浸取的影响因素

在植物浸取过程中，有多种因素对浸取过程产生重要的影响，影响浸取回收率的高低。这些因素包括颗粒直径（药材粉碎度）、温度、压力、酸碱性（pH 值）、浸取时间、溶剂用量与浸取次数、液体运动状态、浓度差等。

1. 药材粉碎度

理论上粉碎度越大，浸取效果越好，但粉碎度过小，巨大的表面能对药液成分有较大吸附性，使有效成分损失，组织细胞破裂过度使浸出杂质多，微粉的聚集使流动阻力增加而难过滤。

药材粗细的选择，应考虑药材的性质、浸出溶剂。如用水为溶剂，易使药材膨胀，可选粗的粉；用乙醇为溶剂；膨胀作用小，宜选中等粉或细的粉；含黏性物质较多的药材应选粗的粉；坚硬的药材用较细的粉，疏松的药材可用粗的粉。

2. 浸取温度

一般来讲，温度升高能使植物组织软化并促进膨胀，增加可溶性成分的溶解和扩散速度，所以浸取温度越高，浸出速度越快。但温度升高后，某些目的产物不稳定发生分解变质，同时使挥发性目的产物挥发散失。因此，要把浸取温度控制在适当的范围。

3. 浸取压力

提高压力使植物细胞壁破裂，有利于浸出过程。因为在较高压力下植物组织内部细胞被破坏，加速了润湿渗透过程，使组织内部毛细孔更快地充满溶剂，有利于溶质扩散。对于组织疏松的材料可不用加压操作，这是因为影响疏松材料浸出速度的主要因素是扩散过程，加大压力对提高浸出速度无显著效果。

4. 溶剂 pH 值

在目的产物浸出过程中，溶剂的 pH 值对浸出速度有影响。某些目的产物可溶解于酸性溶剂，则要使用酸性溶剂浸提，有些目的产物易溶解于碱性溶液因而要选择碱性溶剂提取。根据目的产物的酸碱性质可确定提取过程中溶剂 pH 值的范围。

5. 浸取时间

当条件一定时，浸出时间越长，产品收率越高。当提取过程达到动态平衡后，延长时间，收率不会增加，相反使杂质质量增加导致产品质量下降。

浸取所需时间长短视植物材料本身结构和溶剂性质而定。如果原材料的组织结构细密，溶质扩散速度慢，所需时间就长；如果所用植物材料的组织疏松，则所需时间就短。溶剂穿透力强且对目的产物溶解性好则所需时间短，反之则长。一般每批中药材提取的时间是 2～4h。

6. 溶剂的用量与次数

增加溶剂的用量可加速提取过程，减少提取次数，但增加溶剂用量使提取液变稀，使回收溶质和溶剂的成本增加。在工业生产中，可通过萃取经验公式和经验值再经过实验校验后即可得到溶剂的用量，通常采用料液比表示。一般溶剂用量是原材料的 2～5 倍，经过三次浸取就可认为提取完成。

7. 溶剂与药材相对运动

在浸取过程中控制速度的关键步骤是扩散阶段，不断地通过搅拌或者用离心泵强制溶剂流动，将植物材料表面上高浓度的溶液与低浓度的溶液混合而使溶质被扩散，保持细胞内外高渗透压，提高扩散速度。

8. 浓度差

药材内部溶液与其外部溶液的浓度差，是提取传质推动力，增大浓度差，提取速率加快。实际生产中采用增大液固比、增加提取次数、溶剂循环流动、逆流提取等方法来增大浓度差。

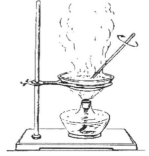

图 2-13 常压煎煮法装置

三、液固萃取方法

1. 煎煮法

将植物用水加热煮沸一定时间提取目的产物的方法称为煎煮法。这是一种传统方法，可分为常压煎煮法、加压煎煮法、减压煎煮法。常压煎煮法装置如图 2-13 所示。

（1）工艺流程

药材 —粉碎成粉→ 加水浸没 —浸泡适宜时间, 加热至沸腾→ 分离 { 煎出液 / 药渣 —依前法煎2～3次→ } 合并煎出液 —离心或沉降过滤→ —低温浓缩→ —制剂→ 成品

（2）适用范围 煎煮法适合于有效成分可溶于水，且对湿、热稳定的药材。
（3）特点 主要特点有：①可进行常压常温提取，也可以加压高温提取，或减压低温提

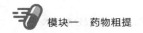

取；②提取时间短，生产效率高；③提取过程中有效成分大部分可被提取，但很多无效成分也被浸出，杂质多，选择性差；④由于水为溶剂，成本低廉但易霉变，保存困难。

2. 浸渍法

浸渍法属于静态提取方法，是将已预处理过的植物材料装入密闭容器在常温或加热条件下进行浸取目的产物的操作过程。浸渍法可分为冷浸法、热浸法和重浸渍法。浸渍法装置如图 2-14 所示。

冷浸法：常温下（15～25℃）溶剂中浸渍。

热浸法：40～60℃溶剂中浸渍。

重浸渍法：定量溶剂多次浸渍，减小药渣吸液损失。

（1）工艺流程（冷浸法为例）

$$药材 \xrightarrow[置于有盖容器中]{适当粉碎} 加溶剂适量 \xrightarrow[常温暗处浸渍]{密盖，时时振摇} 倾取 \to 上清液 \xrightarrow{滤过} \begin{cases} 滤液 \\ 残渣 \xrightarrow{压榨} 压榨液 \end{cases} \xrightarrow[静置24h]{合并} \xrightarrow{滤过} 产品$$

（2）适用范围　浸渍法适用于有黏性、无组织结构、新鲜、易于膨胀的药材，尤其有效成分遇热易挥发、易破坏的药材。

（3）特点　主要特点有：①工业生产中操作简便，设备较简单，是一种简单易行而且经济的方法；②耗时长，浸出效率较差，药材吸液造成有效成分损失，不能将有效成分完全浸出；③溶剂用量大，浸出液与药渣分离较麻烦，应用上受到限制。

3. 渗漉法

将植物材料粉碎后装入上大下小的渗漉筒或渗漉罐中，用溶剂边浸泡边流出的连续浸取过程称为渗漉。在渗漉过程中，溶剂从上方加入，连续流过植物材料而不断溶出溶质，溶剂中溶质浓度从小增大，到最后以高浓度溶液流出。渗漉法装置如图 2-15 所示。

图 2-14　浸渍法装置

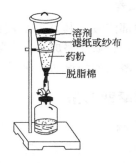

图 2-15　渗漉法装置

（1）工艺流程

$$药材 \to 粉碎 \to 润湿 \to 渗漉筒 \leftarrow 装器$$
$$渗漉液待处理 \leftarrow 渗漉 \leftarrow 静置浸渍 \leftarrow 排气$$

（2）适用范围　渗漉法适用于对热不稳定、珍贵、含量低的药材，不适合新鲜、易膨胀、无组织的药材。

（3）特点　主要特点有：①当溶剂渗过药材时由于浸出液密度大和重力作用而向下移动，造成良好的浓度差，提取效率高，提取效果优于浸渍法；②避免反复过滤的烦琐操作，节省了浸出液与药渣分离的时间；③浸出总时间较长，常用不同浓度的乙醇作溶剂，溶剂的用量较浸渍法少，节省成本；④对药材的粒度和工艺技术条件要求较高，操作不当可影响渗漉效率。

4. 回流法

回流法是用乙醇等易挥发的有机溶剂进行加热浸取的方法。当有机溶剂在提取罐中受热后蒸发，其蒸气被引入到冷凝器中再次冷凝成液体并回流到提取罐中继续进行浸取操作，直至目的产物被提取完成为止。

（1）适用范围　适用于挥发性有机溶剂在加热情况下浸出有效成分的药材，不适合有效成分受热易破坏的药材。

（2）分类　可分为热回流提取法和连续回流（循环）提取法，在实验室用到的装置分别是回流装置和索氏提取器，回流法装置如图 2-16 所示。

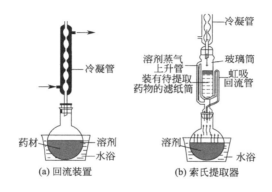

图 2-16　回流法装置

（3）特点　回流法的主要特点有：①溶剂循环使用，减少溶剂的损耗；②浸取比较完全，提高浸出效率；③一般重复 2～3 次，合并滤液；④加热时间长，有效成分容易破坏，不适合受热易破坏的有效成分的提取。

实验室应用最多的是连续回流提取法，主要特点有：①选择性好，萃取剂按照极性不同的顺序进行多级萃取，提高了产品的萃取纯度，提取的完成度高；②能耗低，完成一次溶剂提取后，溶液被加热，挥发的溶剂经过冷凝管冷凝，重新进入提取的环境，开始新的一次提取过程，这既减少了溶剂用量，又缩短了操作时间，大大降低了能耗；③设备简单，操作简便，造价低，体积小；④原料利用率高。

5. 其他新技术浸出法

目前新型浸取方法层出不穷，主要是将浸取法与波源法结合起来达到强化作用的效果。例如，强化渗漉浸出法、流化强化浸出法、电磁场强化浸出法、电磁振动强化浸出法、超声波浸出法等。

四、浸取设备

生产中的浸取设备类型有很多，这里介绍几种常见的浸取设备与工艺。

1. 多功能提取罐

多功能提取罐，顾名思义，就是用途广泛，适用于煎煮、浸渍、渗漉、回流、加压或者减压等浸取工艺。

多功能提取罐由加料口、罐体、夹层、出渣门（带滤板的活底）、气动装置等结构组成（图2-17）。按照罐体形状不同可分为底部正锥式、直筒式、斜锥式、倒锥式、蘑菇式、翻转式等多种。其工作过程是药材经加料口进入罐内，加水浸没药材，浸泡适宜时间，向罐内通入蒸汽进行直接加热，当温度达到提取工艺规定的温度后，停止向罐内通蒸汽，改为夹层通蒸汽间接加热，保持罐内的温度和规定的时间。提取完毕后，浸出液从活底上的滤板过滤后排出。夹层可以通入蒸汽加热，或者是通水冷却。排渣底盖，可以用气动装置自动开闭。为了防止药渣在提取罐内膨胀，因"架桥"难以排出，罐内装有料叉，可以借助于气动装置自动排渣。

2. 热回流循环提取与浓缩机组

将提取罐与蒸发浓缩设备组合在一起，这是在生产中常用的组合，实现溶剂回流循环操作（图2-18）。其工作原理是把药材浸泡在溶剂中，采用蒸汽加热，使溶剂在药材间循环流动。在一定的压力和温度下，加快对有效成分的渗出和溶解。经过一段时间，提取罐内产生的二次蒸汽，经过冷凝器冷凝成液体，回落到提取罐内。同时，药液经过滤器过滤后直接进入蒸发器浓缩，蒸发器产生的二次蒸汽，经冷凝器、切换器可以送回提取罐，作为新溶剂和热源使用。这样形成边提取边浓缩，直到符合工艺要求。提取终点，药渣经过回收溶剂后排放，溶剂经冷却后放入贮槽。

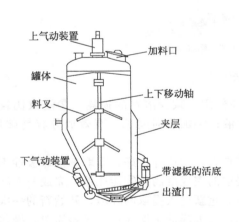

图2-17 斜锥式多功能提取罐结构示意图

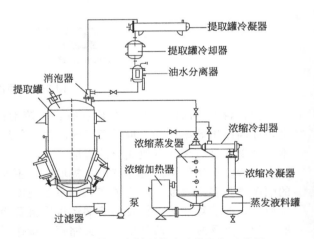

图2-18 热回流循环提取浓缩机组示意图

第三节 其他萃取分离技术

一、超临界流体萃取

超临界流体萃取（supercritical fluid extraction，SFE），是利用超临界流体（即处于温度高于临界温度、压力高于临界压力的热力学状态的流体）作为萃取剂，从液体或固体中萃取出特定成分，以达到分离目的。

超临界流体萃取是20世纪70年代末发展起来的一种新型物质分离、精制技术。它的应用已经渗透到生物医药技术、环境污染治理技术等高新技术领域，而且在石油工业、食品工业、化妆品香料工业、化学合成工业等领域中均得到了不同程度的应用与发展。与一般液体萃取相比，SFE 的萃取速率和范围更为理想。其特点：①萃取剂在常压和室温下为气体，萃取后易与萃余相和萃取相分离；②在较低温度下操作，特别适合于天然物质的分离；③可调节温度和引入夹带剂（添加第三种组分来提高溶剂的溶解能力，这种组分称为夹带剂）等调整超临界流体的溶解能力，容易从固体或黏稠的原料中快速提取出有效成分，工艺条件易控制；④需要高压设备，通过调节压力可提取纯度较高的有效成分或脱除有害成分；⑤降低操作压力，容易使溶剂从产品中分离，无溶剂污染，且回收溶剂无相变过程，能耗低。

1. 超临界流体萃取基本概念

（1）超临界流体　图 2-19 为物质典型相态图，超临界流体（supercritical fluid，SF）为处于稍微超过物质本身的临界温度（T_c）和临界压力（P_c）状态时的流体，介于气体和液体之间。超临界流体具有气体和液体的双重特性。

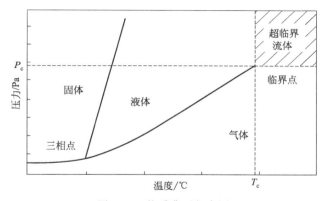

图 2-19　物质典型相态图

（2）临界温度（T_c）　物质由气态变为液态的最高温度叫临界温度。每种物质都有一个特定的温度，在这个温度以上，无论怎样增大压强，气态物质都不会液化，这个温度就是临界温度。

（3）临界压力（P_c）　物质处于临界状态时的压力（压强）叫临界压力，是在临界温度时使气体液化所需要的最小压力。也就是液体在临界温度时的饱和蒸气压。

2. 超临界流体的性质

超临界流体具有十分独特的物理化学性质，SF 的密度和液体相近，黏度与气体相近，但扩散系数约比液体大 100 倍。可以说超临界溶解过程具有很强的分子间相互作用和扩散作用，因而 SF 对许多物质有很强的溶解能力，如表 2-1 所示。

表 2-1　超临界流体及其他流体物理化学性质

状态	密度 ρ /(kg·m^{-3})	黏度 η /(μPa·s)	扩散系数 D /(10^{-4} m^2/s)	压力和温度条件
气体	0.6~2	10~30	0.1~0.4	10^2 MPa，环境温度
超临界流体	200~500	10~30	$0.7×10^{-3}$	大于临界温度，临界压力
液体	600~1600	20~300	$0.2×10^{-5}$~$2×10^{-5}$	有机溶剂 10^2 MPa，环境温度

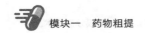

3. 超临界流体的萃取原理

超临界流体的密度和溶剂化能力接近液体，黏度和扩散系数接近气体。在临界点附近流体的物理化学性质随温度和压力的变化极其敏感。超临界流体萃取技术是指在不改变化学组成的条件下，利用超临界流体的溶解能力与其密度的关系，即利用压力和温度对超临界流体溶解能力的影响而进行萃取分离的提纯方法。

以气体萃取介质为例，当气体处于超临界状态时，可先将气体与待分离物质充分接触，然后让气体选择某一种需要分离的组分（如极性大小、沸点高低和分子量大小不同的成分）对其进行萃取，之后利用减压、升温的方法，气体就由超临界状态变成普通气体再经压缩后返回萃取器进行循环利用，而留下萃取后的组分，使其析出，这样就达到了萃取分离提纯的目的。

4. 二氧化碳超临界萃取（CO_2-SFE）的特点

① CO_2 的临界温度和临界压力低（$T_c = 31.1℃$，$P_c = 7.38MPa$），操作条件温和，操作温度接近室温，对有效成分的破坏少，因此特别适合于处理高沸点热敏性物质，如香精、香料、油脂、维生素等。

② CO_2 可看作是与水相似的无毒、廉价的有机溶剂，对环境零污染；CO_2 在使用过程中稳定、无毒、不燃烧、安全，还具有抗氧化灭菌的作用。

③ 原料中的无机物和尘土都不会被 CO_2 溶解带出，萃取物中不含硝酸盐和有害的重金属。

④ 在超临界 CO_2 萃取时，被萃取的物质通过降低压力或升高温度即可析出，集萃取与分离于一体，萃取流程简单。

⑤ 能耗少，热水、冷水、CO_2 全是闭路循环，无废水、废渣、废气排放，运行费用非常低。

⑥ 检测、分离分析方便，可联用其他分析技术。

二、双水相萃取

双水相现象最早在 1896 年由 Beijerinck 观察到，将明胶与琼脂或与可溶性淀粉的水溶液混合后，形成的胶化乳浊液可分成两相，上相含有大部分琼脂或可溶性淀粉，而大量的明胶则聚集于下相。Albertson 最先提出将双水相技术用于生物活性物质的分离纯化。与一些传统的分离方法相比，双水相萃取技术具有以下特点：①两相溶剂都是水（含水量 70%～90%），萃取是在接近生物物质生理环境的条件下进行，故不会引起生物活性物质失活或变性；②传质速率快，分相时间短，故传质过程和平衡过程快，分离提纯效率高；③操作条件温和，所需设备简单，在常温常压下进行，分相时间短，大量杂质能与所有固体物质一起去掉，大大简化分离操作过程；④聚合物一般是不挥发性物质，不存在有机溶剂残留问题，因而操作环境对人体无害；⑤过程易于放大和进行连续化操作，处理量大，适合工业应用；⑥双水相萃取的主要成本消耗在聚合物的使用上，而聚合物可以循环使用，因此生产成本较低。

1. 双水相萃取定义

双水相现象是当两种聚合物或一种聚合物与一种盐溶于同一溶剂时，由于聚合物之间或聚合物与盐之间的分子空间阻碍作用，无法相互渗透，当聚合物或无机盐浓度达到一定值时，就会分成不互溶的两相，因为使用的溶剂是水，所以称为双水相。利用物质在互不相溶的两水相间分配系数的差异来进行萃取的方法为双水相萃取法（aqueous two-phase extraction，ATPE）。

如图 2-20 所示，两种化合物混合后，可形成双水相体系。

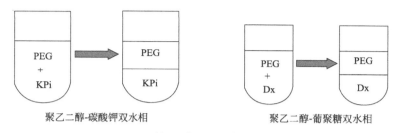

PEG—聚乙二醇；KPi—磷酸钾；Dx—葡聚糖

图 2-20　双水相体系的形成过程

2. 双水相萃取的原理

双水相萃取是依据物质在两相间的选择性分配，但萃取体系的性质不同。当物质进入双水相体系后，表面性质、电荷作用和各种力（如疏水键、氢键和离子键等）的存在和环境的影响，使其在上、下相中的浓度不同。对于某一物质只要选择合适的双水相体系，控制一定的条件，就可以得到合适的分配系数，从而达到分离纯化之目的。

双水相体系的形成主要是由于聚合物之间的不相溶性，即聚合物分子的空间阻碍作用，相互无法渗透，不能形成均一相，从而具有分离倾向，在一定条件下即可分为二相。一般认为只要两聚合物水溶液的憎水程度有所差异，混合时就可发生相分离，且憎水程度相差越大，相分离的倾向也就越大。

3. 双水相体系组成

双水相萃取中使用的双水相是由两种互不相溶的聚合物溶液或者互不相溶的盐溶液和聚合物溶液组成。可分为：聚合物/聚合物双水相体系、聚合物/低分子化合物双水相体系、低分子有机物/无机盐双水相体系、表面活性剂双水相体系。其原理见表 2-2 所示。

表 2-2　双水相体系组成及成相原理

双水相体系的种类		形成上相	形成下相	成相基本原理
聚合物/聚合物	非离子型聚合物/非离子型聚合物	聚乙二醇	葡聚糖	空间上产生空间阻隔效应
			聚乙烯醇	
		聚丙二醇	聚乙二醇	
			聚乙烯吡咯烷酮	
	聚合物电解质/非离子型聚合物	羧甲基纤维素钠	聚乙二醇	
	聚合物电解质/聚合物电解质	葡聚糖硫酸钠	羧甲基纤维素钠	
聚合物/低分子化合物	聚合物/有机物	葡聚糖	丙醇	有机相与水分子缔合竞争
	聚合物/无机盐	聚乙二醇	磷酸钾	盐析作用
			硫酸铵	
低分子有机物/无机盐		乙醇	硫酸铵	盐相、有机相与水分子缔合竞争

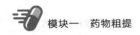
续表

双水相体系的种类		形成上相	形成下相	成相基本原理
表面活性剂双水相	十二烷基硫酸钠（SDS）/十六烷基三甲基溴化铵（CTAB）	淡乳液	澄清透明液	胶束平衡共存的结果

离子型聚合物和非离子型聚合物也能形成双水相系统。根据聚合物之间的作用方式不同，两种聚合物间可以产生相互排斥作用而分别富集于上、下两相，即互不相溶；或者产生相互引力而聚集于同一相，即复合凝聚。

聚合物与无机化合物之间也可形成双水相系统，如聚乙二醇（PEG）与硫酸铵或硫酸镁水溶液的双水相系统中，上相富含PEG，下相富含无机盐。

4. 双水相萃取工艺流程

（1）目的产物的萃取　原料细胞匀浆液与PEG和无机盐在萃取器中混合，然后进入分离器分相（图2-21）。通过选择合适的双水相组成，一般使目标蛋白质分配到上相（PEG相），而细胞碎片、核酸、多糖和杂蛋白等分配到下相（富盐相）。第二步萃取是将目标蛋白质转入富盐相，方法是在上相中加入盐，形成新的双水相体系，从而将蛋白质与PEG分离，以利于使用超滤或透析将PEG回收利用和目的产物进一步加工处理。

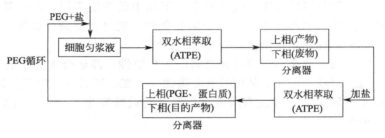

图2-21　双水相萃取的工艺流程

（2）PEG的循环　在大规模双水相萃取过程中，成相材料的回收和循环使用，不仅可以减少废水处理的费用，还可以节约化学试剂，降低成本。PEG的回收有两种方法：①加入盐使目标蛋白质转入富盐相来回收PEG；②将PEG相通过离子交换树脂，用洗脱剂先洗去PEG，再洗出蛋白质。

（3）无机盐的循环　将含无机盐相冷却，结晶，然后用离心机分离收集。除此之外还有电渗析法、膜分离法回收盐类或除去PEG相的盐。

📋 案例分析

红霉素是一种大环内酯类抗生素，对革兰氏阳性菌、肺炎支原体、衣原体的抑制作用很强。临床上主要用于链球菌引起的扁桃体炎、肺炎链球菌下呼吸道感染等病症。

一、红霉素的分离提纯特点

1. 目标产物浓度低

红霉素是通过红色链霉菌发酵而来的，发酵液中红霉素的浓度很低，占0.4%～0.8%。绝大部分是菌丝体、蛋白质、色素、油脂等杂质。分离对象的初始浓度越低，分离提纯的成本就越高，尤其是蛋白质和油脂等的存在，在溶剂萃取时将产生严重的乳化现象。

2. 性质不稳定

红霉素的性质不很稳定，且发酵液容易被污染，这就对能够采用的分离技术手段造成了严格的限制。

3. 杂质浓度高

红霉素发酵液中杂质的浓度相对较高，其中一些杂质的性质和红霉素很相似，例如，培养液中同时产生红霉素 B 及 C 等几种类似体（红霉素 A 为有效成分）。用一些常规的分离技术无法将它们分离以获得高纯度的红霉素产品。

4. 符合药品质量要求

红霉素作为医药用品，需要符合药品的质量和安全要求。

二、有机溶剂法萃取红霉素

利用红霉素在不同酸碱度下溶解于不同溶剂的特性，先将发酵液转移到有机溶剂中，再在适当酸性条件下使红霉素从有机溶剂中转移到酸性缓冲液中，然后在适当碱性条件下，使红霉素再一次转移到有机溶剂中。溶剂经反复萃取，达到浓缩去除杂质的目的。

1. 红霉素性质

红霉素是碱性化合物，不易溶于水，在水中的溶解度随温度的升高而降低（55℃时达到最低）。与无机或有机酸形成盐类化合物在水中溶解度增大。红霉素碱易溶于醇类、醚、丙酮、氯仿、醋酸丁酯、醋酸戊酯。红霉素在干燥状态下较稳定，在 pH6～8 范围外的水溶液中经 24h 即失效。因此，利用红霉素在碱性时易溶于有机溶剂、酸性时易溶于水的性质，通过调节水相的 pH 值和选择合适的萃取剂，可提高萃取的选择性。

2. 萃取过程

红霉素萃取工艺流程见图 2-22。

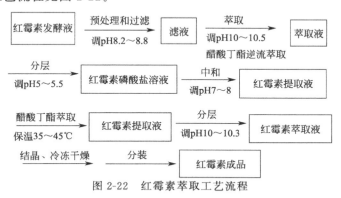

图 2-22　红霉素萃取工艺流程

① 发酵液预处理：加 0.1%～0.2% 甲醛溶液、4%～6% 的 $ZnSO_4$，用 15%～20% 的碱液调 pH 至 8.2～8.8，过滤。

② 萃取：加入醋酸丁酯，用碱液调 pH 至 10～10.5，边加边搅拌。加适量破乳剂，保温 30～32℃。

③ 反萃取：加适量磷酸盐缓冲液，10% 醋酸调 pH 至 5～5.5，分层，去除废醋酸丁酯，尽快用 10%NaOH 调 pH 到 7～8。

④ 第二次萃取：经中和后的红霉素提取液保温 35～45℃，加醋酸丁酯萃取，用 10%NaOH 碱化，调 pH 至 10～10.3，二次分级萃取，静置分层，得醋酸丁酯萃取液。经结晶、

冷冻干燥，分装。

3. 萃取分离过程要点分析

影响萃取效果的因素，包括以下几个方面：

① 萃取剂的选择：红霉素萃取工艺过程中，溶剂是水，萃取剂是醋酸丁酯。因为红霉素是碱性化合物，碱性条件时易溶于有机溶剂中。根据目标产物以及与其共存的杂质的性质选择合适的有机溶剂，可使目标产物有较大的分配系数（相似相溶原理）和较高的选择性。而醋酸丁酯满足与水相不互溶，并有较大的密度差、黏度小、沸点低、毒性小等特点，同时价廉易得。

② pH 值：水相的 pH 值对弱电解质在两相中的分配具有显著影响。如弱碱性电解质的分配系数随 pH 值升高而增大，当 pH 值 $>pK_b$ 值时，分配系数接近于非解离溶质的分配系数，而当 pH 值 $< pK_b$ 值时，分配系数趋于零。

③ 盐浓度：萃取过程中加缓冲盐，无机盐的存在可降低目的产物在水相中的溶解度，有利于目的产物向有机相中分配，但盐的添加量要适当，以利于目标产物的选择性萃取。

④ 温度：由于红霉素在较高温度下不稳定，因此萃取过程中的温度不超过 50℃。去除萃取剂醋酸丁酯采用的是冷冻干燥法，而不用蒸馏法去除，目的也是在低温下保持红霉素的稳定性。

⑤ 时间：为了减少目标产物在提取过程中的破坏损失，应尽量缩短萃取操作的时间。如醋酸调 pH 至 5～5.5，就要尽快进行后续操作，因为红霉素是碱性化合物，在酸性环境容易水解。

⑥ 萃取工艺：工业上通常采用多级逆流萃取工艺，提高红霉素的提取效率。

 总结归纳

本章知识点思维导图

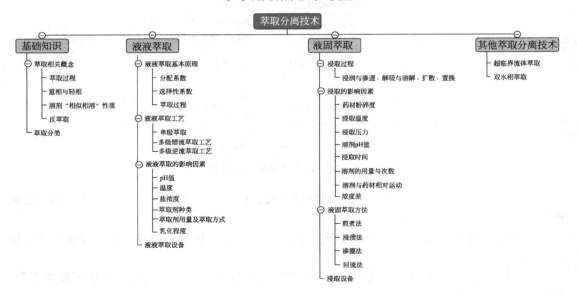

拓展阅读

植物精油萃取

想从芳香植物中得到它们的有效成分，就要把这些东西从植物里提取出来，俗称萃取。萃取出来的这部分植物有效物质就是人们所说的精油。不同的萃取方法萃取出的精油的纯度、有效成分和香气、特质各有不同，由此造成精油终端的价格也不一样。

1. 脂吸法

脂吸法是一种非常古老的传统手法，工序繁杂、劳动力需求大，目前已经几乎不用了。脂吸法是一种利用精制过的牛油或者猪油等油脂吸附芳香成分的一种萃取方式，多用在娇嫩的花卉精油的萃取中。在萃取过程中必须不断更换新的植物原料，让油脂吸附芳香成分至饱和，这种萃取方式得来的称为原精或者香脂。此方法能保留植物原有的香气，但耗时、耗材。

2. 蒸馏法

精油萃取采用的最普遍方法是蒸馏法。蒸馏法适用于大多数的芳香植物，热蒸汽会让芳香植物中所含的一些化学成分挥发出来，并随着蒸汽上升，这些蒸汽携带着的精油分子会被转移到一个冷凝装置。冷凝盘管是浸没在冷水浴中的，管内的蒸汽会遇冷凝结成纯露和精油的混合物。由于水和油不相容，纯露和精油就会形成自然分离，纯露会沉在底部，精油上升至表层，底层的纯露会被转移，表层的精油会被收集起来。通常植物的花、叶、干、根、籽都会采用这种方法去萃取。蒸馏法的优势是器材相对简单和成本相对低廉，但是这种方法有可能减损精油香味和部分化学成分。

蒸馏法又分为水中蒸馏法、水上蒸馏法和水蒸气蒸馏法三种。水中蒸馏是指将芳香植物直接放置在水中蒸馏，芳香植物原料始终淹没在水中；水上蒸馏是把原料置于蒸馏锅内的筛板上，筛板下盛放一定水量以满足蒸馏操作所需的足够的饱和蒸汽，水层高度以水沸腾时不溅湿原料底层为原则；水蒸气蒸馏法就是水蒸气直接蒸馏，是将由蒸汽发生器或小型锅炉产生的蒸汽通入锅内直接进行蒸馏。

3. 溶剂萃取法

溶剂萃取法把芳香植物放入溶剂（乙醇、乙醚、乙烷、甲苯）当中，在常温下将芳香成分溶出，然后再让溶剂挥发，得到半凝固状的物体——凝香体，接着注入酒精冷却分离出蜡质，溶出芳香成分，就成为精油。这种工艺是古老的脂吸法工艺的新发展，适用于不耐高温的芳香植物精油的萃取，且比蒸馏法所萃取的精油量更多，但这种方法容易有溶剂的残留。

4. 超临界萃取法

二氧化碳超临界萃取法是一种在20世纪70年代末开发出来的新方法。该方法主要是将加高压至流体状态（超临界状态）的二氧化碳的液态气体作为溶剂渗透、扩散至芳香植物中，吸取当中的芳香成分，待恢复原本的压力之后，液态气体便会汽化，留下芳香成分。这种方式能用低温萃取出芳香植物的有效成分，纯度高且不易变质。但超临界

萃取设备昂贵，目前尚不普及。

5. 挤压法

挤压法适用于芸香科柑橘属植物的表皮，就是人们所说的果皮。早期，人们是用手工压榨的方式来萃取果皮里的精油，进入 20 世纪后则采用机器使用离心分离法收集精油。挤压法萃取得到的精油与植物本身的香气接近，但容易混有杂质，容易氧化，所以采用挤压法萃取的精油开封后需要尽快用完。

6. 浸泡法

浸泡法就是把新鲜或者晒干的芳香植物放在相应的基础油里浸泡，不但可以析出芳香成分，也释放出其他的脂溶性物质。很多植物本身难以通过蒸馏萃取精油，而通过浸泡法却能够得到，且便宜又能直接使用。但该方法需要控制芳香植物的水分，油中含有水质会使浸泡油的稳定期缩短甚至导致浸泡油变质。

来源：吴嘉碧，陈丹玲，陈侣平. 植物精油提取方法研究进展综述：化工设计通讯，2016，42（02）：33-34.

❓ 复习与练习题

一、选择题

1. 利用液体混合物各组分在液体中分配系数的差异而使不同组分分离的操作称为（　　）。

A. 蒸馏　　　　　　B. 萃取　　　　　　C. 吸收　　　　　　D. 解吸

2. 萃取是利用各组分间的（　　）差异来分离液体混合液的。

A. 挥发度　　　　　B. 离散度　　　　　C. 分配系数　　　　D. 密度

3. 液固萃取操作也称为（　　）。

A. 萃取精馏　　　　B. 汽提　　　　　　C. 浸取　　　　　　D. 解吸

4. 在萃取过程中，所用的溶剂称为（　　）。

A. 萃取剂　　　　　B. 稀释剂　　　　　C. 溶质　　　　　　D. 溶液

5. 进行萃取操作时应使（　　）。

A. 分配系数大于 1　　　　　　　　　　B. 分配系数小于 1

C. 选择性系数大于 1　　　　　　　　　D. 选择性系数小于 1

6. 多级逆流萃取与单级萃取比较，如果溶剂比、萃取相浓度一样，则多级逆流萃取可使萃余相浓度（　　）。

A. 增大　　　　　　B. 减少　　　　　　C. 基本不变　　　　D. 增大、减少都有可能

7. 浸提过程中，扩散的推动力是（　　）。

A. 浓度差　　　　　B. 温度差　　　　　C. 压力差　　　　　D. 密度差

8. 浸渍法适用于（　　）。

A. 贵重药材　　　　B. 黏性药材　　　　C. 毒性药材　　　　D. 高浓度制剂

9. 适用于毒性药材、贵重药材的提取方法是（　　）。

A. 浸渍法　　　　　B. 渗漉法　　　　　C. 回流法　　　　　D. 煎煮法

二、简答题

1. 选择萃取剂时需考虑哪些因素？其中首要考虑的因素是什么？

2. 简述温度对萃取操作的影响。

3. 浸取操作方法的选择原则是什么？

4. 写出冷浸法、热浸法和重浸渍法这三种方法的异同及优缺点。

5. 超临界流体萃取有何特点？

6. 简述超临界流体萃取的原理和应用，在超临界流体萃取中应注意哪些操作条件。

7. 什么是双水相萃取？双水相构成体系有哪些？它在生物分离中有何应用？

第三章　沉淀分离技术

　　沉淀技术是药物分离纯化过程中最常用、最简单的分离方法之一，它是利用加入试剂或改变条件使物质从溶液中析出，生成不溶性颗粒而沉降。当沉淀的是杂质时，则可以去除杂质；当沉淀的是目标物质时，则可收集目标物质。因此，沉淀可以用来去除杂质或是收集目标产物。

　　沉淀可分为晶形沉淀和非晶形沉淀。当析出物为晶体时，称之为晶形沉淀。析出物为无定形固体时称为非晶形沉淀。前者是条件变化缓慢时，溶质分子具有足够时间进行排列，有利于晶体形成，通常需要放置一段时间进行陈化。只有同类分子或离子才能排列成规则的结构，故结晶法具有高度的选择性，析出的晶体纯度比较高，这在后续的成品化阶段中介绍。相反，当条件变化剧烈时，强迫快速析出，溶质分子来不及排列就析出，结果形成无定形沉淀，通常不一定需要陈化阶段。

　　在这一章中重点介绍的是非晶形沉淀，沉淀具有分离与浓缩的双重效果。虽然，沉淀分离需经过过滤、洗涤等程序，操作较烦琐费时，某些组分的沉淀分离选择性较差，所得的沉淀物可能聚集有多种物质，或含有大量的盐类，或包裹着溶剂，分离不完全，但由于应用范围广、不需特殊设备，仍然是一种较常用的分离方法。常用的沉淀法主要有等电点沉淀法、盐析法、有机溶剂沉淀法等。

 基础知识

　　沉淀分离技术，也称作沉淀分离法，是利用沉淀反应把待测组分与干扰组分分离的方法。即在样品溶液中加入适当沉淀剂，控制一定条件使某一组分以一定组成的固相形式析出（如图 3-1），经过滤、离心等方法将固液两相分开，从而达到分离的目的。

图 3-1　沉淀

一、物理沉淀法和化学沉淀法

1. 物理沉淀法

利用固体颗粒和悬浮物的物理性质将其从溶液中分离去除的方法称为物理沉淀法。物理沉淀法的主要处理对象是溶液中的漂浮物、悬浮物以及颗粒物质。物理沉淀法的最大优点是简单易行，效果良好，费用较低。

2. 化学沉淀法

化学沉淀法是向溶液中投加某种化学物质，使它与溶液中的溶解物质发生化学反应，生成难溶于水的沉淀物，以降低溶液中溶解物质的方法。一般用于金属离子的去除或者是沉淀分析。

二、蛋白质的理化性质

1. 两性解离和等电点

（1）两性解离 蛋白质可以在酸性环境中与酸中和成盐而游离成正离子，即蛋白质分子带正电，在电场中向阴极移动；在碱性环境中与碱中和成盐而游离成负离子，即蛋白质分子带负电，在电场中向阳极移动。以"P"代表蛋白质分子，以—NH_2和—COOH分别代表其碱性和酸性解离基团，随pH变化，蛋白质的解离反应可简示如图3-2。

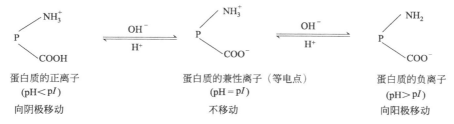

图 3-2　蛋白质的解离反应

一般来说，含有酸碱性基团的具有两性解离的物质，均具有等电点，例如核酸、DNA和RNA。

（2）等电点性质 当溶液在某一特定的pH条件下，蛋白质分子所带的正电荷数与负电荷数相等，即净电荷数为零，此时蛋白质分子在电场中不移动。这时溶液的pH称为该蛋白质的等电点，用pI表示。此时蛋白质的溶解度最小。

2. 胶体性质

蛋白质的分子量很大，球状蛋白质的表面多亲水基团，具有强烈吸引水分子作用，使蛋白质分子表面常为多层水分子所包围。实验证明，每1g蛋白质可以结合0.3～0.5g的水，使蛋白质分子表面形成一层水膜，称水化层（如图3-3）。

蛋白质分子表面具有许多可解离的基团，因此在一定的pH条件下，能与其周围电性相反的离子形成所谓双电层（如图3-4）。

水化层和双电层这两种稳定的因素，使蛋白质溶液成为亲水的胶体溶液。同时由于水化层和双电层的存在，蛋白质颗粒彼此不能接近，因而增加了蛋白质溶液的稳定性，阻碍蛋白质胶粒从溶液中沉淀出来。故它在水中能够形成胶体溶液。

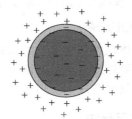

图 3-3 带负电荷蛋白质的水化层　　　　图 3-4 带负电荷蛋白质的双电层

蛋白质溶液具有胶体溶液的典型性质，如丁达尔现象、布朗运动、凝聚作用等。胶体中胶粒在适当的条件下相互结合成直径大于 100nm 的颗粒而沉淀或沉积下来，如在胶体中加入适当的物质（电解质），胶体中胶粒相互聚集成沉淀。

3. 沉淀作用

蛋白质胶体溶液的稳定性决定于其颗粒表面的水化层和电荷。当这两个因素遭到破坏后，蛋白质溶液就失去稳定性，并发生凝聚作用，沉淀析出，这种作用称为蛋白质的沉淀作用（如图 3-5）。

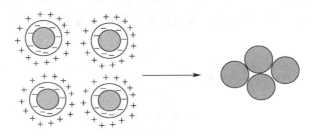

图 3-5 蛋白质的沉淀作用

蛋白质的沉淀作用主要有两种：第一，制备有活性的天然蛋白质制品；第二，从样品中除去杂蛋白，或者制备失去活性的蛋白质制品（一些变性的蛋白质更有利于人体消化）。根据蛋白质的结构是否破坏，将沉淀分为以下两种。

（1）可逆沉淀　可逆沉淀的蛋白质结构和性质都没有发生变化，在适当的条件下，可以重新溶解形成溶液，所以这种沉淀又称为非变性沉淀。一般是在温和条件下，改变溶液的 pH 或电荷状况，使蛋白质从胶体溶液中沉淀分离。可逆沉淀是分离和纯化蛋白质的基本方法，如等电点沉淀法、盐析法和有机溶剂沉淀法等。

（2）不可逆沉淀　在蛋白质的沉淀过程中，产生的蛋白质沉淀不可能再溶解于水中。在强烈沉淀条件下，不仅破坏了蛋白质胶体溶液的稳定性，而且也破坏了蛋白质的结构和性质。由于沉淀过程蛋白质的结构和性质发生了变化，所以又称为变性沉淀，因此该方法主要用于去除杂蛋白。

4. 蛋白质变性

蛋白质的性质与它们的结构密切相关。某些物理或化学因素，能够破坏蛋白质的结构状态，引起蛋白质理化性质改变并导致其生理活性丧失。这种现象称为蛋白质的变性。变性蛋白质通常都是固体状态物质，不溶于水和其他溶剂，也不可能恢复原有蛋白质所具有的性质。所以，蛋白质的变性通常都伴随着不可逆沉淀。引起变性的主要因素是热、紫外线、剧烈的搅拌以及强酸和强碱等。

三、溶液的离子强度

离子强度是溶液中离子浓度的量度，是溶液中所有离子浓度的函数。离子化合物溶于水时，会解离成离子。水溶液中电解质的浓度会影响到其他盐类的溶解度。尤其是当易溶的盐类溶于水中时，会大幅降低难溶盐类的溶解度，这种影响的强弱程度就称为离子强度。

第一节　等电点沉淀法

一、等电点沉淀法的基本原理和特点

1. 原理

两性生化物质在溶液 pH 处于等电点时，分子表面电荷为零，导致赖以稳定的双电层及水化层削弱或破坏，分子间静电排斥作用减弱，因此吸引力增大，能相互聚集起来，发生沉淀（如图 3-6）。

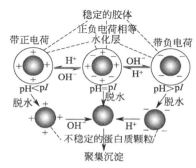

图 3-6　等电点沉淀原理

2. 特点

等电点沉淀法操作简单，试剂消耗少，给体系引入的外来物也少，是一种有效的初级分离方法。一般强酸强碱易使蛋白质变性、酶失活，所以宜采用弱酸、弱碱。

由于一般蛋白质的等电点多在偏酸性范围内，故在等电点操作中，多通过加无机酸（如盐酸、磷酸和硫酸等）调节 pH 值，而无机酸的成本比较低。这种方法适用于疏水性强的蛋白质，例如酪蛋白、大豆蛋白，在等电点 $pI=4.5\sim5$ 时溶解度较小（如图 3-7），能形成凝聚物，固相析出。

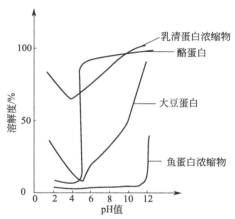

图 3-7　不同蛋白质在等电点时的溶解度

需要指出的是单独利用等电点分离效果并不理想，对一些亲水性强的蛋白质，如明胶、乳清蛋白，调 pH 在等电点时，溶解度仍然很好，并不产生沉淀，因此常需要等电点沉淀法与盐析法和有机溶剂沉淀法并用。

但要注意当向溶液中加入中性盐时，会使有的蛋白质溶液等电点发生偏移，影响沉淀分离效果，因此一般先加盐，再调溶液 pH 值到其等电点。

二、等电点沉淀法的影响因素

1. 杂质种类

由于酸碱氨基酸比例相近的蛋白质其等电点大多为中性偏酸（pH 约为 5.0），所以混合液中可能存在许多等电点相近的两性电解质，如乳清蛋白、大豆蛋白、酪蛋白等，其等电点非常接近，不利于等电点沉淀分离。

发酵液中含有不利于等电点提取的物质较多时，单独使用此法效果差。例如在谷氨酸的发酵生产过程中，从发酵液提取粗制的谷氨酸常用的方法是低温等电点工艺。等电点法提取谷氨酸，谷氨酸发酵液不经过除菌或不经过浓缩处理，其收率的高低，直接取决于发酵液的优劣。但是在实际工业生产中由于菌种、原料、设备或者操作的原因，发酵液含有不利于等电点提取的有害物质较多，出现如生物蛋白（包括植物性和动物性）以及胶体物质含量较高、黏性增强、泡沫大、酮酸高等异常情况，严重的尚有絮状不溶性悬浮物存在，致使不容易用等电点法沉淀发酵液。

2. 离子强度

蛋白质有盐溶和盐析两面性，等电点的数值随着溶液中中性盐离子的种类和浓度变化而变化。不同 pH 值条件下，大豆蛋白的离子强度与其溶解度变化曲线是不同的（如图 3-8），致使等电点发生改变，可见离子强度对等电点的沉淀作用影响较大。

三、等电点沉淀法的操作

1. 操作方式

等电点沉淀法是利用蛋白质在等电点时溶解度最低而各种蛋白质又具有不同等电点的特点进行分离的方法。

等电点沉淀操作需要在低离子浓度下调整溶液的 pH 至等电点，或在等电点的 pH 下利用透析等方法降低离子强度，使蛋白质沉淀。

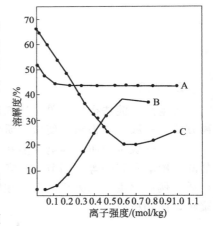

图 3-8 大豆蛋白的离子强度与溶解度关系图
A—pH6.8；B—pH4.7；C—pH2.0

大豆蛋白溶液的 pI 为 4～5 时，在该 pH 值下溶解度最低，因此大豆蛋白的提取工艺中（如图 3-9），步骤③酸沉，用盐酸调 pH 到 4.5 左右后，静置，离心取沉淀。

不同蛋白质氨基酸组成不同，等电点不同。调节蛋白质混合溶液的 pH 值，可使它们分次沉淀析出。根据这一特性，用依次改变溶液 pH 的办法，可将不同的蛋白质分别沉淀析出，从而达到分离纯化的目的。例如，在碱性磷酸酯酶的等电点沉淀提取工艺中，发酵液 pH 值先调至 14.0 后出现含碱性磷酸酯酶的沉淀物，离心收集沉淀物。然后用 pH9.0 的 0.1mol/L Tris-HCl 缓冲溶液重新溶解，加入 20％～40％饱和度的硫酸铵分级，离心收集的沉淀用 Tris-HCl 缓冲液再次沉淀，即得较纯的碱性磷酸酯酶。

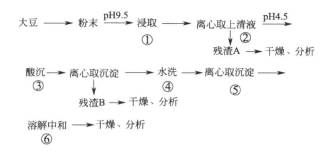

图 3-9　大豆蛋白的碱提酸沉工艺

表 3-1　不同蛋白质等电点

蛋白质名称	来源	等电点	蛋白质名称	来源	等电点
白明胶	动物皮	4.0～4.1	胰蛋白酶	胰液	5.0
乳清蛋白	牛乳	5.12	胃蛋白酶	猪胃	2.75
酪蛋白	牛乳	4.6	鱼精蛋白	蛙鱼精	12.0～12.4
卵清蛋白	鸡蛋	4.5	丝蛋白	蚕丝	2.0～2.4
卵球蛋白	鸡蛋	5.5～5.8	胶原蛋白	动物皮	4.8～5.2
血清清蛋白	马血	4.88	麦胶蛋白	小麦	6.5
血清球蛋白	马血	5.4～5.5	乳球蛋白	牛乳	4.5～5.5
肌球蛋白	肌肉	5.2～5.5	麻仁蛋白	麻仁	5.5～6.0
胰岛素	猪胰脏	5.35～5.45	大豆蛋白	大豆	4.5

2. 注意事项

① 不同的蛋白质，具有不同的等电点（如表 3-1）。在药物纯化过程中应根据分离要求，除去目的产物之外的杂蛋白；若目标产物也是蛋白质，可先除去高于等电点的杂蛋白，再去除低于等电点的杂蛋白。因此等电点沉淀法可用于两性生化物质的收集，也可用于除去杂蛋白及其他杂质，在实际工作中普遍用等电点沉淀法作为除杂手段。

例如，胰岛素的等电点为 5.35～5.45，在工业上生产胰岛素时，可以先将粗提取液调 pH 至 8.0 去除碱性蛋白质杂质，再调 pH 为 3.6 去除酸性蛋白质杂质（如图 3-10）。

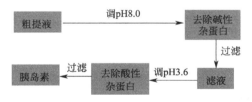

图 3-10　工业生产中胰岛素除杂

② 同一种蛋白质在不同条件下，等电点不同。在盐溶液中，蛋白质若结合较多的阳离子，则等电点值升高。因为结合阳离子后，正电荷相对增多，只有 pH 值升高才能达到等电点状态。如胰岛素在水溶液中的等电点为 5.3，在含一定浓度锌盐的水-丙酮溶液中的等电点为 6。如果改变锌盐的浓度，等电点也会改变。因此加入金属离子后选择等电点沉淀蛋白质时，必须注意调整 pH。蛋白质若结合较多的阴离子（如 PO_4^{3-}、SO_4^{2-} 等），则等电点移向较低的 pH 值，因为负电荷相对增多，只有降低 pH 值才能达到等电点状态。

③ 目的活性成分对 pH 值的要求。生产中应避免直接用强酸或强碱调节 pH 值，以免局部过酸或过碱，而引起目的活性成分蛋白质或酶变性。另外，调节 pH 值所用的酸或碱应与

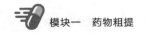

原溶液中的盐或即将加入的盐相适应。

例如溶液中含硫酸铵时，可用硫酸或氨水调 pH 值；如原溶液中含有氯化钠时，可用盐酸或氢氧化钠调 pH 值，应以不增加新物质为原则。

④ 等电点沉淀法只适用于水化程度不大，在等电点时溶解度很低的两性生化物质，如酪蛋白。对于亲水性很强的两性生化物质，在等电点及等电点附近仍有相当的溶解度（有时甚至比较大），用等电点沉淀法往往沉淀不完全，加上许多生物分子的等电点比较接近，故很少单独使用等电点沉淀法，往往与盐析法、有机溶剂沉淀法等多种沉淀方法结合来实现沉淀分离。例如，在工业上生产胰岛素时，除去杂质时，均加入一定量有机溶剂以提高沉淀效果。

总之，在考虑生物蛋白质对提取的影响时，一定要注意，不同种类的蛋白质，具有不同的等电点，在中和过程中时刻要关注蛋白质絮状物的变化，而且其 pH 值一定要控制在一定范围内，否则，会使其他一些物质遭到破坏造成严重的经济损失。同时这也提醒我们在工业生产中要注意发酵液的变化和酸的加入要均匀，不可使局部 pH 过低，这可能会引起其他物质变性。

第二节　盐析法

一、盐析法的基本原理和特点

1. 原理

在高浓度中性盐存在的情况下，蛋白质（或酶）等生物大分子在水溶液中的溶解度降低并沉淀析出的现象称为盐析。

盐析原理主要有两点：①高浓度的中性盐溶液中存在大量的带电荷的盐离子，它们能中和蛋白质分子的表面电荷，使蛋白质分子间的静电排斥作用减弱甚至消失而能相互靠拢，聚集起来；②中性盐的亲水性比蛋白质大，它会抢夺本来与蛋白质结合的自由水，使蛋白质表面的水化层被破坏，导致蛋白质分子之间的相互作用增大而发生凝聚，从而沉淀析出。如图 3-11 所示。

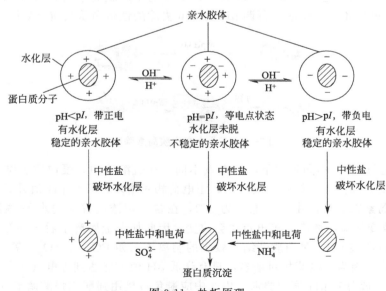

图 3-11　盐析原理

2. 特点

不同的蛋白质盐析时所需的盐的浓度不同，因此调节盐的浓度，可以使混合蛋白质溶液中的蛋白质分段析出，达到分离纯化的目的。不仅蛋白质，许多生化物质都可以用盐析法进行沉淀分离，如多肽、多糖、核酸、酶等。例如 $20\% \sim 40\%$ 饱和度的硫酸铵可以使许多病毒沉淀；使用 43% 饱和度的硫酸铵也可以使 DNA 和 rRNA 沉淀，而 tRNA 保留在上清液中。但盐析法应用最广的还是在蛋白质领域内。盐析法具有许多突出的优点：经济、安全、操作简便，不需特殊设备，应用范围广泛，不容易引起蛋白质变性。但盐析法由于共沉作用，不是一个高分辨的方法，需和其他方法交替使用，一般用于生物分离的粗提纯阶段。

【难点解答】盐析过程中，中性盐加入时蛋白质的溶解度先增加，后减小，其原因何在？

在蛋白质水溶液中，加入少量的中性盐，如硫酸钠、氯化钠等，会增加蛋白质分子表面的电荷，增强蛋白质分子与水分子的作用，从而使蛋白质在水溶液中的溶解度增大。这种现象称为盐溶。

而加入高浓度的中性盐，盐离子夺取蛋白质表面水分子，破坏了蛋白质分子表面的水化层，大量中和蛋白质颗粒上的电荷，使蛋白质在水溶液中的溶解度减小，从而使水中蛋白质颗粒积聚而沉淀析出。这种现象称为盐析。

二、盐析的影响因素

1. 盐的离子强度

在盐析时，蛋白质的溶解度与溶液中离子强度关系如图 3-12 所示，可用下式（Cohn 经验方程）表示：

$$lgS = lgS_0 - K_S \times I$$
$$lgS_0 = \beta$$

式中，S_0 是蛋白质在纯水（离子强度 $I = 0$）中的溶解度；S 为蛋白质在离子强度为 I 的溶液中的溶解度；K_S 为盐析常数，图中表示为方程斜率，与温度和 pH 无关，与盐和蛋白质的种类有关。不同的蛋白质在同一种盐溶液中的 K_S 值不同，K_S 值愈大，盐析效果愈好。β 为方程截距 lgS_0，与盐的种类无关，与温度、pH 和蛋白质种类有关。当温度和 pH 一定时，S_0 仅取决于蛋白质的性质。因此对于同一蛋白质，在一定温度和 pH 时，β 是常数。

从上述公式可知，在温度和 pH 一定的同一种盐溶液中，不同蛋白质有各自一定的 β 和 K_S 值。可以通过改变盐的离子强度来分离不同的蛋白质。这种方法称 K_S 分段（分级）盐析法。对于同一种盐溶液，如果保持离子强度不变，通过改变温度和 pH 来改变 β 值，也可达到盐析分离的目的。这种方法称为 β 分段（分级）盐析法。

盐的离子强度是影响蛋白质盐析的重要因素。由于不同的蛋白质，其结构和性质不同，盐析时所需盐的离子强度也就不同。几种蛋白质在不同离子强度下的盐析效应如图 3-13 所示，由此可见，在盐析区，离子强度越大，蛋白质的溶解度越低。在进行分离的时候，通常从低离子强度到高离子强度顺次进行。

由于盐的离子强度与其浓度密切相关，在实际操作中，加入盐的浓度一般以饱和度（饱和溶液的饱和度定为 100%）表示，常以调整盐的饱和度来控制分级盐析的效果。每一组分被盐析出来后，经过过滤或冷冻离心收集，再在溶液中逐渐提高中性盐的饱和度，使另一种蛋白质组分盐析出来。例如用硫酸铵盐析分离血浆中的蛋白质，饱和度达 20% 时，纤维蛋白原首先析出；饱和度增至 $28\% \sim 33\%$ 时，血红蛋白析出；饱和度再增至 $33\% \sim 50\%$ 时，假球蛋白析出；饱和度大于50％以上时，清蛋白析出；最后饱和度达到80％时，肌红蛋白析出。

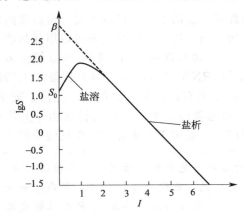

图 3-12　碳氧血红蛋白的溶解度 S 与 $(NH_4)_2SO_4$ 离子强度 I 的关系

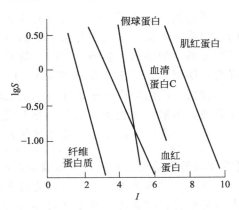

图 3-13　不同蛋白质溶解度 S 与离子强度 I 的关系

一般来说，组成相近的蛋白质，分子量越大，沉淀所需盐的量越少；蛋白质分子不对称性越大，也越易沉淀。

2. pH 值

蛋白质在 pI 时的溶解度最小，最容易从溶液中析出（如图 3-14）。因此，在进行盐析时的 pH，要选择在被盐析的蛋白质的 pI 附近。这样，产生沉淀时所消耗的中性盐较少，蛋白质的收率也高，同时也可以减少共沉作用。

3. 温度

一般来说，在低盐浓度下蛋白质等生物大分子的溶解度与其他无机物、有机物相似，即温度升高，溶解度升高。但对多数蛋白质而言，在高盐浓度下，它们的溶解度随温度的升高反而降低（如图 3-15）。另外，高温还容易导致蛋白质变性。因此，蛋白质的盐析一般在室温下进行，某些温度敏感型的蛋白质盐析最好在低温下进行，常在 0～4℃ 范围内迅速操作。

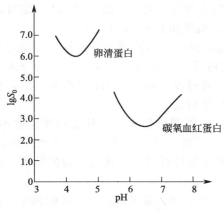

图 3-14　pH 值对卵清蛋白与碳氧血红蛋白盐析曲线的影响

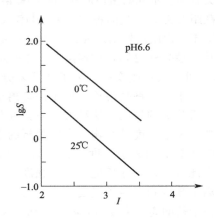

图 3-15　温度对碳氧血红蛋白的磷酸盐盐析曲线的影响

4. 蛋白质浓度

在相同的盐析条件下，蛋白质浓度越大，越容易沉淀，中性盐的极限沉淀浓度也越低（如图 3-16）。

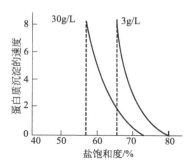

图 3-16 不同浓度碳氧肌红蛋白的盐析分布曲线

例如：起始浓度 30g/L 的碳氧肌红蛋白（COMb），大部分蛋白质在 58％～65％饱和度沉淀；稀释 10 倍的碳氧肌红蛋白溶液，饱和度达到 66％才开始沉淀，而相应的沉淀范围为 66％～73％饱和度。

但蛋白质的浓度越高，其他蛋白质的共沉作用也越强，从而使分辨率降低，这在一般情况下是不希望的。相反，蛋白质浓度小时，中性盐的极限沉淀浓度增大、共沉作用小、分辨率较高，但用盐量大，蛋白质的回收率低。

所以在盐析时，首先要根据实际条件选择适当的蛋白质浓度，一般常将蛋白质浓度控制在 2％～3％为宜。

三、盐析用盐的选择

选用盐析用盐主要考虑以下几个问题：

① 盐析作用要强。一般来说多价离子的盐析作用强。

常见阴离子的盐析作用顺序：

$PO_4^{3-} > SO_4^{2-} > CH_3COO^- > Cl^- > NO_3^- > ClO_4^- > I^- > SCN^-$

常见阳离子对盐析效果的影响：

$Al^{3+} > H^+ > Ba^{2+} > Sr^{2+} > Ca^{2+} > Mg^{2+} > Cs^+ > Rb^+ > NH_4^+ > K^+ > Na^+ > Li^+$

② 盐析用盐必须要有足够大的溶解度，且溶解度受温度影响应尽可能小。这样便于获得高浓度盐溶液，有利于操作，尤其是在较低温度下操作，不致造成盐结晶析出，影响盐析结果。

③ 盐析用盐在生物学上是惰性的，不致影响蛋白质等生物大分子的活性。最好不引入给分离或测定带来麻烦的杂质。

④ 来源丰富、经济。常用的盐析用盐主要有硫酸铵、硫酸钠、硫酸镁、氯化钠、磷酸钠、磷酸钾等。

硫酸铵具有盐析作用强、溶解度大且受温度影响小，一般不会使蛋白质变性，价廉易得，分段分离效果较好等优点。所以无论在实验室中，还是生产上，除少数有特殊要求的盐析以外，大多数情况下都采用硫酸铵进行盐析。

但硫酸铵具腐蚀性且缓冲能力差，饱和溶液的 pH 在 4.4～5.5 之间，使用时多用浓氨水调整 pH 到 7 左右。硫酸钠虽无腐蚀性，但低于 40℃就不容易溶解，因此只适用于热稳定性较好的蛋白质的沉淀过程，应用远不如硫酸铵广泛。

磷酸盐也常用于盐析，具有缓冲能力强的优点，但它们的价格较昂贵，溶解度较低，还容易与某些金属离子生成沉淀，所以应用不如硫酸铵广泛。

四、盐析操作

用盐析法沉淀蛋白质时主要有两种操作方法：

① 在一定的pH和温度下，改变盐浓度（即离子强度）达到沉淀的目的，即K_S分段盐析法；

② 在一定的盐浓度（离子强度）下，改变溶液的pH及温度，达到沉淀的目的，即β分段盐析法。

在多数情况下，尤其是生产中，常用第①种方法，使目的物或杂蛋白析出。这样做使得被盐析物质的溶解度剧烈下降，容易产生共沉现象，故分辨率不高，所以第①种方法多用于蛋白质的粗提阶段。在分离的后期阶段（即蛋白质的进一步分离纯化时）常用第②种方法，因为第②种方法被盐析物质的溶解度变化缓慢且变化幅度小，分辨率较好。

下面以硫酸铵盐析法为例介绍第一种盐析操作方法。

1. 操作方式

盐析时，硫酸铵的加入主要有三种方式。

(1) 加入饱和溶液法 在实验室和小规模生产中溶液体积不大时，或硫酸铵浓度不需太高时，可采用这种方式。它可防止溶液局部过浓，但加量过多时，料液会被稀释，不利于下一步的分离纯化。为达到一定的饱和度，所需加入的饱和硫酸铵溶液的体积可由下式求得：

$$V = V_0(S_2 - S_1)/(1 - S_2)$$

式中，V为加入的饱和硫酸铵溶液的体积，L；V_0为溶液的原始体积，L；S_1和S_2分别为初始和最终溶液的饱和度，%。

饱和硫酸铵溶液配制应达到真正饱和，配制时加入过量的硫酸铵，加热至$50 \sim 60 \, ^\circ\!C$，保温数分钟，趁热滤去不溶物，在$0 \sim 25 \, ^\circ\!C$下平衡$1 \sim 2d$，有固体析出，即达到100%饱和度。

(2) 透析盐析法（透析平衡法） 先将盐析的样品装于透析袋中，然后浸入饱和硫酸铵中进行透析，透析袋内硫酸铵饱和度逐渐提高，达到设定浓度后，目的蛋白质析出，停止透析。该法优点在于硫酸铵浓度变化有连续性，盐析效果好，但操作烦琐。

(3) 加入固体盐法 在工业生产溶液体积较大时，或硫酸铵浓度需要达到较高饱和度时，可采用这种方式。加入时速度不能太快，应分批加入，并充分搅拌，使其完全溶解，注意防止局部浓度过高。

为达到所需的饱和度，加入固体硫酸铵的量，可用计算法或查表法得到。

① 计算法

由下式计算而得

$$X = G(S_2 - S_1)/(1 - AS_2)$$

式中，S_1和S_2分别为初始和最终溶液的饱和度，%；X为1L溶液所需加入的固体硫酸铵的质量，g；G为经验常数，$0 \, ^\circ\!C$时为515，$20 \, ^\circ\!C$为536，$25 \, ^\circ\!C$为541；A为常数，$0 \, ^\circ\!C$时为0.27，$20 \, ^\circ\!C$为0.29，$25 \, ^\circ\!C$为0.30。

② 查表法

由附录1或附录2中查表所得。

例1：室温下有50mL的料液，要采用直接加固体硫酸铵进行盐析，其硫酸铵饱和度为10%，需要达到的硫酸铵饱和度为50%，需加入多少固体硫酸铵？

解：查附录2可知

硫酸铵饱和度由10%达到50%，每1000mL溶液加入固体硫酸铵251g。

$$m = 251 \times (50/1000) = 12.55g$$

即50mL的料液需加入12.55g固体硫酸铵。

2. 操作注意事项

① 加固体硫酸铵时，必须看清楚表上所规定的温度，一般有室温（25℃）和0℃两种，在附录1与附录2中已考虑加入固体盐后体积的变化。

② 分段盐析时，要考虑到每次分段后蛋白质浓度的变化。蛋白质浓度不同，盐析所需的饱和度也不同。

③ 为了获得实验的重复性，盐析的条件如pH、温度和硫酸铵的纯度都必须严加控制。

④ 盐析后一般需放置0.5～1h，待沉淀完全后才过滤离心，过早的分离将影响收率。低浓度的硫酸铵溶液盐析后固液分离采用离心方法，高浓度硫酸铵溶液盐析后则常用过滤方法。因高浓度硫酸铵的密度太大，蛋白质要在悬浮液中沉降出来，需要较高离心速度和长时间的离心操作，故采取过滤法较合适。

⑤ 盐析过程中，搅拌必须是有规则的和温和的。搅拌太快将引起蛋白质变性，其变性特征是起泡。

⑥ 为了平衡硫酸铵溶解时产生的轻微酸化作用，沉淀反应至少在50mmol/L缓冲溶液中进行或者加完后微调pH值。

第三节　有机溶剂沉淀法

一、有机溶剂沉淀法的基本原理和特点

1. 原理

向蛋白质等生物大分子的水溶液中加入一定量亲水性的有机溶剂，能显著降低蛋白质等生物大分子的溶解度，使其沉淀析出。

不同的蛋白质沉淀时所需的有机溶剂的浓度不同，因此调节有机溶剂的浓度，可以使混合蛋白质溶液中的蛋白质分段析出，达到分离纯化的目的。有机溶剂沉淀法不仅适用于蛋白质的分离纯化，还常用于酶、核酸、多糖等物质的分离纯化。

有机溶剂沉淀的机理主要有两点：①加入有机溶剂后，会使水溶液的介电常数降低，而使溶质分子（如蛋白质分子）之间的静电引力增加，从而促使它们互相聚集，并沉淀出来；②水溶性有机溶剂的亲水性强，它会抢夺本来与亲水溶质结合的自由水，使其表面的水化层被破坏，导致溶质分子之间的相互作用增大而发生凝聚，从而沉淀析出。

 知识拓展

介电常数 ε

介电常数ε是物质相对于真空来说增加电容器电容能力的度量。介电常数随分子偶

极矩和可极化性的增大而增大。在化学中，介电常数是溶剂的一个重要性质，它表征溶剂对溶质分子溶剂化以及隔开离子的能力。介电常数大的溶剂，有较大隔开离子的能力，同时也具有较强的溶剂化能力。

以真空的介电常数为1，在温度25℃，频率1kHz条件下，水的相对介电常数比较大，为81.5，而有机溶剂的相对介电常数比较小，例如乙醇为25.7，丙酮为20.7。因此，在蛋白质和酶等极性物质的水溶液中加入乙醇、丙酮等与水相溶的有机溶剂可降低溶液的介电常数，使离子聚合能力增强，降低了蛋白质和酶的溶解度而使之沉淀。

2. 特点

与盐析法相比，有机溶剂沉淀法的优点是分辨率高于盐析。乙醇、丙酮等有机溶剂沸点低，容易挥发除去，不会残留于成品中，产品更纯净；沉淀物与母液间的密度差较大，分离容易。有机溶剂沉淀法的缺点是容易使蛋白质等生物大分子变性，沉淀操作需在低温下进行，需要耗用大量有机溶剂，成本较高，为节省用量，常将蛋白质溶液适当浓缩，并要采取溶剂回收措施。有机溶剂一般易燃易爆，所以储存比较困难或麻烦。

二、有机溶剂的选择和体积的计算

1. 有机溶剂的选择

沉淀用有机溶剂的选择主要考虑以下几个方面的因素：①介电常数小，沉淀作用强；②对生物分子的变性作用小；③毒性小，挥发性适中，沸点过低虽有利于溶剂的除去和回收，但挥发损失较大，且给生态环境及安全生产带来麻烦；④沉淀用溶剂一般需能与水无限混溶。

常用于生物大分子沉淀的有机溶剂有乙醇、丙酮和甲醇等。其中乙醇是最常用的沉淀剂，因为它具有沉淀作用强、沸点适中、无毒等优点，广泛用于沉淀蛋白质、核酸、多糖等生物高分子及核苷酸、氨基酸等。丙酮的介电常数小于乙醇，故沉淀的能力较强，用丙酮代替乙醇作沉淀剂一般可减少用量1/4～1/3，但其具有沸点较低、挥发损失大、对肝脏有一定毒性、着火点低等缺点，使得它的应用不及乙醇广泛。甲醇的沉淀作用与乙醇相当，对蛋白质的变性作用比乙醇、丙酮都小，但甲醇口服有剧毒，所以应用也不及乙醇广泛。

2. 体积计算

进行有机溶剂沉淀时，欲使原溶液达到一定的溶剂浓度，需加入有机溶剂的量，可用计算法或查表法得到。

① 计算法

由下式计算而得

$$V = \frac{V_0(S_2 - S_1)}{100\% - S_2}$$

式中，V 为需加入的有机溶剂的体积；V_0 为原溶液体积；S_1 为原溶液中有机溶剂的质量分数；S_2 为需达到的有机溶剂的质量分数；100%是指加入的有机溶剂浓度为100%，若所加入有机溶剂浓度为95%，则公式中的分母也应改为（95%－S_2），其他溶剂浓度依此类推。

例 2：某一 30mL 料液中乙醇浓度为 35%，要将乙醇浓度调整到 55%，需要往料液中加入多少无水乙醇？

解：

由公式 $V=\dfrac{V_0\,(S_2-S_1)}{100\%-S_2}$ 可得

$V=V_0(S_2-S_1)/(100\%-S_2)=30(55\%-35\%)/(100\%-55\%)\approx13.33\text{mL}$

即 30mL 的料液需加入 13.33mL 无水乙醇。

上式与盐析公式一样未考虑混合后体积的变化，实际上等体积的乙醇和水相混合后体积会缩小 5%。如此的体积变化对大多数工作影响不大，在有精确要求的场合可按物质的量比计算，这样可将体积变化因素抵消。实际工作中，有时查表比计算更方便。

② 查表法

查表法考虑了乙醇与水混合后体积的变化量，有时会比计算法更方便准确，因此实际工作中配制乙醇溶液常用此法。

查表法一般用于高浓度乙醇溶液制备低浓度乙醇溶液，由附录 3 查表可得。

例 3：20℃时，制备 1L 浓度为 35% 乙醇溶液，需要加入无水乙醇和水各多少？如使用 75% 的乙醇，所需 75% 的乙醇和水各多少？

解： 由附录 3 可得：

用无水乙醇制备 1L 浓度为 35% 乙醇溶液，需要无水乙醇 350mL，水 681mL；

用 75% 的乙醇制备 1L 浓度为 35% 乙醇溶液，需要 75% 的乙醇 467mL，水 550mL。

三、有机溶剂沉淀法的影响因素

1. 温度

有机溶剂与水混合时，会放出大量的热量，使溶液的温度显著升高，从而增加有机溶剂对蛋白质的变性作用。另外温度还会影响有机溶剂对蛋白质的沉淀能力，一般温度越低，沉淀越安全，如图 3-17 所示，适宜的温度为 10～20℃。

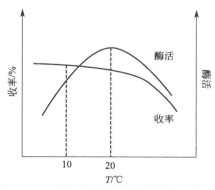

图 3-17 有机溶剂沉淀法的温度影响示意图

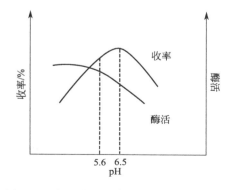

图 3-18 有机溶剂沉淀法的 pH 影响示意图

因此，在使用有机溶剂沉淀生物高分子时，整个操作过程应在低温下进行，而且最好在同一温度，防止已沉淀的物质溶解或另一物质的沉淀。

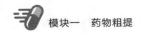

具体操作时，常将待分离的溶液和有机溶剂分别进行预冷，后者最好预冷至 $-20 \sim$ $-10℃$。为避免温度骤然升高损失蛋白质活力，操作时还应不断搅拌，少量多次加入。

为了减少有机溶剂对蛋白质的变性作用，通常使沉淀在低温下短时间（$0.5 \sim 2h$）处理后即进行过滤或离心分离，接着真空抽去剩余溶剂或将沉淀溶入大量缓冲溶液中以稀释有机溶剂，旨在减少有机溶剂与目的物的接触。

2. pH 值

许多蛋白质在等电点附近有较好的沉淀效果，所以 pH 多控制在待沉淀蛋白质的等电点附近（如图 3-18）。但要注意的是少数蛋白质在等电点附近不太稳定。另外，在控制溶液 pH 时务必使溶液中大多数蛋白质分子带有相同电荷，而不要让目的物与主要杂质分子带相反电荷，以免出现严重的共沉作用。

3. 样品浓度

与盐析相似，样品浓度较低时，将增加有机溶剂投入量和损耗，降低溶质收率，但低浓度的样品共沉作用小，分离效果较好；反之，高浓度的样品会增加共沉作用，降低分辨率，然而减少了溶剂用量，提高了回收率。

一般认为蛋白质的初始质量分数以 $0.5\% \sim 2\%$ 为好，糖胺聚糖则以 $1\% \sim 2\%$ 较合适。

4. 盐浓度

较低浓度的中性盐存在有利于沉淀作用，减少蛋白质变性。

一般在有机溶剂沉淀时，中性盐浓度以 $0.01 \sim 0.05mol/L$ 为好，常用的中性盐为乙酸钠、乙酸铵、氯化钠等。但在中性盐浓度较高时（$0.2mol/L$ 以上），往往需增加有机溶剂的用量才能使沉淀析出。所以若要对盐析后的上清液或沉淀物进行有机溶剂沉淀，必须事先除盐。

5. 某些金属离子

有些金属离子如 Ca^{2+}、Zn^{2+} 等可与某些阴离子状态的蛋白质形成复合物，这种复合物溶解度大大降低而不影响生物活性，有利于沉淀形成，并降低溶剂用量。使用时要避免有与这些金属离子形成难溶盐的阴离子存在（如磷酸根离子）。

实际操作时往往先加有机溶剂，沉淀除去杂蛋白，再加 Ca^{2+}、Zn^{2+} 沉淀目的物，见图 3-19 胰岛素精制工艺。

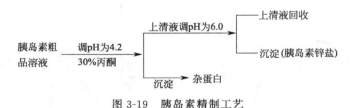

图 3-19 胰岛素精制工艺

第四节 其他沉淀法

一、聚合物沉淀法

1. 离子型聚合物沉淀法

离子型聚合物是一类温和的沉淀剂，能与目标蛋白质形成复合盐沉淀。例如鱼精蛋白在溶液中形成多聚阳离子，用于酸性蛋白的沉淀；核酸含有多聚阴离子基团，用于碱性蛋白的沉淀。在操作时要调整溶液 pH 值，使蛋白质带有与离子型聚合物不同的电荷。

2. 非离子型聚合物沉淀法

水溶性非离子型聚合物是 20 世纪 60 年代发展起来的一类重要沉淀剂，最早应用于提纯免疫球蛋白（IgG）和沉淀一些细菌与病毒，近年来逐渐广泛应用于核酸和酶的分离纯化。这类非离子型聚合物包括各种不同分子量的聚乙二醇（PEG）、壬基酚聚氧乙烯醚（NPEO）、葡聚糖、右旋糖酐硫酸酯等。其中应用最多的是聚乙二醇，其结构式如下：

$$\mathrm{HO} - \left[\begin{array}{cc} \overset{\displaystyle H}{\underset{\displaystyle H}{C}} & \overset{\displaystyle H}{\underset{\displaystyle H}{C}} \end{array} - O \right]_n - H$$

聚乙二醇亲水性强，分子量范围广，在生化制备中用得较多的是 PEG2000～6000。分子量超过 20000 以上的聚乙二醇则具有很高的黏性，操作十分不便，平时很少使用。聚乙二醇及其他非离子型聚合物应用于生物大分子、病毒和细菌等微粒的沉淀时，其效果与 PEG 分子量与蛋白质分子量有关。在一定范围内，高分子量的 PEG 沉淀性好。随着蛋白质分子量的提高，沉淀所需加入的 PEG 用量减少。一般来说，PEG 浓度通常为 20%，浓度过高会使溶液黏度增大，加大沉淀物分离的困难。此外，沉淀效果除与沉淀剂本身浓度有关外，还受到离子强度、pH 和温度等因素的影响。例如，用 PEG 沉淀蛋白质，使用 PEG 的浓度与溶液中盐的浓度常呈反比关系，在固定 pH 值下，盐浓度越高，所需的 PEG 浓度越低。溶液 pH 值越接近蛋白质的等电点，沉淀蛋白质所需的 PEG 浓度越低。

非离子型聚合物分离生物大分子和微粒的方法一般有两种情况。一是选用一种水溶性非离子型聚合物，使生物大分子和微粒在同一液相中，由于被排斥相互凝集而沉淀析出。操作时先将料液离心除去粗大悬浮颗粒，调整溶液 pH 和温度至适度，然后加入中性盐和聚合物至一定浓度，冷却静置一段时间，即形成沉淀。所得到的沉淀中含有大量聚合物，除去的方法可采用吸附法、乙醇沉淀法及盐析法等。这种沉淀技术具有操作条件温和（通常室温）、生物大分子不易变性、沉淀的颗粒较大、产物易收集等优点。二是选用两种水溶性非离子型聚合物组成液液两相系统，使生物大分子在两相中分配，并外加离子强度、pH 和温度等因素，增强分离的效果，这就是前面章节介绍的双水相萃取。

二、表面活性剂沉淀法

表面活性沉淀剂有很多，如聚丙烯酰胺（PAM）、十六烷基三甲基溴化铵（CTAB）、十六烷基氯化吡啶（CPC）和十二烷基硫酸钠（SDS）等。聚丙烯酰胺表面活性剂从分子结构上看也属于聚合物，其作用原理在发酵液预处理章节中已介绍过，主要是架桥作用形成沉淀。十六烷基三甲基溴化铵和十六烷基氯化吡啶与多糖上的阴离子形成季铵盐络合物，降低离子强度，生成络合物沉淀析出，是分离酸性糖胺聚糖的有效沉淀剂。十二烷基硫酸钠能使膜蛋白和核蛋白变性沉淀，核酸则存在于水溶液中，从而将核酸和蛋白质分离。

三、成盐沉淀法

某些生化物质（如核酸、蛋白质、多肽、氨基酸、抗生素等）能和重金属、某些有机酸与无机酸形成难溶性的盐类复合物而沉淀，该法根据所用的沉淀剂的不同可分为金属离子沉淀法、有机酸沉淀法和无机酸沉淀法。值得注意的是成盐沉淀法所形成的复合盐沉淀，常使

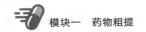

蛋白质发生不可逆的沉淀，应用时必须谨慎。

1. 金属离子沉淀法

许多有机物包括蛋白质在内，在碱性溶液中带负电荷，都能与金属离子形成金属复合盐沉淀。所用的金属离子，根据它们与有机物作用的机制可分为三大类：第一类包括 Mn^{2+}、Fe^{2+}、Co^{2+}、Ni^{2+}、Cu^{2+}、Zn^{2+} 等，它们主要作用于羧酸、胺及杂环等含氮化合物；第二类包括 Ca^{2+}、Ba^{2+}、Mg^{2+} 等，这些金属离子也能和羧酸起作用，但不能与含氮化合物结合；第三类包括 Hg^{2+}、Ag^+、Pb^{2+} 等，这类金属离子对含巯基的化合物有特殊的结合力。

蛋白质和酶分子中含有羧基、氨基、咪唑基和巯基等，均可以和上述金属离子作用形成盐复合物。调整水溶液的介电常数（如加入有机溶剂），用 Zn^{2+}、Ba^{2+} 等金属离子可以把许多蛋白质沉淀下来，所用金属离子浓度约为 0.02mol/L。金属离子沉淀法也适用于核酸或其他小分子（氨基酸、多肽及有机酸等）。

用金属离子沉淀法分离出沉淀物后，可以通 H_2S 使金属变成硫化物而除去，也可采用离子交换法或金属螯合剂 EDTA 等将金属离子除去。

金属离子沉淀法已有广泛的应用，除提取生化物质外，还能用于沉淀除去杂质。例如，锌盐用于沉淀制备胰岛素；锰盐选择性地沉淀除去发酵液中的核酸，降低发酵液黏度，以利于后续纯化操作；锌盐除去红霉素发酵液中的杂蛋白以提高过滤速度。

2. 有机酸沉淀法

某些有机酸如苦味酸、鞣酸能与蛋白质分子中的含氮碱性基团形成复合物而沉淀析出。但这些有机酸与蛋白质形成盐复合物沉淀时，常常发生不可逆的沉淀反应。所以，应用此法制备生化物质特别是蛋白质和酶时，需采用较温和的条件，有时还加入一定的稳定剂，以防蛋白质变性。常用的有鞣酸、三氯乙酸、雷（利）凡诺等试剂。

(1) 鞣酸 鞣酸又称单宁，广泛存在于植物界中，为多元酚类化合物，分子上有羧基和多个羟基。由于蛋白质分子中有许多氨基、亚氨基和羧基等，所以可与单宁分子形成众多的氢键而结合在一起，从而生成巨大的复合颗粒而沉淀下来。

单宁沉淀蛋白质的能力与蛋白质种类、环境 pH 及单宁本身的来源（种类）和浓度有关。由于单宁与蛋白质的结合相对比较牢固，用一般方法不容易将它们分开，故多采用竞争结合法，即选用比蛋白质更强的结合剂与单宁结合，使蛋白质游离释放出来。这类竞争性结合剂有聚乙烯吡咯烷酮（PVP），它与单宁形成氢键的能力很强。此外，聚乙二醇、聚氧化乙烯及山梨糖醇甘油酸酯也可用来从单宁复合物中分离蛋白质。

(2) 三氯乙酸 三氯乙酸（TCA）沉淀蛋白质迅速而完全，一般会引起变性。但在低温下短时间作用可使有些较稳定的蛋白质或酶保持原有的活力，如用 2.5% 的 TCA 处理细胞色素 c 提取液，可以除去大量杂蛋白而对酶活性没有影响。此法多用于目的物比较稳定且分离杂蛋白相对困难的场合。

(3) 雷（利）凡诺 雷（利）凡诺是一种吖啶乳酸盐染料，虽然其沉淀机理比一般有机酸盐复杂，但其与蛋白质作用也主要是通过形成盐的复合物而沉淀的。此种染料提纯血浆中 γ-球蛋白有较好效果。实际应用时以 0.4% 的雷（利）凡诺溶液加到血浆中，调 pH 7.6～7.8，除 γ-球蛋白外，可将血浆中其他蛋白质沉淀下来。然后以 5% 浓度的 NaCl 将雷（利）凡诺沉淀。溶液中的 γ-球蛋白可用 25% 乙醇或加等体积饱和硫酸铵沉淀回收。使用雷（利）凡诺沉淀蛋白质，不影响蛋白质活性，并可通过调整 pH，分段沉淀一系列蛋白质组分。但蛋白质的等电点在 pH3.5 以下或 pH9.0 以上，不被雷（利）凡诺沉淀。而核酸大分子却可在较低 pH 时（pH 为 2.4 左右），被雷（利）凡诺沉淀。

3. 无机酸沉淀法

某些无机酸如磷钨酸、磷钼酸等能与阳离子形式的蛋白质形成溶解度极低的复合盐，从而使蛋白质沉淀析出。用此法得到沉淀物后，可在沉淀物中加入无机酸并用乙醚萃取，把磷钨酸、磷钼酸等移入乙醚中除去，或用离子交换法除去。

四、选择性变性沉淀法

这一特殊方法主要是破坏杂质，保存目的物。其原理是利用蛋白质、酶和核酸等生物大分子对某些物理或化学因素敏感性不同，而有选择地使之变性沉淀，达到分离提纯的目的。

1. 选择性试剂变性

加入表面活性剂或有机溶剂引起变性。例如，制备核酸时，加入含苯酚、氯仿、十二烷基硫酸钠等有选择地使蛋白质变性沉淀，从而与核酸分离。

2. 选择性热变性

利用对热的稳定性不同，加热破坏某些组分，而保留另一些组分。例如，脱氧核糖核酸酶的热稳定性比核糖核酸酶差，加热处理可使混杂在核糖核酸酶中的脱氧核糖核酸酶变性沉淀；又如由黑曲霉发酵制备脂肪酶时，常混杂有大量淀粉酶，当把混合粗酶液在 40℃ 水溶液中保温 150min（pH 为 3.4），90% 以上的淀粉酶将受热变性而除去。

热变性方法简单可行，在制备一些对热稳定的小分子物质过程中，对除去一些大分子蛋白质和核酸特别有效。

3. 选择性酸碱变性

利用酸碱变性有选择地除去杂蛋白在生物分离中的例子很多，如用 2.5% 浓度的三氯乙酸处理胰蛋白酶、抑肽酶或细胞色素 c 粗提取液，均可除去大量杂蛋白，而对所提取的酶活性没有影响。有时还把酸碱变性与热变性结合起来使用，效果更为显著。但应用前必须对目的物的热稳定性及酸碱稳定性有足够的了解，切勿盲目使用。

例如，胰蛋白酶在 pH 为 2.0 的酸性溶液中可耐极高的温度，而且热变性后所产生的沉淀是可逆的，冷却后沉淀溶解即可恢复活性。还有些酶与底物或竞争性抑制剂结合后，对 pH 或热的稳定性显著增加，则可以采用较为强烈的酸碱变性和热变性除去杂蛋白。

 案例分析

一、沉淀法在人血白蛋白生产中的应用

1940 年，哈佛大学教授科恩等人用乙醇来完成蛋白质沉淀经典实验。他们应用低温乙醇分级沉淀人血浆的方法制备了白蛋白溶液，并通过冷冻干燥将乙醇从成品中去除，得到白蛋白产品成功地救治了 1941 年珍珠港空袭后的幸存者。除此以外，免疫球蛋白、血纤维蛋白原等其他许多蛋白质都是利用上述方法进行沉淀分离。

目前，国内用于生产人血白蛋白和免疫球蛋白类制品的生产方法基本都是低温乙醇法。从血浆中通过六步沉淀可生产得到纯度为 99% 的免疫球蛋白和 96%～99% 的白蛋白。

影响这种沉淀过程的主要有五大参数：溶液的蛋白质浓度、pH 值、离子强度、溶液的

温度和乙醇的浓度。在前四个参数都一致的情况下，乙醇的沉淀作用取决于蛋白质分子的大小。在逐渐提高乙醇浓度时，蛋白质将按分子大小顺序先后沉淀。

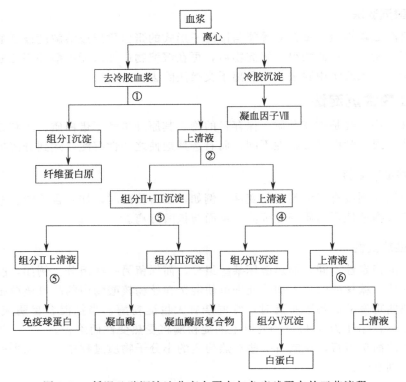

图 3-20　低温乙醇沉淀法分离白蛋白与免疫球蛋白的工艺流程

①乙醇，8%；pH，7.2；3℃；蛋白质浓度，5.0%　②乙醇，20%；pH，5.8；−5℃；蛋白质浓度，4.5%
③乙醇，20%；pH，5.5；−5～−5.5℃　④乙醇，40%；pH，5.8；−7℃；蛋白质浓度，2.5%
⑤乙醇，25%；pH，7.0；−6.5～−7.5℃　⑥乙醇，40%；pH，4.8；−8℃；蛋白质浓度，2.0%

　　人血白蛋白制备工艺流程如图 3-20 所示。对血浆进行常见的 5 种病毒检测是国家的强制标准，而且必须是检测合格后方可投入生产。对原料血浆进行一次离心，可以分离得到冷胶沉淀，这也是制造凝血因子Ⅷ的原料。离心去除冷胶沉淀之后的血浆可以用于人凝血酶原复合物（凝血因子Ⅱ、Ⅶ、Ⅸ、Ⅹ的混合物）的生产。接下来进行 8% 乙醇沉淀步骤（若不生产凝血因子Ⅷ和人凝血酶原复合物，也可以直接对原料血浆进行 8% 乙醇沉淀操作）。

　　步骤①：8% 乙醇沉淀，产生组分Ⅰ沉淀，主要成分为纤维蛋白原。组分Ⅰ沉淀可以用于人纤维蛋白黏合剂的生产。由于工业化生产中投入的血浆数量巨大（一般一次为 5000kg 血浆左右），沉淀罐的容积也是很大的，向沉淀罐中加入缓冲溶液或乙醇的时候一定要控制好速度，加得太快会使局部 pH 值或乙醇浓度超出限度而导致不良后果，加得太慢则会延长生产周期。沉淀完成以后，需要静置数小时，以利于沉淀的积累。然后离心（也有的工艺采用板框压滤，加入硅藻土作为助滤剂），收集沉淀，同时将上清液转移入另外的沉淀罐以备进行下一步的沉淀。

　　步骤②：20% 乙醇沉淀，分离出组分Ⅱ+Ⅲ沉淀，其主要成分为各种类型的球蛋白和凝血因子Ⅱ、Ⅶ、Ⅸ、Ⅹ。组分Ⅱ+Ⅲ沉淀可以用于免疫球蛋白类制品和人凝血酶原复合物的生产。上清液继续进入下一步的沉淀。

　　步骤③：组分Ⅱ+Ⅲ沉淀溶解并稀释，加入乙醇至 20%，分离出组分Ⅲ沉淀，用于人凝血酶原复合物的生产。上清液继续进入下一步的沉淀。

步骤④：40％乙醇沉淀，分离出组分Ⅳ沉淀，主要成分为 α_2 巨球蛋白、铜蓝蛋白和一些补体蛋白，同时还含有少量的白蛋白。组分Ⅳ沉淀也可以用于回收分离白蛋白。上清液继续进入下一步的沉淀。

步骤⑤：25％乙醇沉淀，分离出免疫球蛋白。

步骤⑥：40％乙醇沉淀，分离出组分Ⅴ沉淀，也就是白蛋白，一般 5000kg 的血浆能得到 600kg 左右（具体的量和沉淀的干湿程度等都有关系）的组分Ⅴ沉淀，其蛋白质含量为 25％～28％。上清液中仅含少量的蛋白质，直接弃去。此步骤分离出的白蛋白还不是很纯，需要再进行一次纯化反应。之后还有白蛋白纯化，超滤脱醇及配制、灭活、分装、检测等，待结果合格后才能投入销售。

一批次的人血白蛋白从开始投料到可以销售，大概需要一个半月到两个月多的时间。低温乙醇法生产人血白蛋白已经是一个比较成熟的方法，现今的主要问题就是如何进一步提高人血白蛋白的得率，这主要涉及各步骤的一些细微操作注意点，也是生产企业一直在追求的目标。

二、沉淀法在中草药提取中的应用

沉淀法是在中草药提取液中加入某些试剂使其析出某种成分或者析出杂质，以获得收集有效成分或除去杂质的方法。

1. 水提醇沉法（水醇法）

水醇法是指在中药材水提浓缩液中，加入乙醇使其达到要求含醇量，某些药物成分在醇溶液中溶解度降低而析出沉淀，固液分离后使水提液得以精制的方法（如图 3-21）。除去糖类、蛋白质等水溶性杂质，保留水不溶性成分，一般用于提取极性较小的化合物。

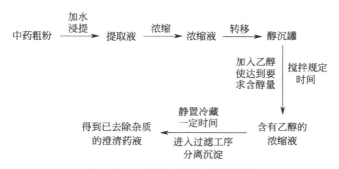

图 3-21 中药材水醇法工艺流程

2. 醇提水沉法（醇水法）

醇水法是先以适宜浓度的乙醇提取药材成分，将提取液回收乙醇后，加适量水搅匀，静置冷藏一定时间，沉淀完全后滤除的方法。药材用乙醇为溶剂提取，可避免淀粉、蛋白质、黏液质等成分的浸出，加水处理后可除去醇提液中树脂、脂溶性色素等杂质，保留水溶性成分，一般用于提取极性较大的化合物。应用此方法要慎重，避免醇溶性有效成分因水溶性差而被一起沉淀除去。

3. 盐析法

盐析法是在中药材的水提液中加入无机盐使之达到一定的浓度后，可使提取液中的某些成分在水中的溶解度降低而沉淀析出，从而与水溶性大的杂质分开的一种分离方法。一般的生物碱、皂苷、挥发油等都可用盐析从水溶液中分离出来。

例如，在黄连粗粉中提取小檗碱，小檗碱的盐酸盐在水中溶解度小，而小檗碱的硫酸盐水中溶解度较大。因此，从植物原料中提取小檗碱时常用稀硫酸水溶液浸泡或渗漉，然后向提取液中加入 10% 的食盐，在盐析的同时提供氯离子，使其硫酸盐转变为氯化小檗碱（即盐酸小檗碱）而析出。图 3-22 为黄连中提取小檗碱工艺流程。

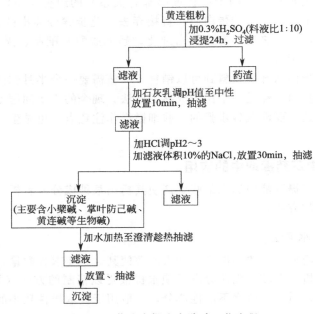

图 3-22　黄连中提取小檗碱工艺流程

① 浸提。将黄连粉碎成粗粉，用硫酸水溶液浸提，一般为 0.2%～0.3% 为宜。若硫酸水溶液浓度过高，小檗碱可成为重硫酸小檗碱，其溶解度（1∶150，即溶质与溶剂的溶解比例）明显较硫酸小檗碱（1∶30）小，从而影响提取效果。硫酸水溶液浸出效果与浸渍时间有关。浸渍 12h 约可浸出小檗碱 80%，浸渍 24h，可浸出 92%。常规提取应浸渍多次，使小檗碱提取完全。

② 中和。浸提液过滤后，滤液加石灰乳调 pH 值至中性，静置后，抽滤。生物碱一般是有机碱，酸性条件会被中和，所以要把溶液调成中性或碱性，加石灰乳，其中钙离子与硫酸根沉淀，这种沉淀又会吸附药材中的其他杂质，大大减少了以后浓缩除杂质的难度。如果用氢氧化钠（钾），形成可溶性盐类，不但这种盐很难除去（会粘在小檗碱上），药材中其他杂质也会粘在小檗碱上，对小檗碱纯度影响很大。

③ 盐析。加盐酸调 pH 2～3，加滤液体积 10% 的 NaCl，放置 30min，抽滤。进行盐析时，加入氯化钠的量，以提取液量的 10%（100mL 提取液中加入 10g 氯化钠）计算，即可达到析出盐酸小檗碱的目的。氯化钠的用量不可过多，否则溶液的相对密度增大，造成析出的盐酸小檗碱结晶呈悬浮状态难以下沉。

④ 精制。盐析后所得沉淀，加水加热溶解，趁热抽滤后，静置，结晶，抽滤后得到盐酸小檗碱晶体。在精制盐酸小檗碱过程中，因盐酸小檗碱放冷极易析出结晶，所以加热煮沸后，应迅速抽滤或保温过滤，防止溶液在过滤过程中冷却，析出盐酸小檗碱结晶阻塞滤孔，造成过滤困难，降低提取率。

☆ 总结归纳

本章知识点思维导图

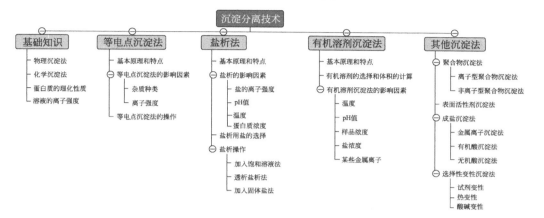

沉淀分离技术

- **基础知识**
  - 物理沉淀法
  - 化学沉淀法
  - 蛋白质的理化性质
  - 溶液的离子强度
- **等电点沉淀法**
  - 基本原理和特点
  - 等电点沉淀法的影响因素
    - 杂质种类
    - 离子强度
  - 等电点沉淀法的操作
- **盐析法**
  - 基本原理和特点
  - 盐析的影响因素
    - 盐的离子强度
    - pH值
    - 温度
    - 蛋白质浓度
  - 盐析用盐的选择
  - 盐析操作
    - 加入饱和溶液法
    - 透析盐析法
    - 加入固体盐法
- **有机溶剂沉淀法**
  - 基本原理和特点
  - 有机溶剂的选择和体积的计算
  - 有机溶剂沉淀法的影响因素
    - 温度
    - pH值
    - 样品浓度
    - 盐浓度
    - 某些金属离子
- **其他沉淀法**
  - 聚合物沉淀法
    - 离子型聚合物沉淀法
    - 非离子型聚合物沉淀法
  - 表面活性剂沉淀法
  - 成盐沉淀法
    - 金属离子沉淀法
    - 有机酸沉淀法
    - 无机酸沉淀法
  - 选择性变性沉淀法
    - 试剂变性
    - 热变性
    - 酸碱变性

📚 拓展阅读

豆腐小百科

豆腐存在的历史悠久，相传是在公元前164年，由汉高祖刘邦之孙——淮南王刘安所发明。豆腐生产的原理就是蛋白质变性沉淀。豆腐因凝固剂的不同主要分为三类：

一是以盐卤为凝固剂制得的，多见于北方地区，称为北方豆腐，如图3-23（a），含水量少，含水量在85%～88%，较硬；

二是以石膏粉为凝固剂，多见于南方，称为南方豆腐，如图3-23（b），含水量较北方豆腐多，可达90%左右，松软；

三是以葡萄糖酸-δ-内酯为凝固剂，称为内酯豆腐，如图3-23（c）。葡萄糖酸-δ-内酯是一种新型的凝固剂，较传统制备方法提高了出品率和产品质量，减少了环境污染。

(a) 盐卤豆腐（北方豆腐）　　　　(b) 石膏豆腐（南方豆腐）　　　　(c) 内酯豆腐

图 3-23　豆腐的种类

目前市场上出现有不用大豆制作的"豆腐"，这是利用蛋白质胶体溶液可以在凝固剂的作用下凝集成型的原理。例如牛奶是均匀的乳白色液体，用发酵的方法制成的酸奶就像"豆腐脑"，挤出水分可以制成"奶豆腐"。还有用鸡蛋制成胶体溶液后加入凝固剂制成的"鸡蛋豆腐"（市场上的"日本豆腐"大多就是鸡蛋豆腐）。

来源：龙武生．几种营养豆腐的制作 [N]．湖南科技报，2015-07-05（005）．

？ 复习与练习题

一、选择题

1. 盐析法沉淀蛋白质的原理是（　　　）。

A. 降低蛋白质溶液的介电常数　　　　　　B. 中和电荷，破坏水化层

C. 与蛋白质结合成不溶性蛋白　　　　　　D. 调节蛋白质溶液 pH 到等电点

2. 将四环素粗品溶于 pH 2 的水中，用氨水调 pH4.5～4.6，28～30℃保温，即有四环素沉淀析出。此沉淀方法称为（　　　）。

A. 等电点沉淀法　　　B. 盐析沉淀法　　　　C. 成盐沉淀法　　　　D. 有机溶剂沉淀法

3. 使蛋白质盐析可加入试剂（　　　）。

A. 氯化钠　　　　　　B. 硫酸　　　　　　　C. 硝酸汞　　　　　　D. 硫酸铵

4. 盐析操作中，硫酸铵在（　　　）情况下不能使用。

A. 酸性条件　　　　　B. 中性条件　　　　　C. 碱性条件　　　　　D. 和溶液酸碱度无关

5. 从四环素发酵液中去除铁离子，可用（　　　）。

A. 草酸酸化　　　　　B. 加黄血盐　　　　　C. 加硫酸锌　　　　　D. 氨水碱化

6. 有机溶剂沉淀法中可使用的有机溶剂为（　　　）。

A. 乙酸乙酯　　　　　B. 正丁醇　　　　　　C. 苯　　　　　　　　D. 丙酮

7. 有机溶剂能够沉淀蛋白质的原因是（　　　）。

A. 介电常数大　　　　B. 介电常数小　　　　C. 中和电荷　　　　　D. 与蛋白质相互反应

8. 若两性物质结合了较多阴离子，则等电点 pH 会（　　　）。

A. 升高　　　　　　　B. 降低　　　　　　　C. 不变　　　　　　　D. 以上均有可能

9. 单宁沉析法制备菠萝蛋白酶实验中，加入 1% 的单宁于鲜菠萝汁中产生沉淀，属于（　　　）沉析原理。

A. 盐析　　　　　　　B. 有机溶剂沉析　　　C. 等电点沉析　　　　D. 有机酸沉析

10. 当向蛋白质纯溶液中加入中性盐时，蛋白质溶解度（　　　）。

A. 增大　　　　　　　B. 减小　　　　　　　C. 先增大，后减小　　D. 先减小，后增大

11. 蛋白质溶液进行有机溶剂沉淀，蛋白质的浓度在（　　　）范围内适合。

A. 0.5%～2%　　　　B. 1%～3%　　　　　C. 2%～4%　　　　　D. 3%～5%

12. 若两性物质结合了较多阳离子，则等电点 pH 会（　　　）。

A. 升高　　　　　　　B. 降低　　　　　　　C. 不变　　　　　　　D. 以上均有可能

二、简答题

1. 何谓等电点沉淀法？

2. 等电点沉淀的影响因素是什么？

3. 简述盐析的原理及产生的现象。

4. 何谓有机溶剂沉淀法？简述有机溶剂沉淀的原理。

5. 影响有机溶剂沉淀的因素是什么？

第四章　固液分离技术

　　药物分离前阶段的步骤往往是把不溶性的固体从药液中除去，即固液分离。固液分离是指将药液中的悬浮固体，如细胞、菌体、细胞碎片以及蛋白质等的沉淀物或它们的絮凝体分离除去。固液分离常用的方法为沉降、过滤和离心分离。通过这几个过程均可得到清液和固态浓缩物两部分。在进行分离时，有些反应体系可以采用沉降或过滤的方式加以分离，有些则需要经过加热、凝聚、絮凝及添加助滤剂等辅助操作才能进行过滤。但对于那些固体颗粒小、溶液黏度大的发酵液和细胞培养液或生物材料的大分子抽提液及其过滤难实现的固液分离，必须采用离心技术才能达到分离的目的。

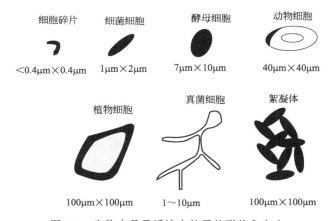

图 4-1　生物产品悬浮液中粒子的形状和大小

　　当静置悬浮液时，密度较大的固体颗粒在重力作用下逐渐下沉，这一过程称为沉降。当颗粒较细、溶液黏度较大时，沉降速度缓慢。若采用离心技术则可加速颗粒沉降过程，缩短沉降时间，因此离心分离是生物物质固液分离的重要手段之一。离心分离是基于固体颗粒和周围液体密度存在差异，在离心力场中使不同密度的固体颗粒（见图 4-1）加速沉降的分离过程。通过离心产生的固体浓缩物和过滤产生的固体浓缩物不相同，通常情况下离心只能得到一种较为浓缩的悬浮液或浆体，而过滤可获得水分含量较低的滤饼。与过滤设备相比，离心设备的价格昂贵，但当固体颗粒细小、溶液黏度大而难以过滤时，离心操作往往十分有效。

 基础知识

一、实验室常用的过滤方法

实验室常用的过滤方法有常压过滤、减压过滤和热过滤。

(1)常压过滤 常压过滤是最为简便和常用的过滤方法,适用于胶体和细小晶体的过滤。其缺点是过滤速度较慢。一般是使用玻璃漏斗和滤纸进行过滤(如图 4-2)。

图 4-2 常压过滤装置

(2)减压过滤 减压过滤也称吸滤或抽滤(如图 4-3)。此方法过滤速度快,沉淀抽得较干,适合大量溶液与沉淀的分离,但不宜过滤颗粒太小的沉淀和胶体沉淀。因颗粒太小的沉淀易堵滤纸或滤板口,而胶体沉淀易透滤。

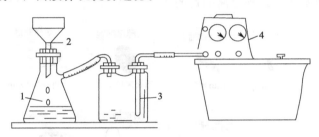

图 4-3 减压过滤装置
1—吸滤瓶;2—过滤器(布氏漏斗);3—安全瓶;4—减压系统(真空泵)

(3)热过滤 热过滤是将欲过滤的溶液加热后趁热用预热的漏斗或热水漏斗进行的过滤(如图 4-4)。常用于重结晶操作中。

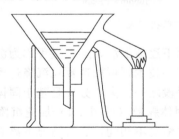 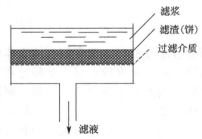

图 4-4 热水漏斗过滤装置 　　　　图 4-5 过滤过程示意图

此外,也可将布氏漏斗预热后进行减压热过滤。缺点是对于较细的沉淀,容易透滤。

二、过滤基本术语

过滤过程示意见图 4-5。

滤浆指的是过滤操作中所处理的悬浮液。

滤液指的是通过过滤介质的液体。

滤渣(滤饼)指的是被截留住的固体物质。

收集滤液还是滤饼取决于目标产物的分布。

三、过滤类型

1. 按照过滤的原理不同分类

按照过滤的原理不同可以将过滤分为表面过滤和深层过滤。

（1）表面过滤　表面过滤是利用过滤介质表面或过滤过程中固体堆积在滤材上并架桥所生成的滤饼表面，来拦截固体颗粒，使固体与液体分离，所以也称为滤饼过滤或饼层过滤，如图 4-6 所示。

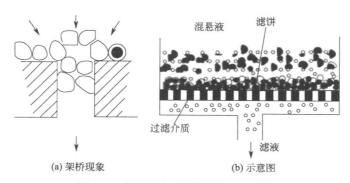

图 4-6　表面过滤（滤饼过滤）示意图

表面过滤主要依靠直接拦截捕获颗粒，过滤的推动力是压力差，过滤的阻力主要来自滤饼层。

（2）深层过滤　颗粒沉积在床层内部的孔道壁上但并不形成滤饼，这种过滤方式叫深层过滤，如图 4-7 所示。在生物制药生产中有许多工序是深层过滤操作。

深层过滤的过滤介质是表面型过滤介质的多层串联集合，其滤孔遍布整个介质厚度，形成"弯曲通道"，颗粒捕获于介质内部结构，对于颗粒物的去除起到了辅助作用。

深层过滤会使过滤介质内部的孔道逐渐缩小，所以过滤介质必须定期更换或再生。用砂滤法过滤饮用水是深层过滤作用的实例。

2. 按照过滤的方向不同分类

按照过滤的方向不同可以将过滤分为常规过滤和错流过滤。

传统的常规过滤也叫垂直过滤或液体死端过滤，是大部分液体过滤所采用的过滤形式。其液体的流动方向与过滤方向一致，随着过滤的进行，过滤介质表面形成的滤饼层或凝胶层厚度逐渐增大，流速逐渐降低（如图 4-8）。

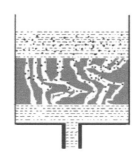

图 4-7　深层过滤示意图

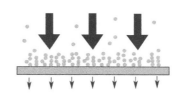

图 4-8　常规过滤（死端过滤）

随着过滤应用领域的扩大，对于像极小粒子、金属氢氧化物、蛋白质以及多糖等难过滤的物质，采用传统的过滤模式已无法满足需要，为了提高物质的分离速率，新的过滤方法应运而生。

错流过滤又称切向流过滤，是指液体流动方向与过滤方向呈垂直的过滤形式（如图 4-9）。

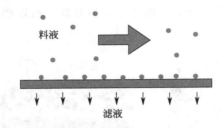

图 4-9 错流过滤（切向流过滤）

膜过滤大多采用动态错流过滤，大分子溶质被过滤介质阻隔，随浓缩液流出组件，过滤介质不易被堵塞，可连续长期使用。过滤过程可在常温、低压下运行，无相态变化，高效节能。

3. 按照过滤推动力不同分类

按照过滤推动力不同可将过滤分为压力过滤和离心过滤，其中按照压力推动力的产生条件不同，可将过滤分为常压过滤、加压过滤和减压过滤三种。

（1）压力过滤

① 常压过滤（重力过滤） 常压过滤是以液位差为推动力的过滤方法。实验室常用的滤纸过滤以及生产中使用的吊篮过滤（图 4-10）或吊袋过滤（图 4-11）都属于常压过滤。

图 4-10 吊篮过滤

图 4-11 吊袋过滤

② 加压过滤 加压过滤是以压力泵或压缩空气产生的压力为推动力的过滤方法（如图 4-12）。

③ 减压过滤 减压过滤又称为真空过滤或抽滤，是通过在过滤介质的下方抽真空，以增加过滤介质上下方之间的压力差，推动液体通过过滤介质，而把大颗粒截留的过滤方法（如图 4-13）。实验室常用的抽滤瓶和生产中使用的各种真空抽滤机均属于此类。

减压过滤需要配备有抽真空系统。由于压力差最高不超过 0.1 MPa，多用于黏性不大的物料的过滤。

（2）离心过滤 以离心力作为推动力实现的过滤，它将离心与过滤两种方法相结合实现固液分离。

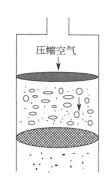

图 4-12　加压过滤

图 4-13　减压过滤（抽滤）

4. 按照操作方式分类

按照操作方式分类可分为间歇式过滤和连续式过滤。间歇式过滤操作简单，占地面积小且过滤面积大，但操作压强高，效率较低，劳动强度大，滤布损耗快；连续式过滤能连续自动操作，节省人力，生产能力大，过滤的适应性好（能适合多种料液的过滤），但它的设备复杂，成本高，过滤面积不大。

四、相对离心力

离心力是一种虚拟力，是一种惯性力，它使旋转的物体远离它的旋转中心（如图 4-14）。

物体（生物大分子或细胞器）围绕中心轴高速旋转时会受到离心力作用（如图 4-15），此离心力 F 由下式定义，即：$F = ma = m\omega^2 r$。

式中，a 为沉降粒子旋转的加速度，m/s^2；m 为沉降粒子的有效质量，kg；ω 为沉降粒子旋转的角速度，rad/s；r 为沉降粒子的旋转半径，m。

图 4-14　离心力的产生示意图

图 4-15　粒子高速旋转产生的离心力示意图

离心力常用重力的倍数来表示，因而称为相对离心力（RCF）。或者用数字乘 g 来表示，例如 $25000 \times g$，则表示相对离心力为 25000。

相对离心力是指在离心场中，作用于颗粒的离心力相当于重力的倍数，单位是重力加速度 g（$980cm/s^2$），此时 RCF 可用下式计算：

$$RCF = 1.119 \times 10^{-5} \times n^2 \times r$$

式中，n 为转速，r/min；r 为旋转半径。

由上式可见，只要给出旋转半径 r（如图 4-16），则 RCF 和 n 之间可以相互换算。但是由于转头的形状及结构的差异，每台离心机的离心管，从管口至管底的各点与旋转轴之间的距离是不一样的，所以在计算时规定旋转半径均用平均半径 r_{av} 代替：$r_{av} = (r_{min} + r_{max})/2$

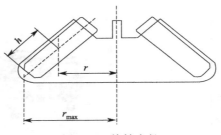

图 4-16 旋转半径

一般情况下，低速离心时常以转速 n 来表示，高速离心时则以 g 表示。

计算颗粒的相对离心力时，应注意离心管与旋转轴中心的距离 r 不同，即沉降颗粒在离心管中所处位置不同，则所受离心力也不同。因此在表示超离心条件时，通常用重力的倍数"$\times g$"代替转速，因为它可以真实地反映颗粒在离心管内不同位置的离心力及其动态变化。科技文献中离心力的数据通常是指其平均值（RCF_{av}），即离心管中点的离心力。

为便于进行转速和相对离心力之间的换算，Dole 和 Cotzias 利用 RCF 的计算公式，制作了转速 n、相对离心力 RCF 和旋转半径 r 三者关系的列线图，图式法比公式计算法方便。换算时，先在 r 标尺上取已知的半径和在转速标尺上取已知的离心机转速，然后将这两点间划一条直线，与图中 RCF 标尺上的交叉点即为相应的相对离心力数值（如图 4-17）。

注意，若已知的转速值处于转速标尺的右边，则应读取 RCF 标尺右边的数值，转速值处于转速标尺左边，则应读取 RCF 标尺左边的数值。

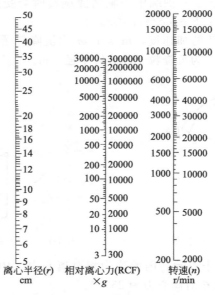

图 4-17 转速、相对离心力和旋转半径三者关系的列线图

五、（离心）沉降系数

在分子生物学中，衡量大分子沉降速度时用沉降系数来表示，指的是单位离心力作用下粒子的沉降速度。沉降系数是以时间表示的，蛋白质、核酸等生物大分子的沉降系数实际上时间在 10^{-13} s 左右，故把沉降系数 10^{-13} s 称为一个 Svedberg 单位，简写 S，单位为 s。如核糖体 RNA 有 30S 亚基和 50S 亚基，这里的 S 指的是沉降系数。

　　沉降系数 S 可以通过分析超离心机测定，它与分子量呈正相关，沉降系数越大，其分子量也越大。

六、离心机结构组成与转子

　　普通离心机的基本结构包括机盖、离心室、转子、离心套管、电机主轴、电动机、底座（图 4-18）。其中转子又称为转盘或转头，转子可分为水平式转子、角式转子、垂直转子（图 4-19）。一套完整的水平转子包括水平转子体、挂架、适配器（图 4-20）。

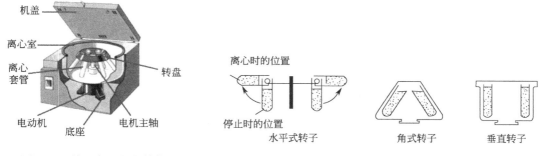

图 4-18　普通离心机的结构　　　　　　　　图 4-19　转子的类型

七、转子配平

　　离心机在运转过程中，如果没有配平，转轴受到的力矩不同，转子对转轴会产生较大磨损。长时间的磨损会减少离心机使用寿命。配平除了对称放置的离心管（含离心液体）质量需要天平平衡之外，其摆放位置也是非常重要的。

1. 水平转子配平

　　水平转子配平时既要考虑单个吊篮内的样品是否对称，又要考虑对向吊篮内的样品是否平衡，一般遵循以下两个原则与要求（图 4-21）。

$A_{(转子体)}+B_{(挂架)}+C_{(适配器)}=$ 水平转子

图 4-20　水平转子的组成　　　　　　　　图 4-21　水平转子的配平

　　① 单个吊篮内的样品放置，应保证吊篮的重心在吊篮的中心点。

　　② 对向吊篮内的样品放置，应以一个吊篮的样品放置为基准，严格按照转子中心点对称原则。

2. 固定角式转子配平

　　对于固定角式转子的配平，只需要做好"中心对称"即可。以 12 孔固定角式转子为例，见图 4-22 所示，图中给出 2～12 根离心管的摆放位置。

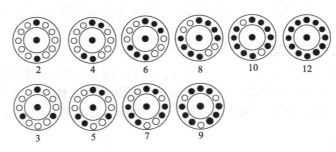

图 4-22 角式转子的配平

第一节 沉降

沉降是指悬浮液中密度较大的固体颗粒在力的作用下逐渐下沉的过程，可分为重力沉降和离心沉降。重力沉降是常用的气固、液固和液液分离手段，在生物分离过程中有一定程度的应用。菌体和动植物细胞的重力沉降虽然简便易行，但菌体细胞体积很小，沉降速度很慢。因此，实际应用时需使菌体细胞聚合成较大凝聚体颗粒后进行沉降操作，提高沉降速度。在中性盐的作用下，可使菌体表面双电层排斥电位降低，有利于菌体之间产生凝聚。另外，向含菌体的料液中加入聚丙烯酰胺或聚乙烯亚胺等高分子絮凝剂，可使菌体之间产生架桥作用而形成较大的凝聚颗粒。凝聚或絮凝不仅有利于重力沉降，而且还可以在后续过滤分离中大大提高过滤速度。

一、悬浮液重力沉降过程

悬浮液颗粒在重力作用下发生的颗粒沉降过程见图 4-23 所示。悬浮液重力沉降过程中出现清液区、等浓度区、变浓度区和沉聚区四个分区。随着沉降过程的进行，A、D 两区逐渐扩大，B 区这时逐渐缩小至消失。等浓度 B 区消失后，A、C 界面以逐渐变小的速度下降，直至 C 区消失，此时在清液区与沉聚区之间形成一层清晰的界面。此后便属于沉聚区的压紧过程。D 区又称为压紧区，压紧过程往往占沉降过程的绝大部分时间。

二、重力沉降及设备

颗粒受到重力加速度的影响而沉降的过程叫重力沉降。

1. 颗粒沉降过程

如果颗粒在重力沉降过程中不受周围颗粒和器壁的影响，称为自由沉降。而固体颗粒因相互之间影响而使颗粒不能正常沉降的过程称为干扰沉降。

固体颗粒在静止流体中，受到的作用力有重力、浮力和阻力（见图 4-24）。如果合力不为零，则颗粒将做加速运动，表现为固体颗粒开始沉降。当颗粒加速沉降时，所受到的摩擦力和其他流体阻力的作用越来越大，当作用在颗粒上的合力渐趋为零，即浮力、摩擦阻力和重力达到平衡，此时固体颗粒匀速沉降。所以颗粒的沉降过程分为加速沉降阶段和匀速沉降阶段。其中加速沉降阶段时间很短，颗粒在短时间内即达到最大速度。随着合力减小为零，颗粒进入匀速沉降阶段，保持匀速运动直至下沉到容器底部。因此颗粒在匀速沉降阶段的速度就近似地看作整个沉降过程的速度。其表达式为：

$$u_t = \sqrt{\frac{4gd(\rho_s - \rho)}{3\zeta\rho}}$$

式中，u_t 为沉降速度，m/s；ρ_s 为固体颗粒密度，kg/m^3；d 为固体颗粒直径，m；ρ 为流体的密度，kg/m^3；g 为重力加速度，m/s^2；ζ 为沉降系数。

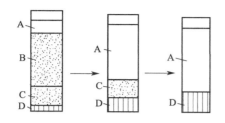

图 4-23　悬浮液重力沉降过程
A—清液区；B—等浓度区；C—变浓度区；D—沉聚区

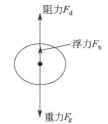

图 4-24　颗粒受力分析

影响颗粒沉降速度的因素是多种多样的。流体的密度越大，沉降速度越小；颗粒的密度越大，沉降速度越大。颗粒形状也是影响沉降的一个重要的因素。对于同一性质的固体颗粒，非球形颗粒的沉降阻力比球形颗粒大得多，因此其沉降速度较球形颗粒的要小一些。

重力沉降的效果有限，通常以颗粒为 $10\mu m$ 为衡量标准，一般重力沉降能分离的颗粒直径大于 $10\mu m$（大于 $75\mu m$ 效果较好）。对小于 $10\mu m$ 颗粒的分离，重力沉降无法实现，则改用离心沉降。

2. 重力沉降设备

工业上进行重力沉降的设备主要有沉降室（降尘室）和沉降槽。沉降室一般指气固沉降，沉降槽一般指液固沉降。

（1）降尘室　如图 4-25 所示为工业用沉降气体悬浮颗粒的设备，其结构非常简单。含尘气体以一定流速进入沉降室后，因气流通道横截面积扩大而流速减小，气体中的悬浮颗粒受重力作用而沉降下来，达到与气体分离的目的。降尘室的长度 L 与高度 H 的比例要恰当，要保证气体在沉降室流动的时间内，颗粒能够沉降到降尘室的底部。

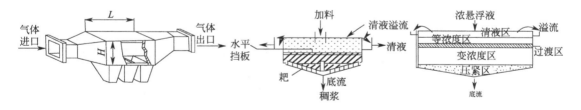

图 4-25　降尘室　　　图 4-26　单层连续沉降槽　　图 4-27　连续沉降槽的沉降区

大型降尘室常用来进行废气处理。为了提高降尘室生产能力，可在降尘室内安装多层搁盘，使颗粒沉降在搁盘上。这样有效地利用了空间，提高了沉降生产力。

（2）沉降槽　沉降槽也称增稠器或澄清器，是重力沉降设备，用来提高悬浮液浓度，同时得到澄清液。当沉降分离的目的主要是为了得到澄清液时，所用设备称为澄清器；若分离目的是得到含固体粒子的沉淀物时，所用设备为增稠器。由于从沉降槽得到的沉渣中还含有约 50% 的液体，悬浮液的增稠常作为下一步分离的预处理，以减小后续工序分离设备的负荷。

生产中普遍应用是单层连续沉降槽（如图 4-26），是一个底部稍带锥形的大直径圆筒形槽。料浆经中央下料筒送至液面以下 0.3～1m 处，即要插到悬浮液区。清液由槽壁顶端周圈上的溢流堰连续流出，称为溢流。颗粒下沉，沉渣由缓慢转动的耙集中到底部中央的卸渣口排出，称为底流。在连续沉降槽中，上部的悬浮液很稀，颗粒的沉降速度快，而底部的密度和浓度都很高（如图 4-27），虽然每一个颗粒的沉降终速很小，但单位时间单位面积上固体颗粒通过的总量要比槽的中部的多。

第二节　过滤

过滤是固液分离常用的操作方法。在生物反应领域，发酵液中存在细胞、培养基颗粒、代谢产物中的不溶性物质以及预处理过程中产生的细胞碎片、杂质沉淀等悬浮固体，往往都需要进行过滤分离操作。另外，生物药品中的血液制剂、免疫血清、细胞营养液以及基因工程纯化产品等不耐高温的液体只有通过过滤（膜过滤）才能达到除菌的目的。

一、过滤原理与过滤介质

利用薄片形多孔性介质截留固液悬浮液中的固体粒子，进行固液分离的方法称为过滤。根据过滤方式可分为表面过滤和深层过滤（图 4-28）。这种能使溶剂通过又将其中固体颗粒截留以达到分离或净化目的的多孔材料称为过滤介质（图 4-29）。由此可见，过滤介质起着使滤液通过，截留固体颗粒并支撑滤饼的作用。

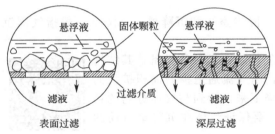

图 4-28　过滤与过滤介质

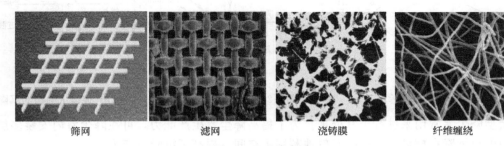

筛网　　　　　　滤网　　　　　　浇铸膜　　　　　　纤维缠绕

图 4-29　过滤介质

过滤介质具有下列特点：
① 多孔性，孔道适当，对流体的阻力小，又能截住要分离的颗粒。
② 物理化学性质稳定，耐热，耐化学腐蚀。
③ 足够的机械强度，使用寿命长。
④ 制造方便，价格便宜。
过滤介质根据材料的不同，可分为织物介质、多孔性固体介质、堆积介质和多孔膜介

质。织物介质如金属丝网、滤布等；多孔性固体介质如陶瓷滤材；堆积介质如硅藻土、膨润土、活性炭等；各种性能的膜包括微孔膜、超滤膜、半透膜等。

二、影响过滤速率的因素

单位时间通过单位过滤面积的滤液体积称为过滤速度，是滤液通过过滤介质的平均速度，表明了过滤设备的生产强度，即设备性能的优劣。过滤速率（瞬间速率）用公式表示为：

$$u=\frac{\mathrm{d}V}{A\mathrm{d}\tau}=\frac{\mathrm{d}Q}{\mathrm{d}\tau}=\frac{A\cdot\Delta P}{\mu(R_\mathrm{m}+R_\mathrm{C})}=\frac{\Delta P}{\dfrac{\mu(R_\mathrm{m}+R_\mathrm{C})}{A}}=\frac{推动力}{阻力}$$

式中，u 为过滤速率，$\mathrm{m^3/(m^2 \cdot s)}$ 即 m/s；V 为滤液体积，$\mathrm{m^3}$；A 为过滤面积，$\mathrm{m^2}$；τ 为过滤时间，s；Q 为单位过滤面积所得滤液量，$\mathrm{m^3/m^2}$；ΔP 为压强差，Pa；μ 为悬浮液中液相的黏度，$\mathrm{Pa\cdot s}$；R_m，R_C 分别为介质阻力，滤饼阻力。

过滤速率与过滤推动力成正比，与过滤阻力成反比。在压力过滤中，推动力就是压差，过滤阻力则与过滤介质结构、滤饼的结构与厚度、料液的黏度等诸多因素有关。

三、助滤剂

1. 助滤剂基本概念

为了减小可压缩性滤饼的过滤阻力，可采用助滤剂改变滤饼结构，提高滤饼的刚性和颗粒之间的空隙率。助滤剂是一种颗粒均匀、质地坚硬、不可压缩的粒状物质。其化学性质稳定，不与混合体系发生任何化学反应，不溶解于溶液相中，在过滤操作的压力范围内是不可压缩的。常用的助滤剂有硅藻土、活性炭、滑石粉、纤维粉、珍珠岩粉、石棉等。

硅藻土系由硅藻化石加工制成的一种形状不规则的多孔颗粒，主要成分为 SiO_2，有较高的惰性和不溶性，能形成坚硬的不可压缩的滤饼，是最常用的助滤剂。

活性炭常用于注射剂的过滤，具有很强的吸附性，能吸附热原、微生物并具有脱色作用，但它也能吸附药物，特别是生物碱类，应用时要注意用量。

滑石粉吸附性小对胶质分散作用好，能吸附水溶液中过量挥发油和一些色素，适用于含黏液、树胶较多的滤浆过滤。另外，用挥发油制备芳香水剂时，常用滑石粉作助滤剂。需注意的是，滑石粉很细，不易滤清。

纸浆有助滤和脱水作用，在中药注射剂生产中使用较广，特别适用于处理某些难以滤清的药液。

 知识拓展

滑石粉的用途以及与镁粉的区别

滑石粉的主要成分是硅酸镁，具有润滑性、抗黏、助流、光泽好、吸附力强等优点。通常将化妆品级滑石粉用于各种润肤粉、美容粉、爽身粉等化妆品中。片剂中的滑石粉是经过纯化的医药食品级含水硅酸镁，主要起到助流作用，片剂中常常还有一种起润滑作用的白色粉成分为硬脂酸镁。而镁粉的主要成分是碳酸镁，起到吸汗防滑的作用，这正与滑石粉的作用相反。体操、举重运动员赛前在手上涂的粉以及 NBA 成员赛前在手上抹的粉一般是镁粉，起到防滑的作用。

2. 助滤剂的使用

（1）预涂法 预涂是将助滤剂用适量的滤浆制成糊状物，加至过滤介质上，在过滤介質表面形成助滤剂预涂层，抽滤成 1～5mm 厚的助滤剂沉积层，然后过滤滤浆。这种过滤方法可防止过滤介质孔道被细颗粒或黏着物堵塞，过滤初期就可得到澄清溶液。具体用量需根据过滤设备的类型和过滤条件来确定。

（2）掺滤法　掺滤法是把助滤剂按一定比例直接分散在待过滤的悬浮液中，一起过滤，其加入量约为浆液质量的 0.1%～0.5%。在过滤介质上形成多孔、疏松的滤饼，反复过滤得到澄清溶液。这种方法适合滤浆中固体含量少，特别是含有黏性或胶凝性物质，可有效提高过滤量与澄清度，延长过滤介质使用寿命。

当然也可将（1）、（2）两种方法联用。由于助滤剂在滤饼中不易分离，所以当滤饼是目标物质时一般不使用助滤剂，当以获得澄清滤液为目的时，采用助滤剂才是合适的。

四、过滤设备

制药工业常用的过滤设备有板框压滤机、带式压滤机、加压叶滤机、转鼓（筒）真空过滤机、机械过滤器、砂滤缸、离心过滤机等。其中板框压滤机、带式压滤机、加压叶滤机、机械过滤器、砂滤缸、转鼓（筒）真空过滤机是以压力差为推动力的过滤设备，而离心过滤机是以离心力为推动力的过滤设备。

对于以压力为推动力的工业过滤设备来说，一般经历以下四个阶段：①过滤阶段，初期采用恒速过滤，压力升至某值后，转而采用恒压过滤，悬浮液在推力作用下，克服过滤介质阻力进行固液分离，固体颗粒被过滤介质截留逐渐形成滤饼；②滤饼阶段，滤饼毛细孔中含有许多滤液须用清水或其他液体洗涤，以得到较为纯净固体产品或尽量多的滤液；③滤饼干燥，用压缩空气吹或者真空吸，将存留的洗涤液排走，得到含水量较低的滤饼；④卸料，把滤饼从过滤介质上卸出，并将过滤介质洗净，最大限度回收滤饼。

第三节　离心分离技术

离心分离是指借助于离心力，使密度不同的物质进行分离的方法。

离心分离对那些固体颗粒很小或液体黏度很大、过滤速度很慢甚至难以过滤的悬浮液十分有效，对那些忌用助滤剂或助滤剂使用无效的悬浮液的分离，也能得到满意的结果。离心分离不但可用于悬浮液中液体或固体的直接回收，而且可用于两种不相溶液体的分离（如液-液萃取）和不同密度固体或乳浊液的分离（如制备超离心技术）。离心分离可分为离心沉降、离心过滤和超离心三种形式。

一、离心沉降

离心沉降是在离心力作用下使分散在悬浮液中的固相粒子或乳浊液中的液相粒子沉降的过程。它利用固液或液液两相的相对密度差，在离心机无孔转鼓或离心管中进行悬浮液或乳浊液的分离操作。

离心沉降是实验研究与生产实践中广泛使用的非均相分离手段，用来分离固相含量较少、颗粒较细的悬浮液。例如，用于菌体和细胞的回收或除去，还可以用于红细胞、病毒以及蛋白质的分离，也可以应用于液液两相分离。

1. 离心沉降速度

当颗粒处于离心场时，将受到四个力的作用，即重力 F_g、惯性离心力 F_c、向心力 F_f 和阻力 F_d，如图 4-30 所示。

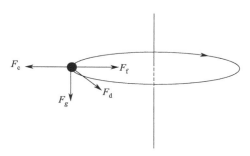

图 4-30 颗粒在离心场中的受力分析

与其他三种力相比，微小颗粒所受的重力太小，可不予考虑。根据牛顿运动定律，当颗粒所受的惯性离心力、向心力和阻力平衡时，颗粒在径向上将保持匀速运动而沉降到器壁。在匀速沉降阶段的径向速度就是颗粒在此位置上的离心沉降速度 u_r。其计算式为：

$$u_r = \sqrt{\frac{4d(\rho_s - \rho)u_T^2}{3\zeta\rho R}}$$

式中，u_r 为离心沉降速度，m/s；u_T 为离心切向速度，m/s；ρ_s 为固体颗粒密度，kg/m^3；ρ 为流体的密度，kg/m^3；d 为固体颗粒直径，m；ζ 为沉降系数；R 为旋转半径，m。

其中 $\dfrac{u_T^2}{R}$ 是离心场的离心加速度。由上式可看到离心沉降速度随旋转半径 R 的变化而变化，半径增大则沉降速度减小。

2. 离心分离因数

离心加速度与重力加速度之比叫离心分离因数，用 K_c 表示。它是离心分离设备的重要性能指标。其定义式为

$$K_c = \frac{mu_T^2}{Rmg} = \frac{u_T^2}{Rg}$$

式中，K_c 为离心分离因数；m 为颗粒质量，g；u_T 为颗粒的切向速度，m/s；R 为离心半径，m；g 为重力加速度，m/s^2。

K_c 值愈高，离心沉降效果愈好。常用离心机的 K_c 值在几十至几千之间，高速管式离心机的 K_c 可达到数万至数十万，分离能力强。K_c 值大说明了离心机的分离能力要比重力沉降设备的分离能力强。

用于离心沉降分离的设备可分为瓶（管）式离心机、无孔转鼓离心机和旋流分离器三种类型。其中瓶（管）式离心机根据离心转子的角度分为斜角式离心机和平抛式离心机。无孔转鼓离心机可分为三足式沉降离心机、高速管式离心机、碟片式离心机和高速冷冻离心机等。旋流分离器可分为旋风分离器和旋液分离器，旋风分离器主要用于气体中颗粒的分离，而旋液分离器主要用于液体中颗粒的分离。

二、离心过滤

所谓离心过滤，就是以离心力代替压力差作为过滤推动力的分离方法，是将料液送入有孔的转鼓并利用离心力场进行过滤的过程。以离心力为推动力完成过滤操作，兼有离心和过滤的双重作用（如图4-31）。离心过滤适合于含固体量大、粒径大的悬浮液。

离心过滤设备的转鼓为一多孔圆筒，圆筒转鼓内表面铺有滤布。操作时，被处理的料液由圆筒口连续进入筒内，在离心力的作用下，清液透过滤布及鼓壁小孔被收集排出，固体微粒则被截留于滤布表面形成滤饼。常用离心过滤的设备主要有三足式过滤离心机、卧式刮刀卸料过滤离心机和活塞推料离心机三种。

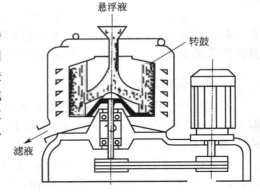

图4-31 离心过滤分离原理

三、离心设备

离心设备根据作用目的不同可分为离心沉降设备和离心过滤设备。根据结构不同可分为三足式离心机、平板式离心机、卧螺式离心机、管式离心机、碟式离心机等类型，这些结构类型的离心机根据转鼓有无孔和作用目的不同，相对应的有沉降离心机和过滤离心机。

1. 三足式离心机

三足式离心机结构如图4-32所示。整机由外壳、转鼓、传动主轴、底盘等部件组成，机体悬挂在机座的三根支杆上。由于有弹簧装置起减震作用，在运行时非常平稳。三足式离心机的转鼓由传动轴驱动作一定速度的旋转，混悬液进入转鼓后也随之旋转，从而产生了强大的离心力。在离心力的作用下，重液部分被甩向转鼓壁，残留在转鼓壁上或者沉积于转鼓底部的集液槽里。当集液槽里积累了一定量的重液后，需要停机卸料。卸料方式目前有人工卸料、手动刮刀卸料和自动刮刀卸料三种。人工卸料从上部卸料的称为人工上部卸料三足式离心机，从下部卸料的称为人

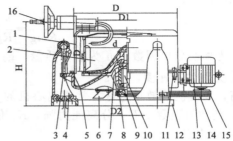

图4-32 三足式离心机

1—机壳；2—转鼓部件；3—吊杆；4—柱脚；5—中心盘；6—出水弯头；7—刹车部件；
8—轴承座；9—衬套；10—主轴；11—钩头螺栓；12—三角底盘；
13—电机；14—离合器；15—三角皮带；16—吸液装置

工下部卸料三足离心机。

三足式离心机对物料适应性强，操作方便，结构简单，价格低，是目前工业上广泛采用的离心分离设备。其缺点是需间歇或周期性循环操作，卸料阶段需减速或停机，不能连续生产。又因转鼓体积大、分离因数小、对微细颗粒分离不完全，需要与高分离因数的离心机配合使用才能达到分离目的。

2. 平板式离心机

平板式离心机是指离心机的支撑形式为平板式的，即整机是由一块平板支撑，平板下面再安放减震垫支撑（图4-33），而三足式离心机则是由三个柱脚支撑机体。平板式离心机是从三足式离心机、卧式刮刀离心机基础上发展起来，采用一体化结构，清洁方便，工作环境卫生，自动化程度高，工作强度少，满足现代制药企业生产使用的要求。

图4-33　平板式离心机

3. 卧螺式离心机

卧螺式离心机是将混合液体中密度大于液相的固体物从液相中分离出来（图4-34）。当混合液体由进料口进入高速旋转的转鼓体内腔后，混合液体中密度较大的固体物，在离心力的作用下，迅速沉降到转鼓内壁，被螺旋推料器从固相出口排出转鼓体外；同时密度较小的液相则在离心力的作用下形成内层液环，通过液相溢流口排出转鼓体外。转鼓与螺旋推料器同时高速运转，两者之间存在一定的转速差，使得沉降在转鼓壁上固体物不间断地被螺旋推料器推送至出渣口排出，整个分离过程连续进行。

卧螺式离心机是一种卧式螺旋卸料、连续操作的高效离心分离设备，具有自动化程度高、工作环境好等优点，但价格昂贵。适合分离含固相物粒度大于0.005mm、浓度为2%～40%的悬浮液，可应用于中药等植物提取分离、植物及动物蛋白分离等领域。

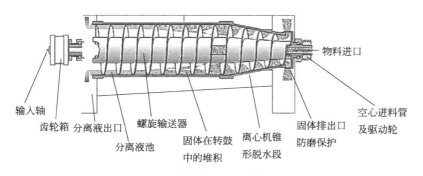

图4-34　卧螺式离心机结构示意图

4. 管式离心机

管式离心机原理是通过离心力的作用，利用离心机产生的离心力将不同密度的物料进行有效分离。依据不同的分离原理，管式离心机可分为澄清型（GQ）和分离型（GF）两种（图4-35）。澄清型管式离心机的主要功能是处理液体和固体的两相分离；分离型管式离心机的主要功能是处理液体与液体或者是液体、液体和固相两相及三相分离。管式离心机由机身、传动装置、转鼓、集汇盘、进液轴承座组成，转鼓上部是挠性主轴，下部是阻尼轴承。电机通过传动，从而使转鼓自身轴线高速旋转，在转鼓内部形成强大的离心力场，物料由底部进液口射入，转鼓离心力促使料液沿转鼓内壁向上流动，使料液按不同组分的密度差分层，从液盘出口流出。

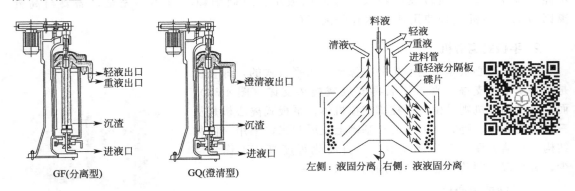

图 4-35　管式离心机结构示意图　　　　图 4-36　碟式离心机结构示意图

5. 碟式离心机

电机驱动转鼓绕主轴线做高速回转，料液由上部中心进料管流至转鼓底部，经碟片下座面的分流孔趋向转鼓壁。在离心力场作用下，比液体密度大的固相物沉向转鼓内壁形成沉渣，经轻液向心泵，由轻液出口排出。重液沿碟片内锥面趋向鼓壁，然后向上流经重液向心泵，由重液出口排出，从而完成重液与轻液分离（图 4-36）。

转鼓内腔呈双锥形，可对沉渣起压缩作用，提高沉渣浓度。转鼓周缘有喷出浆状沉渣的喷嘴。喷嘴的数目和孔径根据悬浮液性质、浓缩程度和处理量确定。为提高排渣浓度，这种分离机还有将排出的沉渣部分送回转鼓内再循环的结构。沉渣的固相浓度可比进料的固相浓度提高 5～20 倍。这种分离机的处理量最大达 30t/h，适用于处理固相颗粒直径为 0.1～100μm、固相浓度通常小于 10%（最大可至 25%）的悬浮液。一般常用于分离两种密度不同的液体所形成的乳浊液或含有极微量固体颗粒的悬乳液。

四、超离心法

根据物质的沉降系数、质量和形状不同，应用强大的离心力将混合物中各组分分离、浓缩、提纯的方法称为超离心法。超速离心机的离心速度为 60000r/min 及以上，离心力约为重力加速度的 50 万倍。它在生物化学、分子生物学以及细胞生物学的发展中起着非常重要的作用。应用超离心技术中的差速离心、等密度梯度离心等方法，已经成功地分离制取各种亚细胞物质，如线粒体、微粒体、溶酶体、肿瘤病毒等。用 $5 \times 10^5 g$ 以上的强大离心力，长时间的离心（如 17h 以上），可获得具有生物活性的脱氧核糖核酸（DNA）、各种与蛋白质合成有关的酶系、各种信使核糖核酸（mRNA）和转移核糖核酸（tRNA）等，这为遗传工程、酶工程的发展提供了基础。超离心法是现代生物技术领域研究中不可缺少的实验室分析和制备手段。

1. 超离心技术的原理

超离心技术中，由于使用的离心机类型是无孔转鼓，所以也属于离心沉降。一个球形颗粒的沉降速度不但取决于所提供的离心力，也取决于粒子的密度和直径以及介质的密度。当粒子直径和密度不同时，移动同样距离所需的时间不同，在同样的沉降时间，其沉降的位置也不同。

2. 超离心技术的分类

超离心技术按处理要求和规模分为制备超离心和分析超离心两类。

（1）制备超离心 制备超离心的主要目的是最大限度地从样品中分离高纯度目标组分，进行深入的生物化学研究。制备超离心分离和纯化生物样品一般有差速离心法和区带离心法。

① 差速离心法。差速离心法是采用逐渐增加离心速度或交替使用低速和高速进行离心，用不同强度的离心力使具有不同质量的物质分级分离的方法。此法适用于混合样品中各沉降系数差别较大组分的分离。

它利用不同的粒子在离心力场中沉降的差别，在同一离心条件下，沉降速度不同，通过不断增加相对离心力，一个非均匀混合液内的大小、形状不同的粒子分步沉淀。

操作过程中一般是在离心后用倾倒的办法把上清液与沉淀分开，然后将上清液加高转速离心，分离出第二部分沉淀，如此往复加高转速，逐级分离出所需要的物质。

差速离心的分辨率不高，沉降系数在同一个数量级内的各种粒子不容易分开，常用于其他分离手段之前的粗制品提取。例如用差速离心法分离细胞匀浆中的细胞器（图 4-37）。

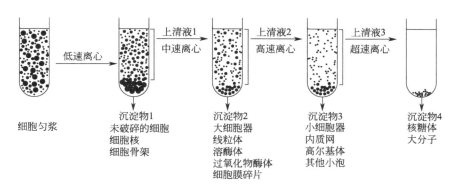

图 4-37 差速离心颗粒分级沉降

② 区带离心法。区带离心法（密度梯度离心法）是指用一定的介质在离心管内形成一连续或不连续的密度梯度，将生物料液置于介质的顶部或与密度梯度介质混合，在离心力场的作用下，这些微粒最终稳定在梯度中某些特定位置上，使生物料液中的组分得到分离，形成不同区带的分离方法。区带离心法又称为密度梯度离心法，可分为速率区带离心法和等密度（梯度）离心法。

梯度介质要有足够大的溶解度，不与分离组分反应，也不会引起分离组分的凝集、变性或失活。常用介质有蔗糖、甘油、$CsCl$、$CsBr$、Cs_2SO_4 等。样品铺在密度梯度溶液表面或与密度梯度液混合，离心后形成若干条界面清楚的不连续区带。

a. 速率区带离心法。速率区带离心是在离心管中装入密度梯度溶液，溶液的密度从离心管顶部至底部逐渐增加。将所需分离的样品小心地加入密度梯度溶液的顶部。由于不同大小的粒子在离心力作用下，在梯度中移动的速度不同，所以经过离心后会形成几条分开的样品区带，所以称之为速率区带离心法。利用生物组分在尺寸上的差异形成沉降速率的不同，选择某一特定时刻，当它们中的各个纯样品区带之间的距离彼此分开时，停止离心即可达到分离目的，见图 4-38。

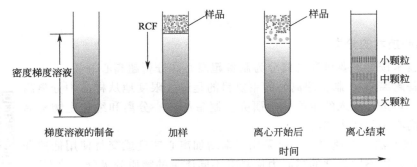

图 4-38　速率区带离心分离示意图

此法仅用于分离有一定沉降系数差别的颗粒，与颗粒的密度无关，因此沉降系数相同、密度不同的颗粒（如线粒体、溶酶体等）不能用此法分离。一般应用于物质的沉降系数相异，而密度相同的情况。密度梯度中的介质最大密度要小于待分离的目标产物的密度，常用蔗糖、甘油等做介质，来分离提取核酸，富含 A、T 和富含 G、C 的 DNA，亚细胞器和质粒等，可以用高速冷冻离心机进行速率区带离心。

b. 等密度（梯度）离心法。等密度（梯度）离心是指在离心过程中，粒子会移动到与它本身密度相同的地方形成区带（图 4-39）。等密度（梯度）离心法在离心前预先配制介质的密度梯度，待分离的样品铺在梯度溶液顶上或和梯度液先混合，离心开始后，当梯度溶液由于离心力的作用逐渐形成管底浓而管顶稀的密度梯度，与此同时原来分布均匀的粒子也发生重新分布。

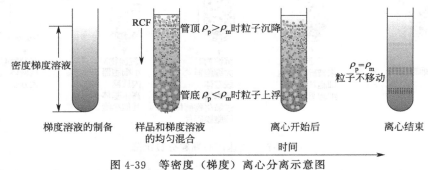

图 4-39　等密度（梯度）离心分离示意图

ρ_p—颗粒密度；ρ_m—介质密度

此法一般应用于物质的沉降系数相近，而密度差异较大时。等密度梯度溶液包含了被分离样品中所有粒子的密度，常用的梯度溶液是 CsCl 和 CsBr。

（2）分析超离心　分析超离心主要是为了研究生物大分子的沉降特性和结构，而不是专门收集某一特定组分。因此它使用了特殊的转子和检测手段，以便连续监视物质在一个离心场中的沉降过程。

分析超离心机主要由一个椭圆形的转子、一套真空系统和一套光学系统所组成。离心机中装有的光学系统可保证在整个离心期间都能观察小室中正在沉降的物质，可以通过对紫外线的吸收（如蛋白质和 DNA）或折射率的不同对沉降物进行监视。图 4-40

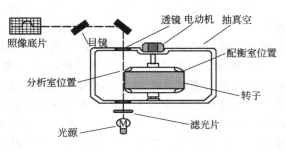

图 4-40　分析超离心系统示意图

为分析超离心系统的示意图，主要用于测定生物大分子的分子量、测定生物大分子的纯度、分析生物大分子中的构象变化等。

 案例分析

一、固液分离技术在生活中的应用

洗衣机脱水是固液分离技术在生活中的典型应用例子，全自动洗衣机工作流程如图4-41所示。

图 4-41　全自动洗衣机工作流程

洗衣机的洗涤原理是由模拟人工搓揉衣物的原理而发展起来的。它以电动机为动力，通过对衣物和水的摩擦、翻滚、冲刷等机械作用和洗涤液的表面活化作用，将附着在衣物上的污垢去掉，达到洗净衣物的目的。洗涤衣物的过程，在于破坏污垢在衣物纤维上的附着力，并脱离衣物。

洗衣机的脱水多数采用离心式脱水方式，波轮洗衣机是垂直离心脱水式。离心式脱水转速一般为 500～1500r/min，依靠离心力的作用能够将衣物内的水甩掉。离心式脱水与人工手拧（如图 4-42）相比，具有含水率低、不损伤布料、脱水均匀、无皱折等特点。

不同类型洗衣机脱水转速不同，小功率全自动洗衣机（额定容量在 2.8kg 以下）脱水采用轻柔脱水，转速一般为 500r/min；波轮全自动洗衣机脱水转速一般为 700～800r/min；波轮双桶洗衣机脱水转速一般为 800～1500r/min。

图 4-42　洗衣机脱水滤筒和人工拧干

一般情况，转速越高，脱水效果越好，但超过 800r/min 以上，脱水效果差距并不很明显，而转速太高所产生的离心力，也会对衣物造成损伤。

二、固液分离技术在制药生产中的应用

在生物反应领域，几乎所有的发酵液均存在或多或少的悬浮固体，如生物细胞、固态培养基或代谢产物中的不溶性物质。不少目的产物存在于细胞内，如胞内酶、微生物多糖等，有时产物就是菌体本身，如酵母、单细胞蛋白等，往往都需要进行固液分离操作。

1. 固液分离技术在链霉素发酵液预处理中的应用

链霉素发酵液的预处理及固液分离工艺过程如图 4-43 所示。

图 4-43　链霉素发酵液的预处理及固液分离工艺图

链霉素在发酵终了时，部分链霉素留在菌丝内部，为了使其释放至液体中，对发酵液加水稀释，加水稀释的目的为降低发酵液黏度，增加过滤速度，一般可用回流水或三次水来稀释，通常稀释到 6000U/mL 左右。若采用反吸附，则不需过滤，可将发酵液直接用水稀释到 3000U/mL 左右。

然后将发酵液酸化至 pH3 左右，大多数蛋白质在酸性条件下会沉淀，因此草酸酸化的目的在于使发酵液中的大多数蛋白质沉淀以及沉淀除去钙镁离子。同时酸化还会释放菌丝体内含有的链霉素单位，以提高链霉素的收率。若酸化 pH 偏高，上述作用将减弱、同时使过滤速度减慢。若酸化 pH 偏低，过滤速度增加，但链霉素在 pH 偏低情况下分解速度加快，使原液中降解产物增加，影响质量和过滤收率。

将处理好的酸化液直接蒸汽加热到 70～75℃，可使蛋白质充分凝固，在这个温度下短时间加热，链霉素破坏较少，又可提高过滤速度。如加热温度小于 70℃，由于蛋白质凝固不充分，发酵液黏稠，过滤速度慢。反之加热到 75℃ 以上时，因为链霉素属于热敏性抗生素，温度提高，引起分子降解，降低原液质量和过滤收率。

链霉素发酵液的过滤设备可选择板框压滤机和自动排渣离心机两种。经板框压滤机过滤的滤液澄清，设备简单，价格便宜，但工人劳动强度大。遇到不易过滤的染菌或氨氮回升发酵液时，滤速骤降，影响生产进度。经自动排渣离心机过滤尽管澄清度较差，设备复杂，价格高，但自动化程度高，劳动强度小，基本能适应各种情况的链霉素发酵液的过滤，不会影响生产进度。同时排渣瞬间带走的抗生素浓度基本等于此时滤液的浓度，降低过滤收率。因此必须将滤渣收集后作二次稀释分离，回收链霉素单位，以减少损失。

经过酸化、加热、固液分离、冷却、中和等处理，能将发酵液中的大量菌丝体、蛋白质和碱土金属等杂质去除，可保证下一步过程的顺利进行。

2. 固液分离技术在改善中药口服液澄清度中的应用

中药口服液为单剂量包装的合剂，是在汤剂、注射剂基础上发展起来的新剂型。近几年，作为新剂型的中药口服液，由于服用剂量小、吸收较快、质量稳定、携带和服用方便、易保存等优点，得到了迅速的发展，在整个制剂中占有比例逐年上升。

口服液传统生产工艺流程为：酊剂→半成品配制（5℃以下静置15天）→过滤→成品配制（5℃以下静置15天）→过滤→复滤→罐封。

口服液的品质与澄清度项目检查密切相关。而口服液中含有的有效成分如皂苷、生物碱、黄酮，还有其他成分如多糖、黏液质等均会影响其澄清度，因此如何最大限度地保留有效成分，同时改善中药口服液的澄清度成为制备口服液的一大难点。

目前，离心法用于口服液的生产能有效解决这一难题。其工艺流程为：提取液 → 过滤→药液配制→离心→过滤→灌封。

离心法制备的清热解毒口服液与醇水法、水醇法相比，具有工艺流程短、成本低、有效成分损失少的优点，成品色泽深且澄清，活性成分含量显著高于醇水法和水醇法。低温离心法制备清热解毒口服液的工艺条件为转速 3000r/min，离心时间 40min，药液温度 5℃。

提取液成分复杂，多糖、黏液质等成分不好去除，因此在口服液纯化过程中单纯使用离心法来除杂的较少，常常将离心法与水沉、醇沉、澄清剂纯化等工艺相结合使用。

总结归纳

本章知识点思维导图

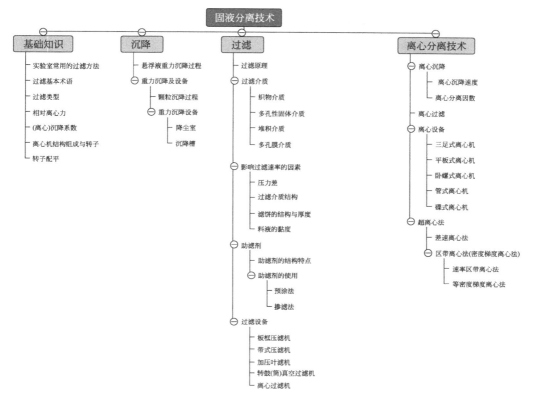

 拓展阅读

单采血与血细胞分离机的发展

很多人应该都见过，有人在献血屋里或者献血车上献血，甚至很多人也都献过血。坐在采血椅上，殷红的血液徐徐流入血袋中，短短几分钟，200～400mL血液就采集完成了，这是我们最熟悉也是最常见的一种献血方式，即献全血。平时所说的献血，基本上都是指献"全血"，即血液的全部成分。

然而全血献血，献出的全血需要再到实验室中分离，其中涉及人工操作和费时的二次处理，且实验室分离后不需要的那些血液成分也无法回输给献血者。

同时，人体血液每一种成分都有其特殊的功能。临床输血病人，由于疾病种类不同，输血目的也不完全相同，据统计，80%以上的病人只需输注一种或两种血液成分。输全血，病人得不到所需要的血液成分，其他成分发挥不了作用，还导致心脏负担。

成分输血始于1959年，20世纪80年代初在发达国家普及，是输血史上的一场革命。

20世纪50年代初，Dr. Cohn研究出了第一台封闭式血液分离机，又称为Cohn（血液）离心机。脱钙的血液由下向上流经离心机进入转速2000r/min离心分离室。该室首先充满血液，然后，开始离心分离过程，不同的血液成分经过不同的管道收集到不同的收集袋。这种离心机属于不连续分离方式，即抽取-分离-返还的循环操作过程。

其后，IBM 的高级工程师 Mr. G. Judson 与美国国家癌症研究所（NCI）的 Dr. Emil Freireich 合作研究一种新型的血液成分分离方法，并于 1962 年 6 月开发出了第一台连续式血细胞分离机。值得一提的是，Mr. G. Judson 对于血液成分分离技术的浓厚兴趣源于他家庭的不幸，因为他的儿子患慢性粒细胞白血病。怀揣着治好儿子疾病的梦想，这位父亲孜孜不倦地工作，取得了重要成就。

在 20 世纪 80 年代初，由于血液成分分离仪器的改进，血液成分分离技术达到了一个新水平，血液成分单采技术在发达国家兴起。如今，世界范围的血液中心已经使用血细胞分离机（如图 4-44）采血系统超过了 30 年。

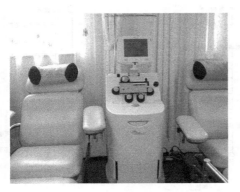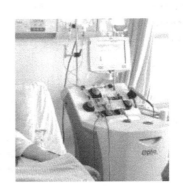

图 4-44　血细胞分离机

单采成分血是安全、科学、高效的血液采集技术，目前有采血浆和血小板等成分。血液经过血细胞分离机离心分离，采集人体血液中的血浆部分，而将红细胞、白细胞、血小板等回输给献血浆本人；采集人体血液中的血小板部分，是将部分血浆、红细胞、白细胞等回输给献血浆本人，使其能很快恢复。

来源：张田勘．打消献血顾虑从科学认知血液开始［N］．中国青年报，2019-06-13（002）．

❓ 复习与练习题

一、选择题

1. 不能用于固液分离的手段为（　　）。

A. 离心　　　　　B. 过滤　　　　　C. 超滤　　　　　D. 沉降

2. 以下（　　）不是在重力场中，颗粒在静止的流体中降落时受到的力。

A. 重力　　　　　B. 压力　　　　　C. 浮力　　　　　D. 阻力

3. 颗粒与流体的密度差越小，颗粒的沉降速度（　　）。

A. 越小　　　　　B. 越大　　　　　C. 不变　　　　　D. 无法确定

4. 工业上常用的过滤介质不包括（　　）。

A. 织物介质　　　B. 堆积介质　　　C. 多孔固体介质　　D. 真空介质

5. 降尘室没有的优点是（　　）。

A. 分离效率高　　B. 阻力小　　　　C. 结构简单　　　D. 易于操作

6. 过滤推动力一般是指（　　　　）。

A. 过滤介质两边的压差

B. 过滤介质与滤饼构成的过滤层两边的压差

C. 滤饼两面的压差

D. 液体进出过滤机的压差

7. 为加快过滤效果通常使用（　　　）。

A. 电解质　　　　B. 聚合物　　　　C. 惰性助滤剂　　　　D. 活性助滤剂

8. 助滤剂应具有以下（　　　）性质。

A. 颗粒均匀、柔软、可压缩

B. 颗粒均匀、可压缩、易变形

C. 粒度分布广、坚硬、不可压缩

D. 颗粒均匀、坚硬、不可压缩

二、简答题

1. 什么是过滤？过滤推动力有哪些？

2. 常用的过滤方法分几类？

3. 什么是离心分离？离心分离主要用于哪些方面？

4. 什么是助滤剂？助滤剂的作用是什么？常用的助滤剂有哪些？

5. 工业过滤设备一般经历哪几个阶段？

6. 过滤式离心机与沉降式离心机有什么区别？

7. 什么是超离心？有哪些离心方法？

8. 什么是速率区带离心法和等密度（梯度）离心法？它们有什么区别？

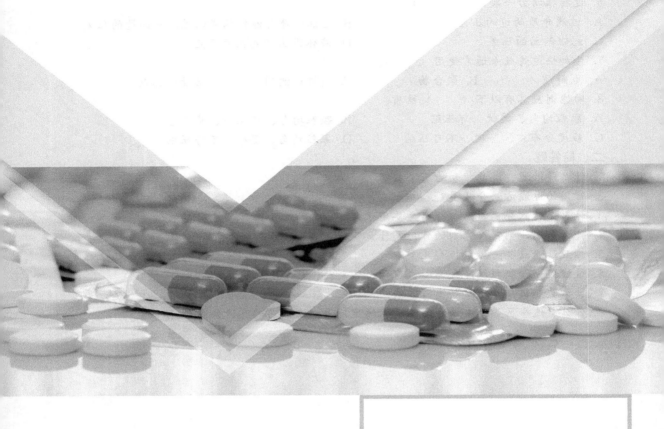

模块二

药物分离纯化

思政与职业素养教育

◎ 中国"离子交换树脂之父"何炳林

南开大学何炳林教授是我国著名化学家、教育家、中国科学院院士，他是中国离子交换树脂的奠基人，被誉为"中国离子交换树脂之父"。

1952年2月，何炳林夫妇共同在印第安纳大学获得博士学位。他们准备回国的时候，中美双方在朝鲜的激战正在进行，这场战争使中美两国的关系降至冰点。美国政府规定，理工科的中国留学生一律不准回国，违者将被判五年牢狱。在美国强行扣留中国留学生的情况下，何炳林不得不到美国的纳尔哥化学公司担任研究员，主要研究农药及用于水处理的药物。

1954年春，正在加紧进行的我国原子弹研制工作急需2磅（1磅≈453.59g）强碱性阴离子交换树脂，南开大学化学系陈天池教授请何炳林在美国代买。但生产厂家不卖，并告知这是国防用品，国家禁止出售。何炳林后来才知这种树脂是用于从铀矿提取、分离原子弹原料铀所需的物品。何炳林考虑到，美国有原子弹，中国也要有原子弹，否则我们就会受欺负。于是他向公司申请将原来的研究方向改为研究强碱性阴离子交换树脂，同时也等待着回国的机会。

其间，他得知中美将在日内瓦进行停战谈判，便与十几位同学和朋友联名给周总理写信，要求回国。在周总理的帮助下，1955年春，美国政府终于同意何炳林等人回国。

1956年何炳林回国后在南开大学任教，在最初那短短两年多里，几经艰辛，成功地合成出世界上当时已有的全部主要离子交换树脂品种。

1958年南开大学建立了高分子教研室，他任室主任，同时主持建成我国第一座专门生产离子交换树脂的南开大学化工厂。该厂国家投资400万巨资，所生产的苯乙烯型强碱201树脂首先提供给国防工业部门，用于提取国家急需的核燃料——铀，为我国原子能事业的发展立下了汗马功劳。1958年以及1959年，毛主席、周总理先后三次来到南开大学，视察他领导建立的离子交换树脂车间，因为这里的工作直接关系着中国第一颗原子弹爆炸的时间表的安排。

1956年至1960年期间，何炳林发明了多孔树脂，这一发明导致了许多新型大孔离子交换树脂和一类新型吸附分离材料——吸附树脂的诞生。他所研制的201树脂用于核燃料铀的提取，为我国第一颗原子弹的爆炸成功作出了贡献。

1980年何炳林当选为中国科学院院士，开创并发展了我国的离子交换树脂和吸附工业，发明了大孔离子交换树脂，系统研究了新型离子交换树脂和大孔新型吸附树脂的合成、结构、性质及应用。

大孔树脂的发现，增加了离子交换树脂新品种，如水处理必需的弱酸性离子交换树脂，占领了80%以上的国内市场。氨基磷酸型螯合树脂用于离子交换膜法制碱，引发了我国氯碱工业的一场革命。弱碱性离子交换树脂用于电镀废水的处理，解决了我国电镀行业对环境严重危害的难题。随后，何炳林带领的团队又将离子交换树脂的应用扩展到有机工业领域。针对链霉素的提纯研制的弱碱树脂、D390树脂，使我国链霉素的产品质量达到了国际先进水平，并使我国成为世界上最主要的链霉素出口国，创造了上亿元的经济效益。脱色树脂技术使我国成为世界最大的甜菊糖生产国和出口国。

至今已有60多种离子交换树脂和吸附树脂投入生产，并在许多领域获得应用。

来源：赵晖，刘耀辉．"离子交换树脂之父"何炳林 ［N］．天津日报，2005-12-02（020）．

第五章　吸附分离技术

　　吸附分离技术是指利用吸附作用将样品中的生物活性物质或杂质吸附于适当的吸附剂上，利用吸附剂对活性物质和杂质间吸附能力的差异，使目的物和其他物质分离，达到浓缩和提纯目的的方法。吸附分离技术具有如下特点：

　　① 设备廉价，操作简单、安全；

　　② 少用或不用有机溶剂，吸附与洗脱过程中 pH 值变化小，较少引起生物活性物质的变性；

　　③ 天然吸附剂（特别是无机吸附剂）的吸附性能和吸附条件较难控制，因此选择性低，收率低，但是随着人工合成高聚物吸附剂的发展，吸附剂性能已有很大改进；

　　④ 由于处理的料液浓度低，故处理能力低。

　　通过吸附分离技术，可以达到两方面的作用。一方面是选择性吸附目标产物，起到富集浓缩的作用，简称为正吸附；另一方面是吸附杂质，起到除杂的作用，简称为负吸附。具有一定吸附能力的固体称为吸附剂，被吸附的物质称为吸附质。

 基础知识

一、吸附机理

　　固体可分多孔和非多孔两类。非多孔固体只具有很小的比表面积（只有外表面），可通过粉碎手段增加其比表面积。多孔性固体由于颗粒内微孔的存在，比表面积很大，可达每克几百平方米。多孔性固体比表面积由外表面和内表面组成，内表面积是外表面积的几百倍，并具有较大吸附力，故多用多孔性固体作为吸附剂。

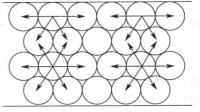

图 5-1　界面分子和内部分子所受的力示意图

　　固体内部分子所受分子间的作用力是对称的，而固体表面分子所受力是不对称的（图 5-1）。界面上的分子同时受到的作用力总和不等于零，合力方向指向固体内部，故能从外界吸附分子、原子或离子，并在表面形成多分子层或单分子层。因而当气体分子或溶液中溶质分子在运动过程中碰到固体表面时就会被吸引而停留在固体表面上。

【难点解答】

　　1. 吸附与吸收的区别？

（1）从传质方向来看　吸收是液相中的分子单向向吸收剂传质的过程。而对吸附来说，吸附质被吸附剂吸附，同时存在解吸的过程，因而属于双向平衡传质过程。

（2）从相态转移来看　吸附指的是一种物质从一相移动到另外一相的过程。吸收指的是被吸附的物质遍及整个相中。

2. 吸附与过滤的区别与联系？

吸附操作一般是针对均相液相或气相体系，能够吸附溶液或气相中的目标产物或杂质；过滤仅仅是针对非均相体系而言。对于深层过滤来说，过滤介质与截留物之间也存在一定的吸附作用。

二、吸附作用的类型

根据吸附剂和吸附质之间作用力的不同，吸附可分为物理吸附、化学吸附和生物吸附。

1. 物理吸附

物理吸附也称为范德瓦耳斯吸附，它是吸附质和吸附剂以分子之间的作用力为主的吸附。此力也称作范德瓦耳斯力，包括静电力、诱导力和色散力。由于范德瓦耳斯力存在于任何两分子间，所以物理吸附可以发生在任何固体表面上，物理吸附无选择性。

物理吸附过程中不产生化学反应，不发生电子转移、原子重排及化学键的破坏与生成，所以结合力较弱，吸附热较小，吸附和解吸速度也都较快。被吸附物质也较容易解吸出来，所以物理吸附在一定程度上是可逆的。如用活性炭在温度 70℃ 条件下吸附亲脂性色素，当温度降到 45℃ 以下，就使得被吸附的色素逐出活性炭表面。

2. 化学吸附

在气固催化反应中的催化剂的吸附就属于典型的化学吸附。化学吸附是吸附质和吸附剂以分子间的化学键为主的吸附，依靠化学反应产生吸附，具有选择性、吸附牢固、部分吸附不可逆等特点。例如，用碱性氧化铝去除一些黄酮、蒽醌等酚酸性色素就属于化学吸附。

另外，某些吸附剂表面由离子所组成，表面离子在吸附剂和溶液间发生离子交换反应，即吸附剂吸附离子后，同时要向溶液中放出相应物质的量的离子，这种吸附称之为离子交换吸附。离子交换吸附用途非常广泛，在后续专门用一章内容进行介绍。

3. 生物吸附

生物吸附主要指的是亲和吸附，是生化物质中特有的一种现象，例如，酶与底物、凝集素与多糖等存在着特异性的吸附作用，称之为亲和作用。亲和吸附剂通常是用一定的载体连接一定的亲和因子而形成。关于这方面的内容详见亲和色谱章节介绍。

在药物分离纯化中，大部分的吸附往往是几种吸附综合作用的结果。由于吸附质、吸附剂及其他因素的影响，可能存在某种吸附起主导作用。

三、吸附平衡

吸附是一个动态的平衡过程，溶质分子可以被吸附到固体表面上，被吸附到固体表面的溶质分子也可以解脱出来。在某一时间，当吸附上去的分子数量和解脱出来的数量相等时，就达到吸附平衡，这时的吸附量称为平衡吸附量。达到吸附平衡时，吸附质在溶液中的浓度和吸附剂表面上的浓度都不再发生改变。

吸附平衡关系决定了吸附过程的方向和极限,是吸附过程的基本依据。若流体中吸附质浓度高于平衡浓度,则吸附质将被吸附,直到达到新的吸附平衡;若流体中吸附质浓度低于平衡浓度,则吸附质将被解吸,最终达到吸附平衡,过程停止。

四、吸附分离过程

吸附分离过程通常包括混合、吸附、解吸、再生等四个阶段,如图 5-2 所示。在制药生产中,当需要用吸附法除去料液中的杂质时,称为负吸附。其工艺比较简单,料液一次或多次通过吸附剂后,即可达到精制分离的目的。当需要用吸附剂吸附有效药物成分时,称为正吸附。其工艺不仅包括吸附过程,还包括解吸过程,才能实现药物分离的目的。

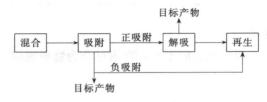

图 5-2 吸附分离过程示意图

1. 混合

混合阶段指的是将待分离料液与吸附剂混合接触。混合的接触方式和接触时间会影响到吸附的效果。

2. 吸附

吸附过程指的是利用吸附剂的表面吸附力吸附气体或液体混合物中的某些组分,以达到分离、净化气体(液体)或回收有用组分的操作过程。吸附主要发生在吸附剂内孔表面(图 5-3)。

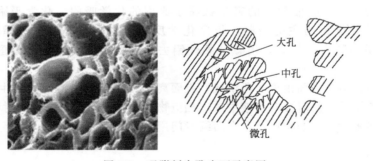

图 5-3 吸附剂内孔表面示意图

3. 解吸

解吸是吸附的逆过程(图 5-4),先是吸附剂从混合物中有选择性地吸附住目标物质(吸附质),而后通过改变条件或洗脱等因素,将吸附质从吸附剂上解吸下来。

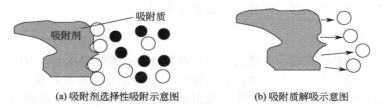

(a)吸附剂选择性吸附示意图   (b)吸附质解吸示意图

图 5-4 吸附-解吸示意图

4. 再生

吸附剂使用一段时间以后，其吸附能力下降，常需要进行再生。吸附剂再生是指在吸附剂本身结构不发生或极少发生变化的情况下用某种方法将吸附质从吸附剂微孔中除去，从而使吸附饱和的吸附剂能够重复使用的处理过程。

无论正吸附还是负吸附，都需再生。常用的再生方法有以下几种方法。

（1）降低压力 吸附过程与气相的压力有关。压力高，吸附进行得快，脱附进行得慢。当压力降低时，脱附现象开始显著。所以操作压力降低后，被吸附的物质就会脱离吸附剂表面返回气相。有时为了脱附彻底，甚至采用抽真空的办法。这种改变压力的再生操作，在变压吸附中广为应用。如吸附分离高纯度氢，先是在 1.37～4.12 MPa 压力下吸附，然后在常压下脱附，从而可得到高纯度氢，吸附剂也得到再生。

（2）升高温度 吸附为放热过程。从热力学观点可知，温度降低有利于吸附，温度升高有利于脱附。这是因为分子的动能随温度的升高而增加，使吸附在固体表面上的分子不稳定，不易被吸附剂表面的分子吸引力所控制，也就越容易逸入气相中去。工业上利用这一原理，提高吸附剂的温度，使被吸附物脱附。加热的方法有：一是用内盘管间接加热；一是用吸附质的热蒸汽返回床层直接加热。两种方法也可联合使用。显然，吸附剂床层的传热速率也就决定了脱附速率。

（3）通气吹扫 将吸附剂所不吸附或基本不吸附的气体通入吸附剂床层，进行吹扫，以降低吸附剂上的吸附质分压，从而达到脱附。当吹扫气的量一定时，脱附物质的量取决于该操作温度和总压下的平衡关系。

（4）置换脱附（溶剂脱附） 向床层中通入另一种流体，当该流体被吸附剂吸附的程度较吸附质强时，通入的流体就将吸附质置换与吹扫出来，这种流体称为脱附剂。脱附剂与吸附质的被吸附性能越接近，则脱附剂用量越省。如果通入的脱附剂，其被吸附程度比吸附质强时，则纯属置换脱附，否则就兼有吹扫作用。脱附剂被吸附的能力越强，则吸附质脱附就越彻底。当然采用置换脱附时，还需将脱附剂进行脱附。

前面三种方法对于气固吸附用得比较多，后面的这种脱附剂置换脱附的方法特别适用于热敏性物质，因而广泛应用制药行业领域。

通过对吸附剂的再生，可以有效地节约资源和降低生产成本。另外，吸附剂的重复使用可减少对环境的污染。

第一节　吸附剂类型

吸附分离技术的核心部件是吸附剂。因而选择性能好的吸附剂是吸附分离操作的关键。选择吸附剂通常应具备以下特征：①较高的选择性以达到一定的分离要求；②较大的吸附容量以减小用量；③对吸附质有较强的吸附能力以实现快速吸附；④较高的化学及热稳定性，不溶或极难溶于洗脱剂，以保证吸附剂的数量和性质；⑤较高的硬度及机械强度以减小磨损和侵蚀；⑥较好的流动性以便于装卸；⑦较高的抗污染能力以延长使用寿命；⑧较好的惰性以避免发生化学反应；⑨制造方便，容易再生，价格便宜。

一、吸附剂的分类

1. 按吸附剂来源分类

① 天然吸附剂：硅藻土、白土、天然沸石等。

② 人工吸附剂：活性炭、活性氧化铝、硅胶、分子筛、大孔树脂吸附剂等。

2. 按吸附剂化学结构分类

① 无机吸附剂：硅胶、氧化铝、人造沸石、羟基磷灰石、白陶土、皂土、硅藻土等。
② 胶体吸附剂：氢氧化铝胶体吸附剂、磷酸钙胶体吸附剂等。
③ 有机吸附剂：活性炭、聚酰胺、纤维素、大孔吸附树脂等。

以下按吸附剂化学结构的分类来逐一进行介绍。

二、无机吸附剂

1. 硅胶

硅胶是一种坚硬、无定形、链状和网状结构的硅酸聚合物颗粒，用硫酸处理硅酸钠水玻璃便形成硅胶，其主要成分为 $SiO_2 \cdot nH_2O$，属极性吸附剂。

表 5-1　硅胶、氧化铝的活性与含水量的关系

吸附能力	活性	$(m_水/m_{硅胶})/\%$	$(m_水/m_{氧化铝})/\%$
强	Ⅰ级	0	0
	Ⅱ级	5	3
	Ⅲ级	15	6
	Ⅳ级	25	10
弱	Ⅴ级	35	15

极性化合物如水、醇、酮、酚、胺、吡啶等能与硅胶表面的羟基生成氢键，吸附力很强。对极性高的分子如芳香烃、不饱和烃等的吸附能力次之。对饱和烃、环烷烃等只有色散力的作用，吸附力最弱。

硅胶常作为干燥剂用于气体或液体的干燥脱水，也可用于分离烷烃与烯烃、烷烃与芳烃。硅胶还可以作为色谱柱常用的填充介质来使用（见吸附柱色谱章节）。

硅胶表面上带有大量的羟基，有很强的亲水性，能吸附多量水分。硅胶含水量越多，吸附能力降低（表 5-1），因此硅胶一般于 105～110℃活化 1～2h 后使用。活化后的硅胶应马上使用，或储存在干燥器或密闭瓶中，但时间不宜过长。用过的硅胶用 5～10 倍量的 1% NaOH 水溶液回流 30min，过滤，用蒸馏水洗至中性，再用甲醇、水洗两次，然后在 120℃烘干活化 12h，即可重新使用。

2. 氧化铝

活性氧化铝为无定形的多孔结构物质，一般由氢氧化铝脱水制得。氧化铝可按制备方法的不同分为三类。①碱性氧化铝，直接用氢氧化铝高温脱水而得，柱色谱时一般用 100～150 目。一般水洗脱液的 pH 为 9～10，经活化即可使用。主要用于碳氢化合物的分离，如甾体化合物、醇、生物碱、中性色素等对碱稳定的中性、碱性成分。②中性氧化铝，碱性氧化铝中加入蒸馏水，在不断搅拌下煮沸 10min，倾去上清液。反复处理至水洗液 pH 为 7.5 左右，滤干活化后即可使用。主要用于分离脂溶性生物碱、脂类、大分子有机酸以及酸碱溶液中不稳定的化合物（如酯、内酯）。③酸性氧化铝，氧化铝用水调成糊状，加入 2mol/L 盐酸，使混合物对刚果红呈弱紫色，滤干活化备用。主要用于天然和合成的酸性色素、某些醛和酸、酸性氨基酸和多肽的分离，水洗液 pH 为 4～4.5。

氧化铝是一种常用的亲水性吸附剂，具有较高的吸附容量，分离效果好，特别适用于亲脂性

成分的分离。广泛应用在醇、酚、生物碱、氨基酸、蛋白质、维生素、抗生素等物质的分离。

3. 人造沸石

天然沸石是由瑞典矿物学家克隆斯特 1756 年在选矿时发现的，在水中煮沸时会冒泡，因此把它叫作沸石。

人造沸石是结晶铝硅酸金属盐的水合物，是一种无机阳离子交换剂。沸石活化后，水分子被除去，余下的原子形成笼形结构，孔径为 $3\sim10\mathring{A}$ （$1\mathring{A}=10^{-10}$ m），是一种强极性吸附剂。

(a) A型　　　　　　　　　　　　　(b) X型

图 5-5　两种常用沸石分子筛的结构

由于沸石分子能将比其孔径小的分子吸附到空穴内部，而把比孔径大的分子排斥在其空穴外，起到筛分分子的作用，故又名沸石分子筛。沸石分子筛种类很多，其中最重要的有 A型、X 型（见图 5-5）等多种类型。药物纯化中使用到各种型号的沸石分子筛（表 5-2），这需要根据分离要求来选择。

表 5-2　沸石分子筛型号

沸石类型	牌号	阳离子	孔径/nm	堆积密度/(kg/m³)
A	3A	K^+	0.3	670～740
A	4A	Na^+	0.4	660～720
A	5A	Ca^{2+}	0.5	670～720
X	13X	Na^+	0.8	610～710
丝光沸石	AW-300	Na^+ 混合		
小孔	Zeolon-300	阳离子	0.3～0.4	720～800
菱沸石	AW-300	混合阳离子	0.4～0.5	640～720

4. 羟基磷灰石

羟基磷灰石又名羟基磷酸钙。在无机吸附剂中，磷酸钙是特别适用于生物活性大分子物质（如蛋白质、核酸）的分离的吸附剂。0.5mol/L $CaCl_2$ 与 0.5mol/L 磷酸二钠盐，在室温下反应，得到 $CaHPO_4 \cdot 2H_2O$，然后在 pH 7 以上，慢慢变为羟基磷灰石，即 $Ca_5(PO_4)_3OH$，放出 H_3PO_4。

一般认为，羟基磷灰石对蛋白质的吸附作用主要是其中 Ca^{2+} 与蛋白质负电基团结合，其次是羟基磷灰石的 PO_4^{3-} 与蛋白质表面的正电基团相互反应。

羟基磷灰石吸附容量高，稳定性好，因此在制备及纯化蛋白质、酶、核酸、病毒等生命物质方面得到了广泛的应用。例如，羟基磷灰石能结合双链 DNA，将含有单链 RNA、双链 DNA、单链 DNA 的生物样品经过一次羟基磷灰石柱色谱，就能达到有效的分离，收集到双链 DNA。

5. 白陶土

白陶土可分为天然白陶土和酸性白陶土两类。主要成分为含水的硅酸铝。

我国产的白陶土质量较好，色白而杂质少。在制药中白陶土能吸附一些分子量较大的杂质，包括能导致过敏的物质，也常用它脱色。应该注意，天然产物白陶土差别可能很大，所含杂质也会不同。商品药用白陶土或供吸附用的白陶土虽已经处理，如果产地不同，在吸附性能上也有差别。所以在生产上，白陶土产地和规格更换时，要经过试验。临用前，用稀盐酸清洗并用水冲洗至近中性后烘干，效果较好。

酸性白陶土（也可称酸性白土）的原料是某些斑土，经过浓盐酸加热处理后烘干即得。其化学成分与天然白陶土相似，但具有较好的吸附能力，其脱色效率比天然白陶土高许多倍。

白陶土主要用作生物活性物质分离纯化的吸附剂、助滤剂，起着去除热原、吸附过敏物质和毒物及脱色的作用。

6. 皂土

皂土主要成分为铝和镁的硅酸盐，有的教科书上称为硅皂土（与硅藻土成分不同）。皂土遇水膨胀，又称为膨润土。当皂土浸在热水中时，各个片状体就分散开，形成均匀的胶体悬浮液。由于皂土来源于火山灰研磨后得到的极其细腻的天然黏土，故又称为火山黏土。

皂土主要应用于吸附金属离子、多肽、碱性蛋白。例如，青霉素酰化酶是生产半合成 β-内酰胺类抗生素的重要工业用酶，皂土对青霉素酰化酶有较强的选择吸附作用，对杂蛋白的吸附作用很低，从而达到很好的吸附分离效果。

三、胶体吸附剂

通常向溶液中加入某些试剂，形成胶体，能够吸附溶液中杂质或目标物质。胶体包括溶胶和凝胶两种形式，这两种形式在一定条件下能相互转化。

1. 氢氧化铝凝胶

氨水或碱液加入铝盐所形成的一种无定形凝胶，又称水合氧化铝，是蛋白质及酶制备中常用的吸附剂，其吸附能力和陈化程度有关。例如，在激肽释放酶的制备中，使用氢氧化铝凝胶作为吸附剂吸附目标蛋白质，工艺过程见图5-6。

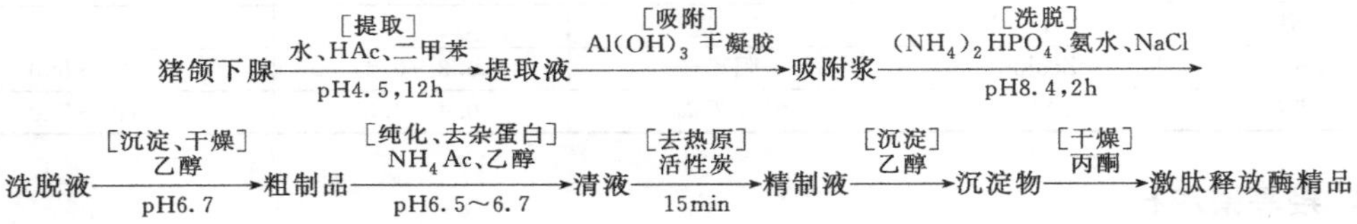

图5-6　激肽释放酶工艺流程

2. 磷酸钙凝胶

磷酸钙凝胶吸附机理主要为 Ca^{2+} 与蛋白质负电基团结合。主要用途为蛋白质的分离、精制，将浓磷酸直接加入氢氧化钙溶液中，或者将磷酸盐溶液加入氯化钙溶液，生成磷酸钙凝胶，吸附沉淀蛋白质。

比如胰岛素提纯过程中，胰脏绞碎──→磷酸醇提取──→过滤后提取液中加入 Ca^{2+} 吸附──→酸水解吸──→盐析精制。

四、有机吸附剂

1. 活性炭

活性炭是一种吸附能力很强的非极性吸附剂。通常为由木屑或煤屑等原料高温（800℃）炭化而成的多孔网状结构，有粉末活性炭、颗粒活性炭、锦纶活性炭三种类型。一般来说，吸附量主要受小孔支配，但对于分子量（或分子直径）较大的吸附质，小孔几乎不起作用。所以在实际应用中，应根据吸附质的直径大小和活性炭的孔径分布来选择合适的活性炭。当欲分离的物质不容易被活性炭吸附时，要选用吸附力强的活性炭；当欲分离的物质很容易被活性炭吸附时，要选择吸附力弱的活性炭。在首次分离料液或样品时，一般先选用颗粒状活性炭。如果待分离的物质不能被吸附，则改用粉末状活性炭。如果待分离的物质吸附后不能洗脱或很难洗脱，造成洗脱剂体积过大，洗脱高峰不集中，则改用锦纶活性炭。

活性炭的吸附能力与其所处的溶液和待吸附物质的性质有关。一般来说，活性炭的吸附能力在水溶液中最强，在有机溶剂中较弱。吸附能力的顺序如下：水＞乙醇＞甲醇＞乙酸乙酯＞丙酮＞氯仿。在水溶液中，酸性条件下较强；对极性基团多的化合物吸附力大于极性基团少的化合物；对芳香族化合物的吸附能力大于脂肪族化合物；对分子量大的化合物吸附能力大于分子量小的化合物。

活性炭具有非极性的表面，可以吸附非极性物质。活性炭既可用于气相吸附，又可用于液相吸附。活性炭已广泛用于生化物质分离，例如溶液除臭、去除色素和热原等杂质以及溶剂回收等。

利用 766 型颗粒活性炭吸附辅酶 A（CoA），制备较高纯度的 CoA 工艺流程图如图 5-7 所示。

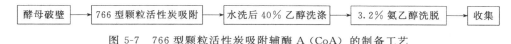

图 5-7 766 型颗粒活性炭吸附辅酶 A（CoA）的制备工艺

利用活性炭制备放线酮结晶的过程如图 5-8 所示。

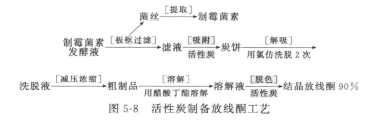

图 5-8 活性炭制备放线酮工艺

使用活性炭吸附时，当吸附质分子占据了活性炭的吸附表面，会造成活性炭"中毒"，使其活力降低，因此使用前可加热烘干进行"活化"，以除去大部分杂质。对于一般的活性炭可在 160℃加热干燥 4～5h；锦纶活性炭受热容易变形，可于 100℃加热干燥 4～5h。

 知识拓展

活性炭吸附甲醛效果好吗？

活性炭含有非极性大孔径，而甲醛是极性小分子。虽然活性炭是多孔性吸附剂，对甲醛有一定的吸附能力，但是效果并不是特别好。目前市场上活性炭在脱除甲醛方面的功效被商家过于夸大。在使用活性炭去除室内甲醛时，注意活性炭饱和吸附，半个月到一个月的时间拿到太阳底下暴晒再生使用。

2. 聚酰胺

聚酰胺是己酰胺聚合成的一类高分子化合物（又称为尼龙，锦纶，图 5-9）。主要通过酰胺与酚、酸、醌等化合物形成氢键，吸附能力取决于氢键的强弱。目前常应用于吸附分离黄酮类、酚类、芳香族酸类等化合物。

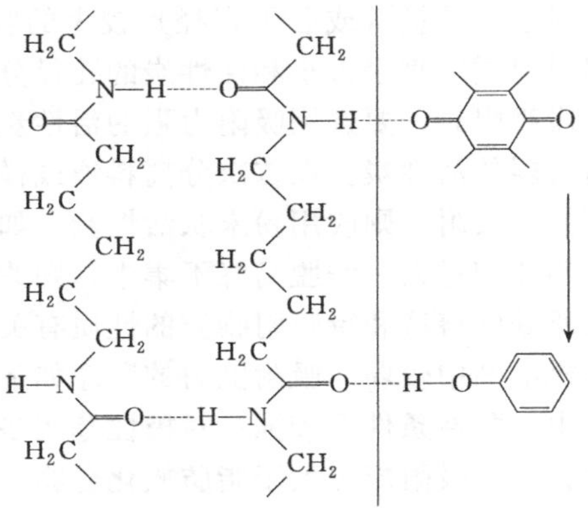

图 5-9　聚酰胺吸附醌类、酚类物质示意图

　　聚酰胺通过与被分离物质形成氢键而产生吸附作用。聚酰胺和各类化合物形成氢键的能力和溶剂的性质有密切关系。通常，在碱性溶液中聚酰胺和其他化合物形成氢键的能力最弱，在有机溶剂中其次，在水中最强。因此，聚酰胺在水中的吸附能力最强，在碱液中的吸附能力最弱。

3. 纤维素

　　纤维素是由葡萄糖组成的大分子多糖，不溶于水及一般有机溶剂。由长链的 D-葡萄糖单元通过 β-1,4 糖苷键连接在一起，其结构式如图 5-10 所示。

　　纤维素本身具有一定的吸附作用，将天然含有纤维素物质直接作为吸附剂使用，如利用大豆壳吸附过氧化物，木屑、锯屑、茶渣来除臭以及稻草秆为原料吸附油脂等。但直接利用天然纤维素为吸附剂，吸附容量小，选择性低，这是由于高分子结构上有大量的羟基在分子间或内部形成氢键覆盖了活性基团，因此常常通过对纤维素结构的改性，增强吸附性能。

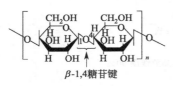

图 5-10　纤维素结构图

　　利用纤维素这种高分子化合物中含有大量羟基，通过羟基衍生化反应引入对阳离子具有吸附能力的羧基、磺酸基等阴离子基团，可制备阳离子吸附剂。通过对纤维素中的羟基进行交联处理或接枝化，然后经过胺化而生成铵盐，可制备成阴离子型吸附剂。这就是后续章节中介绍的纤维素离子交换树脂。

4. 大孔吸附树脂

　　大孔吸附树脂，又称为大网格聚合物吸附剂，是近代发展起来的一类有机高聚物吸附剂，常用的有聚苯乙烯树脂和聚丙烯酸酯树脂等。该树脂在制造时先在聚合物原料中加入一些不参加反应的致孔剂。常用的致孔剂为高级醇类有机物，聚合物形成后再将其除去，这样在树脂颗粒内部形成了相当大的孔隙，故称为大孔吸附树脂。

　　大孔吸附树脂品种很多，单体的变化和单体上官能团的变化可赋予树脂以各种特殊的性能，它借助范德瓦耳斯力从溶液中吸附各种有机物质。与活性炭等经典的吸附剂相比，该吸附剂具有选择性好、解吸容易、机械强度好、可反复使用和流体阻力小等优点。特别是其孔隙大小、骨架结构和极性，可按照需要，选择不同的原料和合成条件而改变，因此可适用于各种有机化合物的吸附分离。无机盐类对大孔吸附树脂的吸附不仅没有影响，反而可增大吸附量，故大孔吸附剂使用时无需考虑盐类的存在。另外，对于一些属于弱电解质或非离子型的抗生素，可考虑使用大孔吸附剂。

大孔吸附树脂根据骨架极性强弱可分为非极性（芳香烃如苯乙烯等）、中极性（脂肪族如甲基丙烯酸酯等）和极性（含硫氧、酰胺、氮氧等基团）三类（表5-3）。

表 5-3　大孔吸附树脂性能参数

系列	吸附剂名称	树脂结构	极性	比表面积 /(m²/g)	孔径 /(×10⁻¹⁰ m)	孔度① /%	骨架密度① /(g/mL)	交联剂
Amberlite 系列②	XAD-1	苯乙烯	非极性	100	200	37	1.07	二乙烯苯
	XAD-2			330	90	42	1.07	
	XAD-3			526	44	38		
	XAD-4			750	50	51	1.08	
	XAD-5			415	68	43		
	XAD-6	丙烯酸酯	中极性	63	498	49		双 α-甲基丙烯酸二乙醇酯
	XAD-7	α-甲基丙烯酸酯	中极性	450	80	55	1.24	
	XAD-8	α-甲基丙烯酸酯	中极性	140	250	52	1.25	
	XAD-9	亚砜	极性	250	80	45	1.26	
	XAD-10	丙烯酰胺	极性	69	352			
	XAD-11	氧化氮类	强极性	170	210	41	1.18	
	XAD-12	氧化氮类	强极性	25	1300	45	1.17	

① 孔度是指吸附剂中空隙所占的体积比例；骨架密度是指吸附剂骨架的密度，即每毫升骨架（不包括空隙）的质量（g）。
② Amberlite 系列为美国 Rohm-Hass 产品。
注：XAD-1 到 XAD-5 化学组成相接近，故性质相似，但对分子量大小不同的被吸附物，表现了不同的吸附量。

大孔吸附树脂的吸附作用是分子吸附，因此解吸比较容易。解吸有下列方法：①最常用的是水溶性有机溶剂作解吸剂，如低级醇、酮及其水溶液。其原理是使树脂溶胀，减弱溶质与树脂间的相互作用力。②对弱酸性物质可用碱解吸，如 XAD-4 吸附酚后，可用 NaOH 溶液解吸，此时酚转变为酚钠盐，吸附力变弱。③对弱碱性物质可用酸来解吸。④如果吸附是在高浓度盐溶液中进行，则仅用水洗就能解吸下来。⑤对于易挥发溶质可用热水或蒸汽解吸。

第二节　衡量吸附剂性能的指标

吸附剂具有良好的吸附特性，主要是因为它有多孔结构和较大的比表面积，下面介绍与吸附剂性能有关的基础参数。

1. 孔容

吸附剂中微孔或细孔的容积称为孔容，通常以单位质量吸附剂中吸附剂微孔的容积来表示（单位 cm³/g），是多孔结构吸附剂的特征参数之一。孔容是吸附剂的有效体积，它是用饱和吸附量推算出来的，也就是吸附剂能容纳吸附质的体积，所以孔容越大越好。

孔容不一定等于孔体积，因为孔容中不包括粗孔，而孔体积包括了所有孔的体积。

2. 孔径

孔径是指多孔吸附剂中孔道的形状和大小。孔其实是极不规则的，通常把它视作圆形而以其半径来表示孔的大小。孔径分布与吸附剂的吸附能力有关。孔半径在 10nm 以下的孔径分布可用氮吸附法测定，部分中孔和大孔的孔径分布可用压汞法测定。

3. 孔隙率与空隙率

吸附剂的孔隙率是指吸附剂内部空隙的体积占吸附剂总体积的比例。吸附剂空隙率是指散粒状吸附剂在堆积时颗粒之间的空隙与堆积体积的比例。

4. 密度

① 表观密度（又称颗粒密度）为单位体积吸附剂颗粒本身的质量。

② 真实密度是指扣除颗粒内细孔体积后单位体积吸附剂的质量。

③ 填充密度（又称堆积密度）是指单位填充体积的吸附剂质量。通常将烘干的吸附剂装入量筒中，摇实至体积不变，此时吸附剂的质量与该吸附剂所占的体积比称为填充密度。

5. 吸附剂的比表面积

吸附剂的比表面积是指单位质量的吸附剂所具有的吸附表面积，单位 m^2/g。吸附剂孔隙的孔径大小直接影响吸附剂的比表面积。孔径的大小可分三类：大孔、过渡孔、微孔。吸附剂的比表面积以微孔提供的表面积为主，常采用气相吸附法测定。

6. 吸附率

吸附率是指吸附质被吸附剂吸附所占的比例。

$$E = \frac{C_0 - C}{C_0} \times 100\%$$

式中，E 为吸附率，%；C_0 为吸附前溶液的浓度，mg/mL；C 为吸附后溶液浓度，mg/mL。

7. 吸附（容）量

吸附量是指单位质量的吸附剂所吸附的吸附质的质量，一般用 q 表示，单位 mg/g 或 g/g。如果用 V 表示流体相体积，C_0 和 C 分别表示吸附前后吸附质的浓度，W 表示吸附剂的质量，则：

$$q = \frac{V(C_0 - C)}{W}$$

例1：以葛根黄酮提取为例。将10g处理好的D1树脂和D2树脂分别加入黄酮浓度为9.4mg/mL的30mL葛根提取液中。振荡2h后，检测出经过D1树脂吸附后的溶液黄酮浓度为2.4mg/mL，经过D2树脂吸附后的溶液黄酮浓度为3.6mg/mL。分别计算D1树脂和D2树脂对葛根黄酮的吸附率和吸附量。根据计算结果，选择哪一种树脂？

对于D1树脂，吸附率

$$E = \frac{9.4 - 2.4}{9.4} \times 100\% \approx 74.5\%$$

对于D2树脂，吸附率

$$E = \frac{9.4 - 3.6}{9.4} \times 100\% \approx 61.7\%$$

对于D1树脂，吸附量

$$q = (C_0 - C) \times \frac{V}{W} = (9.4 - 2.4) \times \frac{30}{10} = 21.0 \text{mg/g}$$

对于D2树脂，吸附量

$$q = (C_0 - C) \times \frac{V}{W} = (9.4 - 3.6) \times \frac{30}{10} = 17.4 \text{mg/g}$$

由此可见，D1树脂无论是在吸附率还是在吸附量方面都优于D2树脂。

第三节　吸附过程及其影响因素

一、吸附过程

吸附质在吸附剂多孔表面上的吸附过程，可分为四个步骤，如图 5-11 所示。

① 吸附质从流体主体通过分子与对流扩散穿过薄膜或边界层传递到吸附剂的外表面，称之为外扩散过程。

② 吸附质通过孔扩散从吸附剂的外表面传递到微孔结构的内表面，称为内扩散过程或孔隙扩散过程。

③ 吸附质沿孔表面进行的扩散称之为表面扩散。

④ 吸附质被吸附在孔表面上。

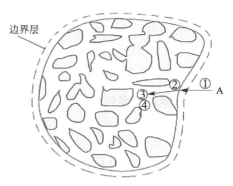

图 5-11　吸附过程示意图

吸附速度主要取决于外部扩散速度和孔隙扩散速度。外部扩散速度与溶液浓度成正比；与吸附剂的比表面积的大小成正比；吸附剂颗粒直径越小，速度越快；增加溶液与颗粒间的相对运动速度，可提高扩散速度。孔隙扩散速度与吸附剂孔径和孔容等参数有关。

二、吸附分离的影响因素

理想的吸附效果是要能够达到吸附量大、吸附速度快、选择性强，流速适宜、吸附均匀等要求。影响吸附分离过程的因素比较复杂也较多，主要有吸附剂、吸附物、溶剂的性质以及吸附过程的具体操作条件等。了解这些影响因素有助于根据吸附质的性质和分离目的选择合适的吸附剂及操作条件。

1. 吸附剂的特性

吸附剂的比表面积（每克吸附剂所具有的表面积）、颗粒度、孔径、极性对吸附的影响很大。比表面积主要与吸附容量有关，比表面积越大，空隙度越高，吸附容量越大。颗粒度和孔径分布则主要影响吸附速度，颗粒度越小，吸附速度就越快，孔径适当，有利于吸附物向空隙中扩散，加快吸附速度。所以要吸附分子量大的物质时，就应该选择孔径大的吸附剂；要吸附分子量小的物质，则需选择比表面积高及孔径较小的吸附剂。例如，要除去废水中的苯酚（酚的分子横截面面积为 $21 \times 10^{-10} \text{m}^2$，纵截面面积为 $41.2 \times 10^{-10} \text{m}^2$），现有 Amberlite XAD-4（比表面积 750 m^2/g，孔径 $50 \times 10^{-10} \text{m}$）与 Amberlite XAD-2（比表面积 $330 \text{m}^2/\text{g}$，孔径 $90 \times 10^{-10} \text{m}$）两种非极性大孔吸附树脂可供选择，根据其比表面积和孔径应选择 XAD-4 更合适，因为这个吸附剂既有高的比表面积，又有足够大的孔径，可供酚的分子出入。

2. 吸附质的性质

吸附质的性质会影响到吸附量的大小，吸附物的表面张力、极性、溶解度（是否解离）、分子量、能否形成氢键等均会影响吸附量，它对吸附量的影响主要符合以下规律：

① 溶质从较容易溶解的溶剂中被吸附时，吸附量较少。

② 极性物质容易被极性吸附剂吸附，非极性物质容易被非极性吸附剂吸附。因而极性吸附剂适宜从非极性溶剂中吸附极性物质，而非极性吸附剂适宜从极性溶剂中吸附非极性物

质。例如，活性炭是非极性的，它在水溶液中是吸附一些非极性有机化合物的良好吸附剂；硅胶是极性的，它在非极性有机溶剂中吸附极性物质较为适宜。

③ 结构相似的化合物，在其他条件相同的情况下，具有高熔点的容易被吸附，因为高熔点的化合物，一般来说，其溶解度较低。

④ 溶质自身或在介质中能缔合有利于吸附，如乙酸在低温下缔合为二聚体，苯甲酸在硝基苯内能强烈缔合，所以乙酸在低温下能被活性炭吸附，而苯甲酸在硝基苯中比在丙酮或硝基甲烷内容易被吸附。

3. 吸附操作条件的影响

(1) 温度　因为液相吸附时吸附热较小，所以溶液温度的影响较小。吸附热越大，温度对吸附的影响越大，另一方面，温度对吸附质的溶解度有影响，因此对吸附也有影响。吸附一般是放热的，所以只要达到了吸附平衡，升高温度会使吸附量降低，但在低温时，有些吸附过程往往在短时间达不到平衡，而升高温度会使吸附速度加快，并出现吸附量增加的情况。

对蛋白质分子一般认为温度升高吸附量增加，考虑到稳定性，通常在 0℃ 或室温操作。生化物质吸附温度的选择还要考虑它的热稳定性。对酶来说，如果是热不稳定的，一般在 0℃ 左右进行吸附；如果比较稳定则可在室温操作。

对于活性炭而言，多数情况下，要求吸附进行得较快，就常用较高的温度，例如 70～85℃，在这个温度下，一般经过 15～30min，活性炭的吸附作用就接近其最大值。

活性炭的临界吸附温度为 45～50℃，当温度低于临界吸附温度时活性炭的吸附效力较差。使用时除需冷藏和不便加热的药液外，一般采用加热煮沸后吸附 20～30min，冷至 45～50℃ 时过滤脱炭，脱炭最好在短时间内完成，以免温度下降或在放置过程中发生脱吸附作用，使制剂杂质增多。

(2) pH　pH 可控制吸附剂或吸附物解离情况，进而影响吸附量，对蛋白质等两性物质一般在等电点 pI 附近吸附量最大。各种溶质吸附的最佳 pH 需要通过实验来确定。

活性炭一般在酸性溶液中比在碱性溶液中有较高的吸附率。活性炭在酸性溶液中（pH 3～5）吸附作用较强，在碱性溶液中有时出现"脱溶"或脱吸附作用，反使溶液中的杂质增大，影响制剂质量，故活性炭最好用酸处理并活化后再使用。如活性炭从水中吸附有机污染物质的效果，一般随溶液 pH 值的增加而降低，pH 值高于 9.0 时，不易吸附，pH 值越低效果越好。

(3) 盐的浓度　盐类对吸附作用的影响比较复杂，有些情况下盐能阻止吸附，在低浓度盐溶液中吸附的蛋白质或酶，常用高浓度盐溶液进行洗脱。但在另一些情况下盐能促进吸附，甚至有的吸附剂一定要在盐的存在下才能对某种吸附物进行吸附。盐对不同物质的吸附有不同的影响，因此盐的浓度对于选择性吸附很重要，在生产工艺中也要靠实验来确定合适的盐浓度。

如用大孔吸附树脂精制人参总皂苷具有简单、再生方便的特点。但树脂吸附能力不太稳定，吸附过程中皂苷损失较大，特别是树脂经多次使用后尤为突出，为增加吸附树脂吸附能力，可添加适量氯化钠、硫酸钠或硫酸铵等无机盐，无机盐的加入因盐析作用降低皂苷的溶解趋势，提高提取率。在一定范围内，提取液中无机盐浓度越高，树脂对皂苷的吸附能力越强，但无机盐浓度超过约 5% 时，树脂的吸附容量开始呈下降趋势，这是提取液中过量的无机盐使原来澄清的提取液析出大量沉淀所致。沉淀越多，其中的人参皂苷含量也越高，因此，提取液中无机盐的浓度最好控制在 5% 以内。

（4）接触时间　因为吸附是液相中的吸附质向固相表面的一个转移过程，所以吸附质与吸附剂之间需要一定的接触时间，才能使吸附剂发挥最大的吸附能力。在料液量一定的情况下，增加接触时间，意味着增大吸附处理设备。

4. 溶剂的影响

单溶剂和混合溶剂对吸附作用有不同的影响。一般吸附物溶解在单溶剂中容易被吸附；若是溶解在混合溶剂（无论是极性与非极性混合溶剂或者是极性与极性混合溶剂）中不容易被吸附。所以一般用单溶剂吸附，用混合溶剂解吸。

5. 吸附质浓度与吸附剂用量

吸附质浓度增加，吸附量增加，但选择性降低，因此吸附法纯化蛋白质时，要求浓度小于1％，以增加选择性。吸附剂用量增加，吸附质总量增加，但过量吸附剂会导致成本增加，同时也会造成选择性降低。因此应充分考虑收率和成本。

6. 多组分的影响

当从含有两种以上组分的溶液中进行吸附时，由于各组分的性质不同，对吸附的影响可能不同，可以互相促进、互相干扰或互不干扰。

第四节　吸附分离操作方法与设备

吸附分离操作根据流体的状态可分为静态吸附和动态吸附。静态吸附指的是定量的吸附剂和定量的溶液经过长时间的充分接触（可以搅拌或振荡）而达到平衡。实验室的静态吸附操作可以在烧杯中进行，工业上采用槽式搅拌吸附。静态操作属于间歇操作，因而操作效率低。

动态吸附，通常采用流通吸附，把定量的吸附剂装填于吸附柱中，使一定浓度的溶液以一定流速流过吸附柱。由于动态平衡，动态吸附量比静态吸附量要低，但操作效率高。动态吸附操作根据料液流体与吸附剂的运动状态可分为固定床吸附、流化床吸附和移动床吸附。

1. 接触过滤吸附

接触过滤吸附是将吸附剂与被处理的溶液加入搅拌的吸附槽中，经过足够的接触时间后，将液体和吸附剂分离。该吸附过程一般在带有搅拌器的吸附槽（图5-12）中进行。①首先将原料液加入吸附槽，然后在搅拌状态下加入吸附剂；②在搅拌器的作用下，槽内液体呈强烈湍动状态，而吸附质则悬

浮于溶液中；③当吸附过程接近吸附平衡时，通过过滤装置将吸附剂从溶液中分离出来；④接触过滤式吸附过程属间歇操作过程，常用于溶质的吸附能力很强，且溶液的浓度很低的吸附过程，以回收其中少量的溶解物质或除去某些杂质等。

槽式吸附操作适用于外扩散控制的吸附传质过程。搅拌使溶液呈湍流状态，颗粒外表面的膜阻力较少。用于药液的精制，如脱水、脱色和脱臭等。

2. 固定床吸附

固定床吸附过程是最为典型的吸附操作之一，在制药化工生产中有着广泛的应用。

将颗粒状的吸附剂以一定的填充方式充满圆筒形容器，即构成固定床。操作时，含有吸附质的液体或气体以一定的流速流过吸附剂床层，进行动态

吸附。当床层内的吸附剂接近或达到饱和时，吸附过程停止，随后对床层内的吸附剂进行再生，再生完成后，即可进行下一循环的吸附操作（如图5-13所示）。

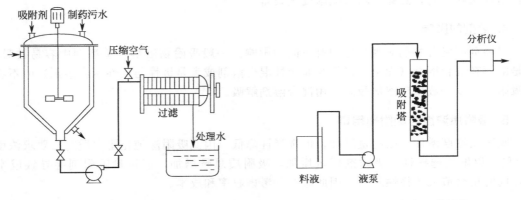

图 5-12　槽式搅拌吸附　　　　　　　　　　图 5-13　固定床吸附操作

当含吸附质的流体自上而下连续流过床层时，其中的吸附质被吸附剂所吸附。若吸附过程不存在传质阻力，则吸附速度为无限大，因而进入床层的吸附质可在瞬间被吸附剂所吸附，此时床层内的吸附质像活塞一样向下移动。

3. 膨胀床吸附

膨胀床吸附是将吸附剂装在一定的容器中，目标产物的液体从容器底端进入，经容器下端液体分布器流经吸附剂层，从容器顶端流出。膨胀床吸附首先要使床层稳定张开，然后经过进料、洗涤、洗脱、再生，最终转入下一个循环。膨胀床吸附的操作过程见图5-14。膨胀床的吸附率高，适于处理悬浮物含量较高的药液。

4. 流化床吸附

与膨胀床的床层膨胀状态不同，流化床内吸附剂粒子呈流化态。流化床吸附操作是料液从床底以较高的流速进入，使吸附剂产生流化，同时料液中的溶质在吸附剂上发生吸附作用，见图5-15。

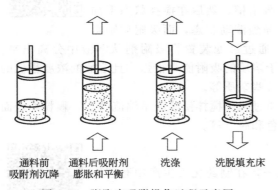

图 5-14　膨胀床吸附操作过程示意图

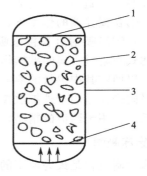

图 5-15　流化床吸附示意图
1—压圈；2—吸附剂；3—筒体；4—承板

5. 移动床吸附

料液从吸附柱底部进入，处理后的料液由柱顶排出。在操作过程中，定期将一部分接近饱和的吸附剂从柱底排出，送到再生柱进行再生。与此同时，将等量的新鲜吸附剂由柱顶加入，因而这种吸附床称之为移动床。这种运行方式较固定床吸附能更充分地利用吸附剂的吸附能力，压头损失小，但柱内上下层吸附剂不能相混，所以对操作管理要求较为严格。

 案例分析

一、人造沸石吸附细胞色素 c

细胞色素 c 是一种含铁卟啉的蛋白质，是细胞呼吸激活剂。在临床上作为治疗缺氧症用药使用。细胞色素 c 的制备工艺方法有天然产物提取法和微生物发酵法。

细胞色素 c 提取法工艺流程见图 5-16。以新鲜或冷冻猪心为原材料，洗净，去血块、脂肪和肌腱等，切条，用绞肉机绞碎。然后加入 1.5 倍的水，用 1mol/L 的硫酸调节 pH 值为 4 左右，常温下搅拌，浸提 2h，压滤。滤液用 1mol/L 的氨水中和至 pH 6.2，离心分离取清液。残渣再用等量水重复提取一次，合并两次提取液。提取液用 2mol/L 氨水调 pH 值为 7.5，静止沉淀杂蛋白，离心，吸取上层清液。然后按每升提取液加入 10g 沸石，在不断搅拌下充分吸附 40min，静置，弃去上层清液。用蒸馏水洗涤吸附有细胞色素 c 的沸石 3 次，用 0.2% 的氯化钠洗涤 4 次，再用蒸馏水洗至洗涤液澄清。过滤沸石，抽干，装入色谱柱中，并用 25% 的硫酸铵溶液洗脱，收集洗脱液。洗脱液中加入固体硫酸铵使浓度达 45%，杂蛋白完全析出，过滤。滤液中缓慢加入三氯乙酸（20%）溶液，边加边搅拌，待细胞色素 c 沉淀完全析出后，离心收集沉淀。将沉淀溶于蒸馏水，用水透析至无硫酸根离子。将透析后溶液通过已处理好的 Amberlite IRC-50 树脂柱吸附，用水洗涤至澄清，再用磷酸氢二钠（0.6mol/L）和氯化钠（0.4mol/L）混合液洗脱，洗脱速度要慢，一般流速为 2mL/min。洗脱液再用蒸馏水透析至无氯离子为止，可得细胞色素 c 精制溶液。收率为 100~150mg/kg，含量大于 20mg/mL。

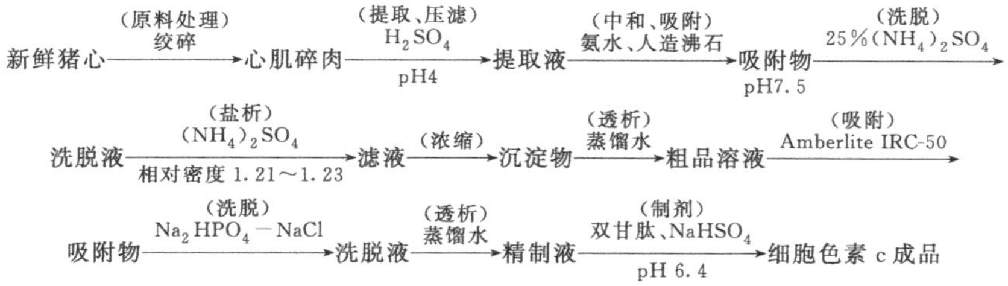

$$新鲜猪心 \xrightarrow[\text{绞碎}]{\text{（原料处理）}} 心肌碎肉 \xrightarrow[\text{pH4}]{\text{（提取、压滤）} H_2SO_4} 提取液 \xrightarrow[\text{pH7.5}]{\text{（中和、吸附）氨水、人造沸石}} 吸附物 \xrightarrow[]{\text{（洗脱）} 25\%(NH_4)_2SO_4}$$

$$洗脱液 \xrightarrow[\text{相对密度 1.21~1.23}]{\text{（盐析）}(NH_4)_2SO_4} 滤液 \xrightarrow[]{\text{（浓缩）}} 沉淀物 \xrightarrow[\text{蒸馏水}]{\text{（透析）}} 粗品溶液 \xrightarrow[]{\text{（吸附）} Amberlite IRC-50}$$

$$吸附物 \xrightarrow[]{\text{（洗脱）} Na_2HPO_4 - NaCl} 洗脱液 \xrightarrow[\text{蒸馏水}]{\text{（透析）}} 精制液 \xrightarrow[\text{pH 6.4}]{\text{（制剂）}双甘肽、NaHSO_4} 细胞色素 c 成品$$

图 5-16　细胞色素 c 吸附分离工艺

此工艺中有两处涉及吸附操作。一是使用人造沸石吸附细胞色素 c，人造沸石实际属于无机离子交换吸附剂，在 pH7.5（pH<pI）时，细胞色素 c 呈正电荷，它可与沸石分子上的钠离子发生交换吸附，从而被沸石吸附。另外，人造沸石在酸性条件下分解，在碱性条件下变黏，所以该操作在中性条件下使用。二是使用 Amberlite IRC-50 树脂进一步分离纯化细胞色素 c，该树脂属于阳离子交换树脂（详见后续离子交换树脂章节）。

二、头孢菌素 C 的吸附分离纯化

许多抗生素、维生素是用发酵法生产的。一般来说，发酵体系的成分十分复杂，除

必要的原料之外，所加入的液体酶又有包括培养基在内的许多有机成分、无机成分，以及酶反应的副产物，并且产物的浓度往往很低，这就需要高效的提取分离技术和高性能的分离材料。如链霉素的生产，链酶胍、链胍双氢链糖就是难以去除的杂质，使用链霉素的病人常发生耳鸣、头痛、嘴麻等病症。应用弱碱性交换吸附树脂对链霉素进行分离纯化，大大降低了这两种杂质的含量，基本消除了其不良反应。吸附树脂在制药行业受到广泛的关注，曾用于大多数抗生素、维生素的提取分离研究，并已在部分品种的生产中得到实际应用。如在红霉素、丝裂霉素、头孢菌素等抗生素的提取中，已采用吸附树脂提取法。吸附树脂不受溶液 pH 值的影响，不必调整抗生素发酵液的pH 值，因此不会造成酸、碱对发酵液活性的破坏。

吸附分离树脂在抗生素制备工业中已被广泛地用于青霉素、头孢菌素 C（CPC）、链霉素、先锋霉素等抗生素的吸附分离与提取工艺。在抗生素品类中，头孢菌素类抗生素的发展最快，约占全部抗生素市场的 60%。头孢菌素类抗生素为分子中含有头孢烯的半合成抗生素，属于 β-内酰胺类抗生素，是 7-氨基头孢烷酸（7-ACA）的衍生物。该类药物可破坏细菌的细胞壁，并在繁殖期杀菌，对细菌的选择作用强，而对人几乎没有毒性，是一类高效、低毒、临床应用广泛的重要抗生素。近 10 年来，头孢菌素类抗生素新品种不断涌现，目前在生产的头孢菌素品种总数在 50 种以上，临床常用的头孢菌素品种在 30 个以上。头孢类抗生素均为半合成产品，是由玉米浆、豆油等通过头孢菌发酵得到头孢菌素 C。CPC 通过化学法或酶法裂解产生 7-氨基头孢烷酸，7-ACA 是合成各种头孢类抗生素的关键性中间体，由此衍生出各种头孢类抗生素（图 5-17）。

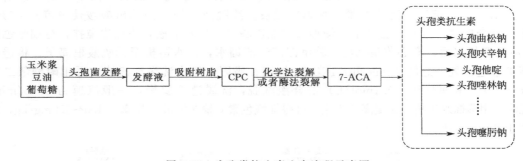

图 5-17　头孢类抗生素生产流程示意图

CPC 是头孢类抗生素的原料，由发酵法制备 CPC 时除了生成 CPC 外，还生成一系列其他产物，这给从发酵液中分离纯化 CPC 造成一定的困难。产物中 CPC 的浓度往往很低，因此从发酵液中把 CPC 提取出来，并精制到很高的纯度，需要高效的提取分离技术和高性能的吸附分离树脂。吸附分离树脂在 CPC 的纯化工艺中应用见图 5-18。

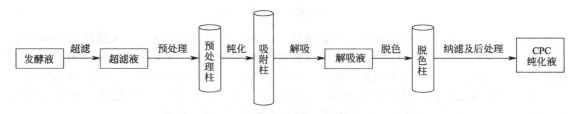

图 5-18　CPC 纯化工艺示意图

国内头孢菌素产业于 20 世纪 90 年代末进入产业化发展阶段。在较长时期内，CPC 提取使用的吸附分离树脂严重依赖进口（主要是美国罗门哈斯公司产品），产品价格高，生产成本居高不下，严重影响国内头孢菌素产业的竞争力，不利于产业的健康发展。实现 CPC 分离纯化材料的进口替代成为国内头孢菌素产业的迫切需求。

 总结归纳

本章知识点思维导图

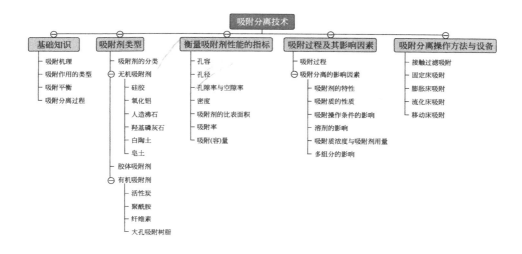

 拓展阅读

吸附树脂

吸附树脂一词对许多人来说可能是陌生的，从上面的介绍可以知道，物体的表面对气体或液体中的分子有吸引力，被吸引的分子附着于物体的表面之上，这就是吸附。树脂一词原指一些树的分泌物。如松树能分泌出松脂，蒸去松节油后留下的固体物质便是一种天然树脂——松香。后来，人工合成的高分子化合物，与松香具有类似的性质，即遇热变软，有可塑性，也称为树脂。其中多孔的具有显著吸附能力的高分子物质便称为吸附树脂，有化学合成的，也有天然纤维素等经改性、交联制成的。但是，经交联制成的吸附树脂不再具备可塑性树脂的特征，而是成为一种不溶解、不熔化、形状不可再塑的高分子材料。

吸附树脂诞生于 20 世纪 60 年代初，其发源地有两个：①原捷克人 J. Malinsky 于 1962 年发表了多孔性离子交换树脂的合成方法；②我国南开大学的何炳林教授等人早在 1956 年就制成了多孔性阴离子交换树脂，目的是改善离子交换树脂的性能。1962 年，美国罗门哈斯公司制成了大孔吸附树脂，其制造方法的基础就是 J. Malinsky 和何炳林教授等人所发明的多孔性离子交换树脂的合成方法。因此可以说，何炳林教授最早合成了多孔性离子交换树脂，J. Malinsky 第一个取得合成多孔性离子交换树脂的专利权，美国人最早开发出了一类用途广泛的多孔性高分子吸附树脂。

？ 复习与练习题

一、单项选择题

1. 下列属于无机吸附剂的是（　　）。

A. 白陶土　　　　B. 活性炭　　　　C. 聚酰胺　　　　D. 纤维素

2. 下列吸附剂中属于有机吸附剂的是（　　）。

A. 活性氧化铝　　B. 活性炭　　　　C. 人造沸石　　　D. 硅胶

3. 吸附剂和吸附质之间作用力是通过（　　）产生的吸附称为物理吸附。

A. 范德瓦耳斯力　B. 库仑力　　　　C. 静电引力　　　D. 相互结合

4. "类似物容易吸附类似物"的原则，一般极性吸附剂适宜于从（　　）溶剂中吸附极性物质。

A. 极性溶剂　　　B. 非极性溶剂　　C. 水　　　　　　D. 任何溶剂

5. "类似物容易吸附类似物"的原则，一般非极性吸附剂适宜于从下列（　　）溶剂中吸附非极性物质。

A. 极性溶剂　　　B. 非极性溶剂　　C. 氯仿　　　　　D. 任何溶剂

6. 活性炭在下列（　　）溶剂中吸附能力最强。

A. 水　　　　　　B. 甲醇　　　　　C. 乙醇　　　　　D. 三氯甲烷

7. 关于大孔树脂洗脱条件的说法，错误的是（　　）。

A. 最常用的是以高级醇、酮或其水溶液解吸

B. 对弱酸性物质可用碱来解吸

C. 对弱碱性物质可用酸来解吸

D. 如吸附系在高浓度盐类溶液中进行时，则常常仅用水洗就能解吸下来

8. 用大网格高聚物吸附剂吸附的弱酸性物质，一般用下列（　　）溶液洗脱。

A. 水　　　　　　B. 高盐　　　　　C. 低 pH　　　　D. 高 pH

9. （　　）活性炭的吸附容量最小。

A. 粉末活性炭　　B. 锦纶活性炭　　C. 颗粒活性炭　　D. 惰性活性炭

10. 对于吸附的强弱描述错误的是（　　）。

A. 吸附现象与两相界面张力的降低成反比

B. 某物质自溶液中被吸附程度与其在溶液中的溶解度成反比

C. 极性吸附剂容易吸附极性物质

D. 非极性吸附剂容易吸附非极性物质

二、简答题

1. 何谓吸附分离技术？
2. 化学吸附与物理吸附的区别是什么？
3. 写出两种以上常用吸附剂的性质，用途。
4. 吸附剂的哪些特性会影响到吸附过程？
5. 有哪些吸附条件会影响吸附过程？
6. 试列举常见的吸附剂。

第六章　离子交换分离技术

离子交换技术是应用离子交换树脂作为吸附剂，通过静电引力将溶液中带相反电荷的物质吸附在离子交换树脂上，然后用合适的洗脱剂将吸附物从离子交换树脂上洗脱下来，从而达到分离、浓缩、纯化的目的。离子交换法已广泛应用于药物分离领域，在原料液脱色、除臭、目标药物的提取和浓缩等方面发挥着重要作用。用离子交换法分离提纯各种药用活性物质具有成本低、工艺操作方便、纯化效率高、设备结构简单以及节约大量有机溶剂等优点。但是离子交换法也有缺点：首先是不一定能找到合适的离子交换树脂，其次是生产周期长，操作中 pH 值变化范围较大，甚至影响成品质量，耗盐量大，含盐废水易引起管道腐蚀，同时有机物的存在还会污染离子交换树脂。

离子交换法要使用离子交换树脂，常见的离子交换树脂有两种：一种是使用人工高聚物作载体的离子交换树脂；另一种是使用多糖作载体的多糖基离子交换树脂。本章将重点介绍第一类离子交换树脂的操作方法和应用，对于第二类离子交换树脂将在色谱分离技术中介绍。

 基础知识

一、离子的相关概念

离子是指原子由于自身或外界的作用而失去或得到一个或几个电子使其达到最外层电子数为 8 个或 2 个（氢原子）或没有电子（四中子）的稳定结构。这一过程称为电离。电离过程中所需要或放出的能量称为电离能。

在化学反应中，金属元素原子失去最外层电子，非金属原子得到电子，从而使参加反应的原子或原子团带上电荷。带电荷的粒子叫作离子，带正电荷的粒子叫作阳离子，带负电荷的粒子叫作阴离子。如图 6-1 所示 Na^+ 离子和 Cl^- 离子形成示意图。

阴、阳离子因静电作用可形成不带电性的化合物。与分子、原子一样，离子也是构成物质的基本粒子。

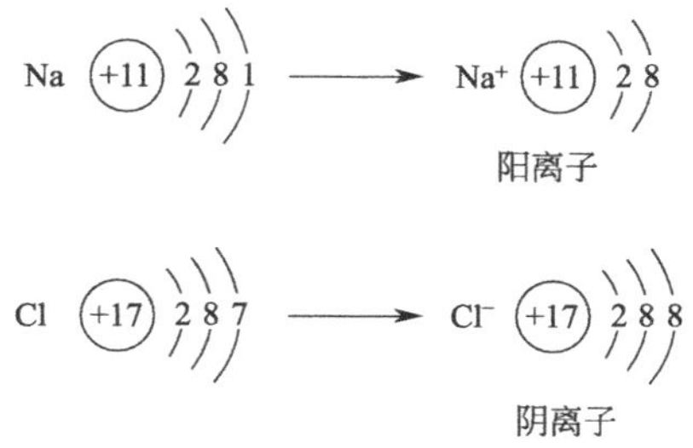

图 6-1　Na^+ 离子和 Cl^- 离子形成示意图

1. 离子化合价

化合价（valence）是一种元素的一个原子与其他元素的原子化合（即构成化合物）时表现出来的性质。一般，化合价的价数等于每个该原子在化合时得失电子的数量，即该元素能达到稳定结构时得失电子的数量。这往往取决于该元素的电子排布，主要是最外层电子排布，当然还可能涉及次外层能达到的由亚层组成的亚稳定结构。

2. 离子水化半径

水分子的正、负电荷中心并不重合，是偶极子。它又有很强的氢键作用，故水有特殊的结构。当盐类溶于水中生成电解质溶液时，离子的静电力破坏了原来的水结构，在其周围形成一定的水分子层，称为水化（图 6-2）。

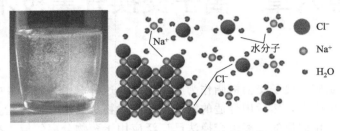

图 6-2 氯化钠溶解过程中离子水化

在电解质溶液里，离子跟水分子结合生成的带电微粒，叫水合离子。例如 $[Fe(H_2O)_6]^{3+}$、$[Mg(H_2O)_6]^{2+}$ 等，见图 6-3 所示。水溶液里的离子大都以水合离子形式存在。

有些离子与水结合得比较牢固，而且结合的水分子有一定的数目，以络离子的形式存在，例如 $[Cu(H_2O)_4]^{2+}$、$[Al(H_2O)_6]^{3+}$ 等。有些离子所结合的水分子不太牢固，而且结合的水分子的数目也不十分稳定，例如 Na^+ 和 Cl^- 等，可用 $[Na(H_2O)_m]^+$ 和 $[Cl(H_2O)_n]^-$ 表示。

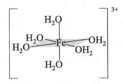

图 6-3 水合铁离子示意图

此时的离子半径才能表达离子在溶液中的大小。

二、树脂的认知

树脂是广义的概念，是高分子材料中的术语。将可作为塑料制品加工原料的任何高分子化合物都统称为树脂。树脂颜色多样，依据合成原料、工艺条件不同，有黄色、白色、黄褐色、红棕色等，而且具有一定机械、延展性能，因此通常作为工艺品的原材料。

 知识拓展

树脂与塑料的区别

塑料是指以树脂（或在加工过程中用单体直接聚合）为主要成分，以增塑剂、填充剂、润滑剂、着色剂等添加剂为辅助成分，在加工过程中能流动成型的材料。由此可见，树脂是塑料的原材料之一，塑料是树脂的成品。

树脂分类方法有很多，根据来源不同，可分为天然树脂（例如松香、琥珀等）和合成树脂（例如苯乙烯树脂、酚醛树脂等）。

根据性质可分为热固性树脂和热塑性树脂。热固性树脂是指树脂加热后产生化学变化，逐渐硬化成型，再受热也不软化，也不能溶解。热固性树脂其分子结构为体型，它包括大部分的缩合树脂。热固性树脂的优点是耐热性高，受压不易变形。其缺点是机械性能较差。热固性树脂有酚醛、环氧、氨基、不饱和聚酯以及硅醚树脂等。

热塑性树脂具有受热软化、冷却硬化的性能，而且不起化学反应，无论加热和冷却重复进行多少次，均能保持这种性能。凡具有热塑性树脂其分子结构都属线型，它包括几乎全部聚合树脂和部分缩合树脂。

三、离子交换反应

离子交换现象可用下面的离子交换反应方程式表示：

$$R^-A^+ + B^+ \rightleftharpoons R^-B^+ + A^+ （以阳离子交换树脂为例）$$

式中，R^- 表示阳离子交换树脂的活性基团和载体；A^+ 为平衡离子；B^+ 为交换离子。

离子交换反应是可逆的，符合质量作用定律。向树脂中添加 B^+，反应平衡向右移动，交换离子全部或大部分被交换而吸附到树脂上。向树脂中添加 A^+，反应平衡向左移动，交换离子全部或大部分从树脂上释放出来。例如，用 Na^+ 置换磺酸树脂上的可交换离子 H^+，当溶液中的钠离子浓度较大时，就可把磺酸树脂上的氢离子交换下来。当全部的氢离子被钠离子交换后，这时就称树脂为钠离子饱和。

离子交换树脂的平衡离子决定树脂的电荷交换性能，因此树脂可以按照平衡离子分类。如果树脂的平衡离子带正电荷，则可和溶液中的阳离子发生交换，就称为阳离子交换树脂；如果树脂的平衡离子带负电荷，则可和溶液中的阴离子发生交换，就称为阴离子交换树脂。

四、交换容量的测定方法

1. 阳离子交换树脂交换容量

先用盐酸将其处理成氢型后，加入过量已知浓度的 NaOH 溶液，发生离子交换反应：

$$R^-H^+ + NaOH \rightleftharpoons R^-Na^+ + H_2O。$$

待反应达到平衡后（强酸性离子交换树脂需要静置 24h，弱酸性离子交换树脂必须静置数日），测定剩余的 NaOH 物质的量，根据消耗的碱量，就可求得该阳离子交换树脂的交换容量。

2. 阴离子交换树脂交换容量

因羟型阴离子交换树脂不太稳定，市售多为氯型。测定时取一定量的氯型阴离子交换树脂装入柱中，通入过量的 Na_2SO_4 溶液，柱内发生离子交换反应：$2R^+Cl^- + Na_2SO_4 \rightleftharpoons 2R^+ + SO_4^{2-} + 2NaCl。$

用铬酸钾为指示剂，用硝酸银溶液滴定流出液中的氯离子，根据洗脱下来的氯离子量，计算交换容量。

以上这样测定的仅是对无机小离子的交换容量，称为总交换容量。对于生物大分子如蛋白质由于分子量大，树脂孔道对其空间排阻作用大，不能与所有的活性基团接触，而且已吸附的蛋白质分子还会妨碍其他未吸附的蛋白质分子与活性基团接触。另外，蛋白质分子带多价电荷，在离子交换中可与多个活性基团发生作用，因此蛋白质的实际交换容量要比总交换容量小得多。

第一节　离子交换树脂

一、离子交换树脂的结构组成

离子交换树脂是带有官能团、具有网状结构的不溶性高分子化合物，通常是球形颗粒物。离子交换树脂由三部分构成。

1. 骨架（或载体）

惰性、不溶的具有三维空间立体结构的网络高分子聚合物。

2. 活性基团（功能基团）

与载体连成一体的、被束缚在高分子的骨架上，不能自由移动的功能基团。

3. 可交换离子（反离子或平衡离子）

与活性基团带相反电荷的可移动的平衡离子，当树脂处在溶液中时，平衡离子可在树脂的骨架中进进出出，与溶液中的同性离子发生交换过程。

$$R\!-\!SO_3H + Na^+ \rightleftharpoons R\!-\!SO_3Na + H^+$$

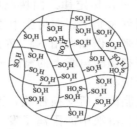

图 6-4 磺酸型阳离子交换树脂结构示意图

图 6-4 所示的磺酸型阳离子交换树脂结构示意图，图中以波形线条代表树脂的骨架，活性基团指的是磺酸基团（$-SO_3^-$），平衡离子为 H^+。

 知识拓展

离子交换树脂与普通树脂

离子交换树脂与普通树脂的区别是在于，离子交换树脂是具有离子活性基团的树脂。普通树脂相对于离子交换树脂来说，就是骨架或载体。

二、人工高聚物离子交换树脂的分类

离子交换树脂有多种分类方法，主要有以下三种。

1. 按树脂骨架的主要组成分类

（1）聚苯乙烯型树脂 这是较常用的一类离子交换树脂，由苯乙烯（母体）和二乙烯苯（交联剂）的共聚物作为骨架，再引入所需要的活性基团。

（2）聚丙烯酸型树脂 聚丙烯酸型树脂主要由丙烯酸甲酯与二乙烯苯的共聚物作为骨架，再引入活性基团。

（3）酚-醛型树脂 酚-醛型树脂主要由苯酚、甲醛和水杨酸缩聚而成，水杨酸和甲醛形成线状结构，苯酚和甲醛作为交联剂。

（4）多乙烯多胺-环氧氯丙烷型树脂 多乙烯多胺-环氧氯丙烷型树脂由多乙烯多胺与环氧氯丙烷的共聚物作为骨架。由多乙烯多胺与环氧氯丙烷反应生成相应的环氧树脂。

2. 按骨架的物理结构分类

（1）凝胶型树脂（微孔树脂） 这类树脂是以苯乙烯或丙烯酸与交联剂二乙烯苯聚合得到的具有交联网状结构的聚合体，一般呈透明状态。这种树脂的高分子骨架中没有毛细孔，而在吸水溶胀后能形成很细小的孔隙。这种孔隙的孔径很小，一般在 2～4nm，失水后孔隙闭合消失，由于是非长久性、不稳定的，所以称之为"暂时孔"（图 6-5）。

因此凝胶树脂在干裂或非水介质中没有交换能力，这就限制了离子交换技术的应用。即使在水介质中，由于孔隙细小，凝胶树脂吸附有机大分子比较困难，而且有的物质被吸附后

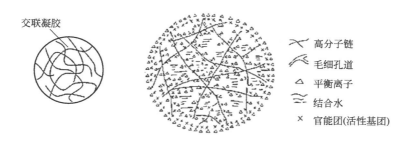

(a) 凝胶型树脂骨架结构　　　　　(b) 凝胶型离子交换树脂结构

图 6-5　凝胶型树脂结构示意图

也不容易洗脱，产生不可逆的"有机污染"，交换能力下降。如果降低交联度，使"空隙"增大，交换能力和抗有机污染有所改善，但交联度下降，机械强度相应降低，造成树脂破碎，严重的根本无法使用。

（2）均孔型树脂　如果苯乙烯系树脂在聚合时不用二乙烯苯作交联剂，而采用氯甲基化反应，将氯甲基化后的球体用不同的胺进行胺化，就可制成各种均孔型阴离子交换树脂。简称 IR（或 IP）型树脂。这样制得的阴离子交换树脂，交联度均匀，孔径大小一致（图 6-6），质量和体积交换容量都较高，膨胀度相对密度适中，机械强度好，抗污染和再生能力强。如 Amberlite IRA 型树脂即为均孔型阴离子交换树脂。

图 6-6　均孔型树脂骨架示意图

（3）大孔型离子交换树脂（大网格离子交换树脂）　该类树脂是以大孔吸附树脂作为骨架载体（图 6-7），再引入活性基团。因而既具有大孔网格结构的特点，又具有离子交换的性质，特别有利于吸附大分子有机物，能耐有机物污染。

(a) 大孔型树脂骨架结构　　　　　(b) 大孔型离子交换树脂结构

图 6-7　大孔型树脂结构示意图

大孔型离子交换树脂的特征是：①载体骨架交联度高，有较好的化学和物理稳定性、机械强度；②孔径大，且为不受环境条件影响的永久性孔隙，甚至可以在非水溶胀下使用，所以它的动力学性能好，抗污染能力强，交换速度快，尤其是对大分子物质的交换十分有利；③表面积大，表面吸附强，对大分子物质的交换容量大；④孔隙率大，密度小，对小离子的体积交换量比凝胶型树脂小。

图 6-8　载体型树脂骨架示意图

（4）载体型树脂　这是一类特殊用途树脂，主要用作高效液相色谱的固定相。一般是将离子交换树脂包覆在硅胶或玻璃珠等载体表面上制成（图 6-8）。它可经受液相色谱中流动介质的高压，同时又具有离子交

131

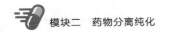

换功能。

3. 按活性基团的电离程度分类

（1）阳离子交换树脂 活性基团为酸性，对阳离子具有交换能力，根据其活性基团酸性的强弱又可分为两种。

① 强酸性阳离子交换树脂。这类树脂的活性基团为磺酸基团（—SO_3H）和次甲酸磺酸基团（—CH_2SO_3H）。它们都是强酸性基团，能在溶液中解离出 H^+，解离度基本不受 pH 影响。反应简式为 $R—SO_3H \rightleftharpoons R—SO_3^- + H^+$。

树脂中的 H^+ 与溶液中的其他阳离子如 Na^+ 交换，从而使溶液中的 Na^+ 被树脂中的活性基团 SO_3^- 吸附，反应式为 $R—SO_3^-H^+ + Na^+ \rightleftharpoons R—SO_3^-Na^+ + H^+$。

强酸性树脂的解离能力很强，因此在很宽的 pH 范围内都能保持良好的离子交换能力，在 pH 为 4～14 范围内均可使用。

以磷酸基〔—$PO(OH)_2$〕和次磷酸基〔—$PHO(OH)$〕作为活性基团的树脂具有中等强度的酸性。

② 弱酸性阳离子交换树脂。这类树脂的活性基团主要有羧基（—COOH）和酚羟基（—C_6H_5OH），它们都是弱酸性基团，解离度受溶液 pH 的影响很大。在酸性环境中的解离度受到抑制，故交换能力差，在碱性或中性环境中有较好的交换能力。羧基阳离子交换树脂必须在 pH＞7 的溶液中才能正常工作，对酸性更弱的酚羟基，则应在 pH＞9 溶液中才能进行反应。

弱酸性阳离子交换树脂可进行如下反应：$R—COOH + Na^+ \rightleftharpoons R—COONa + H^+$。

（2）阴离子交换树脂 活性基团为碱性，对阴离子具有交换能力，根据其活性基团碱性的强弱又可分为两种。

① 强碱性阴离子交换树脂。这类树脂的活性基团多为季铵基团（—NR_3OH），能在水中解离出 OH^- 而呈碱性，且解离度基本不受 pH 影响。反应简式为 $R—NR_3OH \rightleftharpoons R—NR_3^+ + OH^-$。

树脂中的 OH^- 与溶液中的其他阴离子如 Cl^- 交换，从而使溶液中的 Cl^- 被树脂中的活性基团 NR_3^+ 吸附，反应式为：$R—NR_3OH + Cl^- \rightleftharpoons R—NR_3^+Cl^- + OH^-$。

强碱性树脂的解离能力很强，因此在很宽的 pH 范围内都能保持良好的离子交换能力，在 pH 为 1～12 范围内均可使用。

② 弱碱性阴离子交换树脂。这类树脂含弱碱性基团，如伯胺基（—NH_2OH）、仲胺基（—NHR OH）或叔胺基（—NR_2OH）。它们在水中能解离出 OH^-，但解离能力较弱，受 pH 影响较大，在碱性环境中的解离度受到抑制，故交换能力差，只能在 pH＜7 的溶液中使用。

以上四种树脂是交换树脂的基本类型，在使用时，常将树脂转变为其他离子型。例如，将强酸性阳离子树脂与 NaCl 作用，转变为钠型树脂。在使用时，钠型树脂释放钠离子与溶液中的其他阳离子交换。由于交换反应中没有释放氢离子，避免了溶液 pH 下降和由此产生的副作用，如对设备的腐蚀。进行再生时，用盐水而不用强酸。弱酸性树脂生成的盐如 RCOONa 很容易水解，呈碱性，所以用水洗不到中性，一般只能洗到 pH9～10。但是弱酸性树脂和氢离子结合能力很强，再生成氢型较容易，耗酸量少。强碱性阴离子树脂可先转变为氯型，工作时用氯离子交换其他阴离子，再生只需用食盐水。但弱碱性树脂生成的盐如 RNH_2Cl 同样容易水解。这类树脂和 OH^- 结合能力较强，所以再生成羟型较容易，耗碱量少。

各种树脂的强弱最好用其活性基团的 pK 来表示。对于酸性树脂，pK 越小，酸性越强；而对于碱性树脂，pK 越大，碱性越强。

【难点解答】

pH、pK、pK$_a$、pK$_b$ 常数的定义

pH 是通常意义上溶液酸碱程度的衡量标准，又称为酸碱值。pH 值的定义式为：pH＝－lg[H$^+$]

K 代表平衡常数，pK 就是平衡常数的负对数，定义式为：pK＝－lg[K]。可见，pK 值是仿照 pH 值的形式定义而成的。pK 值是水溶液中具有一定解离度的溶质的极性参数，是分子酸性或碱性的定量量度。

K$_a$ 和 K$_b$ 分别表示酸解离平衡常数和碱解离平衡常数，等于电离产生的各离子的浓度乘积除以未电离的分子态的浓度。

pK$_a$ 就是将 K$_a$ 的值取负对数，即：pK$_a$＝－lg[K$_a$]；pK$_b$ 就是将 K$_b$ 的值取负对数，即：pK$_b$＝－lg[K$_b$]。pK$_a$＋pK$_b$＝14

一般用 pK$_a$ 表示酸性，pK$_b$ 表示碱性。pK$_a$ 越小酸性越强，pK$_b$ 越大则碱性越强。在没有特殊指定的情况下，酸性物质 pK 值通常指的是 pK$_a$ 值，碱性物质 pK 值通常指的是 pK$_b$ 值。

三、人工高聚物离子交换树脂的命名

离子交换树脂种类繁多，世界各国对树脂的分类命名都有各自的系统。我国早期沿用的牌号也不够系统和统一。为避免混乱，我国科学工作者制订了一套比较合理的科学命名法则，并于 1976 年由原化工部颁布，即部颁标准 HG-2-884-76《离子交换树脂产品分类、命名及型号》，后续经过二次修订，现今参考标准是 GB/T 1631—2008《离子交换树脂命名系统和基本规范》。

为了区别同一类树脂的不同品种，在全名称前必须有型号。离子交换树脂的型号由三位阿拉伯数字组成。第一位数字代表产品的分类（见表 6-1），第二位数字代表骨架结构的差异（见表 6-2），第三位数字为顺序号，用以区别基团、交联剂等的差异。

表 6-1　离子交换树脂产品的分类代号（第一位数字）

代号	分类名称	代号	分类名称
0	强酸性	4	螯合性
1	弱酸性	5	两性
2	强碱性	6	氧化还原性
3	弱碱性		

表 6-2　离子交换树脂骨架的分类代号（第二位数字）

代号	分类名称	代号	分类名称
0	苯乙烯系	4	乙烯吡啶系
1	丙烯酸系	5	脲醛系
2	酚醛系	6	氯乙烯系
3	环氧系		

凡大孔型离子交换树脂，在型号前加"D"表示。凝胶型离子交换树脂的交联度数值，在型号后面用"×"号连接阿拉伯字母表示。

例如：

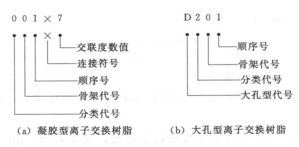

图 6-9　不同类型离子交换树脂的命名

如图 6-9 中所示，001×7 型树脂表示凝胶型苯乙烯系强酸性阳离子交换树脂，交联度为 7％；D201 型树脂表示是大孔型苯乙烯系季铵Ⅰ型强碱性阴离子交换树脂。

系统分类命名法自公布之后，已在很大范围内推广，但在国内的树脂商品中命名并不规范，很多地方仍沿用旧的牌号，或者在新的型号后加注旧的牌号。有一些命名方式一直沿用至今。

例如，732（强酸 001×7 树脂）、724（弱酸 101×7 树脂）、717（强碱 201×7 树脂）。

国外离子交换树脂命名因出产国、生产公司各异，多冠以公司名，接着是编号。在编号前注明大孔树脂（MR）、均孔树脂（IR）等缩写字母。但国外生产的树脂名目繁多，各厂家大多有自己的命名系统。在树脂名称中，除商标外，用后缀区别不同的结构、性能或形态。

无论国内的还是国外的树脂，在选用时均应注意其型号所代表的树脂性能，需要参考厂家的产品说明书。

四、离子交换树脂的理化性能

各种离子交换树脂的性能，由于基本原料和制备方法的不同，有很大的差别。在选用离子交换树脂时一般要考虑以下理化性能。

1. 交联度

交联度表示离子交换树脂中交联剂的含量，如聚苯乙烯型树脂中，交联度以二乙烯苯在树脂母体总质量中所占比例表示。

$$交联度 = \frac{交联剂质量}{反应混合物质量} \times 100\%$$

交联度的大小决定着树脂机械强度以及网状结构的疏密。交联度大，树脂孔径小，结构紧密，树脂机械强度大，但不能用于大分子物质的分离，因为大分子不能进入网状颗粒内部；交联度小，则树脂孔径大，结构疏松，强度小，所以对分子量较大的物质，选择较低交联度的树脂。分离纯化性质相似的小分子物质，则选用较高交联度的树脂。在不影响分离时，也以选用高交联度的树脂为宜。树脂的交联度一般在 4％～14％ 之间。例如国产强酸性树脂 1×12，表示是强酸性树脂，编号 1，交联度 12％。

2. 交换容量

离子交换容量是指单位体积湿树脂或单位质量干树脂可发生交换的活性基团数量，是表征树脂交换能力的重要参数。其表示方法有体积交换容量（mmol/mL，以湿树脂计）和质量交换容量（mmol/g，以干树脂计）。

交换容量有三种表示形式，分别是全交换容量、工作交换容量和再生交换容量。全交换容量是指单位体积或质量树脂中含可交换基团的总数。一般当树脂确定下来后，这是一个定值。工作交换容量是指在一定的应用条件下树脂表现出来的交换量。再生交换容量是树脂在指定的再生剂用量条件下再生后的交换容量。通常，再生交换容量为总交换容量的 50%～100%（一般控制 70%～80%），而工作交换容量为再生交换容量的 30%～90%，后一比例也称为树脂的利用率。

一般选用交换容量大的树脂，可用较少的树脂交换较多的离子化合物，但交换容量太大，活性基团太多，树脂不稳定。

3. 粒度和形状

粒度是指树脂颗粒在溶胀后的大小，色谱用 50～100 目树脂，一般提取纯化用 20～60 目（0.25～0.84mm）树脂则可。粒度小的树脂表面大，效率高，粒度过小，堆积密度大，容易产生阻塞；粒度过大又会导致强度下降、装填量少、内扩散时间延长，不利于有机大分子的交换。所以，粒度大小应根据具体需要选择。一般树脂为球形，这样可减少流体阻力。

4. 树脂含水率与密度

含水率的大小取决于亲水基团的多少及树脂孔隙的大小。对凝胶型树脂，交联度对含水量的影响比较大。树脂孔隙内所含的水分，一般在 30%～70%。交联度高，孔隙度低，含水率低。

树脂的密度与含水率有关。有三种形式的树脂密度，分别是干真密度、湿真密度和表观密度。干真密度是指干燥状态下，树脂材料本身具有的密度。湿真密度是指在水中充分溶胀后湿树脂本身的密度。表观密度是指树脂在水中充分溶胀后的堆积密度，又称为（湿）视密度或（湿）堆积密度，单位均为 mg/L。

5. 有效 pH 值

各种类型树脂均有自己的有效 pH 值范围。树脂活性基团可分为强酸、强碱、弱酸、弱碱性，相应的有效 pH 值范围如表 6-3 所示。弱酸性树脂不适宜在酸性条件下进行，这是因为该类树脂在酸性条件下难以解离。同理，弱碱性树脂不适宜在碱性条件下进行。

表 6-3　各种类型树脂有效 pH 值范围

树脂类型	强酸性	弱酸性	强碱性	弱碱性
有效 pH 值范围	4～14	7～14	1～12	0～7

6. 稳定性

离子交换树脂应有较好的化学稳定性，不容易分解破坏，也不与酸、碱起作用。稳定性与骨架类型有一定关系，以聚苯乙烯为骨架的树脂化学稳定性比较好。

不同离子型的树脂，化学稳定性不同。一般来说，阳离子交换树脂比阴离子交换树脂稳定性好。钠型树脂一般要比氢型树脂稳定。羟型强碱性阴离子交换树脂易于发生不可逆的降解作用，使季铵活性基团逐渐变为叔胺、仲胺，以致最后使功能基团失去交换能力。因此不应将阴离子交换树脂长期置于强碱性溶液之中，含苯酚的磺酸型树脂及铵型树脂不宜与强碱长时间接触。在强氧化剂，如热浓硝酸、高锰酸钾、重铬酸钾、过氧化氢的作用下，树脂骨架高分子链也会发生断裂，交联度降低，溶胀增加。一般来讲，树脂的交联度越高，其化学稳定性越高。

7. 膨胀性（膨胀度）

干树脂吸收水分或有机溶剂后体积增大的现象称为树脂的膨胀。树脂的膨胀性主要由树脂上活性基团强烈吸水或高分子骨架吸附有机溶剂所引起，当树脂浸入水或缓冲溶液中时，

水分容易进入树脂内部使其膨胀。膨胀后的树脂与乙醇等有机溶剂或高浓度的电解质溶液接触时，体积就会缩小。此外，树脂在转型或再生后用水洗涤时也有膨胀现象。

$$膨胀率 = \frac{V_后 - V_前}{V_前} \times 100\%$$

式中，$V_前$ 为膨胀前树脂体积，$V_后$ 为膨胀后树脂体积。

因此，在确定树脂装量时应考虑其膨胀性能。一般情况下，凝胶树脂的膨胀率随交联度的增大而减少；树脂中活性基团解离程度越大，膨胀率越大；树脂中可交换离子的水合度或水合离子半径越大，树脂膨胀率越大。

第二节　离子交换反应过程与速度

一、离子交换的选择性

在实际应用中，溶液中常常同时存在着很多离子，离子交换树脂能否将所需离子从溶液中吸附出或将杂质离子全部（或大部分）吸附，具有重要的实际意义。这就要研究离子交换树脂的选择吸附性，即选择性。离子和离子交换树脂的活性基团的结合力越大，就越容易被该树脂所吸附。

影响离子交换树脂选择性的因素很多，如离子化合价、离子的水化半径、离子浓度、溶液环境的酸碱度、有机溶剂和树脂的交联度、活性基团的分布和性质、载体骨架等，下面分别加以讨论。

1. 离子化合价

离子交换树脂总是优先吸附高价离子，而低价离子被吸附时则较弱。例如，常见的阳离子的被吸附顺序为 $Fe^{3+} > Al^{3+} > Ca^{2+} > Mg^{2+} > Na^+$，阴离子的被吸附顺序为柠檬酸根＞硫酸根＞硝酸根。

2. 离子的水化半径

离子在水溶液中都要和水分子发生水合作用形成水化离子，此时的半径才能表达离子在溶液中的大小。一般对同一主族无机离子而言，离子水化半径越小，离子对树脂活性基团的结合力就越大，也就越容易被吸附。离子的水化半径与原子序数有关，当原子序数增加时，离子半径也随之增加，离子表面电荷密度相对减少，吸附的水分子减少，水化半径也因之减少，离子对树脂活性基团的结合力则增大。

按水化半径的大小，各种离子对树脂结合力的大小次序为：

一价阳离子 $Li^+ < Na^+$、$NH_4^+ < Rb^+ < Cs^+ < Ag^+ < Ti^+$；

二价阳离子 Mg^{2+}、$Zn^{2+} < Cu^{2+}$、$Ni^{2+} < Ca^{2+} < Sr^{2+} < Pb^{2+} < Ba^{2+}$；

一价阴离子 $F^- < HCO_3^- < Cl^- < HSiO_3^- < Br^- < NO_3^- < I^- < ClO_4^-$。

同价离子中水化半径小的能取代水化半径大的。

H^+ 和 OH^- 对树脂的结合力，与树脂的性质有关。对强酸性树脂，H^+ 和树脂的结合力很弱，其地位相当于 Li^+。对弱酸性树脂，H^+ 具有很强的置换能力。同样，OH^- 的位置取决于树脂碱性的强弱。对于强碱性树脂，其位置落在 F^- 前面；对于弱碱性树脂，其位置在 ClO_4^- 之后。强酸、强碱树脂较弱酸、弱碱树脂难再生，且酸、碱用量大，原因就在于此。

3. 溶液浓度

树脂对离子交换吸附的选择性，在稀溶液中比较大。在较稀的溶液中，树脂选择吸附高价离子。

在稀溶液中，离子已充分水合，树脂对离子的吸附能力主要决定于它们的水合离子半径及电荷的多少。但溶液浓度增加，离子的水合程度会减小，这时水合离子半径的大小顺序和裸离子的相反，因而使选择性顺序也相应改变。

在非水溶剂或水-有机混合溶剂中，前述规律也会改变，在水溶液中加入与水互溶的有机溶剂，如乙醇、丙酮等，往往会使选择系数变大，也同样可以解释为离子水合程度改变，影响溶液中水合离子的大小所引起的。

4. 离子强度

离子浓度高必定与目的物离子进行竞争，减少有效交换容量。另外，离子的存在会增加蛋白质分子以及树脂活性基团的水合作用，降低吸附选择性和交换速率。所以在保证目的物溶解度和溶液缓冲能力的前提下，尽可能采用低离子强度。

5. 溶液的 pH

溶液的酸碱度直接决定树脂活性基团及交换离子的解离程度，不但影响树脂的交换容量，而且对交换的选择性影响也很大。对于强酸、强碱性树脂，溶液 pH 主要是影响交换离子的解离度，决定它带何种电荷以及电荷量，从而可知它是否被树脂吸附或吸附的强弱。对于弱酸、弱碱性树脂，溶液的 pH 还是影响树脂活性基团解离程度和吸附能力的重要因素。但过强的交换能力有时会影响到交换的选择性，同时增加洗脱的困难。

对生物活性分子而言，过强的吸附以及剧烈的洗脱条件会增加变性失活的概率，这就是为什么在分离蛋白质或酶时较少选用强酸、强碱树脂。另外，树脂的解离程度与活性基团的水合程度也有密切关系。水合度高的溶胀度大，选择吸附能力下降。

6. 有机溶剂

当有机溶剂存在时，常会使离子交换树脂对有机离子的选择性降低，而容易吸附无机离子。这是因为有机溶剂使离子溶剂化程度降低，容易水化的无机离子降低程度大于有机离子；有机溶剂会降低离子的电离度，有机离子的降低程度大于无机离子。这两种因素就使得在有机溶剂存在时，不利于有机离子的吸附。利用这个特性，常在洗脱剂中加适当有机溶剂来洗脱难洗脱的有机物质。

7. 树脂物理结构

通常，树脂的交联度增加，其交换选择性增加。但对于大分子的吸附，情况要复杂些，树脂应减小交联度，允许大分子进入树脂内部，否则，树脂就不能吸附大分子。由于无机小离子不受空间因素的影响，因此可利用这样原理，控制树脂的交联度，将大分子和无机小离子分开，这种方法称为分子筛方法。

8. 树脂与离子间的辅助力

凡能与树脂间形成辅助力如氢键、范德瓦耳斯力等的离子，树脂对其吸附力就大。辅助力常存在于被交换离子是有机离子的情况下，有机离子的相对质量越大，形成的辅助力就越多，树脂对其吸附力就越大；反过来，能破坏这些辅助力的溶液就能容易地将离子从树脂上洗脱下来。例如，尿素是一种很容易形成氢键的物质，常用来破坏其他氢键，所以尿素溶液很容易将主要以氢键与树脂结合的青霉素从磺酸树脂上洗脱下来。

二、离子交换过程

假设一粒树脂在溶液中，发生下列交换反应：$A^+ + RB \rightleftharpoons RA + B^+$。

不论溶液的运动情况怎样，在树脂表面上始终存在着一层薄膜，A^+ 和 B^+ 只能借扩散作用通过薄膜到达树脂的内部进行交换，如图 6-10 所示。

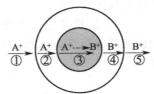

图 6-10　离子交换过程的机理

实际的离子交换过程是由下面五个步骤组成的：

① A^+ 自溶液中通过液膜扩散到树脂表面；

② A^+ 穿过树脂表面向树脂孔内部扩散，到达有效交换位置；

③ A^+ 与树脂内部的活性离子 B^+ 进行离子交换；

④ B^+ 从树脂内部的活性中心向树脂表面扩散；

⑤ B^+ 穿过树脂表面的液膜进入溶液中。

上述五个步骤中，步骤①和⑤、②和④互为可逆过程，扩散速度相同，而扩散方向相反。将步骤①和步骤⑤称为外扩散，步骤②和④称为内扩散，步骤③称为交换反应。交换反应速度很快，而扩散速度很慢，离子交换过程的速度主要取决于扩散速度。

三、离子交换速度的影响因素

影响离子交换速度的因素很多，综合起来主要有以下几个方面。

① 树脂粒度：离子的外扩散速度与树脂颗粒大小成反比，而离子的内扩散速度与树脂颗粒半径的平方成反比。因此，树脂粒度大，交换速度慢。

② 树脂的交联度：树脂交联度大，树脂孔径小，离子运动阻力大，交换速度慢。当内扩散控制反应速度时，降低树脂交联度能提高交换速度。

③ 溶液流速：外扩散随溶液过柱流速（或静态搅拌速度）的增加而增加，内扩散基本不受流速或搅拌的影响。

④ 温度：溶液的温度提高，扩散速度加快，因而交换速度也增加。

⑤ 离子的大小：小离子的交换速度比较快；大分子由于在扩散过程中受到空间的阻碍，在树脂内的扩散速度特别慢。

⑥ 离子的化合价：离子在树脂中扩散时，与树脂骨架间存在库仑引力。离子的化合价越高，这种引力越大，因此扩散速度就越小。

⑦ 离子浓度：若是溶液浓度低于 0.01mol/L，交换速度与离子浓度成正比，但达到一定浓度后，交换速度不再随浓度上升而上升。

第三节　离子交换分离操作方法与设备

一、离子交换树脂的选择与预处理

1. 离子交换树脂的选择

离子交换树脂的基本选择方法见表 6-4。

(1) 对阴阳离子交换树脂的选择　一般根据被分离物质所带的电荷来决定选用哪种树

脂。如果被分离物质带正电荷，应采用阳离子交换树脂；被分离物质带负电荷，应采用阴离子交换树脂。

表6-4 离子交换树脂的基本选择方法

交换对象	带正电荷的物质	采用阳离子交换树脂
	带负电荷的物质	采用阴离子交换树脂
吸附性	强	采用弱酸或弱碱性树脂
	弱	采用强酸或强碱性树脂
大分子物质	采用大孔树脂或交联度低的树脂	

例如，酸性糖胺聚糖易带负电荷，一般采用阴离子交换树脂来分离。如果某些被分离物质为两性离子，则一般应根据在它稳定的 pH 范围带何种电荷来选择树脂。如细胞色素 c，pI 为 10.2，在酸性溶液中较稳定且带正电荷，故一般采用阳离子交换树脂来分离；核苷酸等物质在碱性溶液中较稳定，则应用阴离子交换树脂。

（2）对离子交换树脂强弱的选择 当目的物具有较强的碱性或酸性时，宜选用弱酸性或弱碱性的树脂，以提高选择性，并便于洗脱。因为强性树脂比弱性树脂的选择性小，如简单的、复杂的、无机的、有机的阳离子很多都能与强酸性离子树脂交换。

如果目的物是弱酸性或弱碱性的小分子物质时，往往选用强碱性或强酸性树脂，以保证有足够的结合力，便于分步洗脱。例如，氨基酸的分离多用强酸性树脂。

对于大多数蛋白质、酶和其他生物大分子的分离多采用弱碱或弱酸性树脂，以减少生物大分子的变性，有利于洗脱，并提高选择性。

另外，pH 也影响离子交换树脂强弱的选择。一般来说，强性离子交换树脂应用的 pH 范围广，弱性交换树脂应用的 pH 范围窄。

（3）对离子交换树脂离子型的选择 这主要是根据分离的目的进行选择。例如，将肝素钠转换成肝素钙时，需要将所用的阳离子交换树脂转换成 Ca^{2+} 型，然后与肝素钠进行交换；又如制备无离子水时，则应用 H 型的阳离子交换树脂和 OH 型的阴离子交换树脂。

使用弱酸或弱碱性树脂分离物质时，不能使用 H 型或 OH 型，因为这两种交换树脂分别对这两种离子具有很大的结合力，不容易被其他物质所代替，应采用钠型或氯型。而使用强酸性或强碱性树脂，可以采用任何型，但如果产物在酸性或碱性条件下容易被破坏，则不宜采用 H 型或 OH 型。

选择离子交换树脂时，还应考虑树脂的一些主要理化性能，如粒度、交联度、稳定性、交换容量等。

2. 离子交换树脂的预处理

新树脂常含有溶剂、未参加聚合反应的物质和少量低聚合物，还可能吸收铁、铝、铜等重金属离子。当树脂与水、酸、碱或其他溶液相接触时，上述可溶性杂质就会转入溶液中，在使用初期污染样品溶液。所以，新树脂在投入使用前要进行预处理。

预处理步骤一般为溶胀-浸泡-转型。溶胀是加入蒸馏水，使其充分溶胀，利用倾倒法将劣质的细小颗粒去除。浸泡就是用 8～10 倍量的 1mol/L 盐酸或 NaOH 交替浸泡（或搅拌）一次，每次换酸碱前都要用蒸馏水洗至中性。酸碱交替浸泡目的是去除杂质，注意不能直接交替浸泡，这样会产生酸碱中和反应，产生大量的热量，从而破坏树脂。最后，在使用时常用酸、碱或 NaCl 将树脂转变为一定的离子形式称为转型。阳离子交换树脂处理成氢型按酸-碱-酸顺序处理，处理成钠型按碱-酸-碱（或 NaCl）顺序处理；阴离子交换树脂处理成羟型按碱-酸-碱顺序处理，处理成氯型按酸-碱-酸（或 NaCl）顺序处理。

对于干树脂的预处理，应先用 10％浓 NaCl 水溶液浸泡，再逐渐稀释，不能直接放于水中，以免树脂急剧膨胀而破碎。

二、离子交换分离操作

1. 操作步骤

（1）**装柱** 装柱前树脂需经净化处理和浸泡溶胀。用已溶胀的树脂装柱十分重要，否则干燥的树脂在交换柱中吸收水分而溶胀，使交换柱堵塞。

交换柱的直径与长度主要由所需交换离子的物质的量和分离的难易程度所决定的，较难分离的物质一般需要较长的柱子。

在装柱前先在柱中充水，在柱下端铺一层玻璃纤维或棉花层。将柱下端旋塞稍打开一些，将已溶胀的带水或缓冲溶液的树脂慢慢装入柱中，让树脂自动下沉。装柱时应防止树脂层中存留气泡，以免交换时样液与树脂无法充分接触。树脂高度一般约为柱高的 90％。为防止加样液时树脂被冲起，在柱的上端亦应铺一层玻璃纤维或棉花层。装柱时还应注意不能使树脂露出水面，因为树脂露于空气中，当加入溶液时，树脂间隙中会产生气泡而使交换不完全。交换柱也可以用滴定管代替。

实验室中一般所用交换柱内径为 8～15mm，树脂层高度为柱内径的 10～20 倍，当然这个比值并不是固定的。

（2）**上样** 交换柱准备好后，用去离子水洗涤后，将样品加到交换柱上，用活塞控制一定的流速流经树脂层，这时就发生了离子交换反应。以 Ca^{2+} 在 H 型强酸性阳离子交换树脂上的交换反应为例。

$$2RSO_3^- H^+ + Ca^{2+} \xrightleftharpoons[\text{洗脱或再生过程}]{\text{交换过程}} (RSO_3^-)_2 Ca^{2+} + 2H^+$$

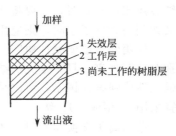

图 6-11 树脂交换层工作状况

加样过程中，离子交换树脂层分为几个区域，上层全部转为 Ca 型树脂，是失效层。失效层的下一个区域为工作层，样液经过工作层时，离子交换反应就在这一层进行，在这一层中的树脂是 H 型和 Ca 型的混合物。样液以一定速度由上向下流经树脂交换，工作层下移（图 6-11）。若溶液中还有其他阳离子，则这几种阳离子中结合力大的在上层，每种离子集中在柱的某一区域。当流出液中被交换离子（结合力最弱的离子）达到一定浓度时，此点称为破过点或者贯流点，又称为泄漏点，此时，可以停止上样。

（3）**洗涤** 交换完毕后，进行洗涤。洗涤的目的是将留在交换柱中不发生交换作用的离子洗下。洗涤液一般用水，但为了避免某些离子水解析出沉淀，洗涤液可选用很稀的酸溶液，例如用 0.01mol/L 的 HCl 溶液洗涤，由于酸很稀，不会发生洗脱过程。有时为了保持交换柱中一定的酸度，可采用和样液酸度相同的酸溶液来洗涤。

（4）**洗脱** 洗净后的交换柱就可以进行洗脱过程。将被交换的离子洗脱下来，可在洗脱液中测定该组分。对于阳离子交换树脂常常采用 HCl 溶液作为洗脱液，HCl 溶液的浓度一般是 3～4mol/L。对于容易洗脱的离子，也可用较稀的 HCl 溶液作洗脱液。例如上述交换 Ca^{2+} 时，就可以用 2mol/L HCl 溶液洗脱 Ca^{2+}。对于阴离子交换树脂，常用 NaCl 或 NaOH 溶液作洗脱液，通过洗脱过程，在大多数情况下，树脂已得到再生，再用去离子水洗涤后可以重复使用。

（5）**再生** 所谓再生就是让使用过的树脂重新获得使用性能的处理过程。再生时首先用大量水冲洗使用后的树脂，以除去树脂表面和孔隙内部吸附的各种杂质，然后用转型的方法处理即可。

因此离子交换分离操作过程为：装柱-上样（吸附)-洗涤-洗脱（解吸)-再生（如图 6-12 所示）。

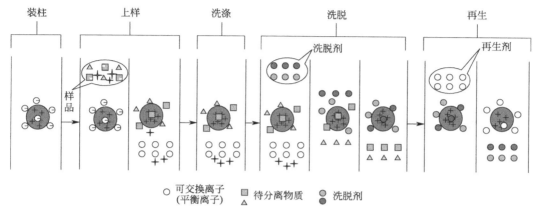

图 6-12　离子交换分离操作过程示意图

2. 操作条件的选择

（1）**交换时的 pH**　合适的 pH 应具备三个条件：pH 应在产物的稳定范围内，能使产物离子化，能使树脂解离。

（2）**溶液中离子浓度**　对于低价离子来说，增加浓度有利于树脂的交换吸附。但高价离子在稀释后容易被吸附。

（3）**洗脱条件**　洗脱条件应尽量使溶液中被洗脱离子的浓度降低。洗脱条件一般应和吸附条件相反。如果吸附在酸性条件下进行，洗脱应在碱性下进行；如果吸附在碱性条件下进行，洗脱应在酸性下进行。例如，谷氨酸吸附在酸性条件下进行，洗脱一般用氢氧化钠作洗脱剂。

为使在洗脱过程中，pH 变化不至于过大，有时宜选用缓冲液作洗脱剂。如果单凭 pH 变化洗脱不下来，可以试用有机溶剂，选用有机溶剂的原则是能和水混合，且对产物溶解度大。洗脱前，树脂的洗涤工作很重要，很多杂质可以在洗涤时除去，洗涤可以用水、稀酸和盐类溶液等。

3. 离子交换树脂的保存

用过的树脂必须经过再生后方能保存。阳离子交换树脂钠型较稳定，故用氢氧化钠处理后，水洗至中性，在湿润状态密封保存，防止干燥、长霉。阴离子交换树脂氯型较羟型稳定，故用盐水处理后，水洗至中性，在湿润状态密封保存。短期存放，阳离子树脂在 1mol/L NaOH 中保存，阴离子树脂在 1mol/L HCl 中保存。对于强、弱型树脂来说，强型树脂应转变成盐型，弱型树脂可转变成相应的氢型或羟型，也可转为盐型，然后浸泡在洁净的水中。

此外，离子交换树脂内含有一定量的水分，在运输及贮存过程中应尽量保持这部分水。树脂在贮存或运输过程中，应保持在 5～40℃的温度环境中，避免过冷或过热，影响质量。若冬季没有保温设备时，可将树脂贮存在食盐水中，食盐水的浓度根据气温而定。

三、离子交换分离操作方式

离子交换分离操作方式有静态法和动态法。静态法属于间歇操作，是将离子交换树脂置于交换溶液中，经不断搅拌或连续振荡，经过一定时间后，使之达到交换平衡，将离子交换树脂滤出后使两相分开，并用少量溶液洗涤或洗脱。静态法操作简单、设备要求低，搅拌对树脂有一定的损耗，操作是分批进行的，离子交换不完全，不适宜多种离子成分的分离。

动态交换是先将树脂装柱。交换溶液以平流方式通过柱床进行交换。该法不要搅拌，能实现操作连续，离子交换完全，而且可以使吸附与洗脱在柱床的不同部位同时进行，适合于多离子组分的分离。

四、离子交换分离设备

1. 实验室离子交换设备

实验室中一般将酸滴定管改装为小型交换柱。在其底部填少许玻璃棉，然后再倒入一层小的玻璃珠，最后装填树脂，便基本制成一个实验室用小型交换树脂柱。专用的小型玻璃交换柱（图 6-13）下面有玻璃砂芯垫板，这就可以直接装入树脂。较大的交换柱可采用玻璃管，下部有出口，中间插入细玻璃管，作为入水口，上部用橡胶塞封堵。内径 50mm 以上的多使用有机玻璃或聚氯乙烯材料，两头用法兰封口，并在柱的中间增加进液口，能够完成较复杂的试验。树脂在装柱前应将其浸泡在水中或缓冲溶液中，然后将树脂随水或缓冲液一起倒入柱中，防止干的树脂夹带气体。柱中装填的树脂层称为树脂床。

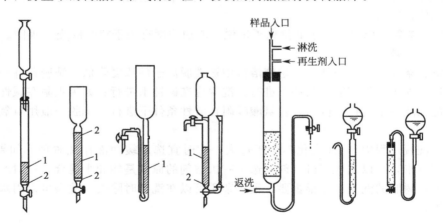

图 6-13 实验室专用小型玻璃离子交换柱
1—离子交换树脂；2—砂芯多孔板

比较简单的进料方法是把料液储存在分液漏斗中，用下面的旋塞控制流量，待液体充满交换柱后，开启柱下面的旋塞，这种处理方式能让进出口的流量大体一致。在交换进行的过程中，一般会经常更换接收从柱中流出液体的容器。此类容器应有用于量取每次接收体积的容积刻度。在一定时间后，从流出液中取样分析被交换的离子浓度、pH 值等参数的变化，进而可以获得流出液随料液加入量变化的相关曲线。

为防止因柱内液体流出速度快于进液速度，从而造成柱内液位下降，可在出口后接一个细的"U"形管，并让出口高度与交换柱需要控制的液面相同，而出液则从出口溢流而出。

2. 工业生产离子交换设备

离子交换树脂是一种特殊的吸附剂，因而其设备及操作跟前面介绍的吸附分离有很多相似之处。

（1）按操作方式分类　根据离子交换的操作方式不同，离子交换设备可分为静态和动态交换设备两大类。静态离子交换设备为一带有搅拌器的反应罐，离子交换反应结束后，利用沉降、过滤或者离心等方法将树脂分离，然后装入解吸罐中进行洗涤、解吸和再生。该操作由于效率低，目前较少采用。实验室中的静态操作，是先将树脂与料液浸泡，然后通过倾倒法将树脂分离，加入洗脱剂或再生剂通过浸泡进行解吸或再生，或者是装入解吸柱中进行洗涤、解吸和再生。

动态离子交换操作指的是料液与离子交换树脂之间有运动，可分为固定床、流化床和移动床。实验室中的动态操作是指动态上柱吸附和动态上柱洗脱。

（2）按罐内底部支撑载体的形式分类　根据罐内底部支撑载体的形式不同，可分为多孔支持板的离子交换罐（图 6-14）和块石支持层的离子交换罐（图 6-15）。

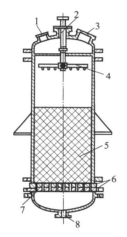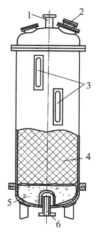

图 6-14　具有多孔支持板的离子交换罐
1—视镜；2—进料口；3—手孔；4—液体分布器；
5—树脂层；6—多孔板；7—尼龙布；8—出液口

图 6-15　具有块石支持层的离子交换罐
1—进料口；2—视镜；3—液位计；
4—树脂层；5—卵石层；6—出液口

（3）按交换柱（罐）的连接方式分类　根据交换柱（罐）的连接方式不同，可分为单床、多床、复床以及混合床等形式（图 6-16）。单床指的是单类树脂的单柱或单罐操作。多床指的是单类树脂多柱或多罐操作。复床指的是阳离子柱和阴离子柱串联操作。混合床指的是阳离子柱和阴离子柱混合在一个柱子或罐中。

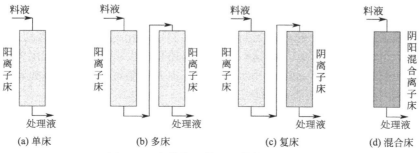

图 6-16　交换柱（罐）连接方式示意图

143

（4）按照再生剂和料液的流动方向分类　按照再生剂和料液的流动方向分为顺流再生式、逆流再生式和分流再生式（图 6-17）。顺流再生是最早的一种再生方式，它的特点是再生剂和料液流过床层的方向相同，都是自上而下的，顺流床也称为正流床。

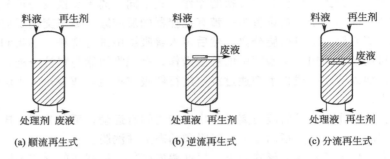

(a) 顺流再生式　　　　(b) 逆流再生式　　　　(c) 分流再生式

图 6-17　再生式离子交换罐示意图

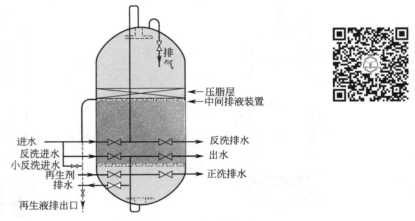

图 6-18　无顶压逆流再生离子交换器的管路系统

逆流再生是后期发展的一种再生离子交换工艺，又称为对流再生，其特点是再生剂和料液流过床层的方向相反。后来又出现了浮动床这种方式的逆流再生。它是指整个树脂层被向上的料液流托起的悬浮状态进行的离子交换过程（称成床）。树脂失效停止进料，树脂层下落（称落床），便可进行逆流再生。

图 6-18 为无顶压逆流再生离子交换器示意图，以处理水为例，操作步骤如下。①小反洗：为了保持不层乱，只对排液管上面的压脂层进行反洗，以冲洗掉运行时积聚在压脂层中的污物。②放水：小反洗后，待树脂沉降下来以后，放掉中间排液装置以上的水。③进再生剂：将再生剂送入交换器内，进行逆流再生。④逆流清洗：当再生剂进完后，继续用稀释再生剂的水进行清洗。⑤正洗：按一般运行方式进水自上而下进行正洗，直到出水水质合格，即可投入运行。⑥大反洗：经多周期运行后，下部树脂层也会受到一定程度的污染，因此必须定期地对整个树脂层进行大反洗，用水流由下往上对树脂进行冲洗，以松动树脂，去除污染物，其周期应视进水的浊度而定。⑦正常运行。

分流再生是从罐的上部和下部分别通入再生剂。首先从上部进入的再生剂顺流再生中间排液装置以上的树脂层，同时顶压中间排液装置以下的树脂。然后从底部进入的再生剂再生中间排液装置以下的树脂。一般混合床多采用此种方式再生。

案例分析

一、离子交换法制备软水和无盐水

工业生产用水量相当大，而且对水质也有一定的要求。普通的地下水、自来水等都是含 Ca^{2+}、Mg^{2+} 的硬水，是锅炉结垢的主要成分，不能直接供给锅炉和制药生产用水，必须进行软化除去 Ca^{2+}、Mg^{2+}。迄今为止，离子交换法仍然是最主要的水处理技术。

1. 软水的制备

利用钠型磺酸树脂除去水中的 Ca^{2+} 和 Mg^{2+} 等金属离子后即可制得软水，其交换反应式为：$2RSO_3Na + Ca^{2+} \longrightarrow (RSO_3)_2Ca^{2+} + 2Na^+$ 或 $2RSO_3Na + Mg^{2+} \longrightarrow (RSO_3)_2Mg^{2+} + 2Na^+$。

失效后的树脂用 $10\% \sim 15\%$ 工业盐水再生成钠型，反复使用。经过钠型离子交换树脂床的原水，残余硬度可降至 $0.05mol/L$ 以下，甚至可以使硬度完全消除。

2. 无盐水的制备

无盐水是将原水中的所有溶解性盐类、游离的酸和碱离子除去。无盐水的用途十分广泛，如高压锅的补给水、实验室用的去离子水、制药和食品等各行业都需要无盐水。离子交换法制备无盐水是将原水通过氢型阳离子交换树脂和羟型阴离子交换树脂的组合，经过离子交换反应，将水中所有的阴阳离子除去，从而制得纯度很高的无盐水。

阳离子交换反应一般采用强酸性阳离子交换树脂为交换树脂（氢型弱酸性树脂在水中不起交换作用）反应式为：$RSO_3H + MX \rightleftharpoons RSO_3M + HX$（$M^+$ 代表金属离子；X^- 代表阴离子）。从反应式中可看出，经阳离子交换后出水呈酸性。阳离子交换树脂失效后，一般用一定浓度的盐酸或硫酸再生。

阴离子交换反应可以采用强碱或弱碱性树脂作交换。其反应式为：$ROH + HX \longrightarrow RX + H_2O$。

弱碱树脂再生剂用量少（一般用 $1\% \sim 3\%$ 的强碱再生，而强碱性树脂一般采用 $5\% \sim 8\%$ 的强碱再生），交换容量也高于强碱树脂，但弱碱树脂不能除去弱酸性阴离子如硅酸、碳酸等。在实际应用时，可根据原水质量和供水要求等具体情况，采用不同的组合。例如，一般用强酸弱碱或强酸强碱树脂。当对水质要求高时，经过一次组合脱盐，还达不到要求，可采用两次组合如强酸-弱碱或强酸-强碱混合床。

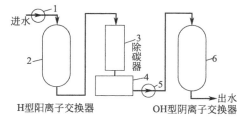

图 6-19 一级复床除盐系统示意图

1—阳床水泵；2—强酸性 H 型阳离子交换器；3—除碳器；4—中间水箱；

5—中间水泵；6—强碱性 OH 型阴离子交换器

145

　　原水经过阴、阳树脂一次交换，称为一级交换，交换过程是由一个阳离子交换树脂床和一个阴离子交换树脂床来完成，这种系统称为一级复床系统（图 6-19）。一级复床系统通常含有除碳器装置，这是因为氢离子交换器出水中的游离 CO_2 会腐蚀设备，常用除碳器将其除去。

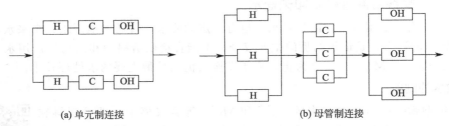

(a) 单元制连接　　　　　　　　　　　　　　(b) 母管制连接

图 6-20　多塔除盐系统示意图

H—氢型阳离子罐；C—除碳器；OH—羟型阴离子罐

　　一级复床处理后的水质较差，只能得到初级纯水，为了制备纯度较高的无盐纯水，常常把几个阳离子交换器和几个阴离子交换器串联或并联起来，组成多塔除盐系统（图 6-20）。但是再多的复床也是有限的，因此发展了混合床离子交换系统。

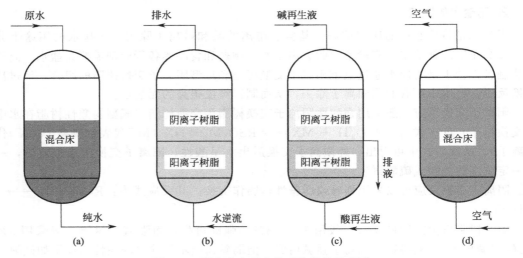

图 6-21　混合床离子交换系统操作示意图

（a）水制备时的情形；（b）制备结束后，用水逆流冲洗，阴、阳离子树脂由于相对密度不同分层，一般阴离子在上，阳离子在下；（c）上部、下部同时通入碱、酸再生、废液自中间排出；

（d）再生结束后，通入空气、将阴、阳离子交换树脂混合，准备制水

　　将阴、阳离子交换树脂装在同一个交换器内直接进行离子交换除盐的系统称为混合床离子交换系统（图 6-21）。在混合床中，阴、阳离子交换树脂均匀混合在一起，好像无数对阴、阳离子树脂串联一样。此时氢型阳离子树脂交换反应游离出的 H^+ 和羟型阴离子树脂交换反应游离出来的 OH^- 在交换器内立即得到中和。所以，混合床的反应完全，脱盐效果很好，在脱盐过程中可避免溶液酸、碱度的变化。但混合床离子交换系统的再生操作不便，故适宜于装在强酸强碱树脂组合的后面，以除去残留的少量盐分，提高水质。

二、离子交换法分离纯化链霉素

　　生物和发酵行业的许多产品常常含量较低，并与许多其他化学成分共存，因而其提取分

离是一项非常繁琐而艰巨的工作。使用离子交换树脂可以从发酵液中富集与纯化产物。

　　抗生素是发酵行业的一大类产品，利用离子交换树脂可以选择性吸附分离多种离子型抗生素，不仅回收率较高，而且得到的产品纯度较好。一些抗生素具有酸性基团，如苄基青霉素和新生霉素等，在中性或弱碱条件下以阴离子的形式存在，故能用阴离子交换树脂提取分离。大量的氨基糖苷类抗生素，如链霉素和卡那霉素等具有碱性，在中性或弱酸性条件下以阳离子形式存在，阳离子交换树脂适合于它们的提取与纯化。还有一些抗生素为两性物质，如四环素类抗生素，在不同的 pH 条件下可形成正离子或负离子，因此，阳离子交换树脂或阴离子交换树脂都能用于这类抗生素的分离与纯化。

　　下面重点分析链霉素的提纯工艺案例（如图 6-22）。

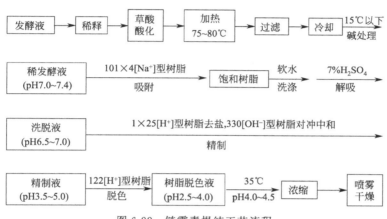

图 6-22　链霉素提纯工艺流程

　　(1) 发酵液预处理　链霉素发酵液预处理参考前面"生物材料预处理"和"固液分离技术"章节中的案例分析。预处理后原滤液的质量标准一般是：①外观澄清；②pH 为 6.7～7.2；③温度在 15℃ 以下；④高价离子含量很少；⑤链霉素浓度为 6000U/mL 左右。

　　根据链霉素的稳定性、解离度和树脂的解离度选择原滤液 pH 值为中性附近，即 pH 为 7 左右。既可保证链霉素不受破坏，又能使链霉素和钠型羧基树脂全部解离，有利于离子交换。

　　(2) 树脂吸附分离纯化　链霉素在中性溶液中呈三价的阳离子（SM^{3+}），可以用阳离子交换树脂吸附。试验表明，磺酸型树脂虽能吸附链霉素，但二者的结合力太强，不易用酸洗脱下来。羧酸型树脂吸附链霉素后，很容易洗脱。因此，目前生产上都用羧酸型树脂的钠型来提取链霉素。其交换吸附和洗脱的反应可用下列方程式表示。

　　① 101×4 钠型树脂吸附链霉素

$$3RCOONa + SM^{3+} \longrightarrow (RCOO)_3CM + 3Na^+$$

　　② 链霉素解吸——硫酸溶液洗脱

$$2(RCOO)_3SM + 3H_2SO_4 \longrightarrow 6RCOOH + SM_2(SO_4)_3$$

　　③ 101×4 钠型树脂再生

$$RCOOH + NaOH \longrightarrow RCOONa + H_2O$$

　　(3) 树脂除杂精制　高交联度的氢型磺酸树脂的结构紧密，金属小离子可以自由地扩散到孔隙度很小的树脂内部与阳离子交换，而有机大离子就难于扩散到树脂内部进行交换。

　　经过高交联度树脂交换后，交换液变酸，需经弱碱羟型树脂中和，就得精制液。其反应方程式如下。

① 1×25 氢型树脂吸附金属离子——去除金属离子

以 M 代表 Na^+、Ca^{2+}、Mg^{2+}、Fe^{3+} 等阳离子

$$2RSO_3H + 2M^+ + SO_4^{2-} \longrightarrow 2RSO_3M + 2H^+ + SO_4^{2-}$$

② 303 羟型树脂中和流出液——去除酸及阴离子

$$2ROH + 2H^+ + SO_4^{2-} \longrightarrow R_2SO_4 + 2H_2O$$

③ 1×25 氢型树脂再生

$$RSO_3M + HCl \longrightarrow RSO_3H + MCl$$

④ 303 羟型树脂再生

$$R_2SO_4 + Na_2CO_3 + 2H_2O \longrightarrow 2ROH + Na_2SO_4 + H_2O + CO_2$$

(4) 122 氢型树脂脱色 精制液灰分在 0.5% 以下，纯度较高，但仍有较浓的淡黄色，一般可用活性炭去除。发酵代谢中含有碱性有机物色素，活性炭不能去除，可以选择 122 氢型树脂去除，其特点是只吸附色素而不吸附链霉素，选择性好。

(5) 浓缩、脱色与干燥 由于链霉素是热敏感物质，受热易破坏，故宜于低温快速浓缩。控制在链霉素最稳定的 pH 4.0～4.5（用硫酸或氢氧化钙），进行真空薄膜蒸发浓缩，温度控制在 35℃以下，浓缩液应达到 $3.5×10^5$ U/mL 左右，浓缩液经硫酸调 pH 至 2.5，加入一定量活性炭脱色，用 $Ca(OH)_2$ 的饱和溶液调 pH 到 5.5～6.0，加入一定量的活性炭脱色，得成品浓缩液。

成品浓缩液中，加入柠檬酸钠、亚硫酸钠等稳定剂，经无菌过滤，即得水针剂。欲制成粉针剂，将成品浓缩经无菌过滤喷雾干燥后，即可制得成品。

 总结归纳

本章知识点思维导图

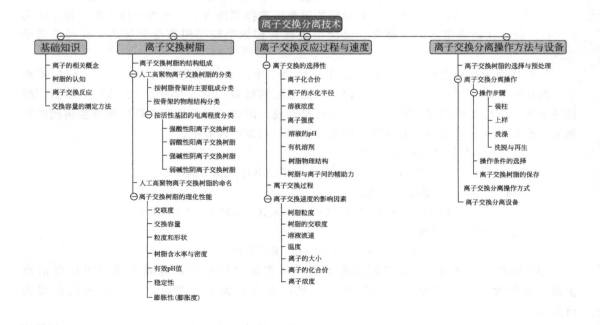

拓展阅读

离子交换树脂的发展简史

离子交换与吸附是自然界中普遍存在的一种物质运动形式。离子交换与吸附技术是继精馏、萃取等典型单元过程之后的一项重要分离技术，是一种可实现高效提取、浓缩和精制的重要分离单元手段。

离子交换树脂则是离子交换与吸附分离操作的物质基础。离子交换现象早在 18 世纪中期就为汤普森（Thompson）所发现，直至 1935 年英国人亚当斯（Adams）和霍姆斯（Holmes）研究合成了具有离子交换功能的高分子材料，即第一批离子交换树脂——聚酚醛系强酸性阳离子交换树脂和聚苯胺醛系弱碱性阴离子交换树脂。20 世纪 60 年代，离子交换树脂的发展取得了重要突破，美国罗门哈斯公司（Rohm & Hass）和拜耳公司（Bayer）合成了一系列物理结构和过去完全不同的大孔结构离子交换树脂，这类树脂除具有普通离子交换树脂的交换基团外，同时还有像无机和碳质吸附剂及催化剂那样的大孔型毛细孔结构，使离子交换树脂兼具了离子交换和吸附的功能，为离子交换树脂的广泛应用开辟了新的前景。

中华人民共和国成立后，我国离子交换树脂的制备及应用研究工作才开始起步，最初的研究主要集中于煤及粉状磺化酚醛型强酸性阳离子交换树脂的制备。1956 年，何炳林先生冲破重重阻力从美国回国后到南开大学任教，立即开始了多种球形离子交换树脂的研制工作。经过数十年的努力，我国已发展出凝胶型、大孔型、超高交联型、复合功能型以及树脂基复合吸附剂等五代离子交换树脂，每一代树脂的发展与特定历史条件下对吸附分离技术的需求密切相关。

离子交换技术借助于固体离子交换树脂中的离子与溶液中的离子进行交换，以达到提取或去除溶液中某些离子的目的，是一种属于传质分离过程的单元操作。过去的一百多年里，离子交换技术已在工业上得到广泛应用，主要为五个方面：①水的软化、高纯水的制备、环境废水的处理。②溶液和物质的纯化和净化，如铀的提取和纯化，溶剂除盐。③金属离子的分离、痕量离子的富集及干扰离子的除去。④抗生素的提取和纯化，如链霉素、四环素的纯化。⑤可作为化学反应的催化剂，现如今相继有高催化活性、高热稳定性和化学稳定性的离子交换树脂催化剂问世。随着交换-再生工艺与离子交换树脂的研究和应用不断深入，离子交换技术在促进工业发展和美好人类生活上发挥着更大的直接和间接作用。

来源：钱庭宝.离子交换树脂［J］.高分子通报，1989（01）：51～56.

? 复习与练习题

一、选择题

1. 离子交换法是应用离子交换树脂作为吸附剂，通过（　　　）将溶液中带相反电荷的物质吸附在离子交换树脂上。

A. 静电作用　　　　B. 疏水作用　　　　C. 氢键作用　　　　D. 范德瓦耳斯力

2. 离子交换树脂不适用于提取（　　）物质。

A. 抗生素　　　　B. 氨基酸　　　　C. 有机酸　　　　D. 蛋白质

3. 阴离子交换树脂（　　）。

A. 可交换的为阴、阳离子　　　　　　　　B. 可交换的为蛋白质

C. 可交换的为阴离子　　　　　　　　　　D. 可交换的为阳离子

4. 工业上强酸性和强碱性离子交换树脂在使用时为了减少酸碱用量且避免设备腐蚀，一般先将其转变为（　　）。

A. 钠型和磺酸型　　　　　　　　　　　　B. 钠型和氯型

C. 铵型和磺酸型　　　　　　　　　　　　D. 铵型和氯型

5. 下列（　　）是强酸性阳离子交换树脂的活性基团。

A. 磺酸基团（$-SO_3H$）　　　　　　　　B. 羧基（$-COOH$）

C. 酚羟基（$-C_6H_5OH$）　　　　　　　　D. 氧乙酸基（$-OCH_2COOH$）

6. 依据离子价或水化半径不同，离子交换树脂对不同离子结合能力不同。树脂对下列离子结合力大小排列顺序正确的是（　　）。

A. $Fe^{3+}>Ca^{2+}>Na^+$　　　　　　　　B. $Na^+>Ca^{2+}>Fe^{3+}$

C. $Na^+>Rb^+>Cs^+$　　　　　　　　　　D. $Rb^+>Cs^+>Na^+$

7. 羧酸型离子交换树脂必须在（　　）的溶液中才有交换能力。

A. $pH>5$　　　　　B. $pH<7$　　　　　C. $pH>7$　　　　　D. $pH<5$

8. 离子交换树脂适用（　　）进行溶胀。

A. 水　　　　　　B. 乙醇　　　　　C. 氢氧化钠　　　　　D. 盐酸

9. 下列（　　）不是常用的树脂再生剂。

A. $1\%\sim10\%$ HCl　　　　　　　　　　B. H_2SO_4

C. NaCl　　　　　　　　　　　　　　　　D. 蒸馏水

10. 市售的 001×7 树脂为（　　）。

A. 弱酸苯乙烯系树脂　　　　　　　　　　B. 弱酸丙烯酸系树脂

C. 强酸苯乙烯系树脂　　　　　　　　　　D. 强酸丙烯酸系树脂

11. 市售的 001×7 树脂处理成氢型树脂的预处理过程除用水浸泡去除杂质外，还需用酸碱交替浸泡，其顺序为（　　）。

A. 酸-碱-酸　　　　B. 碱-酸-碱　　　　C. 酸-碱-碱　　　　D. 碱-碱-酸

12. 离子交换过程中，离子交换速度取决于（　　）。

A. 交换反应速度　　B. 扩散速度　　C. 酸碱性的强弱　　D. 交换容量

二、简答题

1. 离子交换树脂怎样分类？

2. 什么是离子交换树脂的交联度？它对树脂的性能有何影响？交联度如何表示？

3. 举例说明离子交换树脂的工作过程。

4. 简述软水和无盐水的制备方法。

5. 怎样进行离子交换树脂的预处理？

6. 离子交换过程分几步进行？决定离子交换速度的是哪几步？

第七章　色谱分离技术

色谱法又称为色层法或层析法，是一种物理分离方法。自 1903 年俄国植物学家 Tswett 首次将色谱技术应用于植物色素的分离后，色谱技术得到了迅速的发展和广泛的应用，已成为近代生物药物最常用的分离技术之一。

色谱技术是利用混合物中各组分物理化学性质（如吸附力、分子形状和大小、分子极性、分子亲和力、分配系数等）的差别，使各组分以不同程度分布在两个相中。其中一个是固定的，称为固定相；另一个流过此固定相，称为流动相。各组分受固定相的阻力和受流动相的推力影响不同，从而使各组分以不同的速度移动而得以分离。

色谱法可分离性质极为相似而用一般化学方法难以分离的各种化合物，如各种氨基酸、核苷酸、糖类、蛋白质等，配合相应的光学、电学和电化学检测手段，可用于物质的定性、定量和纯化，分离纯度高达 99％。色谱法是一种分辨率、灵敏度、选择性都很高的分离方法，尤其适合样品含量少而杂质含量多的复杂生物样品的分离与分析。

色谱分离技术操作简便，不需要很复杂的设备，样品用量可大可小，既可用于实验室的分离与分析，又适用于工业生产中产品的分析制备，应用相当广泛。色谱技术的种类很多，可根据不同的标准进行分类：按分离规模及用途可以分为分析色谱和制备色谱；按操作以及固定相的承载形式不同，可以分为纸色谱（图 7-1）、薄层色谱（图 7-2）和柱色谱（图 7-3）；按分离的原理不同，可以分为吸附色谱、分配色谱、离子交换色谱、凝胶过滤色谱和亲和色谱等；按流动相的形式不同，可以分为液相色谱和气相色谱。这些色谱分类并不是相互独立的，可以相互组合出现。如图 7-4 为高效液相柱色谱，从流动相看，它属于液相色谱；从固定相的支撑体来看，它属于柱色谱；从分离规模看，它属于分析色谱。

图 7-1　纸色谱

图 7-2　薄层色谱

图 7-3　柱色谱

图 7-4　高效液相色谱

本章节将按照固定相的承载形式以及分离原理不同分别介绍纸色谱、薄层色谱、吸附柱色谱、凝胶过滤柱色谱、离子交换柱色谱与亲和柱色谱。

📖 基础知识

一、固定相

固定相是在色谱分离中固定不动、对样品产生保留的一相，在柱色谱或薄层色谱中起分离作用且不移动。例如，在吸附柱色谱中，固定相指的是填充柱内的吸附介质；在分配柱色谱中，固定相指的是涂布在惰性载体上的固定液。

固定相的选择对样品的分离起着重要作用，有时甚至是决定性作用。不同类型的色谱采用不同的固定相，如气固色谱的固定相为各种具有吸附活性的固体吸附剂，气液色谱的固定相是载体表面涂布的固定液，液液色谱中的固定相为各种键合型的硅胶小球交联的固定液，离子交换色谱中的固定相为各种离子交换剂，排阻色谱中的固定相为各种不同类型的凝胶等。

二、流动相

流动相指的是色谱分离过程中携带待测组分向前移动的另一相，与固定相处于平衡状态。

用作流动相的物质有气体、液体、超临界流体等。分析液相色谱常见的流动相主要有乙腈-水溶液、乙腈-醋酸水溶液、甲醇-水溶液、乙腈-磷酸水溶液等体系。

三、广义的分配系数

狭义的分配系数在前面萃取的章节中已学过，指的是样品组分在萃取相与萃余相这两相中的浓度之比。如果将这两相推广到色谱中的固定相与流动相，即在一定的温度和压力下，某一组分在两相间的分配达到平衡时的浓度（C）比值，称之为广义的分配系数，用 K 表示。

$$K = \frac{C_{固定相}}{C_{流动相}}$$

分配系数是色谱分离的依据。对于不同的色谱分离机制来说，分配系数 K 值的含义不同。例如，在吸附色谱中，分配系数又称为吸附平衡常数；在液液分配色谱中，固定相是涂布的固定液，因而分配系数指的是样品组分在固定液与流动相这两液相中的浓度之比，这与狭义的分配系数定义是一致的；在纸色谱和薄层色谱中，K 值与比移值呈一定的关系。

四、色谱法的分类

1. 按两相的状态分类

色谱分离技术有多种分类法，但通常根据两相的状态进行分类。

① 流动相是气体，固定相是固体吸附剂，称之为气固色谱法，或称之气固吸附色谱法（GSC）。

② 流动相是气体，固定相是液体，称之为气液色谱法，或称之为气液分配色谱法（GLC）。

以上两种方法中流动相均为气体，统称气相色谱法（简称 GC）。

③ 流动相是液体，固定相是固体吸附剂，称之为液固色谱法，或称之为液固吸附色谱法（LSC）。

④ 流动相是液体，固定相也是液体，称之为液液色谱法，或称之为液液分配色谱法（LLC）。

以上两种方法中流动相均为液体，统称液相色谱法（简称 LC）。

按两相的状态分类是一种最常见的分类方法，由此发展出两种比较成熟的色谱仪器：气相色谱仪（简称 GC）和高效液相色谱仪（简称 HPLC）。

2. 按固定相的承载形式不同分类

（1）纸色谱法 利用滤纸作为固定液（水）的载体，把试样点在滤纸上，然后用溶剂展开，各组分在滤纸的不同位置以斑点形式显现，根据滤纸上斑点位置及大小进行定性和定量分析。

（2）薄层色谱法（TLC） 将适当粒度的吸附剂作为固定相涂布在平板上形成薄层，然后用与纸色谱法类似的方法操作以达到分离目的的色谱法。

（3）柱色谱法 将固定相装在金属或玻璃柱中或是将固定相附着在毛细管内壁上做成色谱柱，试样从柱头到柱尾沿一个方向移动而进行分离的色谱法。

3. 按分离原理分类

按色谱法分离所依据的物理或物理化学性质的不同，又可将其分为以下几类。

（1）吸附色谱法 利用吸附剂表面对不同组分物理吸附性能的差别而使之分离的色谱法，适于分离不同种类的化合物（例如分离醇类与芳香烃）。

（2）分配色谱法 利用固定液对不同组分分配性能的差别而使之分离的色谱法。

（3）离子交换色谱法 利用离子交换原理和液相色谱技术的结合来测定溶液中阳离子和阴离子的一种分离分析方法，利用被分离组分与固定相之间发生离子交换的能力差异来实现分离。离子交换色谱主要是用来分离离子或可离解的化合物。它不仅广泛地应用于无机离子的分离，而且广泛地应用于生化物质（如氨基酸、核酸、蛋白质等）的分离。

（4）凝胶过滤（尺寸排阻）色谱法 按分子大小顺序进行分离的一种色谱方法。尺寸大的分子不能渗透到凝胶孔穴中去而被排阻，较早被洗脱出来；中等体积的分子部分渗透；小分子可完全渗透入凝胶孔隙内，最后流出色谱柱。这样，样品分子基本按其分子大小先后排阻，从柱中流出。此法被广泛应用于大分子分级分离，也可用来分析大分子物质分子量的分布。

（5）亲和色谱法 相互间具有高度特异亲和性的两种物质之一作为固定相，利用与固定相不同程度的亲和性，使目的成分与杂质分离的色谱法。例如利用酶与底物（或抑制剂）、抗原与抗体，激素与受体、外源凝集素与多糖类及核酸的碱基对等物质之间的专一的相互作用，使其中一方与不溶性载体形成共价结合化合物，用来作为色谱的固定相，将另一方从复杂的混合物中选择可逆地亲和吸附，达到纯化的目的。此法可用于分离生物活性大分子、过滤病毒及细胞，或用于对特异的相互作用进行研究。

4. 按动力来源或操作技术分类

按照展开操作方法的不同，可将色谱法分为迎头法、顶替法和洗脱法。

（1）迎头法 迎头法是将试样混合液连续通过色谱柱，吸附或吸收能力最弱的组分首先以纯物质的状态流出，其次为吸附或吸收能力较强的第二组分和第一组分的混合物，依此类推。此方法的特点是以试样本身作流动相，除最先流出的第一个组分外，其余均得不到纯物质。只适于从含微量杂质的混合物中提取含量大的组分，不适于完全的分离和分析。

（2）顶替法 顶替法是将样品加到色谱柱顶端，在惰性流动相中加入对固定相的吸附或吸收能力比所有试样组分强的物质为顶替剂（或直接用顶替剂作流动相），通过色谱柱，将各组分按吸附或吸收能力的强弱顺序，依次顶替出固定相。很明显，吸附或吸收能力最弱的组分最先流出，最强的最后流出。此法适用于同族化合物的分离，如烷烃、烯烃和芳烃可用这种方法分离。缺点是经一次使用后，柱子就被样品或顶替剂饱和，必须更换柱子或除去被

柱子吸附的物质后，才能再使用。

（3）洗脱法　洗脱法也称冲洗法。工作时，首先将样品加到色谱柱头上，然后用吸附或吸收能力比试样组分弱得多的气体或液体作冲洗剂。各组分在固定相上的吸附或吸收能力不同，被冲洗剂带出的先后次序也不同，从而使组分彼此分离。这种方法能使样品的各组分获得良好的分离，色谱峰清晰。此外，除去冲洗剂后，可获得纯度较高的物质。目前，此法是色谱法中最常用的一种方法。

5. 按固定相与流动相的极性大小分类

若固定相的极性大于流动相的极性，则称之正相色谱，一般硅胶柱属于正相色谱柱；反之，固定相的极性小于流动相的极性，则称之反相色谱，例如 ODS 柱，又称为 C18 柱，填料为十八烷基硅烷键合硅胶，是一种常用的反相色谱柱。

五、谱图参数

1. 色谱图

色谱图即色谱柱流出物通过检测器时所产生的响应信号（图 7-5）对时间的曲线图（图 7-6）。其纵坐标为信号强度，横坐标为保留时间。图中的基线指的是在操作条件下，仅有流动相通过检测系统时所产生的信号曲线。正常稳定的情况下，基线是一条直线。

一个组分的色谱峰可用峰位、峰高或峰面积及色谱峰的区域宽度等三项参数描述，分别作为定性、定量及衡量柱效的依据。

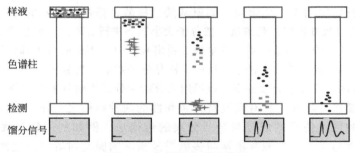

图 7-5　色谱峰出现示意图

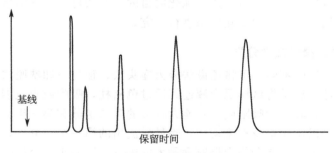

图 7-6　色谱峰图

2. 峰位

峰位指的是峰的位置，通常用保留时间表示，在色谱峰顶处，流出组分浓度最大，检测出的信号最强，此时组分的流出时间称之为保留时间。因此，保留时间（t_R）可以定义为进样开始到某组分色谱峰顶点的时间间隔。

3. 峰高、峰面积、峰底与峰宽

峰高是指峰的最高点至基线的垂直距离。峰面积是指色谱峰与基线所包围的面积。峰底是指峰的起点与终点之间连接的线段距离。峰宽是指在峰两侧拐点处所作切线与基线相交两点之间的距离。

4. 色谱峰区域宽度

色谱峰的区域宽度用于衡量色谱柱的柱效，区域宽度越小，色谱柱的柱效越高。用来衡量色谱峰区域宽度的参数，有三种表示方法，分别为标准偏差 σ、半峰宽和峰宽（图 7-7）。

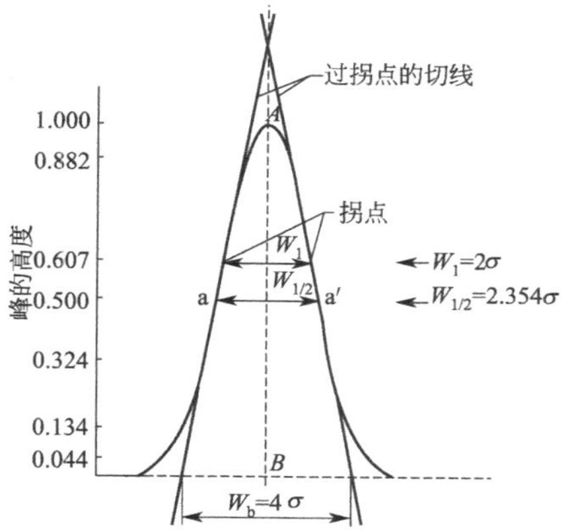

一是标准偏差 σ，σ 用数学描述为正态分布曲线 $x=\pm1$ 时（拐点）的峰宽之半。正常峰的拐点是在峰高的 0.607 倍处。因此标准偏差 σ 又可描述为正态分布曲线上两拐点间距离的一半，如图 7-7 中 $W_1=2\sigma$。标准偏差的大小说明组分在流出色谱柱过程中的分散程度。σ 小，分散程度小，极点浓度高，峰形窄，柱效高；反之，σ 大，峰形宽、柱效低。

另一个是半峰宽，半峰（高）宽是指通过峰高的中点作平行于基线的直线，其与峰两侧相交两点之间的距离。色谱中常用半峰宽来表征色谱过程峰展宽的程度，以 $W_{1/2}$ 表示，即图中的 aa′ 线段。高斯峰的 $W_{1/2}=2.354\sigma$。

第三个常用来表征峰展宽的指标是峰宽，又称基线宽度，以 W_b 表示，高斯峰的 $W_b=4\sigma$。

图 7-7　色谱峰的区域宽度

5. 分配系数比

两个组分的分配系数比，可用来衡量两物质的分离程度，因而也称之为分离因子（或选择性因子），用 α 表示，$\alpha=\dfrac{K_2}{K_1}=\dfrac{k_2}{k_1}$。

分配系数 K 或容量因子 k 反映的是某一组分在两相间的分配，而分配系数比 α 是反映两组分间的分离情况。当两组分 K 或 k 相同，即 $\alpha=1$ 时，两组分不能分开；当两组分 K 或 k 相差越大时，α 越大，分离效果越好。也就是说，两组分在两相间的分配系数不同，是色谱分离的先决条件。

分配系数越小，组分的迁移速度越快，保留时间越短，即先流出色谱柱，反之亦然。

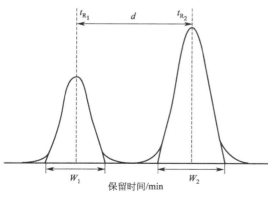

图 7-8　分离度示意图

6. 分离度

在色谱分析中，衡量色谱峰分离程度的一个重要参数是分离度（图 7-8），指的是相邻两个峰的保留时间之差与两峰宽度平均值之比，即公式为：

$$R = \frac{t_{R_2} - t_{R_1}}{(W_1 + W_2)/2} = \frac{2(t_{R_2} - t_{R_1})}{(W_1 + W_2)}$$

$R < 1.0$，两峰有部分重叠。$R = 1.0$，两组分能分开，满足分析要求。$R \geqslant 1.5$，两个组分能完全分开。

六、柱色谱装置

柱色谱装置主要有手动色谱装置、简易色谱装置和自动色谱系统。手动色谱装置没有外加泵，也没有在线检测器，靠溶剂自身重力来实现洗脱（图 7-3），借助于外加检测设备分析。简易色谱装置是溶剂通过泵实现洗脱，但没有在线检测系统（图 7-9），因而也需要辅助外加检测设备。自动色谱系统是集成色谱柱、泵、在线检测系统、图谱显示系统于一体的装置。自动色谱系统根据集成的程度可以进一步分为自动色谱装置（图 7-10）和色谱仪。色谱仪根据用途又可分为制备色谱仪（图 7-11）和分析色谱仪（图 7-12）。

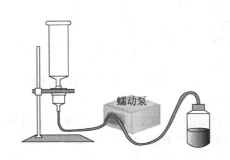

图 7-9　简易色谱装置

图 7-10　自动色谱装置

图 7-11　制备色谱仪

图 7-12　分析色谱仪

七、洗脱方式

洗脱方式可分为简单洗脱、阶段洗脱和梯度洗脱三种。

① 简单洗脱（同步洗脱）。色谱柱始终用同一种溶剂洗脱，直到色谱分离过程结束为止。如果被分离物质对固定相的亲和力差异不大，其区带的洗脱时间间隔（或洗脱体积间隔）也不长，采用这种方法是适宜的。但选择的溶剂必须很合适才能使各组分的分配系数差异较大，否则应采用下面的方法。

② 阶段洗脱（分步洗脱）。按照洗脱能力递增的顺序排列的几种洗脱液，进行逐级洗脱。它主要对混合物组成简单、各组分性质差异较大或需快速分离时适用。每次用一种洗脱液将其中一组分快速洗脱下来。

③ 梯度洗脱。当混合物中组分复杂且性质差异较小时，一般采用梯度洗脱。它的洗脱能力是逐步连续增加的，梯度可以指浓度、极性、离子强度或 pH 值等。最常用的是浓度梯度，在水溶液中，亦即离子强度梯度。可形成梯度的形式有三种，梯度洗脱装置见图 7-13（以盐浓度梯度为例）。

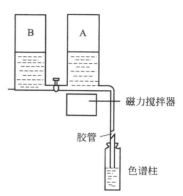

两个容器放于同一水平上，A 容器盛有一定极性、pH 值或离子强度的缓冲液，B 容器含有极性大或高盐浓度或不同 pH 的缓冲液。两容器连通，A 容器与柱相连，当溶液由 A 容器流入柱时，B 容器中的溶液就会自动来补充，经搅拌与 A 容器的溶液相混合，这样流入柱中的缓冲液的洗脱能力即成梯度变化。A 容器中任何时间的浓度都可用下式进行计算：

$$C = C_2 - (C_2 - C_1)(1-V) \times \frac{A_2}{A_1}$$

式中，A_1、A_2 分别代表 A、B 两容器的截面积；C_1、C_2 分别表示 A、B 两容器中溶液的浓度；V 为流出体积与梯度液总体积之比。当 $A_1 = A_2$ 时为线性梯度，当 $A_1 > A_2$ 时为凹形梯度，$A_1 < A_2$ 时为凸形梯度，见图 7-14 所示。

图 7-13　梯度洗脱示意图

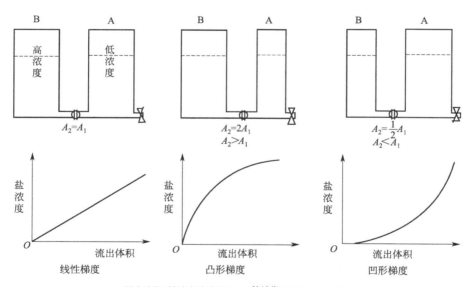

A—混合液瓶(低浓度盐溶液)；B—储液瓶(高浓度盐溶液)

图 7-14　柱色谱中形成洗脱梯度的三种形式示意图

洗脱条件的选择是影响色谱效果的重要因素。当对所分离的混合物的性质了解较少时，一般先采用线性梯度洗脱的方式去尝试，但梯度的斜率要小一些，尽管洗脱时间较长，但对性质相近的组分分离更为有利。同时还应注意洗脱时的速率，流速的快慢将影响理论塔板高度，从而影响分辨率。事实上，速度太快，各组分在固液两相中平衡时间短，不易相互分开，仍以混合组分流出。速度太慢，将增大物质的扩散，同样达不到理想的分离效果。只有多次试验才会得到合适的流速。总之，需要经过反复的试验与调整（可以用正交试验或其他优选法），才能得到最佳的洗脱条件，注意洗脱过程中不能干柱。

第一节　纸色谱与薄层色谱

纸色谱与薄层色谱都是以薄层作为支撑载体在展开体系中进行展开的色谱分离方法，是在平面上进行分离的一种方法，又叫平面色谱法。纸色谱的支持载体是色谱用滤纸，而薄层色谱的支持载体是薄层板。与其他色谱方法不同的是在分离过程中一般不使用动力源。纸色谱和薄层色谱流动相的移动是依靠毛细作用。

纸色谱是一种常用的快速分离、鉴定方法，可用于定性分析以及确定分离方案，但一般不用于定量分析。纸色谱中的支持介质是滤纸，一般专指色谱专用滤纸，与常见的过滤滤纸不同。其表面上含有许多羟基，与水有较强的结合力。因此色谱滤纸可以看成是含有水相的惰性支持物，水相为固定相，有机溶剂为流动相。故纸色谱法是用滤纸作为惰性支持物的分配色谱法，是利用混合物不同组分在展开溶剂中的分配系数不同而得以分离的一种方法。

薄层色谱（TLC）是以涂布于支持板上的支持物作为固定相，以合适的溶剂为展开剂，对混合样品进行分离、鉴定和定量的一种色谱分离技术。常用的固定相有硅胶、氧化铝等吸附剂，展开剂即为流动相。分离时，样品中各组分因在固定相与流动相的分配系数不同而实现分离，这是一种快速分离氨基酸、核苷酸、生物碱及其他多种物质的有效分离方法。

一、比移值

将试样点在色谱滤纸或薄层色谱板的一端，并将该端浸在作为流动相的溶剂（常称之为展开剂）中，随着溶剂向上移动，经过试样点时，带动试样向上运动（图 7-15）。

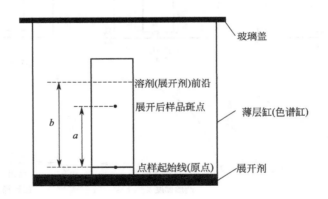

$$R_f = \frac{原点到斑点的距离（溶质移动距离）}{原点到展开剂前沿的距离（展开剂移动距离）} = \frac{a}{b} = \frac{1}{1+\alpha K}$$

图 7-15　比移值示意图

比移值又称保留因子（R_f 值），是色谱法中表示组分移动位置的一种方法的参数。指的是原点到斑点的距离与原点到展开剂前沿的距离的比值，实质上为溶质迁移距离与展开剂迁移距离之比。

在薄层或滤纸、溶剂、温度等各项实验条件恒定的情况下，各物质的 R_f 值是不变的，它不随溶剂移动距离的改变而变化。R_f 与分配系数 K 的关系是 $R_f = 1/(1+\alpha K)$。α 是由薄层或色谱滤纸性质决定的一个常数，K 指的是分配系数，可见比移值 R_f 与分配系数 K 呈反比关系。

二、平面色谱操作过程

平面色谱操作过程主要包括薄层的制备、点样、展开、显色与检测这五个步骤。

1. 薄层制备

薄层的制备包括色谱纸的选择与裁剪或者薄板的制备。色谱纸指的是特制的色谱滤纸，按需要裁剪成长条形（或筒型）。色谱板是用倾注法或涂布器把浆状的吸附剂（硅胶或氧化铝，200～250 目）均匀地涂在长条形玻璃板上（厚度 0.15～0.5mm），干燥后即可使用。

薄板制备，又称为制板，可分为湿法制板和干法制板。湿法制板是将吸附剂和黏合剂（如煅石膏）按一定比例混合，加入适量水调匀，用涂布器将此匀浆缓慢地移过基底板，放置晾干，再经适当烘烤活化后即可使用。干法制板是不加黏合剂和水，直接将吸附剂均匀地铺成薄层。市场上已有各种制好的薄层板出售，统称预制板。

📄 知识拓展

硅胶板类型

硅胶板按制作方法不同，可分为 G 型、CMC 型、H 型、GF254 型、HF254 型。

硅胶 G：添加有煅石膏，制成薄层板时依靠煅石膏的凝固作用可使薄层板上的硅胶有一定的牢固度，硅胶不容易脱落。

硅胶 CMC：在硅胶中添加 CMC-Na 这种黏合剂，使硅胶黏结在薄板上。

硅胶 H：指没有添加煅石膏或 CMC-Na 的硅胶，制成的薄层板不牢固，硅胶容易被抹掉，所以不能用手接触板上的硅胶薄层。通常用于柱色谱填料。

硅胶 GF254：指添加有煅石膏和荧光剂的硅胶，制成薄板后，在 254nm 紫外线下，板面呈现明亮的（淡绿色）荧光。

硅胶 HF254：不添加黏合剂，但添加荧光剂，制成薄板后，在 254nm 紫外线下，板面呈现明亮的（淡绿色）荧光。

2. 点样

用铅笔在滤纸或薄板上一端距离底边 15～20mm 处轻划一平行线。然后用微量注射器或玻璃毛细管吸取一定量试样点在原点线上，试样点的直径一般应小于 2mm，可并排点多个试样同时展开，各点间距离为 8～12mm。

3. 展开

（1）展开剂的选择 展开剂的选择要依据溶剂的极性和它们的混溶性、待分离物质的结构与极性以及溶剂对待分离物质的溶解性综合考虑。展开剂可以是单一溶剂，也可以是混合溶剂。

常见单个溶剂的极性大小顺序如下：石油醚（Ⅰ类，30～60℃）＜正己烷＜石油醚（Ⅱ类，60～90℃）＜环己烷＜二硫化碳＜四氯化碳＜甲苯＜苯＜二氯乙烷＜二氯甲烷＜氯仿＜乙醚＜乙酸乙酯＜正丁醇＜四氢呋喃＜丙酮＜丙醇＜乙醇＜二甲基甲酰胺（DMF）＜乙腈＜甲醇＜水 ＜吡啶＜乙酸。

关于溶剂混溶性，一般根据相似相溶原则，极性相差大的不混溶，比如正己烷与甲醇。因此对于多元展开剂，主体的两种溶剂不能混溶，就需要第三种溶剂来调和。一般正相色谱，固定相为极性，被分离物质的极性越大，需要极性更大的展开剂展开。

展开剂的选择需要满足的条件如下：①对所需成分有良好的溶解性；②可使组分间分开；③待测组分的 R_f 在 0.2～0.8 之间，定量测定在 0.3～0.5 之间；④不与待测组分或吸附剂发生化学反应；⑤沸点适中，黏度较小；⑥展开后组分斑点圆形且集中；⑦混合溶剂最好新鲜配制。

一般展开剂常用甲醇、二氯甲烷、乙酸乙酯、正己烷（或石油醚）、氨水、乙酸、甲酸等。如果混合物对碱稳定就加一点点氨水，对酸稳定就加一点点乙酸或甲酸。依据待分离物质的极性而定，若待分离的物质极性大，就多用极性大的试一试，极性小的物质就多用极性小的溶剂，通常是从极性小的溶剂开始试。

图 7-16 是 Stahl 设计的用以选择薄层条件的简图：①为被分离化合物的极性；②为吸附剂的活度；③为展开剂的极性。若将这三个因素各自固定在圆周的三分之一，转动圆盘正中的三角形，如果角 A′指向极性物质，则角 B′指向活度小的吸附剂，角 C′就指向选用极性展开剂。如转到其他处则又要作另外的选择组合。

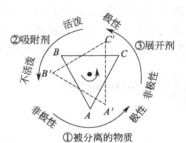

图 7-16　Stahl 设计的薄层条件选择简图

（2）展开剂饱和　操作时，色谱缸和薄板预先用展开剂蒸汽饱和后，再进行展开操作，目的是让展开剂的蒸汽充分均匀地扩散到展开缸的空间里，有利于薄层色谱均匀展开，否则会出现边缘效应。所谓的边缘效应，是指展开时薄板边缘斑点的比移值 R_f 高于中部同组分的斑点比移值 R_f 的现象。原因主要是色谱槽空间未被溶剂蒸汽饱和，在展开过程中极性较弱或沸点较低的溶剂在薄层的边缘较易挥发，则造成边缘的展开剂中极性溶剂的比例增大，比移值 R_f 相应增大。

通常放入一张滤纸平贴展开缸边缘，同时使滤纸的长度达到展开缸口，滤纸下端浸入展开剂里，让展开剂沿着滤纸上行直到缸口盖处即为饱和（图 7-17）。

薄板
溶剂蒸汽
滤纸
展开剂

图 7-17　薄层色谱预饱和示意图

（3）展开方式　展开方式主要有上行展开、下行展开和二维展开（图 7-18）。上行展开是将点样后的滤纸或薄层的底边置于盛有展开剂的直立型的多种规格的平底或双槽展开室中，展开剂由滤纸或薄层下端借毛细作用上升至前沿。这种展开方式适合于含黏合剂的硬板展开，是薄层色谱中最常用的展开方式。但在纸色谱法中因为需将滤纸吊起固定，或将滤纸卷成筒状才能进行，操作比较复杂，故在纸色谱法中上行法较少使用。

下行展开，多用于纸色谱法，是将点样后的滤纸悬放在展开剂槽中，用粗玻棒压纸以固定，展开室的底部可放饱和滤纸用的溶剂，展开剂从上而下流动，下行法中展开剂除毛细作用外还有重力作用，因此展速比上行法相对较快。

二维展开，又称为双向展开，是指在正方形纸或薄板上，将样品点在一角，如图 7-18（c）所示的 a 处。先将滤纸或薄层板的 AB 一边浸入展开剂，使它沿方向Ⅰ展开一次，取出滤纸或薄层板，挥去展开剂，转 90°后再将滤纸或薄层板的 BC 一边浸入另一种展开剂，沿方向Ⅱ作第二次展开。第一次及第二次展开时的对照品分别点在 b 及 b′处。这种方法常用于成分较多、性质比较接近的难分离物质的分离，如氨基酸的纸色谱常用双向展开。实际上此法是为了增加展距，调节展开剂的极性，从而提高分离能力的展开方式，但仅适用于定性。

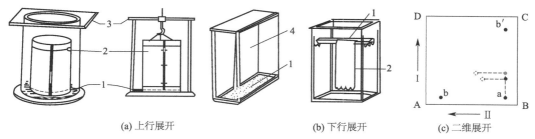

(a) 上行展开　　　　　(b) 下行展开　　　　(c) 二维展开

图 7-18　展开方式

1—展开剂槽；2—滤纸；3—玻璃盖；4—薄板

4. 显色与检测

有些组分在紫外线照射下产生荧光，可在紫外灯下用铅笔将组分斑点描绘出来。除了常用的紫外线照射法外，显色方法还有喷洒显色剂、碘蒸气熏或氨水熏等。

薄层色谱法既可以定性，也可以定量。定性只需要测出比移值 R_f，与标准物质的比移值 R_f 进行比较即可判断。定量测定有洗脱法和直接定量法。洗脱法是将薄板上的斑点洗脱收集，然后选择其他分析手段检测。直接定量法是通过薄层扫描仪测得光密度值进行定量分析。目前，市场已有高效薄层色谱仪，当前主要是在硅胶粒径以及涂层厚度等方面做出改进。高效薄层板较普通薄层板颗粒直径小，颗粒度分布窄，分辨率提高，展开距离缩短，因而展开时间缩短，3～20min 可以完成一次分析。高效薄层色谱法较常规 TLC 法分离度、灵敏度和重现性提高，适用于定量测定。

第二节　吸附柱色谱

吸附色谱法是指混合物样品随流动相通过由吸附剂组成的固定相时，吸附剂对不同物质的吸附力不同而使混合物分离的方法。

吸附色谱技术是各种色谱技术中应用最早的一类，由于吸附剂来源丰富、价格低廉、容易再生，而且吸附色谱装置简易（图 7-19），操作简单，又具有一定的分辨率等优点，至今仍广泛应用于各种天然化合物以及微生物发酵产品的分离制备。

一、吸附柱色谱分离原理

吸附色谱过程是物质分子在相对运动的两相之间（固定相与流动相）广义上分配"平衡"的过程。混合物中，若两个组分的分配系数不同，则被流动相携带移动的速度不同，即形成差速迁移，最终被分离。以 A、B 两组分的混合样品吸附柱色谱分离为例（图 7-20）。

① 把含有 A、B 两组分的样品加到色谱柱顶端，A、B 均被吸附到固定相上。（Ⅰ号柱）

② 用适当的流动相冲洗色谱柱，当流动相流过时，已被吸附在固定相上的两种组分又溶解于流动相中，而被解吸，并随流动相向前移动。（Ⅱ号柱）

③ 流动相中的组分遇到新吸附剂颗粒，又再次被吸附。（Ⅲ号柱）

④ 如此，随着流动相的不断冲洗，在色谱柱上不断地发生吸附、解吸、再吸附、再解吸……（Ⅳ、Ⅴ、Ⅵ、Ⅶ号柱）。如果 A、B 两组分在吸附剂上，被吸附力存在微小差异，就会被分离。

⑤ 结果使吸附能力弱的 B 组分先从色谱柱中流出。（Ⅷ、Ⅸ号柱）

⑥ 吸附能力强的 A 组分后从色谱柱中流出。（Ⅹ、Ⅺ号柱）

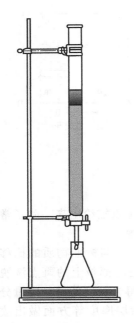

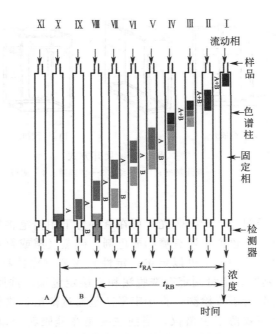

图 7-19 柱色谱装置示意图　　　　图 7-20 吸附柱色谱过程示意图

记录 A、B 经过色谱柱分离过程的图谱称色谱图。其中 A、B 组分在色谱柱中被洗脱用的时间称为洗脱时间或保留时间，分别用 t_{RA}、t_{RB} 表示。

在吸附色谱分离中，溶质组分既能进入固定相又能进入流动相，吸附色谱过程就是组分不断被吸附、解吸、再吸附、再解吸，……，如此反复多次最终达到平衡的过程。其吸附平衡常数用 K_a 表示。

$$K_a = \frac{组分在固定相的浓度(C_s)}{组分在流动相中的浓度(C_m)}$$

式中，C_s、C_m 分别表示组分在固定相和流动相中的浓度，在一定条件下，K_a 是常数。组分的吸附平衡常数越大，组分越容易被吸附，保留时间越长，迁移速度就越慢，越后流出色谱柱。

二、吸附柱色谱三要素

对于吸附柱色谱，可以归纳为固定相、流动相和待分离物质三个要素。在选择色谱分离条件时，需要综合考虑这三个要素之间的关系。固定相与待分离物质之间是吸附关系，流动相与待分离物质之间是解吸关系。

1. 吸附色谱固定相

吸附色谱固定相指的是吸附剂。作为吸附色谱用的吸附剂种类很多。无机吸附剂有硅胶、氧化铝、磷酸盐及其他盐类等。有机类吸附剂如活性炭、聚酰胺、大孔吸附树脂等。

吸附剂的选择是吸附色谱中的关键问题。选择适当，分离便能顺利进行。目前吸附剂的选择尚无固定的方法，需要通过实验来确定。实验时还应注意同一种吸附剂因制备及处理方法不同，吸附性能也有差异。

一般说来，所选吸附剂应有最大的表面积和足够的吸附能力。它对欲分离的不同物质应有不同的吸附能力，即对被分离物应有足够的分辨力，与洗脱剂、溶剂及样品组分不会发生化学反应，亦不会在这些试剂中溶解。此外，还要求吸附剂颗粒均匀，在操作过程中不会碎裂。在这些前提下，结合吸附原理再进行全面考虑。

吸附的强弱可概括如下：①与两相之间界面张力的降低成正比；②物质在溶液中被吸附的程度与其在溶剂中的溶解度成反比；③极性物质易被极性表面吸附，非极性物质易被非极性表面吸附；④同族化合物的吸附程度有一定的变化规律，例如同系物极性递减，因而被非极性表面吸附的能力将递增。结合这些原理选择合适的吸附剂，同时注意具体情况具体分析。

经典柱色谱所用的吸附剂粒度都比薄层用的略粗，而且待分离样品（上样量）和吸附剂之间有一定的比例，色谱柱径高比也有一定的要求，一般规律见表7-1。

表 7-1 常用柱色谱吸附剂与上样量的关系

吸附剂	粒度/目	上样量/g：吸附剂/g	径高比
硅胶	100～200,200～300	1：(30～70)	
氧化铝	100～150	1：(20～50)	1：(5～100)
活性炭	粉末状、锦纶-活性炭、颗粒活性炭	1：(5～10)	
聚酰胺	60～100 或颗粒状	1：(30～60)	

许多吸附剂因含有杂质，或因其他原因而使吸附力减弱，因此需要预处理。一般先过筛，以取得比较均匀的颗粒（常为100～300目）。对含有杂质的吸附剂，可用有机溶剂如乙醇、乙酸乙酯等浸泡处理，有些吸附剂可用沸水处理使之呈中性。有些尚需经过"活化"（如硅胶，氧化铝），主要是加热处理，以除去部分水分，提高色谱分离效果。

（1）硅胶 色谱用硅胶为多孔性物质，分子中具有硅氧烷的交联结构，同时在颗粒表面又有很多硅醇基。硅胶吸附作用的强弱与硅醇基的含量多少有关。硅醇基能够通过氢键的形成而吸附水分，因此硅胶的吸附力随吸附水分的增加而降低。若吸水量超过17%，吸附力极弱不能用作为吸附剂，但可作为分配色谱中的支持剂（载体）。对硅胶的活化，当硅胶加热至100～110℃时，硅胶表面因氢键所吸附的水分即能被除去。当温度升高至500℃时，硅胶表面的硅醇基也能脱水缩合转变为硅氧烷键，从而丧失了因氢键吸附水分的活性，就不再有吸附剂的性质，虽用水处理也不能恢复其吸附活性。所以硅胶的活化不宜在较高温度进行（一般在170℃以上即有结合水失去）。

硅胶是一种酸性吸附剂，适用于中性或酸性成分的色谱。同时硅胶又是一种弱酸性阳离子交换剂，其表面上的硅醇基能释放弱酸性的氢离子，当遇到较强的碱性化合物，则可因离子交换反应而吸附碱性化合物。

（2）氧化铝 碱性氧化铝带有碱性（因其中可混有碳酸钠等成分），对于分离一些碱性中草药成分，如生物碱类的分离颇为理想。但是碱性氧化铝不宜用于醛、酮、酯、内酯等类型的有机化合物分离，因为有时碱性氧化铝可与上述成分发生异构化、氧化、消除等化学反应。除去氧化铝中碱性杂质可用水洗至中性，这种氧化铝称为中性氧化铝。中性氧化铝仍属于碱性吸附剂的范畴，但适用于酸性成分的分离。用稀硝酸或稀盐酸处理氧化铝，不仅可中和氧化铝中含有的碱性杂质，并可使氧化铝颗粒表面带有 NO_3^- 或 Cl^- 阴离子，从而具有离子交换剂的性质，适合于酸性成分的分离，这种氧化铝称为酸性氧化铝。

（3）活性炭 活性炭是使用较多的一种非极性吸附剂。一般需要先用稀盐酸洗涤，再用乙醇洗，最后用水洗净，于100℃干燥后即可供色谱用。色谱用的活性炭，最好选用颗粒活性炭，若为活性炭细粉，则需加入适量硅藻土作为助滤剂一并装柱，以免流速太慢。活性炭主要用于分离水溶性成分，如氨基酸、糖类及核苷酸类物质。由于活性炭的吸附作用在水溶液中最强，在有机溶剂中则较低弱，故水的洗脱能力最弱，而有机溶剂则较强。例如以醇-水进行洗脱时，则随乙醇浓度的递增洗脱力增加。活性炭对芳香族化合物的吸附力大于脂肪族化合物，对大分子化合物的吸附力大于小分子化合物。利用这些吸附性的差别，可将水溶性芳香族物质与脂肪族物质分开，多糖与单糖分开，多肽与氨基酸分开。

 知识拓展

活性炭的来源和分类

活性炭的来源可分为动物炭、植物炭和矿物炭（煤）三种，分别用动物的骨头、木屑、煤屑高温炭化而成。粗果皮、椰子壳为高级活性炭原料。市售活性炭大多以木屑为原料，加氯化锌在 $700 \sim 800^\circ C$ 高温炭化并活化，经适当处理除去杂质而成。色谱用活性炭可分以下三类。

① 粉末状活性炭：活性炭颗粒极细，呈粉末状，其总表面积很大，吸附力及吸附量也特别大，缺点是颗粒细，色谱流速慢，常需附加压或减压装置。除用于吸附热原制备注射用水等外，不太用于柱色谱。

② 颗粒状活性炭：如 766、769 型颗粒活性炭，颗粒较大，虽其总表面积、吸附力及吸附量都较粉末状活性炭的小，但在色谱中容易控制流速，故应用较广。

③ 锦纶-活性炭：以锦纶为黏合剂将粉末状活性炭制成颗粒，总表面积较颗粒状活性炭大，但其吸附力较弱，因为锦纶不仅起一种黏合作用，它也是一种活性炭的脱活性剂。一般用于前述两种活性炭吸附力强而不易洗脱的化合物。其流速易控制，操作较简便，可自制。

2. 吸附色谱流动相

吸附色谱流动相指的是吸附色谱洗脱剂。洗脱剂与溶剂二者并无区别，但习惯上把用于溶解样品的溶液称作溶剂，把洗脱吸附柱的溶液叫作洗脱剂，通常将洗脱剂作为溶解样品的溶剂。一般所选的洗脱剂要求纯度合格，与样品和吸附剂不起化学反应，对样品的溶解度大，黏度小，易流动，容易与被洗脱组分分开。常用的溶剂（洗脱剂）有饱和的碳氢化合物、醇类、酚类、酮类、醚类、卤代烷烃类、有机酸类以及它们的混合物。

在选择洗脱剂时，可根据样品组分的溶解度、吸附剂的性质、溶剂极性等方面综合考虑。对于正相色谱来说，极性大的流动相洗脱能力就大，因此可先用极性小的流动相作溶剂，使组分易被吸附，然后换用极性大的流动相作洗脱剂，使组分易于从吸附柱中洗出。

【难点解答】洗脱剂与展开剂都属于流动相，它们有什么区别呢？

在柱色谱时所用的溶剂（单一溶剂或混合溶剂）习惯上称洗脱剂，用于薄层或纸色谱时常称为展开剂。洗脱剂的选择需要根据被分离物质与所选用的吸附剂性质这两者结合起来加以考虑。在用极性吸附剂进行色谱时，当被分离物质为弱极性物质，一般选用弱极性溶剂为洗脱剂；被分离物质为强极性成分，则须选用强极性溶剂为洗脱剂。

3. 待分离物质

对于极性吸附剂而言，如果待分离成分极性大，则吸附牢固，难以洗脱。若待分离成分极性小，则吸附力弱，易于洗脱。色谱分离条件的选择同样遵循 Stahl 设计法则，从吸附剂、流动相与待分离物质三个方面综合考虑。

三、吸附柱色谱的操作步骤

1. 装柱

（1）**装柱方式**　目前柱色谱分离的操作主要包括常压分离、减压分离和加压分离三种方式。常压分离是最简单的分离模式，方便、简单，但是洗脱时间长。减压分离能节省填料的使用量，但是大量的空气通过填料会使溶剂挥发，并且有时在柱子外面会有水汽凝结，以及有些易分解的化合物也难以得到，而且还必须同时使用水泵或真空泵抽气。加压分离可以加快洗脱剂的流动速度，缩短样品的洗脱时间，是一种比较好的方法。压力的提供可以通过压缩空气、气泵或者双连球（图 7-21）等。

图 7-21　双连球

市场上有各种规格的柱色谱分离柱（图 7-22）。理论上，径高比大，相应的塔板数高，分离效果越好，但分离时间长。目前市场上的柱子，其径高比一般在 1:（5～100）范围，在实际使用时，吸附剂填料量一般是样品量的 5～100 倍，具体的选择要根据样品的性质和含量进行具体分析。例如，实验时如果所需组分和杂质比较容易分离，就可以减少填料量，使用内径相对较小的柱子（如 2cm×20cm 的柱子）；如果比移值 R_f 相差不到 0.1，就要加大柱子，增加填料量，增加柱长，比如用 3cm×40cm 的柱子。

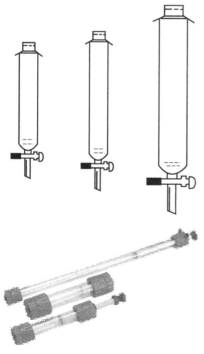

图 7-22　各种规格类型色谱柱

（2）**装柱方法**　装柱子时，有两种方法，即湿法装柱和干法装柱，二者各有优劣。不论干法还是湿法，吸附剂的上表面一定要平整。

干法装柱是在柱下端加少许棉花或玻璃棉，再轻轻地撒上一层干净的砂粒（若柱内有砂芯滤板，此步骤可省略）。打开旋塞，然后将吸附剂经漏斗缓慢加入柱中，同时轻轻敲动色谱柱，使吸附剂松紧一致。通常上面加压，下面再用泵抽，这样可以加快速度。最后，将色谱柱用初始洗脱剂小心沿壁加入，至刚好覆盖吸附剂顶部平面，关紧旋塞。干法装柱较方便，但最大的缺陷在于"过柱子"时，溶剂和吸附剂之间吸附放热，容易产生气泡。

湿法装柱是将吸附剂用合适量的初始洗脱剂拌匀后，调成稀糊状，先把放好棉花、砂粒的色谱柱下端旋塞打开,然后慢慢将制好的糊浆装入柱子中(图 7-23),然后用洗脱剂"过柱子",此时,也可以采用加压方式。注意,整个操作要慢,不要将气泡带入吸附剂中,而且要始终保持吸附剂上有溶剂,切勿流干,因为干后再加溶剂,会使柱中产生气泡或裂缝,影响分离。最后让吸附剂自然下沉。当初始洗脱剂刚好覆盖吸附剂平面时,关紧旋塞。该法最大的优点是柱子装得比较结实,没有气泡。

2. 平衡

平衡操作通常是在装完柱后进行,用洗脱剂流经过柱子。目的主要有两个方面,一是为了更好地压实柱子,二是让洗脱剂与吸附剂混合接触,以便于预先调整好流速。在平衡操作时需注意均匀加入洗脱剂,可以用漏斗辅助轻轻加入,切不可用玻棒引流加入以免造成凹凸面。一些商品化的玻璃柱柱头设置有液体分布装置,以使洗脱剂均匀流过床层。

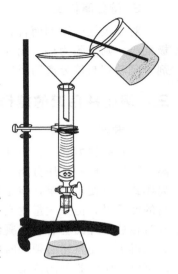

图 7-23 湿法装柱示意图

3. 上样

通常在上样之前,在填料的最上层填上一小层石英砂或滤纸,防止上样时或添加洗脱剂的时候,使得样品层不再整齐。但如果是慢慢上样或者小心添加洗脱剂,此步骤可省。

上样也分为干法上样与湿法上样。干法上样适用于待分离物质难溶于初始洗脱剂的情况,可选用一种对其溶解度大而且沸点低的溶剂,用尽可能少的溶剂将其溶解。然后加入少量吸附剂拌匀,挥干溶剂,研磨成粉,轻轻撒在色谱柱吸附剂上面。如果样品是液体,就直接与吸附剂混合后阴干或旋转干,如此得到的粉末再小心加到柱子的顶层。干法上样较麻烦,但可以保证样品层很平整。

湿法上样适用于待分离物质易溶于初始洗脱剂的情况,先用少量初始洗脱剂将样品溶解。如果是液体样品,需要浓缩至一定浓度。特别注意的是如果吸附剂是硅胶类似的极性吸附剂,一定要将液体样品中的极性溶剂尽可能用旋转蒸发仪去除后,再加入少许初始洗脱剂稀释。湿法上样时,如果液样体积多,可通过泵以一定流速加入色谱柱内;如果液样体积小,则可用胶头滴管或注射器吸取溶液,沿着色谱柱内壁均匀加入。加样过程中,将底端的旋塞打开,待溶剂层下降至石英砂面时,关闭旋塞,再继续加样,然后再打开旋塞,如此反复,直到加样完成。在这期间,可以加入少许洗脱剂洗涤,如果采用加压操作,一开始不要加压,要等溶解样品的溶剂和样品层有一段距离(2~4cm)再加压,这样避免了溶剂(如二氯甲烷等)夹带样品快速流下,影响分离效果。

4. 洗脱

色谱操作时将待分离的样品自柱顶部加入,再加入纯的溶剂冲洗。此时,被吸附各物质即随溶剂向下移动。加入的溶剂叫作洗脱剂或显层剂,冲洗过程叫洗脱,柱下流出液体叫洗脱液。

在洗脱过程中柱内不断发生溶解(解吸)、吸附、再溶解、再吸附。也即被吸附的物质被溶剂溶解(解吸作用),随着溶剂向下移动,又遇到新的吸附剂颗粒,于是又把该物质自溶剂中吸附出来,后面流下的新溶剂又再使该物质溶解而向下移动。如此反复溶解、吸附,经一段时间后,该物质向下移动至一定距离。此距离之长短与吸附剂对该物质的吸附力及溶剂对该物质的溶解能力有关，分子结构不同的物质溶解度和吸附力不同，移动距离也不同。吸附力较弱的比较容易溶解，移动距离就较大。移动适当时间后，各物质就形成各种区带，每一区带就可能是一种纯的物质。

洗脱剂的选择可由薄层色谱来确定，一般以待分离样品比移值 R_f 为 $0.3 \sim 0.5$ 的展开剂为宜。薄层板上的比移值 R_f 不能过大，也不能过小。若比移值 R_f 过大，样品混合物要到吸附柱的底部才逐渐分离，此时收集底部流出的溶液，则很有可能收集的还是混合物。而比移值 R_f 过小，则耗费较多的洗脱剂。

此外，洗脱剂的选择还应考虑两相邻物质比移值 R_f 之间的差值。通常选择相邻物质之间比移值 R_f 差值越大，越有利于混合物组分的分开。但需要说明的是，由于吸附柱色谱相当于是一个多次爬板的过程，只要相邻组分比移值 R_f 差别不要太小，在洗脱时，也能实现很好的分离，通常采用梯度洗脱法。不断改变流动相的配比或流速来逐步连续增加洗脱能力，这种洗脱方法叫作梯度洗脱，适合于混合物中组分复杂且性质差异较小的情况。

正相柱色谱洗脱时（硅胶或氧化铝柱），先用非极性溶剂洗脱，然后慢慢增加极性溶剂的比例。例如，如果选择的薄层展开剂是氯仿-甲醇（8：2）时，做柱色谱时先用氯仿洗脱，然后在适当的时候，逐步更换为氯仿-甲醇按 98：2、95：5、80：10 比例洗脱。

反相柱色谱洗脱时（活性炭柱），先用极性溶剂洗脱，然后慢慢增加非极性溶剂的比例。例如，活性炭柱最常用的是水和由稀至浓的乙醇水溶液梯度洗脱。其洗脱顺序是水、10%乙醇溶液、20%乙醇溶液、30%乙醇溶液、50%乙醇溶液、70%乙醇溶液（或含 3.5%氨水的乙醇溶液）洗脱。

【难点解答】为什么样品在硅胶薄层板上有很好的分离效果，但"过柱子"时还是很难分开？

这主要是因为薄层色谱用硅胶比柱色谱用硅胶颗粒要细得多，所以分离效果好。解决的办法就是降低洗脱剂的极性，一般采用薄层色谱分析得到的展开剂的比例再稀释一倍后的溶剂洗脱，可以达到比较好的分离效果。

5. 收集

收集是指对流出色谱柱的洗脱液组分进行收集。可依据样品中各组分的吸附能力判断各组分的流出顺序。柱色谱收集分为两种情况：一种是试样为有色物质，可通过观察色谱柱色带，依据颜色进行收集；另一种情况是试样为无色物质，可按洗脱体积等份收集或按洗脱时间等间隔进行收集。对于正相色谱，如果所用洗脱剂极性较大或各组分的结构很相似时，每份的收集量要小，便于后续的分析检测与收集液合并。

6. 检测与鉴别

对收集的试管液，分别进行取样分析检测，判断各收集液的纯度，通常所使用的检测手段为薄层色谱分析、紫外-可见分光检测分析、电化学分析等方法，常用的方法是薄层色谱点板分析。确定所需组分的试管，将相同组分的试管收集液合并进行回收。可以说，检测分析的目的是合并收集液。

对收集液进行检测分两种情况：一种是试样有色，可通过颜色直接判断鉴定；另一种是试样无色，常用薄层色谱鉴别。将洗脱液按编号进行 TLC 点样展开，将显色一致而且 R_f

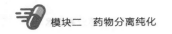

值相同者合并、浓缩，最后进一步纯化（如结晶）。

需要说明的是，如果这些组分是未知成分，还需要结合红外光谱、质谱以及核磁共振等分析仪器确定分子结构进行鉴别。

四、吸附色谱法的应用

吸附色谱在生物化学和药学领域有比较广泛的应用，主要体现在对生物小分子物质的分离。生物小分子物质分子量小，结构和性质比较稳定，操作条件要求不太苛刻，其中生物碱、萜类、苷类、色素等次生代谢小分子物质的分离常采用吸附色谱法。吸附色谱法在天然药物的分离制备中占有很大的比例。

第三节　凝胶柱色谱

凝胶色谱是基于分子大小不同而进行分离的一种分离方法，是近年来发展起来的新技术。它具有操作方便、不会使物质分子变性、凝胶不用再生、可反复使用等优点，适用于不稳定的化合物。缺点是分离速度较慢。凝胶色谱的整个过程和过滤相似，又称为凝胶过滤色谱、凝胶渗透过滤色谱、分子筛过滤色谱等。由于物质分子在分离过程中的阻滞减速现象，也称为阻滞扩散色谱、分子排阻色谱等。

一、凝胶色谱原理

凝胶是一种不带电荷的、具有三维空间多孔网状结构的、呈珠状颗粒的物质。每个颗粒的细微结构及筛孔的直径均匀一致，像筛子一样，直径大于孔径的分子将不能进入凝胶内部，便直接沿凝胶颗粒的间隙流出，称为全排阻。较小的分子在容纳它的空隙内，自由出入，造成在柱内保留时间长。这样，较大的分子先被洗脱下来，而较小的分子后被洗脱下来，从而达到相互分离的目的（图 7-24）。

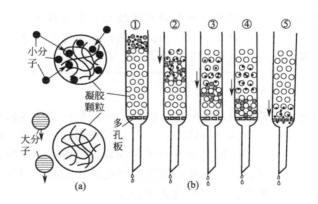

图 7-24　凝胶过滤色谱原理示意图

图 7-24（a），分子量较小的蛋白质由于扩散作用进入凝胶颗粒内部而被滞留；分子量较大的蛋白质被排阻在凝胶颗粒外面，在颗粒之间迅速通过。图 7-24（b）显示 ①蛋白质混合物上柱；②洗脱开始，分子量较小的蛋白质扩散进入凝胶颗粒内，分子量较大的蛋白质则被排阻于颗粒之外；③分子量较小的蛋白质被滞留，分子量较大的蛋白质向下移动；④分子量不同的分子完全分开；⑤分子量较大的蛋白质行程较短，已从色谱柱中洗脱出来，分子量较小的蛋白质还在行进中。分子量不同的蛋白质分子因此

得以分离。

1. 凝胶体积

洗脱时峰的位置和该物质分子量有直接关系，大分子先被洗脱下来，小分子后被洗脱下来。在一根凝胶柱中，颗粒间自由空间所含溶液的体积为外水体积 V_0，不能进入凝胶孔径的那些大分子，当洗脱体积为 V_0 时，出现洗脱峰。凝胶颗粒内部孔穴的总体积称为内水体积 V_i，能全部渗入凝胶的那些小分子，当洗脱体积为 V_0+V_i 时出现洗脱峰。

整个凝胶柱床总体积等于外水体积（V_0）、内水体积（V_i）和凝胶本身体积（V_g）之和。

2. 凝胶分离过程

用某种规格的凝胶柱对三种不同分子量物质的混合样品进行分离为例。当样品加入后，以水或其他溶液进行洗脱，即得洗脱曲线（图 7-25）。洗脱体积 V_e 指的是将样品中某一组分洗脱下来所需洗脱剂的体积。

① 最先流出物质Ⅰ，Ⅰ分子量最大，完全不能进入颗粒内部，只能从颗粒间隙流过，称"全排阻"。其洗脱体积最小，等于外水体积（V_0）。

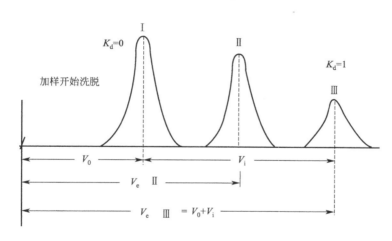

图 7-25 凝胶色谱洗脱曲线示意图

② 最后流出物质Ⅲ，它分子量最小，其分子可以自由进入凝胶颗粒，称"全渗入"。洗脱体积是外水体积与内水体积之和（V_0+V_i）

③ 物质Ⅱ分子量介于渗入限与排阻限之间，其分子能够部分地进入凝胶颗粒中，称"部分排阻"或"部分渗入"。洗脱体积 $V_e=V_0+K_d V_i$，K_d 为凝胶色谱分配系数。

当 $K_d=1$ 时，洗脱体积 $V_e=V_0+V_i$，为全渗入。

当 $K_d=0$ 时，洗脱体积 $V_e=V_0$，为全排阻。

当 $0<K_d<1$ 时，洗脱体积 $V_e=V_0+K_d V_i$，为部分渗入。

二、凝胶的类型及性质

对凝胶进行化学改性可以衍生出很多种其他色谱介质，例如，引入活性基团制备出各种多糖基离子交换剂，引入配基制备出亲和色谱介质。可见凝胶是各种色谱介质常用的载体。

目前常见的凝胶有葡聚糖凝胶、琼脂糖凝胶、聚丙烯酰胺凝胶及其衍生物。

1. 交联葡聚糖凝胶

交联葡聚糖凝胶的商品名称为 Sephadex，由葡聚糖和 3-氯-1，2-环氧丙烷（交联剂）以醚键相互交联而形成具有三维空间多孔网状结构的高分子化合物。交联葡聚糖凝胶，按其交联度大小分成 8 种型号（表 7-2）。交联度越大，网状结构越紧密，孔径越小，吸水膨胀就越小，故只能分离分子量较小的物质；而交联度越小，孔径就越大，吸水膨胀就越大，则可分离分子量较大的物质。各种型号是以其吸水量（每克干胶所吸收的水的质量）的 10 倍命名，如 Sephadex G-25 表示该凝胶的吸水量为每克干胶能吸 2.5g 水。

交联葡聚糖凝胶在水溶液、盐溶液、碱溶液、弱酸溶液和有机溶剂中较稳定，但当暴露于强酸或氧化剂溶液中，则易使糖苷键水解断裂。在中性条件下，交联葡聚糖凝胶悬浮液能耐高温，用 120℃消毒 10min 而不改变其性质。如要在室温下长期保存，应加入适量防腐剂，如氯仿、叠氮化钠等，以免微生物生长。

交联葡聚糖凝胶由于有羧基基团，故能与分离物质中的电荷基团（如碱性蛋白质）发生吸附作用，但可借助提高洗脱剂的离子强度得以克服。因此在进行凝胶色谱时，常用含有 NaCl 的缓冲溶液作洗脱液。交联葡聚糖凝胶可用于分离蛋白质、核酸、酶、多糖、多肽、氨基酸、抗生素，也可用于高分子物质样品的脱盐及测定蛋白质的分子量。

如今市场上有亲脂性葡聚糖凝胶，商品名为 Sephadex LH，在葡聚糖结构中引入羟丙基为 LH 系产品。这种凝胶分离时以凝胶过滤作用为主，又兼具反相分配色谱的作用。因为凝胶过滤作用，所以大分子的化合物保留弱，先被洗脱下来，小分子的化合物保留强，最后流出柱。如果使用反相溶剂洗脱，Sephadex LH20 对化合物还起反相分配的作用，所以极性大的化合物保留弱，先被洗脱下来，极性小的化合物保留强，后流出柱。

表 7-2 交联葡聚糖凝胶（Sephadex）的物理特性

品名		干胶颗粒直径 /μm	吸水值 /(g/g)	溶胀体积 /(mL/g)	最适分段分离范围		溶胀所需时间/h		最大流体静力压/Pa (cmH₂O)
					球蛋白分子质量/Da	线性葡聚糖分子质量/Da	20℃	100℃	
Sephadex G-10		40～120	1.0±0.1	2～3	～700	～700	3	1	＞9810(100)
Sephadex G-15		40～120	1.5±0.2	2.5～3.5	～1500	～1500	3	1	＞9810(100)
Sephadex G-25	粗 中粗 细 超细	100～300 50～150 20～80 10～40	2.5±0.2	4～6	1000～5000	100～5000	6	2	＞9810(100)
Sephadex G-50	粗 中粗 细 超细	100～300 50～150 20～80 10～40	5.0±0.3	9～11	1500～30000	500～10000	6	2	＞9810(100)
Sephadex G-75	中粗 超细	40～120 10～40	7.5±0.5	12～15	3000～70000	1000～50000	24	3	4905(50)
Sephadex G-100	中粗 超细	40～120 10～40	10±1.0	15～20	4000～150000	1000～100000	48	5	3434(35)
Sephadex G-150	中粗 超细	40～120 10～40	15±1.5	20～30	5000～400000	1000～150000	72	5	1472(15)
Sephadex G-200	中粗 超细	40～120 10～40	20±2.0	30～40	5000～800000	1000～200000	72	5	981(10)

2. 聚丙烯酰胺凝胶

聚丙烯酰胺凝胶商品名为生物胶-P（Bio-Gel P），是一种人工合成的凝胶，以丙烯酰胺为单位，由亚甲基双丙烯酰胺交联而成。交联剂越多，孔隙度越小。

聚丙烯酰胺凝胶的各种类型均以英文字母 P 和阿拉伯数字表示，从 Bio-Gel P-2 至 Bio-Gel P-300。P 后面的阿拉伯数字乘以 1000 即相当于排阻限度（按球蛋白或肽计算）。

【难点解答】聚丙烯酰胺凝胶与聚丙烯酰胺絮凝剂的区别

聚丙烯酰胺（PAM）是丙烯酰胺均聚物或与其他单体共聚而得到的聚合物的统称。聚丙烯酰胺凝胶是指由丙烯酰胺单体和亚甲基双丙烯酰胺交联剂在催化剂（四甲基乙二胺）、引发剂（过硫酸铵）作用下形成的凝胶，是实验室用来作凝胶色谱的填料以及凝胶电泳的材料。聚丙烯酰胺絮凝剂是由丙烯酰胺（AM）单体经自由基引发聚合而成的水溶性线性聚合物，具有良好的絮凝性。

3. 琼脂糖凝胶

琼脂糖凝胶商品名 Sepharose（Pharmacia 公司），依靠糖链之间的次级键维持网状结构，琼脂糖密度越大，网状结构越密集。对琼脂糖含量为 2%、4%、6% 的产品分别命名为 Sepharose 2B、Sepharose 4B、Sepharose 6B，阿拉伯数字表示凝胶中干胶的含量。由于这类系列产品为非交联结构，不能进行高压灭菌，仅能在 2～40℃ 范围内使用。现如今开发有交联琼脂糖，商品名 Sepharose CL，是琼脂糖珠体与 2,3-二溴丙醇反应后具有共价交联键的产物。经过交联而增加机械强度的琼脂糖，稳定性增强，在中性条件下可经受 120℃ 消毒。

琼脂糖凝胶是由琼脂中分离出来的天然凝胶，可以分离葡聚糖凝胶和生物胶所不能分离的大分子，其分离范围的下限几乎是 Sephadex 的上限，因此可用来分离核酸及病毒。

4. 聚苯乙烯凝胶

聚苯乙烯凝胶商品名 Styrogel，是一种疏水性凝胶。具有大网孔结构，适用于有机多聚物分子量测定和脂溶性天然产物的分离，凝胶机械强度好，洗脱剂可用甲基亚砜。

5. 琼脂糖-葡聚糖复合凝胶

琼脂糖-葡聚糖复合凝胶商品名 Superdex，是一种用葡聚糖以共价结合到交联多孔琼脂糖珠体上的复合凝胶，分为 Superdex 30、Superdex 75 和 Superdex 200 三种型号。

【难点解答】凝胶渗透色谱和凝胶过滤色谱的细微差别

凝胶色谱柱中装填多孔凝胶，分离效果很大程度上取决于凝胶类型，根据固定相的软硬程度，凝胶可分为软凝胶、半硬凝胶和高硬凝胶三种。

①软凝胶是指交联葡聚糖凝胶、聚丙烯酰胺凝胶。流动相是水相，称为凝胶过滤色谱。

②半硬凝胶是指聚苯乙烯凝胶。流动相是有机溶剂，称为凝胶渗透色谱。

③高硬凝胶是指凝胶包裹在多孔玻璃或多孔硅胶表面，经化学键合处理，不随压力及溶剂改变尺寸，称为高效液相排阻色谱。

三、凝胶的选择

选择适宜的凝胶是取得良好分离效果的最根本保证。选取何种凝胶及其型号、粒度，一方面要考虑待分离物质的性质，另一方面要考虑凝胶的性质，包括凝胶的分离范围（渗入限与排阻限）、理化稳定性、机械强度、非特异吸附性质等。

凝胶色谱分离涉及两种类型的分离。一种是将分子量极为悬殊的两类物质分开，如蛋白质与盐类，称作类分离或组分离。另一种则是将分子量相差不很大的物质分开，如分离血清球蛋白与清蛋白，这称为分级分离。后者对实验条件和操作要求都比较高。

(1) 类分离 类分离选择凝胶时，应使样品中大分子组分的分子量大于其排阻限，而小分子组分的分子量小于渗入限。也就是说大分子的分配系数 $K_d=0$，小分子的 $K_d=1$。这样能取得最好的分离效果。例如，从某蛋白质溶液（分子质量=5500Da）中除去无机盐，应选择 Sephadex G-25（分级范围 1000～5000Da）凝胶比较合适。

(2) 分级分离 分级分离选择凝胶时，要使组分的分子量尽可能分布在凝胶分离范围的两侧，或接近两侧的位置。例如，若样品中含有 3 个组分，最好一个接近全排阻，另一个接近全渗入，第三个为部分渗入，且分子量大于渗入限的 3 倍，并小于排阻限的 1/3。

四、凝胶柱色谱操作

1. 凝胶预处理

交联葡聚糖及聚丙烯酰胺凝胶的市售商品多为干燥颗粒，使用前必须充分溶胀。方法是将欲使用的干凝胶缓慢地倾倒入 5～10 倍的去离子水中，参照表 7-2 及其他相关资料中凝胶溶胀所需时间，进行充分浸泡溶胀，然后用倾倒法除去表面悬浮的小颗粒，并减压抽气排除凝胶悬液中的气泡，准备装柱。一般常采用加热煮沸方法进行凝胶溶胀，溶胀时间可以缩短为 1～2h，而且还能消毒杀菌，同时排除气泡。

2. 装柱

由于凝胶的分离是靠筛分作用，所以凝胶的填充要求很高，必须要使整个填充柱非常均匀，否则必须重填。最好购买商品玻璃或有机玻璃柱，在柱的两端皆有平整的筛网或筛板。将柱垂直固定，加入少量流动相以排除柱中底端的气泡，再加入一些流动相于柱中约 1/4 的高度。柱顶部连接一个漏斗，颈直径约为柱颈的一半，然后在搅拌下，缓慢地、均匀地、连续地加入已经脱气的凝胶悬浮液，同时打开色谱柱的旋塞出口，维持适当的流速，凝胶颗粒将逐层水平式上升，在柱中均匀沉积，直到所需高度位置。最后拆除漏斗，用较小的滤纸片轻轻盖住凝胶床的表面，再用大量洗脱剂将凝胶床洗涤一段时间。

3. 柱均匀性检查

凝胶色谱的分离效果关键取决于色谱柱装填是否均匀，在对样品进行分离之前，对色谱柱必须进行均匀性检查。由于凝胶在色谱柱中是半透明的，检查方法可在柱旁放一只与色谱柱平行的日光灯，用肉眼观察柱内是否有"纹路"或气泡。也可向色谱柱内加入有色大分子物质，加入物质的分子量应在凝胶柱的分离范围，如果观察到柱内谱带窄、均匀、平整，即说明色谱柱性能良好；如果谱带不规则、杂乱、很宽时必须重新装填凝胶柱。

4. 上样

凝胶柱装好后，一定要对柱内凝胶用流动相进行很好的平衡处理，才能上样。凝胶柱的上样也是一个非常重要的因素，总的原则是要使样品谱带尽量呈狭窄且平直的矩形色谱带。为了防止样品中的一些沉淀物污染色谱柱，一般在上柱前将样品过滤或离心。样品溶液的浓度应尽可能大一些，但如果样品的溶解度与温度有关时，必须将样品适当稀释，并使样品温度与色谱柱的温度一致。当一切都准备好后，这时可打开色谱柱的旋塞，让流动相与凝胶床刚好平行，关闭出口。用滴管吸取样品溶液沿柱壁轻轻地加入色谱柱中，打开流出口，使样品液渗入凝胶床内。当样品液面恰好与凝胶床层表面齐平时，再次加入少量的洗脱剂冲洗管壁。重复上述操作几次，每次的关键是既要使样品恰好全部渗入凝胶床，又不致使凝胶床面干燥而发生裂缝。随后可慢慢地逐步加大洗脱剂的量进行洗脱。整个过程一定要仔细，避免破坏凝胶柱的床层。

5. 洗脱

凝胶色谱的流动相大多采用水或缓冲溶液，少数采用水与一些极性有机溶剂的混合溶液。除此之外，还有个别比较特殊的流动相系统，这要根据溶液分子的性质来决定。加完样品后，将色谱床与洗脱液贮瓶及收集器相连，设置好一个适宜的流速，就可以定量地分步收集洗脱液。然后根据溶质分子的性质选择光学、化学或生物学的方法进行定性和定量测定。

6. 再生

因为凝胶色谱中凝胶与溶质分子之间原则上不会发生任何作用，因此在一次分离后用流动相稍加平衡就可以进行下一次的色谱操作。但在实际应用中常有一定的污染物污染凝胶。对已沉积于凝胶床表面的不溶物，可把表层凝胶去掉，再适当添加一些新的溶胀凝胶，并进行重新平衡处理。如果整个凝胶柱有微量污染，可用 0.5mol/L 氯化钠溶液洗脱。在通常情况下，一根凝胶柱可连续使用半年之久。

凝胶柱若经多次使用后，其色泽改变、流速降低、表面有污渍等就要对凝胶进行再生处理。凝胶的再生是指用恰当的方法除去凝胶中的污染物，使其恢复原来的性质。例如，交联葡聚糖凝胶用温热的 0.5mol/L 氢氧化钠和 0.5mol/L 的氯化钠混合液浸泡，用水冲洗到中性；而对于聚丙烯酰胺和琼脂糖凝胶由于遇酸碱不稳定，则常用盐溶液浸泡，然后用水冲洗到中性。

7. 保存

凝胶的保存有干法、湿法和半缩法三种方法。

（1）**干法** 较长时期不使用的凝胶可采用干燥保存法。依次用 70％、90％和 95％乙醇逐步脱水，使凝胶皱缩，最后用乙醚洗涤干燥或在 60～80℃下烘干。

（2）**湿法** 经常使用的凝胶以湿态保存为宜，加入适当的抑菌剂，它可以使色谱柱放置几个月至一年。常用的抑菌剂是氯仿、苯酚、硝基苯或叠氮化钠。

（3）**半缩法** 这是以上两种方法的过渡方法。即用 60％～70％的乙醇使凝胶部分脱水收缩，然后封口，置 4℃冰箱保存。

五、凝胶色谱法的应用

凝胶色谱法的应用范围广，除了可以用于蛋白质脱盐、蛋白质分级分离外，还应用于测定球状蛋白质的分子量，测定的依据是蛋白质分子量的对数与洗脱液体积呈线性关系。先测

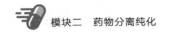

得几种标准蛋白质的洗脱体积 V_e，并以其分子量对数对洗脱体积 V_e 作图得一直线，再测出待测样品的洗脱体积 V_e，查标准曲线即可确定分子量。

第四节　离子交换柱色谱

离子交换色谱（简称 IEC）是以离子交换树脂为固定相，依据流动相中的组分离子与交换剂上的平衡离子进行可逆交换时的结合力大小的差别而进行分离的一种色谱方法。离子交换色谱是目前制药领域中常用的一种色谱方法，广泛应用于各种生化物质如氨基酸、蛋白质、糖类、核苷酸等的分离纯化。

【难点解答】离子交换色谱技术与离子交换分离技术的区别与联系

这两种技术的原理都相同，都是通过阴阳离子之间相互静电作用力来达到分离的目的，但它们也有一点细微的差别。离子交换分离技术一般用来去除或洗脱收集某一类离子，例如阳离子或阴离子。而离子交换色谱技术重点在于洗脱分步收集各种离子化合物。

人工高聚物离子交换树脂在无机离子和有机酸、氨基酸、抗生素等生物小分子的回收、提取方面应用广泛，但不适用于蛋白质等生物大分子的分离提取。这主要是由于其疏水性高、交联度大、空隙小和电荷密度高。以蛋白质类生物大分子为分离对象时，离子交换树脂必须具有很高的亲水性、较大的孔径、较小的粒度和较低的电荷密度。较高的亲水性能使离子交换树脂在水中充分溶胀后成为"水溶胶"类物质，从而为生物大分子提供适宜的微环境；较大的孔径使蛋白质容易进入离子交换树脂的内部，提高实际交换容量；较小的粒度能增大生物大分子的扩散速率，减少其运动阻力；电荷密度适当的离子交换树脂则可避免生物大分子的多个带电荷残基与交换树脂的多个活性基团结合，致使生物大分子的构象发生变化而失活。

采用生物来源稳定的高聚物——多糖，作为离子交换树脂的骨架（载体或骨架）时能满足分离生物大分子的全部要求。在第六章中重点介绍了人工高聚物离子交换树脂，在本节中介绍多糖基离子交换树脂，简称离子交换剂。

一、常用离子交换剂

根据骨架多糖种类的不同，离子交换剂可分为离子交换纤维素、离子交换葡聚糖和离子交换琼脂糖。

1. 离子交换纤维素

离子交换纤维素为开放的长链骨架，大分子物质能自由地在其中扩散和交换，亲水性强，表面积大，容易吸收大分子。交换基团稀疏，对于大分子的实际交换容量大；吸附力弱，交换和洗脱条件缓和，不容易引起变性；分辨率强，能分离复杂的生物大分子混合物。

根据连接于纤维素骨架上的活性基团的性质，可分为阳离子交换纤维素和阴离子交换纤维素两大类，每大类又分为强酸（碱）型、中强酸（碱）型、弱酸（碱）型三类。常用的离子交换纤维素的主要特征见表7-3。

表 7-3 常用的离子交换纤维素的特征

类型		名称（纤维素）	基团简写	活性基团	特点
阳离子交换剂	弱酸型	羧甲基	CM	$-O-CH_2-COO^-$	最常用在 pH4 以上
	中强酸型	磷酸	P	$-O-PO_2^-$	用于低 pH
	强酸型	磺甲基	SM	$-O-CH_2-SO_3^-$	用于低 pH
		磺乙基	SE	$-O-C_2H_4-SO_3^-$	强酸性用于极低 pH
阴离子交换剂	弱碱型	氨乙基	AE	$-O-C_2H_4-NH_2$	
		二乙基氨基乙基	DEAE	$-O-C_2H_4N^+(C_2H_5)_2H$	常用在 pH8.6 以下
	中强碱型	三乙氨基乙基	TEAE	$-O-C_2H_4N^+(C_2H_5)_3H$	
	强碱性	胍乙基	GE	$-O-C_2H_4-NH-\underset{\underset{NH_2}{\mid}}{C}=N^+H_2$	强碱性、极高 pH 仍有效

知识拓展

离子交换纤维素的命名

CM-C：羧甲基阳离子交换纤维素，C 代表阳离子"cation"；

DEAE-A：二乙基氨基乙基阴离子交换纤维素，A 代表阴离子"anion"。

2. 离子交换葡聚糖和离子交换琼脂糖

20 世纪 70 年代以来，以葡聚糖凝胶作为离子交换树脂母体（骨架载体），再引入不同的活性基团，制成了各种类型的离子交换葡聚糖。它和纤维素一样具有亲水性，对于生物活性物质是一个十分温和的环境。它能引入大量活性基团而骨架不被破坏，交换容量很大，是离子交换纤维素的 3～4 倍，外形呈球形，装柱后，流动相在柱内流动的阻力较小，流速理想。另外，葡聚糖凝胶和琼脂糖凝胶骨架载体还具有分子筛效应，因此这类离子交换树脂最适合于大分子的分离纯化。

表 7-4 常用的多糖基离子交换剂类型

名称	类型	活性基因	平衡离子	总交换容量/(meq/g)
CM- Sephadex C-25(C-50)	弱酸性阳离子交换树脂	CM(羧甲基)	Na^+	4.5 ± 0.5
CM- Sepharose 4-B(6-B)				
SP-Sephadex C-25	强酸性阳离子交换树脂	SP(磺丙基)	Na^+	2.3 ± 0.3
SP-Sephadex C-50				
DEAE-Sephadex A-25(A-50)	弱碱性阴离子交换树脂	DEAE（二乙基氨基乙基）	Cl^-	3.5 ± 0.5
DEAE-Sepharose 4-B(6-B)				
QAE-Sephadex A-25	强碱性阴离子交换树脂	QAE(季氨基乙基)	Cl^-	3.0 ± 0.4
QAE-SephadexA-50				

 知识拓展

离子交换剂总交换容量表示方法

离子交换剂的总交换容量通常以单位质量或单位体积的树脂含有可解离基团的毫克当量数（meq /g 或 meq/mL 等）来表示。注：meq（毫克当量数）为非法定单位，$1meq = 1mmol \times$ 离子价数。

离子交换葡聚糖命名时将活性基团写在前面，然后写骨架商品名 Sephadex，最后写原骨架的编号。为使阳离子交换剂与阴离子交换剂便于区别，在编号前加"C"（阳离子）或"A"（阴离子）。该类交换树脂的编号与其母体凝胶相同。如载体 Sephadex C-25 构成的离子交换剂有 CM-Sephadex C-25、DEAE-Sephadex A-25 等。市售的离子交换葡聚糖是由葡聚糖凝胶 G-25（Sephadex G-25）及 G-50（Sephadex G-50）两种规格的母体制成的。

离子交换琼脂糖命名时也是将活性基团写在前面，然后写骨架商品名为 Sepharose，后面加上琼脂糖凝胶珠的含量，例如 Sepharose 4-B，表示琼脂糖浓度为 4%。现有的离子交换葡聚糖凝胶和离子交换琼脂糖凝胶见表 7-4。其中以 CM-Sephadex C-25（50）、DEAE-Sephadex A-25（A-50）、DEAE-Sepharose4-B（6-B）使用最为广泛。

二、离子交换剂的选择

在进行分离纯化时，要求色谱柱具有高负载量、易于操作及使用寿命长等特点，色谱柱的分离介质是最主要的影响因素，因此，分离介质的选择尤为重要。离子交换剂的选择与人工高聚物离子交换树脂选择方法相类似。

1. 阴阳离子类型的选择

应根据被分离纯化目标产物所带电荷的种类、分子的大小、物理化学性质及所处的微环境等因素，选择适宜的离子交换色谱介质。对于无机小分子而言，分离介质的选择相对容易，但对于生物大分子就必须考虑更多的因素。

蛋白质等生物大分子是由多种氨基酸所组成的，在不同的 pH 条件下显示不同的电性，而生物大分子对最适宜的 pH 环境具有特定的要求，因此，必须首先了解目标蛋白质的等电点及适宜的微环境，根据这些条件选择合适的离子交换剂种类。选择阳离子交换剂还是选择阴离子交换剂，主要取决于被分离的物质在其稳定的 pH 下所带的电荷。如果带正电，则选择阳离子交换剂；如带负电，则选择阴离子交换剂。例如待分离的蛋白质等电点为 4，稳定的 pH 范围为 6～9，这时蛋白质带负电，故应选择阴离子交换剂进行分离。

2. 骨架的选择

应根据目标产品的产量、要求达到的纯度及经济价值等因素，选择适合骨架（基质）的离子交换剂。

通用型的聚苯乙烯离子交换树脂具有结构稳定、价格低廉、全交换容量高等特点，适用于如抗生素、有机酸、动物资源或植物资源的有效成分等一般生化制品的提取分离工艺。而对于要求分辨率高、制品纯度高的一些高附加值的基因工程产品，仍需使用纤维素、葡聚糖、琼脂糖为基质的药物分离专用介质。

纤维素离子交换剂价格较低，但分辨率和稳定性都较低，适于初步分离和大量制备。葡聚糖离子交换剂的分辨率和价格适中，但受外界影响较大，体积可能随离子强度和 pH 变化有较大改变，影响分辨率。琼脂糖离子交换剂机械稳定性较好，分辨率也较高，但价格较贵。

3. 离子交换剂强弱型的选择

理想的分离介质应该不但易于吸附，还要易于洗脱。如果目标产物对于离子强度和 pH 值的变化不敏感，可以考虑采用高电荷密度的强酸性或强碱性的强型介质；如果对这些因素比较敏感，则应采用弱酸性或弱碱性的弱型介质。如果大分子物质被吸附后，结合比较牢固，往往难以洗脱，采用苛刻的条件又容易引起大分子的变性，则应选用功能基团密度低的介质。

强酸性或强碱性的强型介质，适用的 pH 范围广，常用于分离一些小分子物质或在极端 pH 下的分离，但电性较强，有时易使一些敏感的生物分子变性或失活。弱酸性或弱碱性的弱型介质，其使用选择性有较大的范围，且不易使蛋白质失活，故一般适用于分离蛋白质等大分子物质，但其适用的 pH 范围较窄。

4. 粒径的选择

分离介质粒径的大小对离子交换色谱柱的分辨率和流速有明显的影响。一般来说分离介质的粒径小，分辨率高，但平衡离子的平衡时间长，流速慢；粒径大则柱的流速较快，压降小，但分辨率低（粗颗粒装柱不够紧密，间隙大，容易引起区带扩散，所以其分辨率低），负载量也较小。所以大颗粒的分离介质适合于对分辨率要求不高的大规模制备性分离，而小颗粒的分离介质适合于需要高分辨率的精细分离或产品的精制阶段。

通常采用 100～300 目的粒度大小，最常用的粒度大小为 100～200 目。

三、离子交换色谱实验操作

1. 离子交换剂的预处理

离子交换剂常含有少量的有机低聚物及一些无机杂质，在使用初期会逐渐溶解释放，影响目标产物的质量。因此，离子交换剂在使用前需要进行预处理。

（1）离子交换纤维素 离子交换纤维与离子交换树脂相似，由于离子交换纤维素比较轻、细，操作时需要仔细一些。又因为交换基团密度低，吸附力弱，总交换容量低，交换体系中缓冲盐的浓度不宜高（一般控制在 0.001～0.02mol/L），过高会大大减少蛋白质的吸附量。

离子交换纤维素的处理与人工高聚物离子交换树脂相似，只是浸泡用的酸、碱浓度要适当降低，处理的时间也从 4h 缩短为 0.5～1h。

离子交换纤维素在使用前需要用大量水浸泡、漂洗，使之充分溶胀。然后用数十倍的（如 50 倍）0.5mol/L 盐酸和 0.5mol/L 氢氧化钠反复浸泡处理，每次换液都需要用水洗至近中性。所要注意的是离子交换纤维素相对来说不耐酸，所以用酸处理的浓度和时间必须小心控制。对阴离子交换纤维素来说，即使在 pH 为 3 的环境中长期浸泡也是不利的。

此外，在用碱处理时，阳离子交换纤维素膨胀很大，以致影响过滤或流速。克服的办法是在 0.5mol/L 氢氧化钠中加上 0.5mol/L 氯化钠，防止膨胀。为方便起见，各类离子交换纤维素可采用浓度均为 0.5mol/L NaOH（加 NaCl）→ HCl → NaOH（加 NaCl）反复洗涤。

（2）离子交换葡聚糖和离子交换琼脂糖 离子交换葡聚糖的性质与葡聚糖凝胶相似，在强酸和强碱中不稳定，在 pH＝7 时可耐热 120℃。它既有离子交换作用，又有分子筛性质，可根据分子大小对生物高分子物质进行分级分离。一般 G-50 型离子交换葡聚糖适用于分子量为 $3×10^4 \sim 3×10^6$ 物质的分离；G-25 型离子交换葡聚糖能交换分子量较小（$1×10^3 \sim 5×10^3$）的蛋白质。

离子交换琼脂糖具有硬度大、性质稳定、网孔大、流速好和分离能力强等特点，尤其是介质对 pH 和温度的变化均比较稳定，可在 pH 为 3～10 和 0～70℃ 范围内使用。改变离子强度或 pH 时，床体积变化不大，特别适合分离分子量大的蛋白质和核酸等。

离子交换葡聚糖和离子交换琼脂糖的预处理只需充分溶胀和平衡，不需要除去细粒碎片和进行酸碱处理，其他步骤也基本同离子交换纤维素。

离子交换剂暂时不用时，可将其回收保存，一般方法是将离子交换剂用水冲洗干净滤干，可加入 0.02% 叠氮化钠防腐或用 20% 乙醇浸泡，以控制微生物生长。

2. 装柱

转型再生好的交换剂先放入烧杯，加少量水，边搅拌边倒入垂直固定的色谱柱中，使交换剂缓慢沉降。交换剂在柱内必须分布均匀，不应有明显的分界线（即所谓"节"），严防气泡产生，否则将严重影响交换性能。为防止气泡和分界线的出现，在装柱时，可在柱内先加入一定高度的水，一般为柱长的 1/3，再加入交换剂就可借水的浮力而缓慢沉降。同时控制排液口排放速率，以保持交换剂面上水的高度不变，交换剂就会连续地缓慢沉降，"节"和气泡就不会产生。

离子交换剂的装柱量要依据其全部交换容量和待吸附物质的总量来计算。当溶液含有各种杂质时，必须充分考虑，使交换容量留有充分余地，实际交换容量只能按理论交换容量的 25%～50% 计算。在样品纯度很低时，或有效成分与杂质的性质相近时，实际交换容量应控制得更低些。

3. 平衡

装柱完毕，通过恒流泵加入起始缓冲溶液，流洗交换剂，直至流出液的 pH 与起始缓冲溶液相同。关闭色谱柱出液口，准备加样。

平衡时溶液 pH 是离子交换色谱的操作中的一个重要因素，而 pH 的稳定及改变通常是用缓冲液来实现的，所以缓冲液的选择是影响分离效果的重要因素。

在选择缓冲液时，pH 和离子强度是两个关键性的因素，它不仅影响到分离介质对目标产物与杂质的分离效果，而且还影响到产品的收率。选用的 pH 值取决于目标产物的等电点、稳定性和溶解度，不但要使被分离的物质成为可以进行交换的离子，还要维持其较高的活性，同时也应该考虑到离子交换剂的 pK 值。

由于缓冲液本身带电，所以也会与离子交换色谱介质结合。这种结合将带来两方面的干扰：一方面降低缓冲液的浓度，进而降低了缓冲能力；另一方面是与分离介质进行交换，从而与蛋白质竞争介质的交换容量。因此，在使用阴离子交换色谱介质时，要避免采用磷酸盐之类的带负电的缓冲液；在使用阳离子交换色谱介质时，则要避免采用 Tris 之类的带正电的缓冲液。由于分离介质的种类不同，起始过程也略有不同。在通常情况下，使用阴离子交换色谱介质时，起始缓冲液 pH 值要高于目标蛋白质等电点 0.5～1；使用阳离子交换色谱介质时，则起始缓冲液 pH 值要低于目标蛋白质等电点 0.5～1。

4. 上样

打开柱出液口，待缓冲溶液下移至柱床表面时，关闭出液口，用滴管加入已用起始缓冲溶液平衡后的样品。沿柱内壁滴加样品，待样品液加到一定高度后，再移向中央滴加，务必使样品液均匀分布于柱床全表面。然后打开出液口，待样品液全部流入柱床时，先用少量起始缓冲溶液冲洗柱内壁，再接上洗脱装置，按一定速率加入洗脱液，开始色谱分离。

5. 洗脱

一般来说，对离子交换剂进行吸附后的洗脱一般相比较从人工高聚物离子交换树脂上的洗脱缓和。经过离子交换被吸附在离子交换剂上的待分离物质，有两种洗脱方法：一是改变pH值，使样品离子的解离度降低，电荷减少，因而对交换剂的结合力减弱而被洗脱下来；二是增加离子强度，使洗脱液中的离子能争夺交换剂的吸附部位，从而将分离的物质置换下来。

无论是在酸性条件下还是碱性条件下或是一定离子强度的溶液都能将被吸附物质洗脱下来。例如，羧甲基离子交换纤维素为阳离子交换剂，与样液中的阳离子蛋白质相结合。对于结合力弱的蛋白质，可以在酸性条件下进行洗脱；而对于结合力强的蛋白质，可以在碱性条件下洗脱；还可以增加盐浓度，将蛋白质洗脱下来（图 7-26）。

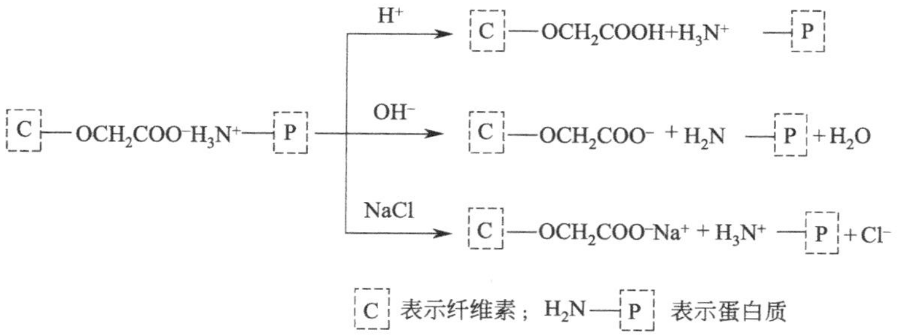

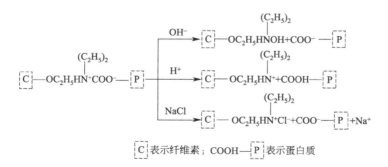

图 7-26　羧甲基离子交换纤维素（CM-C）的洗脱过程

对于二乙基氨基乙基离子交换纤维素为阴离子交换剂，与样液中的阴离子蛋白质相结合。对于结合力弱的蛋白质，可以在碱性条件下进行洗脱；而对于结合力强的蛋白质，可以在酸性条件下洗脱；也可以增加盐浓度，将蛋白质洗脱下来（图 7-27）。

图 7-27　二乙基氨基乙基离子交换纤维素（DEAE-A）的洗脱过程

在离子交换色谱过程中，常用梯度溶液进行洗脱，溶液的梯度是由盐浓度或酸碱度的变化形成的。对于阳离子交换剂，一般选择 pH 值逐渐升高的方式进行梯度洗脱；而对于阴离子交换剂，一般选择 pH 值逐渐降低的方式进行梯度洗脱。

第五节　亲和柱色谱

利用生物分子之间的专一性识别或特异性的相互作用的分离技术称为亲和分离技术，其原理是将具有亲和力的两个分子中一个固定在不溶性载体上，利用分子间亲和力的特异性和可逆性，对另一个分子进行分离纯化。

亲和分离过程是通过引入亲和配基得以实现的（如图 7-28）。所谓亲和配基，是指具有对生物分子专一性识别或特异性相互作用的物质。由亲和配基、间臂和载体（基质）构成了亲和介质。

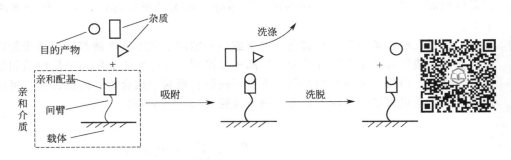

图 7-28　亲和色谱分离原理示意图

生物分子之间的亲和识别包括抗体和抗原、酶和底物、激素和受体、凝集素和糖蛋白等之间的亲和作用，这些亲和作用属于生物专一性识别。此外，某些物质和生物大分子之间也有一些特异性作用，如染料和某些酶（特别是脱氢酶和激酶等）、金属离子和蛋白质表面的组氨酸等之间的作用，这都可以应用于亲和分离过程。根据以上两种亲和作用的不同，可将亲和配基按其来源分为生物特异性配基（如抗体、NAD^+、AMP 等）和拟生物亲和配基（如染料、金属离子等）两类。

目前，亲和分离技术众多，命名方法也很多。一般而言，常根据配基的名称和所使用技术的名称组合来命名，如固定化金属离子亲和膜技术、染料亲和色谱等。常用的亲和色谱技术名称、原理和应用如表 7-5 所示。

表 7-5　常见亲和色谱的名称、作用原理以及它们的相关应用

名称	作用原理	应用
免疫亲和色谱	抗体和抗原专一性识别	抗体或抗原
固定化金属亲和色谱	Zn^{2+}、Ni^{2+} 等与蛋白质表面组氨酸的特异性识别	含有组氨酸的蛋白质
染料亲和色谱	染料和蛋白质之间的特异性识别	激酶、脱氢酶
核苷酸亲和色谱	核苷酸和蛋白质之间的特异性识别	激酶、脱氢酶
凝集素(lectin)亲和色谱	凝集素和糖蛋白之间专一性的可逆的结合	糖蛋白
蛋白质 A(protein A)亲和色谱	对 IgG 类似的抗体的专一性	免疫蛋白等

一、亲和介质的制备

亲和介质是将亲和配基通过化学键连接在载体上而得到的。常用载体并不能直接和亲和配基化学结合，一般先要进行活化或功能化，即要引入活性基团。活化后的载体才能够通过活性基团与配基反应，从而制备出亲和介质。因而亲和介质的制备主要包括三步：①亲和配基的选择；②亲和载体的选择；③载体的活化与偶联。

1. 亲和配基的选择

配基是亲和色谱的核心物质，在分离中起特异性吸附与待分离物的作用，有的教科书上又称为配体。亲和配基的专一性和特异性，决定着分离纯化时所得产物的纯度；亲和配基与目标分子之间作用的强弱决定着吸附和解吸的难易程度，影响它们的使用范围。

亲和配基必须具备以下的条件：①亲和配基和被分离生物大分子之间的专一性识别或特异性作用，必须是可逆的。②配基与被分离的生物大分子之间要有足够高的结合常数，能形成稳定的复合物；但同时结合又不能太强，当外界条件适当改变，且不使待分离的目的大分子变性时，就可将复合分子解离，使目标分子和配基分离，同时亲和配基得以再生。③能够进行一定的化学改性，易于固定在色谱载体或其他分离介质上，且固定到分离介质上之后，配基的专一性识别或特异性作用不发生明显的变化。

根据配基亲和作用专一性程度和配基分子量的大小，可以分为以下五类。

（1）单专一性的小分子配基 如激素、维生素和某些酶抑制剂、金属离子等小分子，这些亲和配基只和某个或少数几个特定的蛋白质作用。单专一性的亲和配基专一性高，结合力较强，比较难于洗脱。

（2）基团专一性小分子亲和配基 基团专一性小分子亲和配基主要包括酶的辅因子，如NAD^+和其类似物、惰性染料等。如果被分离的酶需要辅因子，该蛋白质就能够和辅因子结合（如果配基是辅因子类似物，原理也一样，酶可将其识别为辅因子）。将该辅因子或类似物作为亲和配基，便可将蛋白质结合到亲和配基上，实现分离纯化的过程。表7-6列出了一些基团专一性小分子亲和配基和它们对应能纯化的蛋白质。

表 7-6 小分子亲和配基和对应所分离的产品

小分子亲和配基	分离蛋白质
$5'$-ATP	NAD^+-类脱氢酶
$2',5'$-ADP	$NADP^+$-依赖脱氢酶
NAD^+	NAD^+依赖脱氢酶
cibacron blue	激酶或脱氢酶
procion red HE-3B	脱氢酶或干扰素等

注：其中蓝染料 cibacron blue 是 NAD^+ 辅因子的类似物，因而可用于提取需要 NAD^+ 或 $NADP^+$ 的蛋白质酶类。

（3）专一性的大分子亲和配基 利用生物大分子具有三维识别结构的亲和作用，将其中的一种作为配基，就可以用来分离另外所对应的生物大分子。如凝集素 ConA 对多糖和糖蛋白有专一性，蛋白质 A 对 IgG 和 IgM 等免疫蛋白有专一性。组织纤维溶酶原激活剂（t-PA）是一种糖蛋白，具有激活溶酶原，促进血纤维蛋白溶解的作用。该蛋白质可以用纤维蛋白作为亲和配基进行分离。表 7-7 给出了几种常见的亲和配基和对应的分离产物。

表 7-7 大分子亲和配基和所对应的分离产物

大分子亲和配基英文名称	大分子亲和配基中文名称	应用
heparin	肝素	如抗凝血酶
lectin	凝集素（如伴刀豆球蛋白 A、大豆凝集素、麦胚凝集素等）	如糖蛋白等
protein A	蛋白质 A	如 IgG

（4）免疫亲和配基 利用抗体和抗原之间的专一作用性进行的亲和分离技术，又称免疫吸附。在免疫吸附中使用的亲和配基称为免疫亲和配基，该配基可以是抗原，也可以是抗

体。例如，将抗原结合于亲和色谱载体（基质）上，就可以从血清中分离其对应的抗体。在蛋白质工程菌发酵液中所需蛋白质的浓度通常较低，用离子交换、凝胶过滤等方法都难于进行分离，而亲和色谱则是一种非常有效的方法。将所需蛋白质作为抗原，经动物免疫后制备抗体，将抗体与适当载体（基质）偶联形成亲和介质，就可以对发酵液中的所需蛋白质进行分离纯化。

相对于其他的亲和配基而言，免疫亲和配基专一性高，纯化效率高，只需一步操作就可以得到高纯度的产品。但是它的价格相对较高，配基与目的产物可能会产生不可逆性吸附，在保证目的产物不变性的前提下，难以解吸。一般而言，免疫亲和配基多为蛋白质，因此也容易被蛋白酶降解。

（5）基因专一性的大分子亲和配基　利用大分子之间或基因亲和识别性实现分离。一般而言，基因亲和色谱可以用来分离纯化多聚核苷酸和能够与多聚核苷酸结合的蛋白质，如限制性核酸内切酶、聚合酶以及转录因子等。随着分子生物学和重组 DNA 技术的飞速发展，纯化 DNA 结合蛋白的方法引起了人们越来越大的兴趣。一些基于固定化 DNA 吸附剂的亲和分离技术，尤其是亲和色谱方法得到了广泛应用。

2. 亲和载体的选择

亲和载体是亲和配基附着的基础，起着支撑和骨架作用。通常而言，亲和载体应具备下面四个条件：①具有多孔网络结构；②非特异吸附小且化学性质呈惰性，表面电荷尽可能低；③理化性质稳定，不因共价偶联反应的条件及吸附条件的变化而发生变化；④载体必须能够活化或功能化。

在亲和色谱发展的早期，多采用天然材料的多糖类球形软凝胶。随着技术的发展和分离要求的提高，一些可以在高流速下使用的半硬或硬质的细颗粒球形填料也在亲和色谱中得到应用，常见的亲和载体有如下几种。

（1）多糖类　多糖类亲和载体主要是由纤维素、葡聚糖和琼脂糖等制备而成的基质。纤维素基质比较软，容易压缩，但价格低廉，目前已在大规模的亲和色谱中应用。交联葡聚糖本身孔径较小，经过功能活化后，会进一步降低其多孔性，使其亲和活化效率降低。琼脂糖是亲和色谱的理想介质之一，具有优良的多孔性，而且经过交联后，可大大改善其物理化学稳定性和机械性能。

（2）聚丙烯酰胺　聚丙烯酰胺凝胶也是一种常用的亲和载体。它是由丙烯酰胺与双功能交联剂 N，N'-亚甲基双丙烯酰胺在一定条件下共聚产生的凝胶。通过调节单体浓度和交联剂的比例，可得到不同孔径的凝胶。聚丙烯酰胺凝胶的非特异性吸附较强，一般应在较高离子强度（0.02 mol/L 以上）条件下操作，以消除非特异的离子交换吸附，其优点是功能基团多。聚丙烯酰胺和琼脂糖共聚物凝胶（商品名 UltrogeL）非特异性吸附少，容易改性。

（3）无机基质　亲和色谱的无机基质主要有多孔玻璃珠（商品名 Bio-Glass）、陶瓷和硅胶等。无机基质有其本身的优点，它具有优良的机械性能，不受洗脱液、压力、流速、pH和离子强度的影响，可获得快速、高效的分离，而且可抗微生物，容易进行消毒。但是也有缺点，如表面对某些蛋白质有非特异性吸附作用，而且难于功能化等。对于亲和色谱而言，孔径的选择是一个关键，它决定了功能化基团的数量和亲和介质的吸附容量，如孔径为2500Å 的玻璃珠，其吸附容量显著小于孔径为 1750 Å 和 750Å 的玻璃珠。通常选择粒径较大的玻璃珠（40～80 目或 80～120 目）。为了利用无机基质的优点（如机械强度高），而避免其缺点（如不易于功能化），目前很多基质采用涂层，即将容易功能化的介质如葡聚糖包裹在多孔无机基质上，从而易于接上多种亲和配基。

3. 载体的活化和偶联

（1）载体的活化 载体的活化是指对载体进行一定的化学处理，使载体表面上的一些化学基团转变为易于和特定配基结合的活性基团。载体活化的化学反应主要由载体本身的性质和稳定性决定。几种常用的活化方法如表 7-8 所示。

表 7-8 各种活化方法比较

活化剂	试剂毒性	活化时间/h	偶联时间/h	偶联 pH	稳定性	非特异性吸附
戊二醛	中等	1～8	6～16	6.5～8.5	好	
溴化氰	高	0.2～0.4	2～4	8～10	pH<5 或 pH>7	
双环氧化物	中等	5～18	14～48	8.5～12	不稳定	
二乙烯基砜	高	0.5～2.0	快	8～10	高 pH 不稳定	
羰基二咪唑	中等	0.2～0.4	6 天左右	8～9.5	pH>10 稳定	
高碘酸盐	无毒	14～20	12	7.5～9.0	好	
三嗪	高	0.5～2.0	4～16	7.5～9.0	好	
重氮化物	中等		0.5～1.0	6～8	中等	芳香物
肼	高	1～3	3～16	7～9	较好	

（2）间隔臂分子的选择 制备亲和介质时，应首先选用大分子配基。因为小分子配基可供识别、互补的特殊结构较少，一旦偶联到载体上后，这种识别的结构更少。

在选择小分子配基时，由于生物大分子的空间结构及亲和载体本身孔结构的因素，蛋白质与载体的空间障碍影响了其与亲和配基的结合作用（图 7-29）。为了改变这种情况，可在载体和配基间插入一个"手臂"以消除空间障碍，手臂的长度是有限的。太短不能起消除空间障碍的作用，太长往往使非特异性的作用如疏水作用增强。

引入间臂分子最常用的方法是将 $NH_2(CH_2)_nR$ 的氨烷基化合物与载体偶联式中 R 上的羟基或氨基反应。一般引入 4～6 个亚甲基时，间臂分子效果较好。

（3）配基与载体的偶联 对于亲和介质而言，载体和配基的偶联化学反应过程应相对比较温和，尽可能保持载体和配基原来的性质，以便保持目标产物和亲和介质之间特异性或专一性的作用。

一般情况下，亲和结合时，配基分子与待分离物质仅有一部分发生相互作用。为了保证亲和介质有足够大的结合能力，选择配基固定化时，通常将不参与亲和结合的部位与载体进行偶联。

二、亲和柱色谱的主要操作步骤

亲和介质选择制备后，亲和柱色谱操作与一般的柱色谱基本类似（图 7-30）。下面主要介绍亲和色谱操作过程中的一些注意事项。

1. 上样

上样时应注意选择适当的条件，包括上样流速、缓冲液种类、pH 值、离子强度、温度等，以使待分离的物质能够充分结合在亲和介质上。一般生物大分子和配基之间达到平衡的速度很慢，所以样品液的浓度不易过高，上样时流速应比较慢，以保证样品和亲和介质有充

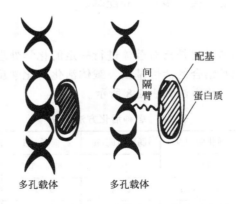

图 7-29 蛋白质与载体的空间位阻示意图

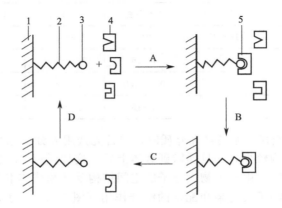

图 7-30 亲和色谱分离过程示意图
A—上样亲和吸附；B—洗涤；C—洗脱；D—再生
1—载体；2—间隔臂；3—配基；4—待分离的生物活性分子；5—锁钥络合物

分的接触时间进行吸附。特别是当配基和待分离的生物大分子的亲和力比较小或样品浓度较高、杂质较多时，可以在上样后停止流动，让样品在色谱柱中反应一段时间，或者将上样后流出液进行二次上样，以增加吸附量。样品缓冲液的选择也是要使待分离的生物大分子与配基有较强的亲和力。另外样品缓冲液中一般有一定的离子强度，以减小载体、配基与样品其他组分之间的非特异性吸附。

生物分子间的亲和力是受温度影响的，通常亲和力随温度的升高而下降。所以在上样时可以选择适当较低的温度，使待分离的物质与配基有较大的亲和力，能够充分结合；而在后面的洗脱过程可以选择适当较高的温度，使待分离的物质与配基的亲和力下降，以便于将待分离的物质从配基上洗脱下来。

2. 洗涤

上样后用平衡洗脱液洗去未吸附在亲和介质上的杂质。平衡缓冲液的流速可以快一些，但如果待分离物质与配基结合较弱，平衡缓冲液的流速较慢为宜。如果存在较强的非特异性吸附，可以用适当较高离子强度的平衡缓冲液进行洗涤。但应注意平衡缓冲液不应对待分离物质与配基的结合有明显影响，以免将待分离物质同时洗下。

3. 洗脱

选择合适的条件使待分离物质与配基分开而被洗脱出来。亲和色谱的洗脱方法可以分为特异性洗脱和非特异性洗脱（图 7-31）。

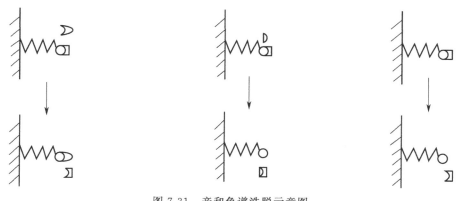

图 7-31　亲和色谱洗脱示意图

(a) 特异性洗脱　　　　　　　　　　(b) 非特异性洗脱

◪—待分离物质; ◖—与配基亲和力较强的物质; ◪—与待分离物质有较强亲和力的物质

特异性洗脱是指利用洗脱液中的物质与待分离物质或与配基的亲和特性而将待分离物质从亲和介质上洗脱下来。可见特异性洗脱分为两种：一种是选择与配基有亲和力的物质进行洗脱，另一种是选择与待分离物质有亲和力的物质进行洗脱。前者在洗脱时，选择一种和配基亲和力较强的物质加入洗脱液，这种物质与待分离物质竞争对配基的结合。在适当的条件下，如这种物质与配基的亲和力强或浓度较大，配基就会基本被这种物质占据，原来与配基结合的待分离物质被取代而脱离配基，从而被洗脱下来。例如用凝集素作为配基分离糖蛋白时，可以用适当的单糖洗脱，单糖与糖蛋白竞争对凝集素的结合，可以将糖蛋白从凝集素上置换下来。后一种方法洗脱时，选择一种与待分离物质有较强亲和力的物质加入洗脱液，这种物质与配基竞争对待分离物质的结合。在适当的条件下，如这种物质与待分离物质的亲和力强或浓度较大，待分离物质就会基本被这种物质结合而脱离配基，从而被洗脱下来。例如用染料作为配基亲和吸附脱氢酶时，可以选择 NAD^+ 进行洗脱，NAD^+ 是脱氢酶的辅酶，它与脱氢酶的亲和力要强于染料，所以脱氢酶就会与 NAD^+ 结合而从配基上脱离。特异性洗脱方法的优点是特异性强，可以进一步消除非特异性吸附的影响，从而得到较高的分辨率。由于亲和吸附达到平衡比较慢，所以特异性洗脱往往需要较长的时间，可以通过适当地改变其他条件，如选择亲和力强的物质洗脱、加大洗脱液浓度等，来缩小洗脱时间和洗脱体积。

非特异性洗脱是指通过改变洗脱缓冲液 pH、离子强度、温度等条件，降低待分离物质与配基的亲和力而将待分离物质洗脱下来，是目前采用较多的洗脱方法。

当待分离物质与配基亲和力较小时，一般通过连续大体积平衡缓冲液冲洗，就可以在杂质之后将待分离物质洗脱下来，这种洗脱方式简单、条件温和，不会影响待分离物质的活性。但洗脱体积一般比较大，得到的待分离物质浓度较低。当待分离物质和配基结合较强时，可以通过选择适当的 pH、离子强度等条件降低待分离物质与配基的亲和力，具体的条件需要在实验中摸索。可以选择梯度洗脱方式，这样可将亲和力不同的物质分开。如果希望得到较高浓度的待分离物质，可以选择酸性或碱性洗脱液，或较高的离子强度一次快速洗脱，这样在较小的洗脱体积内就能将待分离物质洗脱出来。但选择洗脱液的 pH、离子强度时应注意尽量不影响待分离物质的活性，而且洗脱后应注意中和酸碱，透析去除离子，以免

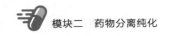

待分离物质丧失活性。对于待分离物质与配基结合非常牢固时，可以使用较强的酸、碱或在洗脱液中加入脲、胍等变性剂使蛋白质等待分离物质变性，而从配基上解离出来，然后再通过适当的方法使待分离物质恢复活性。

4. 亲和介质的再生和保存

再生就是指使用过的亲和介质通过适当的方法去除吸附在其载体和配基（主要是配基）上结合的杂质，使亲和介质恢复亲和作用。一般情况下，使用过的亲和色谱柱，用大量的洗脱液或较高浓度的盐溶液洗涤后，再用平衡液重新平衡即可再次使用。

亲和介质的保存一般是加入0.01%的叠氮化钠，4℃下保存，也可以加入0.5%的醋酸洗必泰或0.05%的苯甲酸等杀菌剂。同时应注意不要使亲和介质冰冻。

三、亲和色谱法的应用

由于亲和色谱法具有快速、专一和高效等特点，亲和色谱的应用十分广泛，主要用来纯化生物大分子，特别是样品组分之间的溶解度、分子大小、电荷分布等理化性质差异较小，传统分离手段有困难的生物大分子。例如，抗原和抗体的分离、干扰素的分离纯化等。干扰素自从发现以来，由于其产量特别低，提纯一直十分困难。细胞在诱导后能产生许多种蛋白质，而干扰素只占其中极小的一部分。因此，在蛋白质类杂质极多的情况下要分离干扰素就极为困难。干扰素是一种糖蛋白。1976年，Davey利用植物凝集素伴刀豆球蛋白A可以和糖蛋白专一性结合的原理，把伴刀豆球蛋白A偶联在琼脂糖凝胶上，形成亲和填料，制成亲和柱。人白细胞干扰素通过该柱就被吸附。用0.1 mol/L α-D-甘露吡喃糖苷在50%乙二醇中作为竞争洗脱剂，一次洗脱粗品纯化了3000倍，活力回收达89%。Sulkowski用L-色氨酸琼脂糖凝胶的色谱柱，把人白细胞干扰素吸附后用1mol/L NaCl的50%乙二醇溶液洗脱，纯化了2300倍。由此可见，用亲和色谱纯化干扰素，可以一步把人白细胞干扰素纯化数千倍，分离效果显著。

此外，利用配基与病毒、细胞表面受体的相互作用，亲和色谱也可以用于病毒和细胞的分离。利用凝集素、抗原、抗体等作为配基都可以用于细胞的分离。例如各种凝集素可以用于分离红细胞以及各种淋巴细胞，胰岛素可以用于分离脂肪细胞，等等。

 案例分析

一、鸡蛋卵磷脂的分离纯化及鉴定

1. 鸡蛋卵磷脂的吸附柱色谱分离纯化

（1）硅胶柱色谱步骤

① 装柱。将玻璃色谱柱垂直装置，以自动部分收集器作为洗脱液的接收器。用镊子取少许脱脂棉放于干净的色谱柱底部，轻轻塞紧，再在脱脂棉上盖一层厚0.5cm的石英砂，关闭活塞，向柱中加入氯仿至柱高的3/4处，打开活塞，控制流速为每秒1滴。将氯仿与一定量的硅胶调成糊状，徐徐倒入柱中。用木棒轻轻敲打柱身下部，使填装紧密，当装柱至3/4时，再在上面加一层0.5cm厚的石英砂。操作时保持上述流速，使液面不低于砂子的上层。

② 上样。准确称取一定量的蜡状卵磷脂，用尽可能少的氯仿溶解。当溶液液面刚好流至石英砂面时，立即沿柱壁加入配制好的卵磷脂溶液。

③ 洗脱。当样品溶液流至接近石英砂面时，立即用氯仿/甲醇/冰醋酸比为2：1：0.04的洗脱液连续洗脱。

④ 收集。保持滴液速度，用自动部分收集器收集，每15mL换管收集。

⑤ **检测。**根据色谱柱中色谱带和薄层色谱检测馏分的结果，将出现单一斑点，且在同一块薄层板上与标样卵磷脂有相同 R_f 值的馏分收集在一起，然后用旋转蒸发器浓缩至膏状，真空干燥，即得到卵磷脂产品。称量，计算得率。

（2）硅胶柱色谱分离纯化卵磷脂条件　吸附剂为硅胶型号 80～120 目硅胶（青岛海洋化工有限公司），硅胶 80.7g；柱高为 63.1cm，床层体积 198.3mL；洗脱液为氯仿/甲醇/冰醋酸（2：1：0.04）；柱温 25℃ 左右；上样量 7.515g 粗提产物（卵磷脂纯度为 43.86%）或是每克硅胶 0.0931g 粗提产物；上样浓度为 7.515g 粗提产物溶于 27mL 洗脱液中；流速 1～1.5mL/min。

2. 卵磷脂的鉴定——硅胶板薄层色谱

（1）薄板的制备　称量硅胶 G 6g 溶解于 0.5% 羧甲基纤维素钠溶液 18mL，调匀并经超声波振荡 2min 脱气，倒在洁净的 20cm×7cm 玻璃板上，使之涂布均匀。薄层厚度控制在 0.2～0.25mm。自然晾干后，放在 105℃ 干燥箱内活化 30min，置于干燥器中备用。

（2）展开剂的配制　将氯仿、甲醇及水按 65：25：4 的比例配制摇匀，配制展开剂时要严格按比例进行，否则很容易三相溶解不完全而出现分层现象。由于试剂容易挥发，每次使用都要重新配制。

（3）样品的制备　称取 10mg 样品，加氯仿-甲醇溶液（1：1）1mL 充分溶解。

（4）点样　取出密闭冷却的硅胶薄板，然后在距离底端约 2cm 的同一水平上，两边各留 1.5cm，用微量进样器量取 50μL 点上样品溶液和鸡蛋卵磷脂标样溶液，各个点样点之间保持一定的距离，点样直径不超过 2mm。

（5）展开　放进色谱缸中进行展开，色谱缸里的展开剂用量不得超过点样点。展开剂为氯仿：甲醇：水（体积比 65：25：4），待溶剂挥发后，放入盛有展开剂的色谱缸中饱和，展开至距离顶端 1cm 时取出薄板。

（6）显色　将挥发尽溶剂的薄板放入碘缸内，盖好。升华的碘遇磷脂发生加成反应，而使磷脂的斑点呈现黄色。根据显色结果，可以判断样品中是否含有卵磷脂（PC）。还可以通过不同磷脂成分的比移值，来判断样品中是否含有其他磷脂杂质。

（7）薄层色谱结果　由图 7-32 可以看出，甲醇的极性大，洗脱能力较强，但是展开效果不理想；氯仿和 95% 乙醇的洗脱效果和展开效果均不理想；中性的氯仿-甲醇混合液洗脱效果较好，有一定的展开，但组分分离不理想。在甲醇-氯仿混合液加入少量冰醋酸（pH＝4），展开剂为酸性氯仿-甲醇（体积比 2：1）时的分离效果最好。

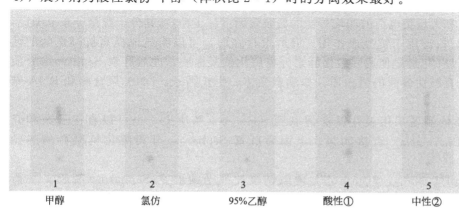

1	2	3	4	5
甲醇	氯仿	95%乙醇	酸性①	中性②

图 7-32　卵磷脂薄层色谱展开图

①酸性展开剂是指氯仿与甲醇体积比 2：1，并加入少量醋酸；

②中性展开剂是指氯仿与甲醇体积比 2：1

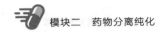

由图 7-33 可知，第一个点样斑点为 Sigma 标样，第二个点样斑点为市售粉末磷脂，第三个点样斑点为乙醇提取后的鸡蛋卵磷脂，可见市售卵磷脂的纯度和乙醇提取后的粗卵磷脂纯度差不多。第四个点样斑点为柱色谱纯化后的鸡蛋卵磷脂，可以看到纯化后的样品点样分离后得到单个斑点，R_f 值与标样相近，此斑点应为鸡蛋卵磷脂，且可判断为纯品。

图 7-33　鸡蛋卵磷脂的薄层色谱图

1—标准品（Sigma 99%）；2—市售粉末磷脂；

3—乙醇提取后的鸡蛋卵磷脂；4—柱色谱纯化后的鸡蛋卵磷脂

标准品的 $R_f = \dfrac{9.38}{14.65} = 0.64$

二、肝素亲和柱色谱分离纯化抗凝血酶

肝素是一种带有大量负电荷的非均一性的糖胺聚糖（黏多糖），其分子质量分布范围广，为 5kDa 到 20kDa，广泛用于抗凝血作用。有肝素存在时，可以明显地提高抗凝血酶的活力。Lowell 等于 1974 年最早使用固定化肝素分离纯化抗凝血酶，此后肝素-Sepharose 介质成功地用于分离具有碱性表面的蛋白质，如激素受体、生长因子、DNA 聚合酶和 RNA 聚合酶等。

肝素亲和介质的制备采用溴化氰法偶联到 Sepharose 基质上，也可以直接从亲和介质供应厂商（如 Pharmacia）直接购买。下面为肝素-Sepharose 分离纯化抗凝血酶的操作步骤。

① 用 0.15mol/L NaCl，20mmol/L 磷酸钠缓冲液平衡肝素-Sepharose 凝胶。平衡后的凝胶以质量浓度为 20g/L 和血浆上清液混合吸附，吸附完全后的凝胶装填进色谱柱。

② 用 4 倍柱体积的 50 mmol/L NaCl，0.2mol/L 的磷酸钠缓冲溶液（pH7.0）洗脱，再用 2.5 倍柱体积的 0.4mol/L NaCl，20mmol/L 磷酸钠缓冲液（pH7.0）洗脱。

③ 再用 1.5 倍柱体积 2mol/L NaCl，20mmol/L 的磷酸钠缓冲液（pH7.0）洗脱抗凝血酶，直到基线平衡。

④ 再依次用 2 倍柱体积的丙酮、6 倍柱体积的去离子水再生色谱柱。

 总结归纳

本章知识点思维导图

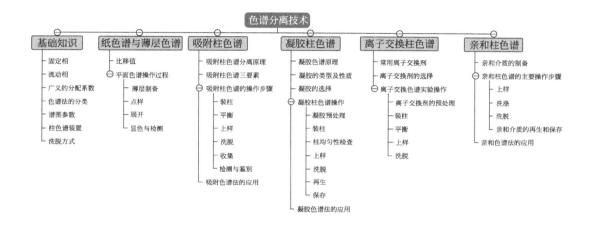

 拓展阅读

"色谱法"的由来

1903 年，俄国植物学家 Tsweet（茨维特）在研究植物叶子的组成时，用碳酸钙作吸附剂，把干燥碳酸钙粉末装在竖立的玻璃管中，然后把植物叶子的石油醚萃取液倒在管中的碳酸钙上，萃取液中的色素就吸附在管内上部的碳酸钙里，再用纯净的石油醚洗脱被吸附的色素，于是，在管内的碳酸钙上形成 3 种颜色的 6 个色带。当时茨维特把这种色带形象地叫作"色层法"。

管内填充物碳酸钙称为固定相，冲洗剂石油醚称为流动相。随着色谱法检测手段和方法的不断发展，不仅用于有色物质的分离，而且还大量用于无色物质的分离。色谱的"色"字虽已失去原有意义，但色谱名称仍沿用至今。

茨维特并非著名科学家，他对色谱的研究以俄语发表在俄国的学术杂志之后不久，第一次世界大战爆发，欧洲正常的学术交流被迫终止。这些因素使得色谱法问世后十余年间不为学术界所知，直到 1931 年德国柏林威廉皇帝研究所的库恩将茨维特的方法应用于叶红素和叶黄素的研究，库恩的研究获得了广泛的承认，也让科学界接受了色谱法。此后的一段时间内，以氧化铝为固定相的色谱法在有色物质的分离中取得了广泛的应用，这就是今天的吸附色谱法。

来源：杨先碧，阮慎康．高效液相色谱发展史［J］．化学通报，1998（11）：57-61.

? 复习与练习题

一、选择题

1. 吸附薄层色谱属于（　　）。

A. 液液色谱　　　　　　　　　　　　　B. 固液色谱

C. 气液色谱　　　　　　　　　　　　　D. 气固色谱

2. 纸色谱属于（　　）。

A. 液液色谱　　　　B. 固液色谱　　　　C. 气液色谱　　　　D. 气固色谱

3. 在吸附色谱中，吸附平衡常数 K_a 值大的组分（　　）。

A. 被吸附得牢固　　B. 移动速度快　　C. 溶解度大　　　　D. 在柱内保留时间短

4. 欲用吸附色谱法分离极性较强的组分应采用（　　）。

A. 活性高的固定相和极性弱的流动相

B. 活性高的固定相和极性强的流动相

C. 活性低的固定相和极性弱的流动相

D. 活性低的固定相和极性强的流动相

5. 凝胶色谱分离混合物的基本原理是（　　）。

A. 吸附力差异　　　　　　　　　　　　B. 分子筛作用

C. 离子交换　　　　　　　　　　　　　D. 配基亲和差异

6. 如果要将料液混合物中分子量大于 5000 的物质与分子量 5000 以下的物质分开选用（　　）。

A. Sephadex G-200　　　　　　　　　　B. Sephadex G-150

C. Sephadex G-100　　　　　　　　　　D. Sephadex G-50

7. 葡聚糖凝胶 Sephadex G-25，其 25 的含义是（　　）。

A. 吸水量　　　　　　　　　　　　　　B. 吸水量的 10 倍

C. 交联度　　　　　　　　　　　　　　D. 孔隙度

8. 下列（　　）凝胶的吸水量最大。

A. Sephadex G-25　　　　　　　　　　B. Sephadex G-50

C. Sephadex G-100　　　　　　　　　　D. Sephadex G-200

9. 下列（　　）凝胶的孔径最小。

A. Sephadex G-25　　　　　　　　　　B. Sephadex G-50

C. Sephadex G-100　　　　　　　　　　D. Sephadex G-200

10. 关于离子交换色谱的描述下列不正确的是（　　）。

A. 离子交换剂通常不溶于水

B. 阳离子交换剂常可解离出带正电的基团

C. 阴离子交换剂常可解离出带正电的基团

D. 阳离子交换剂常可解离出带负电的基团

11. 通过改变 pH 值从而使与离子交换剂结合的各个组分被洗脱下来，可使用（　　）。

A. 阳离子交换剂一般是 pH 值从低到高洗脱

B. 阳离子交换剂一般是 pH 值从高到低洗脱

C. 阴离子交换剂一般是 pH 值从低到高洗脱

D. 以上都不对

12. 针对配基的生物学特性的蛋白质分离方法是（　　　）。

A. 凝胶色谱　　　　B. 离子交换色谱　　　C. 亲和色谱　　　　D. 吸附色谱

二、简答题

1. 有一蛋白质混合物，分子量相近，等电点分别为：$pI_A = 9.7$，$pI_B = 6.8$，$pI_C = 4.5$，$pI_D = 8.5$，$pI_E = 7.0$。在高 pH 时加到 QAE-纤维素离子交换柱上。如果用逐步降低洗脱液 pH 的方法来进行洗脱，请指出各蛋白质的洗脱顺序，并说明理由。

2. 简述凝胶色谱的分子筛效应，并举例说明其在药物分离纯化中的具体应用。

3. 简述吸附色谱、离子交换色谱及亲和色谱的基本原理，并举例说明其在药物分离纯化中的具体应用。

第八章 膜分离技术

膜分离技术是 20 世纪 50 年代发展起来的一种新型分离技术，它是以选择性透过膜为分离介质，在推动力（压力差、浓度差、电位差等）作用下，混合物中各组分选择性地透过膜，从而达到分离、提纯和浓缩的目的。与传统的分离操作相比，膜分离具有以下特点：

① 膜分离是一个高效分离过程，可以实现高纯度的分离；

② 大多数膜分离过程不发生相变化，因此能耗较低；

③ 膜分离通常在常温下进行，特别适合处理热敏性物料；

④ 膜分离设备本身没有运动的部件，可靠性高，操作、维护都十分方便。

 基础知识

膜分离技术是一种与膜孔径大小相关的筛分过程，通常以膜两侧的压力差为推动力，以膜为过滤介质。在一定的压力下，当原液流过膜表面时，膜表面密布的许多细小的微孔只允许水及小分子物质通过而成为透过液，而原液中体积尺寸大于膜表面微孔径的物质则被截留在膜的进液侧，成为浓缩液，因而达到对原液分离和浓缩的目的（图 8-1）。

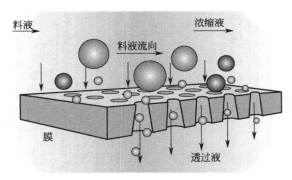

图 8-1 膜分离示意图

膜分离过程大多采用动态错流过程，大分子溶质被膜壁阻隔，随浓缩液流出膜组件，膜不易被堵塞，可连续长期使用。过滤过程可在常温、低压下运行，无相态变化，高效节能。

膜分离所用的膜可以是固相、液相，也可以是气相，而大规模工业应用中多数为固体膜，本章中主要介绍固体膜的分离过程。

由于膜分离技术中涉及的部分专业名词比较晦涩难懂，现将它们归纳解释如下。

一、推动力

推动力是指体系中同一物理参数在不同位置处之差。例如，物体两处温度不同，则热量从高温处向低温处传递，温度差即为传递的推动力。推动力愈大，传递速度愈快。当推动力为零时，传递速度也变为零。膜分离的推动力有浓度差、压力差、电位差等。

1. 浓度差

浓度差是膜两侧之间浓度的差值。一般来说指的是两种液体之间溶质的浓度之差。

溶质存在差值，溶液中溶剂的相对含量不同，这样溶剂分子进出半透膜的速率不同，所以溶剂从浓度低的地方往浓度高的地方移动，最终才能导致半透膜两侧溶液液面发生变化（图 8-2）。

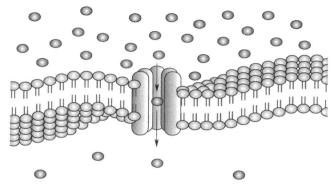

图 8-2　浓度差示意图

2. 压力差

压力差泛指物体两侧所受压力的差值。若两处压力不同，则能量从压力高处向压力低处传递。

例如膜过滤时以膜为过滤介质，以膜两侧的压力差为驱动力，在一定的压力下，当水流过膜表面时，只允许水及比膜孔径小的小分子物质通过，达到溶液净化、分离、浓缩的目的（图 8-3）。

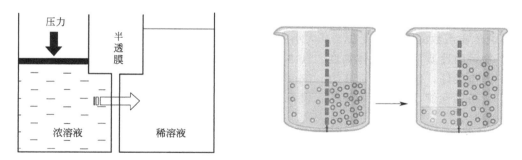

图 8-3　压力差示意图

3. 电位差

电位差其实就是电动势，指的是两点之间电势的差值，也称作电势差或电压，是衡量单位电荷在静电场中由于电势不同所产生的能量差的物理量。采用公式表示为 $U = U_a - U_b$。

电位差的方向规定为从高电位指向低电位的方向。国际单位制为伏特（V，简称伏），常用的单位还有毫伏（mV）、微伏（μV）、千伏（kV）等。此概念与水位高低所造成的"水压"相似。

膜的电位差，也称作膜电位，是指由于膜两侧接触不同浓度电解质溶液而产生的电位差（图 8-4）。

需要指出的是，"电压"一词一般只用于电路当中，"电位差"和"电势差"则普遍应用于一切电现象当中。

193

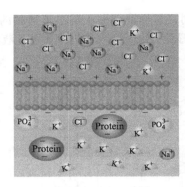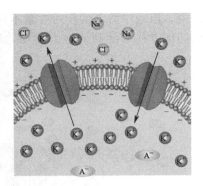

图 8-4　电位差示意图

二、传质

传质是体系中物质浓度不均匀而发生的质量转移过程。从物质传递规律来说，系统一般趋向于从不均匀到均匀，即趋向均匀性。如果各部分温度不均匀，会趋向一个平均温度，如果浓度不均匀，也会趋向一个平均浓度。

1. 传质系数

传质速率 G 与传质面积 S 和传质推动力 ΔF 成正比，传质面积指的是相际接触面积。推动力可用各种不同浓度差或压力差的平均值来表示。即 $G = KS\Delta F$。式中的 K 就是传质系数。传质系数能反映这一具体传质过程的强化程度，即在单位面积、单位浓度或压力差时，单位时间内物质从一相传递入另一相内的数量。

2. 影响传质系数的因素

影响传质系数的因素很复杂，其大小主要取决于三个方面，大致归纳如下：
① 物系的性质，包括液体黏度、气体密度、表面张力等。
② 操作条件，包括温度、压力、浓度、气液流速（流动状况）、气液分布状况等 。
③ 设备的性能，包括设备结构、设备类型等。

第一节　膜材料及其性能

膜分离是以膜为分离介质，当膜两侧存在某种推动力时，原料侧组分选择性地透过膜，以达到分离、提纯和浓缩的目的。这种膜材料必须具有选择性通过物质的特性，即能以特定的形式限制和传递各种化学物质。膜材料具有选择透过性的原因主要在于：
① 膜中分布有微细孔穴，不同的孔穴有选择渗透性；
② 膜中存在固定基团电荷，电荷的吸引、排斥产生选择渗透性；
③ 被分离物在膜中的溶解扩散作用产生选择渗透性。

一、膜材料及其分类

目前使用的固体分离膜大多数是高聚物膜，近年来又开发了无机材料分离膜。高聚物膜通常是用纤维素类、聚砜类、聚酰胺类、聚酯类、含氟高聚物等材料制成。无机分离膜包括陶瓷膜、玻璃膜、金属膜和分子筛炭膜等。

相对于高聚物材料而言，无机材料具有化学和热稳定性非常好的优点，不仅可耐高温消毒、反复冲洗，而且可用热碱液或强氧化剂清洗。但无机膜价格昂贵，品种和规格也较少，限制了其广泛使用。近年来，无机陶瓷膜材料发展迅猛并进入工业应用，尤其是在微滤、超滤、膜催化及高温气体分离中，充分展示了其化学性质稳定、耐高温、机械强度高等优点。

膜的寿命与制造的材质有很大的关系。无机膜的寿命较长，通常为 5 年以上；而有机膜的寿命较短，一般超滤膜、微滤膜的寿命为（18±6）月，纳滤膜的寿命为（24±6）月，反渗透膜为（30±6）月。

膜的种类与功能较多，分类方法也较多，通常按照来源、形态和结构进行膜的分类。按照膜的分离原理及使用范围或截留分子量高低，膜又分为微滤（MF）膜、超滤（UF）膜、纳滤（NF）膜和反渗透（RO）膜。但普遍采用的是按膜的形态结构分类，将分离膜分为对称膜和非对称膜两类（图 8-5）。

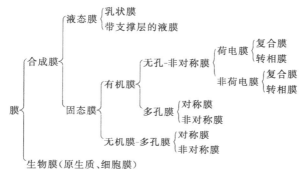

图 8-5　膜的分类

对称膜又称为均质膜，是一种均匀的薄膜，膜两侧截面的结构及形态完全相同，包括致密的无孔膜和对称的多孔膜两种，如图 8-6(a) 所示。一般对称膜的厚度在 $10\sim200\,\mu m$ 之间，传质阻力由膜的总厚度决定，降低膜的厚度可以提高透过速率。

非对称膜的横断面具有不对称结构，如图 8-6(b) 所示。一体化非对称膜是用同种材料制备，由厚度为 $0.1\sim0.5\,\mu m$ 的致密皮层和 $50\sim150\,\mu m$ 的多孔支撑层构成，其支撑层结构具有一定的强度，在较高的压力下也不会引起很大的形变。此外，也可在多孔支撑层上覆盖一层不同材料的致密皮层构成复合膜。显然，复合膜也是一种非对称膜。对于复合膜，可优选不同的膜材料制备致密皮层与多孔支撑层，使每一层独立地发挥最大作用。非对称膜的分离主要或完全由很薄的皮层决定，传质阻力小，其透过速率较对称膜高得多，因此非对称膜在工业上应用十分广泛。

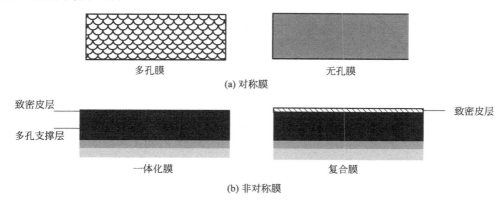

图 8-6　不同类型膜横断面示意图

二、膜分离性能

分离膜是膜过程的核心部件，其性能直接影响着分离效果、操作能耗以及设备的大小。分离膜的性能主要包括两个方面：透过性能与分离性能。

1. 透过性能

能够使被分离的混合物选择性透过是分离膜的最基本条件。表征膜透过性能的参数是透过速率，是指单位时间、单位膜面积透过组分的通过量，对于水溶液体系，又称水通量或透水率，以 J 表示。

$$J = \frac{V}{A \cdot t}$$

式中　J——水通量或透过速率，$m^3/(m^2 \cdot h)$ 或 $kg/(m^2 \cdot h)$；

　　　V——透过组分的体积或质量，m^3 或 kg；

　　　A——膜有效面积，m^2；

　　　t——操作时间，h。

膜的透过速率与膜材料的化学特性和分离膜的形态结构有关，且随操作推动力的增加而增大。此参数直接决定分离设备的大小。

2. 分离性能

分离膜必须对被分离混合物中各组分具有选择透过的能力，即具有分离能力，这是膜分离过程得以实现的前提。不同膜分离过程中膜的分离性能有不同的表示方法，如截留率、截留分子量、分离因数等。

(1) 截留率　对于反渗透过程，通常用截留率表示其分离性能。截留率反映膜对溶质的截留程度，对盐溶液又称为脱盐率，以 R 表示，定义为：

$$R = \frac{c_F - c_P}{c_F} \times 100\%$$

式中　c_F——原料中溶质的浓度，kg/m^3；

　　　c_P——渗透物中溶质的浓度，kg/m^3。

100%截留率表示溶质全部被膜截留，此为理想的半渗透膜；0 截留率则表示全部溶质透过膜，无分离作用。通常截留率在 0～100% 之间。

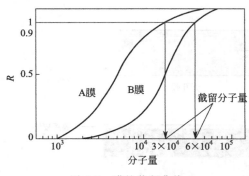

图 8-7　膜的截留曲线

(2) 截留分子量　在超滤和纳滤中，通常用截留分子量表示其分离性能。截留分子量是指截留率为 90% 时所对应的分子量。截留分子量的高低，在一定程度上反映了膜孔径的大小，通常可用一系列不同分子量的标准物质进行测定。通过测定分子量不同物质的截留率，可获得溶质分子量与膜截留率之间关系的曲线，称之为膜的截留曲线。从膜的截留曲线可知该膜的截留分子量大小，由图 8-7 可知，A 膜的截留分子量为 3×10^4，B 膜的截留分子量为 6×10^4。

(3) 分离因数　对于液体或气体分离和渗透过程，通常用分离因数表示各组分透过的选择性。对于含有 A、B 两组分的混合物，分离因数 α_{AB} 定义为：

$$\alpha_{AB} = \frac{y_A / y_B}{x_A / x_B}$$

式中　x_A，x_B——原料中组分 A 与组分 B 的摩尔分数；

　　　y_A，y_B——透过物中组分 A 与组分 B 的摩尔分数。

通常，用组分 A 表示透过速率快的组分，因此 α_{AB} 的数值大于 1。分离因数的大小反映该体系分离的难易程度，α_{AB} 越大，表明两组分的透过速率相差越大，膜的选择性越好，分离程度越高；α_{AB} 等于 1，则表明膜没有分离能力。

膜的分离性能主要取决于膜材料的化学特性和分离膜的形态结构，同时也与膜分离过程的一些操作条件有关。该性能对分离效果、操作能耗都有决定性的影响。

三、膜的选择

对于一个给定的分离过程，选择适宜的膜及膜材料并不是一件容易的事情。这是因为整个膜分离过程涉及许多因素，如膜抗酸碱性、最高耐受温度、最大承受压力、膜的荷电性、膜孔径、被分离物质的特性及经济可行性等，而每一个因素都会影响膜的具体选择。因此也没有一个可遵循的固定的膜选择方法。在充分搜集膜材料的有关信息和仔细研究被分离物质的基础上，可按照下述步骤进行膜的选择。

1. 膜分离过程的选择

首先确定采用哪一种膜分离过程（RO、NF、UF 或 MF），以便于后续膜组件的选择。

2. 分离过程对膜材料的要求

化学稳定性和机械强度，如膜的耐酸碱性、耐溶剂性、最高耐受温度、最大承受压力等。

3. 根据被分离物质特性

被分离物质的分子大小及结构、荷电性、黏度等。如小分子的浓缩通常采用 NF 膜或 RO 膜，大分子的澄清采用 UF 膜或 MF 膜。通常认为亲水性膜或荷电膜具有较好的抗污染性能，对于生物发酵液，其组成复杂，造成膜污染的因素各不相同，应在不同条件下进行筛选。

4. 膜孔径的选择

对膜孔而言，被截留分子的大小要与膜孔有 1～2 个数量级的差别，或者对膜的截留分子量而言，至少要小于被截留物质分子的 5～10 倍，才能保证好的回收率。孔径选择过小，易造成膜孔堵塞，不仅不会得到高膜通量，而且会造成膜清洗困难。

5. 对膜分离特性的要求

分离特性好与膜通量有时是矛盾的。截留率大、截留分子量小的膜往往透过量低。因此，在选择膜时需在两者之间做出权衡。

6. 经济可行性

要求性价比高，从投资及能源消耗等方面综合考虑。

根据以上几个方面进行膜的初选后，膜的最终选择还要通过小试、中试甚至实际的生产应用来确定。

例 1：已知分子量为 1000 的 A 物质和分子量为 2000 的 B 物质分别通过超滤膜，原液浓度分别为 0.8g/mL 和 0.5g/mL，透过侧的浓度分别为 0.4g/mL 和 0.05g/mL，请问 A 物质和 B 物质的截留率分别是多少？该膜的截留分子量为多少？

解： 根据膜的截留率定义可知，$R_A = \dfrac{c_F - c_P}{c_F} \times 100\% = \dfrac{0.8 - 0.4}{0.8} = 50\%$；$R_B = \dfrac{c_F - c_P}{c_F} \times 100\% = \dfrac{0.5 - 0.05}{0.5} = 90\%$，由于膜的截留分子量是截留率为 90% 时所对应的分子量，因此该膜的截留分子量为 2000。

例2： 某药液中的目标产物分子量为 5000，某杂蛋白分子量为 20000，现如今有截留分子质量为 1kDa、10kDa 和 100kDa 的超滤膜，问选择哪种膜合适？

解： 选择截留分子质量为 1kDa 超滤膜，目标产物和杂蛋白被截留，不能分开；选择截留分子质量为 100kDa 超滤膜，目标产物和杂蛋白能透过膜，也不能分开；因此选择截留分子质量为 10kDa 的超滤膜较为合适，能够将目标产物和杂蛋白分离开。

第二节　膜分离过程

膜分离是以选择性透过膜为分离介质，在膜两侧一定推动力的作用下，使原料中的某组分选择性地透过膜，从而使混合物得以分离，以达到提纯、浓缩等目的的分离过程。

操作的推动力可以是膜两侧的浓度差、压力差、电位差、温度差等。依据推动力不同，膜分离又分为多种过程，在附录 4 中列出了主要膜分离过程的基本特征，附录 5 列出了主要膜过程的推动力及其分离范围。

透析又称为渗析，是溶质分子在浓度差推动下扩散透过半透膜的过程。电渗析采用带电的离子交换膜，在电场作用下膜能允许阴、阳离子通过，可用于溶液去除离子。气体分离是依据混合气体中各组分在膜中渗透性的差异而实现的膜分离过程。渗透汽化是在膜两侧浓度差的作用下，原料液中的易渗透组分通过膜并汽化，从而使原液体混合物得以分离的膜过程。

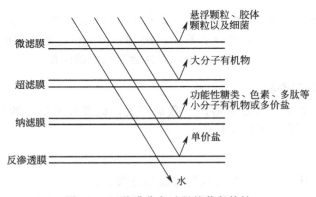

图 8-8　四种膜分离过程的截留特性

反渗透、纳滤、超滤、微滤均为压力推动的膜过程，即在压力的作用下，溶剂及小分子通过膜，而盐、大分子、微粒等被截留，其截留程度取决于膜结构（图 8-8）。反渗透膜孔径通常小于 1 nm，几乎无孔，可以截留大多数溶质（包括离子）而使溶剂通过，操作压力较高，一般为 2～10MPa；纳滤膜孔径为 2～5nm，能截留部分离子及有机物，操作压力为

0.7~3MPa；超滤膜孔径为 2~20nm，能截留小胶体粒子、大分子物质，操作压力为 0.1~1MPa；微滤膜孔径为 0.05~10μm，能截留胶体颗粒、微生物及悬浮粒子，操作压力为 0.05~0.5MPa。

一、透析

透析用的半透膜，能使样品中的小分子或离子经扩散作用不断透出膜外，而大分子不能透过被保留，直到膜两边达到平衡。可以不断更换外层溶剂使扩散不断进行，直至符合要求。透析应用于提纯生物大分子，除去小分子物质及其杂质，如蛋白质脱盐。注意在透析的同时，还伴有渗透，这是溶剂透过膜的迁移，与透析方向相反，降低了原始溶液的浓度。

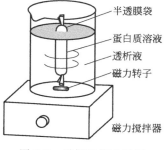

图 8-9　透析操作示意图

半透膜可制成管状，按需要截取一定长度，将一端用透析夹封闭后，装入需要透析的试样溶液后，放入盛有溶剂的透析缸中（图 8-9）。

商品透析管常涂有甘油以防干裂，也可能含有其他微量杂质，因此常需要预处理，方法是先用 50% 乙醇慢慢煮沸一小时，再分别用 50% 乙醇、0.01mol/L 碳酸氢钠溶液、0.001 mol/L EDTA 溶液依次洗涤，最后用蒸馏水洗涤三次。透析过程应注意：①透析前，检查装有试液的透析袋是否有泄漏；②透析袋装一半左右，防止膜外溶剂因浓度差渗入将袋胀裂或过度膨胀使膜孔径改变；③搅拌，定期或连续更换外部溶剂可提高透析效果。

二、超滤与微滤

1. 超滤与微滤原理

超滤与微滤都是在压力差作用下根据膜孔径的大小进行筛分的分离过程（图 8-10）。在一定压力差作用下，当含有高分子溶质 A 和低分子 B 的混合溶液流过膜表面时，溶剂和小于膜孔的低分子溶质（如无机盐类）透过膜，作为透过液被收集起来，而大于膜孔的高分子溶质（如有机胶体等）则被截留，作为浓缩液被回收，从而达到溶液的净化、分离和浓缩的目的。通常，能截留分子量 500 以上、1×10^6 以下分子的膜分离过程称为超滤；截留更大分子（通常称为分散粒子）的膜分离过程称为微滤。

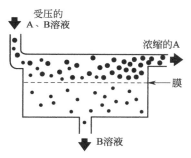

图 8-10　超滤与微滤原理示意图

实际上，反渗透操作也是基于同样的原理，只不过截留的是分子更小的无机盐类。由于溶质的分子量小，渗透压较高，因此必须施加高压才能使溶剂通过，如前所述，反渗透操作压差为 2~10MPa。而对于高分子溶液而言，即使溶液的浓度较高，但渗透压较低，操作也可在较低的压力下进行。通常，超滤操作的压差为 0.1~1.0MPa，微滤操作的压差为 0.05~0.5MPa。

2. 超滤膜与微滤膜

微滤和超滤中使用的膜都是多孔膜。超滤膜多数为非对称结构，膜孔径范围为 1nm~0.05μm，系由一极薄具有一定孔径的表皮层和一层较厚具有海绵状和指孔状结构的多孔层组成，前者起分离作用，后者起支撑作用。微滤膜有对称和非对称两种结构，孔径范围为

0.05～10μm。图 8-11 所示的是超滤膜与微滤膜的扫描电镜图片。

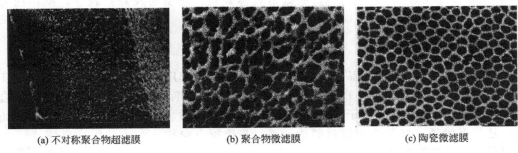

(a) 不对称聚合物超滤膜　(b) 聚合物微滤膜　(c) 陶瓷微滤膜

图 8-11　超滤膜与微滤膜结构

表征超滤膜性能的主要参数有透过速率和截留分子量及截留率，而更多的是用截留分子量表征其分离能力。表征微滤膜性能的参数主要是透过速率、膜孔径和孔隙率，其中膜孔径反映微滤膜的截留能力，可通过电子显微镜扫描法、泡压法、压汞法等方法测定。孔隙率是指单位膜面积上孔面积所占的比例。

三、反渗透

1. 反渗透原理

能够让溶液中一种或几种组分通过而其他组分不能通过的选择性膜称为半透膜。当把溶剂和溶液（或两种不同浓度的溶液）分别置于半透膜的两侧时，纯溶剂将透过膜而自发地向溶液（或从低浓度溶液向高浓度溶液）一侧流动，这种现象称为渗透。当溶液的液位升高到所产生的压差恰好抵消溶剂向溶液方向流动的趋势，渗透过程达到平衡，此压力差称为该溶液的渗透压，以 $\Delta\pi$ 表示。若在溶液侧施加一个大于渗透压的压差 Δp 时，则溶剂将从溶液侧向溶剂侧反向流动，此过程称为反渗透（图 8-12）。这样，可利用反渗透过程从溶液中获得纯溶剂。

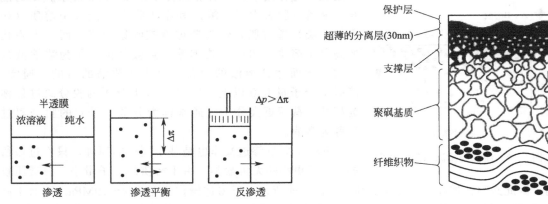

图 8-12　渗透与反渗透示意图

图 8-13　PEC-1000 复合膜的断面放大结构图

2. 反渗透膜与应用

反渗透膜多为不对称膜或复合膜，图 8-13 所示的是一种典型的反渗透复合膜的结构图。反渗透膜的致密皮层几乎无孔，因此可以截留大多数溶质（包括离子）而使溶剂通过。反渗透操作压力较高，一般为 2～10MPa。大规模应用时，多采用卷式膜组件和中空纤维膜组件。

200

评价反渗透膜性能的主要参数为透过速率（透水率）与截留率（脱盐率）。此外，在高压下操作对膜产生挤压作用，造成透水率下降，因此抗压实性也是反渗透膜性能的一个重要指标。

反渗透过程中无相变，一般不需加热，工艺过程简单，能耗低，操作和控制容易，应用范围广泛。其主要应用领域有海水和苦咸水的淡化，纯水和超纯水制备，医药、化工和食品等行业中的料液处理和浓缩，以及废水处理等。

四、浓差极化与膜污染

对于压力推动的膜过程，无论是超滤与微滤，还是反渗透，在操作中都存在浓差极化现象。在操作过程中，由于膜的选择透过性，被截留组分在膜料液侧表面都会积累形成浓度边界层，其浓度大大高于料液的主体浓度，在膜表面与主体料液之间浓度差的作用下，将导致溶质从膜表面向主体的反向扩散，这种现象称为浓差极化（图 8-14）。浓差极化使得膜面处浓度 c_m 增加，加大了渗透压，在一定压差 Δp 下使溶剂的透过速率下降，同时 c_m 的增加又使溶质的透过速率提高，使截留率下降。

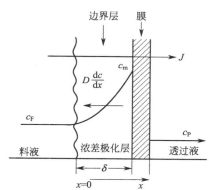

图 8-14　浓差极化模型

减小浓差极化措施的本质是提高传质系数 K。①提高料液的流速，提高传质系数；②在料液的流通内，设置湍流促进器，增强料液湍流程度，提高传质系数；③适当提高料液温度，对于液体来说，提高温度，黏度降低（气体除外），有利于提高传质系数。

膜污染是指料液中的某些组分在膜表面或膜孔中沉积导致膜透过速率下降的现象。组分在膜表面沉积形成的污染层将产生额外的阻力，该阻力可能远大于膜本身的阻力而成为过滤的主要阻力。组分在膜孔中的沉积，将造成膜孔减小甚至堵塞，实际上减小了膜的有效面积。

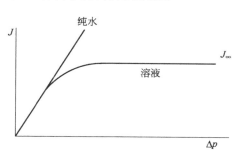

图 8-15　超滤通量与操作压力差的关系

超滤过程中压力差 Δp 与透过速率 J 之间的关系如图 8-15 所示。对于纯水的超滤，其水通量与压力差成正比。而对于溶液的超滤，由于浓差极化与膜污染的影响，超滤水通量随压差的变化关系为一曲线，当压差达到一定值时，再提高压力，只是使边界层阻力增大，却不能增大通量，从而获得一极限通量 J_∞。

由此可见，浓差极化与膜污染均使膜透过速率下降，是操作过程的不利因素，应设法降低。减轻浓差极化与膜污染的途径主要有：

① 对原料液进行预处理，除去料液中的大颗粒；

② 增加料液的流速或在组件中加内插件以增加湍动程度，降低边界层厚度；

③ 定期对膜进行反冲和清洗。

第三节 膜分离装置

将膜、固定膜的支撑材料、间隔物或管式外壳等组装成的一个单元称为膜组件。膜分离装置由膜组件、泵、过滤器、仪表、阀门及管路等组成。在膜分离装置中，根据生产规模的需要，一般可设置数个乃至数千个膜组件（图 8-16）。

图 8-16 膜分离装置

一、膜组件

膜组件是将具有一定膜面积的膜以某种形式组装在一起的器件，在其中实现混合物的分离。常用的膜组件有板框式、螺旋卷式、管式和中空纤维式。

1. 板框式膜组件

板框式膜组件采用平板膜，其结构与板框过滤机类似，用板框式膜组件可进行海水淡化（图 8-17）。在多孔支撑板两侧覆以平板膜，采用密封圈将两个端板密封、压紧。海水从上部进入组件后，沿膜表面逐层流动，其中纯水透过膜到达膜的另一侧，经支撑板上的小孔汇集在边缘的导流管后排出，而未透过的浓缩咸水从下部排出。板框式膜组件内部结构示意图如图 8-18 所示。

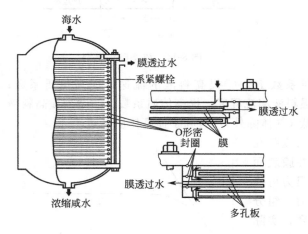

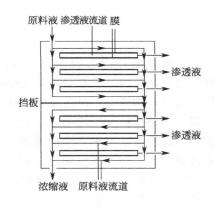

图 8-17 板框式膜组件　　　　图 8-18 板框式膜组件内部结构示意图

板框式膜组件优点是：①组装比较简单，可以简单地增加膜的层数以提高处理量；②操作比较方便。缺点是：①板框式膜组件组装零件太多；②装填密度低（装填密度指的是单位体积膜组件的有效膜面积）；③膜的机械强度要求较高。

2. 螺旋卷式膜组件

螺旋卷式膜组件也是采用平板膜，其结构与螺旋板式换热器类似。它是由中间为多孔支撑板、两侧是膜的"膜袋"装配而成，膜袋的三个边粘封，另一边与一根多孔中心管连接（图 8-19）。组装时在膜袋上铺一层网状材料（隔网），绕中心管卷成柱状再放入压力容器内。原料进入组件后，在隔网中的流道沿平行于中心管方向流动，而透过物进入膜袋后旋转着沿螺旋方向流动，最后汇集在中心收集管中再排出（图 8-20）。螺旋卷式膜组件之间通常是以连接器连接内置于压力容器中，实现膜分离操作（图 8-21）。

螺旋卷式膜组件结构紧凑，装填密度高，可达 $830\sim1660\,\mathrm{m^2/m^3}$。缺点是制作工艺复杂，膜清洗困难。

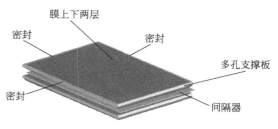

图 8-19 膜袋结构示意图

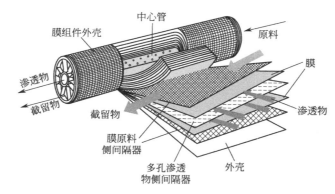

图 8-20 螺旋卷式膜组件

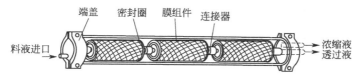

图 8-21 螺旋卷式膜组件组装示意图

3. 管式膜组件

管式膜组件是把膜和支撑体均制成管状，使二者组合，或者将膜直接刮制在支撑管的内侧或外侧，将数根膜管（直径 $10\sim20\,\mathrm{mm}$）组装在一起就构成了管式膜组件（图 8-22），与列管式换热器相类似。若膜刮在多孔管管内侧，则为内压型，原料在管内流动 ［图 8-23(a)］；若刮膜在多孔管管外侧，则为外压型，原料在管外流动 ［图 8-23(b)］。管式膜组件按连接方式又分

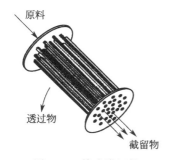

图 8-22 管式膜组件

为单管式（图 8-24）和管束式（图 8-25）。

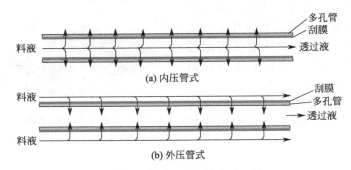

图 8-23　内压与外压管式膜组件

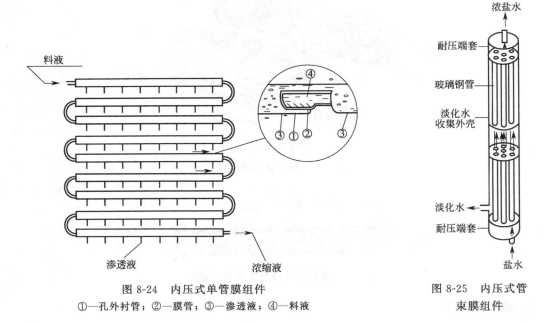

图 8-24　内压式单管膜组件
①—孔外衬管；②—膜管；③—渗透液；④—料液

图 8-25　内压式管束膜组件

管式膜组件的结构简单，安装、操作方便，流动状态好，但装填密度较小，为 33~330 m^2/m^3。

4. 中空纤维式膜组件

将膜材料制成外径为 80~400μm、内径为 40~100μm 的空心管，即为中空式纤维膜。将大量的中空纤维一端封死，另一端用环氧树脂浇注成管板，装在圆筒形压力容器中，就构成了中空纤维式膜组件，也形如列管式换热器（图 8-26）。大多数中空纤维式膜组件采用外压式，即高压原料在中空纤维膜外侧流过，透过物则进入中空纤维膜内侧。

中空纤维膜式组件装填密度极大（10000~30000m^2/m^3），且不需外加支撑材料；但膜易堵塞，清洗不容易。

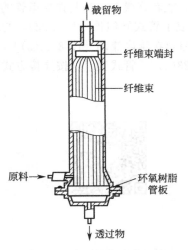

图 8-26　中空纤维式膜组件

二、膜组件连接方式

在实际分离操作中，膜分离是以膜组件形式连接来实现的。膜组件的配置方式由级和段组成。级指的是膜组件的透过液再经泵到下一组膜组件处理（图8-27）。透过液经 n 次膜组件处理，称为 n 级。段指的是膜组件的浓缩液不经泵自动流到下一组膜组件处理（图8-28）。浓缩液流经 n 组膜组件，即称为 n 段。在大多数情况下，为了得到较高的产品质量、较大的产率和回收率，常常设计多级多段的装置。

图 8-27　二级膜分离示意图　　　　　　图 8-28　二段膜分离示意图

根据物料性质、处理量和要求不同，膜组件连接方式有连续式、部分循环式和全循环式三种流程。

1. 连续式

一级一段连续式流程是将料液一次通过膜组件得到浓缩液而排出（图8-29）。该工艺可保证出水水质，但水回收率低，在生产中较少采用。

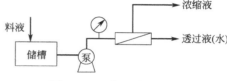

图 8-29　一级一段连续式

一级多段连续式是将第一段的浓缩液作为第二段的进料液，再把第二段的浓缩液作为下一段的进料液，而各段的透过液连续排出（图8-30）。该工艺水回收率高，浓缩液量少，浓度高，有利于回收其中的有用物质，但出水水质差。

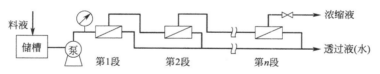

图 8-30　一级多段连续式

2. 部分循环式

为了提高透过液的回收率，将部分浓缩液返回进料储槽与原有的进料液混合后，再次通过膜组件进行分离（图8-31）。部分循环式可以提高水的回收率，但浓缩液中的溶质浓度要比原进料液中的高，因此透过水的水质有可能下降。常用于废液的浓缩处理。

图 8-31　一级一段部分循环式　　　　　图 8-32　一级一段全循环式

3. 全循环式

全循环式是将浓缩液全部返回进料储槽与原有的进料液混合后，再次通过膜组件进行分离（图8-32）。该工艺可获得高浓度的浓缩液，常用于溶质的浓缩处理。

一级多段循环式是把第二段的透过液返回第一段作为进料液，再进行分离（图8-33）。

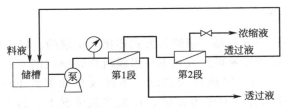

图 8-33 一级二段循环式

这是因为第二段的进料液浓度较第一段高，因而第二段的透过水质较第一段差，浓缩液经多段分离后，浓度得到很大提高。因此这种方式能获得高浓度的浓缩液，适用于以浓缩为主要目的的分离。

 案例分析

一、膜分离技术在生活中的应用

1. 净水与净水机

其原理是采用 $0.01\mu m$ 的超滤膜（中空纤维）分离技术，能有效去除水中的泥沙、铁锈、悬浮物、胶体、细菌、病毒、大分子有机物等有害物质。自来水经过过滤后，去除了其中的杂质、悬浮物、细菌、余氯、有机污染物、重金属等有害物质，只保留对人体有益的矿物质和微量元素，可以供人直接饮用。家庭过滤后的净水水质和口感相当于瓶装的矿泉水或矿物质水。

家庭用净水机一般安装在厨房水龙头自来水入口处，水龙头的前端，使用方便，打开龙头随时就有水，价格适中，在后期使用的过程中平均每隔一年左右更换一次滤芯，日常的清洗和维修都很方便。

2. 纯水与纯水机

其原理是采用 PP 棉、活性炭及 RO 膜等滤芯，五级或五级以上过滤，其中最核心的是RO 膜，RO 膜是目前过滤精度最高的滤芯。制出的水为纯净水，可以直接生饮。自来水经过过滤，去除掉里面的所有杂质，包括对人体有害的物质以及对人体有益的矿物质和微量元素，只剩下单纯 H_2O 的水。纯水的纯净度为 100%，不含有任何杂质，口感更好，相当于瓶装的纯净水。

相比净水机来说，家庭用纯水机较贵，后期更换滤芯的频率和净水机差不多，不过滤芯的价格要贵一点。

3. 软水与软水机

其采用离子交换的原理，即用软水盐中的 Na^+ 交换自来水中的硬离子 Mg^{2+}、Ca^{2+}，其主要功能是去除水碱、水垢。有些地区普通自来水呈碱性，所以水质比较硬，减少或者除去自来水中的钙、镁离子后，水质就由硬变软，即是软水。软水不能供人直接饮用，而是用作生活用水，如洗浴、洗衣服、洗餐具、洗蔬果等，比普通自来水感觉更柔和、舒适。

不过软水机的成本相较于净水机和纯水机的成本较高，尤其是加盐型的，并且平时还要花时间来清洗、加盐等。

二、膜分离技术在医药工业中的应用

1. 膜分离技术用于制药用水

药品生产工艺中使用的水均有严格的要求，通常统称为制药用水，依据其使用的范围而分

为纯化水、注射用水及灭菌注射用水。纯化水为蒸馏法、离子交换法、反渗透法或其他适宜的方法制得供制药用的水，不含任何附加剂；注射用水为纯化水经蒸馏所得的水；灭菌注射用水为注射用水依照注射剂生产工艺制备所得的水，用于灭菌粉末的溶剂或注射液的稀释剂。

目前生产医药工业用的纯化水、注射用水及灭菌注射用水等的生产工艺都离不开膜分离技术。

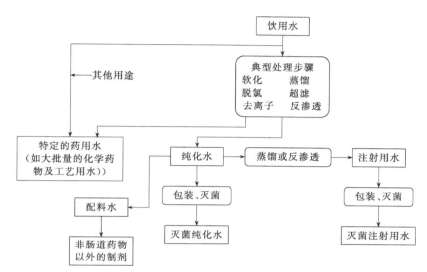

图 8-34　医药用水工艺流程

由图 8-34 中可以看，纯化水可以通过蒸馏法、离子交换法或膜分离工艺获得。注射用水以纯化水作为原水，经过多效蒸馏或反渗透得到注射用水，再经过灭菌，就可得到灭菌注射用水。

2. 膜分离技术用于缩短制药生产工艺流程

一些生物药品生产工艺采用膜分离技术，可大大缩短生产周期，提高生产效率（图 8-35）。

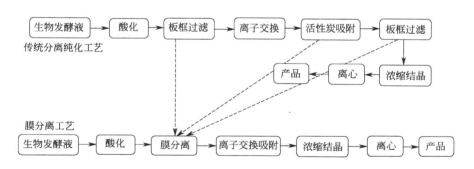

图 8-35　生物制药传统工艺与膜分离工艺比较

以中药口服液为例。中药口服液是近年来我国医疗保健行业大力开发的新剂型，具有疗效好、见效快、饮用方便等优点。但在生产中发现，采用常规水提醇沉工艺除杂后，制备的成品中仍残存少量胶体、微粒等，久置会出现明显的絮体沉淀物，影响药液的外观性状。膜分离技术引入后，采用超滤法替代传统的醇沉法，不但减少了药物有效成分损失、提高产品质量，而且缩短了生产周期、降低生产成本，并易于工业化放大。以党参、麦冬、五味子为药材制备的"生脉饮"口服液为例说明（图 8-36）。

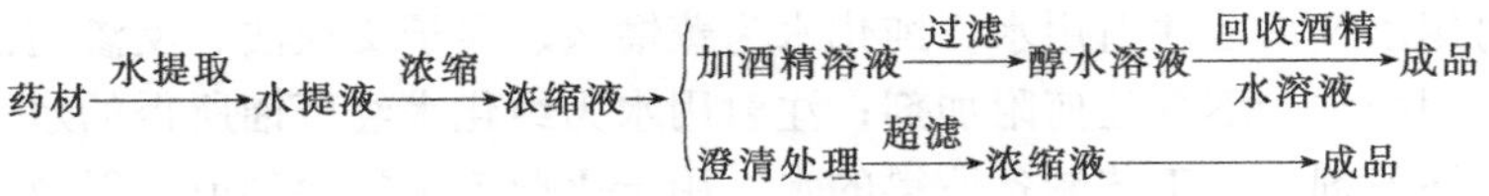

药材 —水提取→ 水提液 —浓缩→ 浓缩液 —→ 加酒精溶液 —过滤→ 醇水溶液 —回收酒精→ 成品
水溶液
澄清处理 —超滤→ 浓缩液 —→ 成品

图 8-36 "生脉饮"口服液制备工艺

中药传统水提醇沉工艺的基本原理是利用中药中部分有效成分既溶于水又溶于乙醇的特性，采用醇沉法除去部分不溶于乙醇的组分如多糖、蛋白质等以精制成成品。该工艺有下列不足之处：中药总固体及有效成分损失严重，难以保证成品制剂的有效性；药液经醇沉步骤后，一些对免疫功能有重要调节作用的多糖类也被除去，总固体损失一般在 50％以上，甚至高达 80％，而且因醇沉需大量使用酒精，酒精回收时损耗量在 30％以上；需配置专用设备，产品成本较高，成品稳定性差，生产周期长，劳动强度高。

用超滤技术代替传统的水提醇沉工艺，可克服上述缺点，其中超滤膜为截留分子量为 6000 的聚砜膜。与传统水提醇沉工艺制备的口服液有效成分相比较，新工艺不仅有效地保留了原配方的成分，而且提高了中药制剂有效成分含量。经过新工艺制备的口服液颜色较浅，在 18 个月储藏期内澄清透明、无絮状物生成。超滤具有分离效率高、分离过程无相变化、能耗低的特点，可在一般常温低压下操作，对热敏性、保味性物质的分离尤为适用。

3. 膜分离技术用于制药生产除杂、除热原

注射剂是目前医院临床用中药的常用剂型，主要用于心脑血管疾病、肿瘤、细菌和病毒感染等领域。中药物注射剂临床应用的最大阻碍是质量问题，主要表现为所含杂质较多、注射液的澄清度和稳定性不理想。特别是 20 世纪 60 年代～70 年代所开发的中药制剂，由于当时的提取方法不够完善，一些大分子杂质，如鞣质、蛋白质、树脂、淀粉等难以完全除尽，放置一段时间后易色泽发深、混浊、沉淀，澄清度不合格。

目前，膜分离技术在制备中药注射剂中的应用较多，主要目的是除杂、改善澄清度及去除热原。热原又称细菌内毒素，是细菌新陈代谢和细菌死后分解的产物，主要成分是脂多糖、脂蛋白等，分子量较大。热原的致热效能很强，人比动物对热原要敏感，在静脉注射药液时，如果将热原带进血液，会对人体造成相当大的危害。

为了防止药液中有效成分被截留或吸附，降低产品得率，一般选用截留分子量在 1 万～20 万的超滤膜，先除去分子量在数万至数百万的热原，然后再用吸附剂除去分子量在几万以下的热原和分子量大约为 2000 的类脂 A。这种二级处理工艺对于中药有效成分为黄酮类、生物碱类、总苷类等分子量在 1000 以下的注射剂除热原、除菌非常有效，产品符合静脉注射剂的质量标准。

目前，美国和日本等国的药典已允许采用超滤技术手段用于注射剂去除热原。

4. 膜分离技术在制药生产除菌

膜分离技术常用于生物制药行业中药液的澄清以及除菌，能去除溶液中的微生物，而不影响溶液中药物成分的活性。生物药品中的血液制剂、免疫血清、细胞营养液及基因工程纯化产品等不耐高温的液体只有通过膜分离技术才能达到除菌目的。

近年来，膜过滤除菌方法在生物制药行业正逐渐代替液体高压蒸汽灭菌法。膜过滤除菌方法还是发酵罐细胞供氧、管道压缩空气除菌的有效手段。膜过滤除菌技术目前已广泛应用于生物制药的许多领域。

☆ 总结归纳

本章知识点思维导图

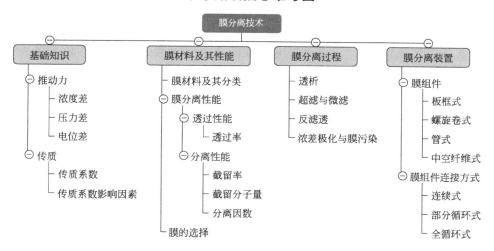

📚 拓展阅读

　　人们对膜分离的研究始于 200 多年前。1748 年，Abbe Nollet 发现水能自发地渗透到装有酒精溶液的猪膀胱内的现象，成为人们开始认识和研究膜分离过程的标志，但后来很长一段时间未引起人们足够的重视。直到 1854 年，Graham 发现了透析现象，1856 年 Matteucei 和 Cima 观察到天然膜的各向异性特征后，人们才开始重视膜的研究。与此同时，Dubrunfaut 应用天然膜制成第一个膜渗透器并成功地分离了糖蜜与盐类，开创了膜应用历史的新纪元。随着科学技术的发展，天然膜已经满足不了人们的需求，人们开始了对合成膜的研究。20 世纪 50 年代以来，合成膜的研究、电渗析、微孔过程和血液渗析等分离技术开始进入工业应用。60 年代 Loeb 和 Saurirajan 共同研制成高脱盐率、高透水能力的非对称性醋酸纤维素的反渗透膜，使反渗透技术进入工业化应用。70 年代超滤技术进入工业化。80 年代开始，膜分离技术用于气体分离。80 年代至 90 年代，出现了渗透汽化膜分离技术。这些膜分离技术在制药、生物医药、化工等行业中得到广泛的应用。

　　我国的膜科学技术开始于 1958 年离子交换膜的研究，20 世纪 60 年代研究反渗透膜，曾组织全国海水淡化会战，大大地促进了我国膜科学技术的发展；70 年代就已开发出反渗透、超滤、微滤和电渗析等器件设备，随后投入工业应用；80 年代除继续发展液体分离之外，气体膜分离和渗透汽化等也进入开发和研究阶段，有的已工业应用或建成中试装置，其他新技术也在不断研究开发之中。

　　从总体来看，膜技术的发展大致可分为三个阶段：

　　① 20 世纪 50 年代为奠定基础的阶段，主要是进行膜分离科学的基础理论研究和膜分离技术的初期工业发展。

　　② 20 世纪 60 年代~70 年代为发展阶段，许多膜分离技术实现了工业化生产，并得到了广泛应用。

③ 20 世纪 80 年代之后为发展深化阶段，主要是不断提高以实现工业化膜分离技术水平和扩大应用范围，开拓新的膜分离与膜催化技术。

关于膜分离技术的重要性，国外有关专家把膜技术的发展称为"第三次工业革命"，日本则把膜技术作为 21 世纪的基础技术进行研究和开发。世界著名的化工与膜专家、美国国家工程院院士、北美膜学会会长黎念之博士在 1994 年应邀访问我国时说"要想发展化工就必须发展膜技术"。由此可见，膜分离技术对促进国民经济的发展扮演着十分重要的角色，它的发展前景十分广阔。

来源：邰超，朱若华，邹洪等. 分离科学的前沿——膜分离技术 [J]. 化学教育，2000 (12).

? 复习与练习题

一、选择题

1. 下列不是以压力差作为推动力的膜分离方法是（　　）。

A. 电渗析　　　　　B. 微滤　　　　　　C. 超滤　　　　　　D. 反渗透

2. 下列属于无机膜材料的是（　　）。

A. 纤维素酯膜　　　B. 聚碳酸酯膜　　　C. 陶瓷膜　　　　　D. 聚砜膜

3. 为减少被截留物质在膜面上的沉积，膜过滤常采用的操作方式是（　　）。

A. 垂直过滤　　　　B. 错流过滤　　　　C. 平行过滤　　　　D. 死端过滤

4. 下图为膜的截留曲线，下列说法正确的是（　　）。

A. A 膜的截留分子量大于 B 膜截留分子量

B. A 膜的膜孔径比 B 膜的膜孔径大

C. 对于某个物质而言，B 膜的截留率大于 A 膜截留率

D. B 膜的截留分子量大于 A 膜截留分子量

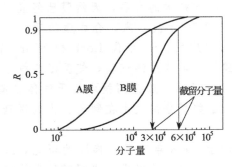

5. 下列属于无支撑的膜组件是（　　）。

A. 板框式膜组件　　B. 卷式膜组件　　　C. 管式膜组件　　　D. 中空纤维式膜组件

6. 微滤（MF）、超滤（UF）和反渗透（RO）都是以压差为推动力使溶剂（水）通过膜的分离过程。一般情况下，截留分子大小的顺序是（　　）。

A. UF＞MF＞RO　　B. MF＞UF＞RO　　C. MF＞RO＞UF　　D. RO＞UF＞MF

7. 减小反渗透过程浓差极化现象的本质是（　　）。

A. 提高料液流速　　　　　　　　　B. 提高传质系数 K

C. 增加料液的湍流程度　　　　　　D. 提高温度

8. 下列不是膜分离技术的特点的是（　　）。

A. 易于操作　　　　　B. 能耗低　　　　　　C. 高效　　　　　　D. 寿命长

9. 下列不是膜分离过程的是（　　　）。

A. 凝胶过滤　　　　　B. 电渗析　　　　　　C. 渗透汽化　　　　D. 反渗透

10. 透析的推动力是（　　　）。

A. 压力差　　　　　　B. 电位差　　　　　　C. 浓度差　　　　　D. 分子量大小之差

11. 临床上治疗尿毒症采用的有效膜分离方法是（　　　）。

A. 电渗析　　　　　　B. 透析　　　　　　　C. 渗透汽化　　　　D. 反渗透

12. 下列不是减小浓差极化有效措施的是（　　　）。

A. 提高料液的流速，提高传质系数　　　　B. 在料液的流通内，设置湍流促进器

C. 降低料液的温度　　　　　　　　　　　D. 定期清洗膜

13. 下列涉及相变的膜分离技术是（　　　）。

A. 透析　　　　　　　B. 电渗析　　　　　　C. 反渗透　　　　　D. 膜蒸馏

二、简答题

1. 与传统分离技术相比较膜分离技术的特点是什么？

2. 简述膜材料组成与分类。

3. 衡量膜性能的参数有哪些？各具有什么重要意义？

4. 膜的选择应考虑哪些方面？

5. 常见的膜组件有哪些形式？

6. 什么是浓差极化现象？该如何减小？

7. 如何防治膜污染？

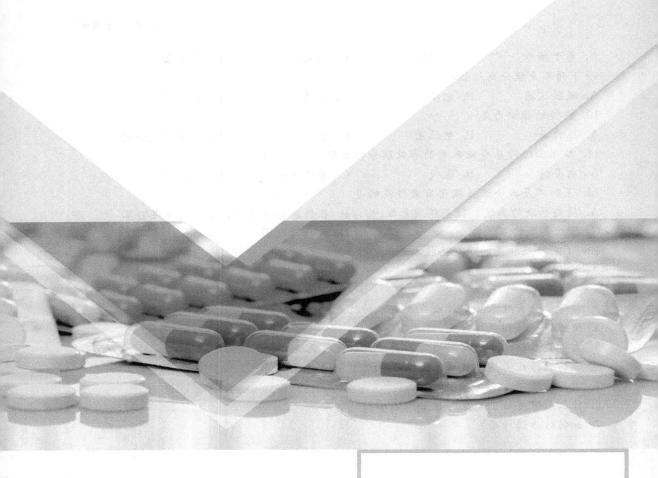

模块三

药物成品化

思政与职业素养教育

◎ 分离提取与中药现代化

随着化学制药和生物制药技术的飞速发展，作为中国传统制药——中药制药的发展正面临严峻的挑战。根据医药市场需求以及中国中药现代化发展的任务，我国已确立了新世纪中药现代化的发展战略，但如何实现中药现代化尚在摸索。

实现中药现代化的途径有很多，例如科学化、产业化、精细化和标准化等，但首先是实现中药现代科学化，而这离不开现代科学提取分离技术。近年来，在中药提取分离方面出现了许多新工艺，这些新工艺的应用，使得中药提取既符合传统的中医理论，又能达到降低生产成本，提高有效成分的收率和纯度的目的。

中药配方各异、成分复杂，不同的提取方法对不同药物有效成分的提取率不同，其用法用量、提取工艺条件对成品质量的影响也很大，所以应根据中药材与目标产物特性，选择不同方法进行提取，或多种提取方法的联合运用，最大可能保留活性成分，提高有效组分的提取效率。

1. 中药药效物质

中药药效物质基础是制约中药现代化发展的重要瓶颈，也一直是中药科研的热点和难点。任何一种中草药所含成分成百上千乃至上万，更不用说中药复方成分的复杂性了。要想从中获取微量乃至微微量级的有效物质，无异于大海捞针。一是采用活性示踪的化学分离方式，但工作量浩繁，并且假阳性、假阴性、亦彼亦此等试验结果难以确定有效物质。二是"去伪存真"法筛选中药活性物质：在肯定其药效的情况下，可先分离除去较易确定的无效（无活性）物质，然后确定和除去可能的有害（毒性）物质，剩下的可能就是药效物质。这与传统的大海捞针式分离筛选活性物质的方式有所不同。三是"无心插柳"法筛选或验证中药药效作用，即对正常健康动物进行阶段性或长期给药，即主要采取一般药理学试验和长期毒性试验，观测动物有无异常反应，一些重要的或特殊的异常反应可能是该中药的主要药效作用，也是研究者可以深入研究开发的药效作用。此法在国际医药研发中有很多成功的范例，这对多成分、多作用、多靶点的中药药效药理研究而言是值得考虑和借鉴的。

2. 建立中药提取、分离与分析技术平台

建立规范化的中药提取、分离与分析共性技术平台，是中药现代化的重要基础，也是中药现代化的重要标志。建立技术平台，要防止片面求新求异，要注重科学性、规范性、合理性和实用性。要清楚地认识到，高科技不一定带来高品质，高品质不一定产生高疗效，高品质也不一定产生高效益。由于研究对象的复杂性和技术平台本身的成熟性，新技术新方法在中药提取、分离和分析的实际应用中进展缓慢。在中药现代化中，一方面不仅要积极采用新方法、新技术、新工艺，而且要加强对新技术应用的科学性和合理性等基础研究；另一方面对简单易行的中药传统提取分离分析技术实现规范化、自动化和智能化改造和提升，也是非常必要的，以保证制剂质量和临床疗效的稳定性。

中药现代化应从科研学术的角度与国家民族利益的高度，并结合中药发展的现状与实际，进一步解放思想，创新和丰富中医理论、中药和中药现代化等一些事关全局的重要而敏感的中医药学术概念及内涵，这将有助于拓展中医药研究与应用的空间，使我们的中医药研究与应用、中药现代化与国际化的路子越走越宽，真正实现中医药的可持续发展和跨越式发展。

第九章　浓缩技术

　　浓缩是指低浓度溶液通过除去溶剂（包括水）变为高浓度溶液的过程，泛指不需要的部分减少而需要的部分相对含量增高，常常对药材提取后的浸取液和在结晶前的料液进行浓缩，有时也贯穿整个制药过程中，是制药生产过程中一个重要的单元操作。在制药工业中，经常需将药物浓缩到一定浓度，如药液体积的减小、中药丸剂的制取、药物的结晶等。浓缩的目的主要有：①除去药液中大量溶剂，减少包装、贮藏和运输费用；②提高药物浓度，增加药物的保藏性，浓缩能提高有效活性成分浓度，可使水分的活度降低，使药物浓度达到微生物学上安全的程度，延长药物的有效保藏期；③浓缩经常用作干燥或更安全的脱水的预处理阶段，这种情况特别适用于原药液含大量水分，而用浓缩法排除这部分水分比用干燥法更为节约时间；④将溶液蒸发浓缩并将蒸汽冷凝、冷却，以达到纯化或回收溶剂的目的；⑤浓缩用作某些结晶操作的前阶段，形成过饱和溶液，符合结晶操作的前提条件。

🔽 基础知识

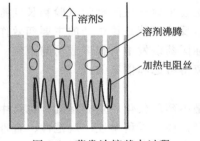

图 9-1　蒸发浓缩基本过程

一、蒸发基本原理

　　液体在任何温度下都在蒸发。蒸发是溶液表面的溶剂分子获得的动能超过了溶液内溶剂分子间的吸引力而脱离液面逸向空间的过程（图 9-1）。当溶液受热，溶剂分子动能增加，蒸发过程加快；液体表面积越大，单位时间内汽化的分子越多，蒸发越快。液面蒸汽分子密度很小，经常处于不饱和的低压状态，液相与气相的溶剂分子为了维持其分子密度的动态平衡状态，溶液中的溶剂分子必然不断地汽化逸向空间，以维持其一定的饱和蒸气压力。根据此原理，蒸发浓缩装置常常按照加热、扩大液体表面积、低压等因素设计。

二、浓缩密度

　　浓缩密度通常是浓缩工艺和药物质量的控制指标，指的是药液浓缩后的相对密度，可用波美计测定。一般来说，浓缩密度越大，则浓缩效果越好，但所需要的能耗增大，同时也会增加浓缩时间，可能会破坏药液中的活性成分。在制药生产中，结合浓缩设备与药液性质的实际情况确定合适的浓缩密度。

三、浓缩比

　　浓缩比是衡量浓缩效果的重要指标，指的是浓缩后目标物浓度与浓缩前浓度之比。如图 9-2 所示，浓缩比 $n = C_2/C_1 = V_1/V_2$，一般来说，浓缩比越大，则浓缩效果越好。考虑到实际生产的可操作性，一般生产中常采用浓缩密度作为药液浓缩质量控制参数指标。

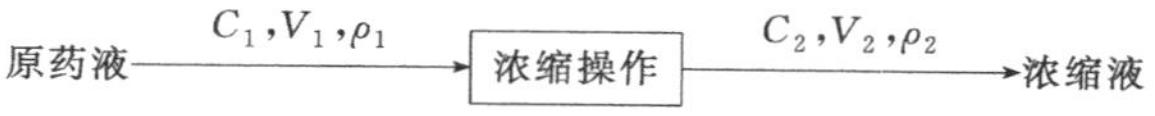

原药液 $\xrightarrow{C_1, V_1, \rho_1}$ 浓缩操作 $\xrightarrow{C_2, V_2, \rho_2}$ 浓缩液

C_1—原药液浓度；V_1—原药液体积；ρ_1—原药液密度

C_2—浓缩液浓度；V_2—浓缩液体积；ρ_2—浓缩液密度

图 9-2 浓缩示意图

【难点解答】浓缩比与浓缩倍数，主要区别在哪里？

浓缩倍数一般是指在循环冷却水中使用到的概念，由于蒸发而浓缩的系统内某一指标的测量值与补充水中指标测量值的比值。在实际测量中，通常为循环冷却水的电导率值与补充水的电导率值之比。而浓缩比指的是浓缩后的目标物浓度与浓缩前的浓度之比。

四、影响蒸发浓缩效率的因素

蒸发浓缩是在沸腾状态下进行的，沸腾蒸发的效率常以蒸发器的生成强度表示，即单位时间、单位传热面积上所蒸发的溶剂或水量，可用下式表示：

$$U = \frac{W}{A} = \frac{K \cdot \Delta t_{\mathrm{m}}}{r'}$$

式中，U 为蒸发器的生产强度，$kg/(m^2 \cdot h)$；W 为蒸发量，kg/h；A 为蒸发器的传热面积，m^2；K 为蒸发器传热系数，$kJ/(m^2 \cdot h \cdot ℃)$；Δt_{m} 为加热蒸汽的饱和温度与溶液沸点的温度之差，$℃$；r' 为二次蒸汽的汽化潜热，kJ/kg。

由上式可以看出，蒸发量与生产强度和传热面积有关，传热面积越大，蒸发量越大。生产强度与传热温度差及传热总系数成正比，与二次蒸汽的汽化潜热成反比。

1. 传热温度差（Δt_{m}）的影响

蒸发量与 Δt_{m} 成正比，提高 Δt_{m} 有利于浓缩。提高传热温度差的途径有：①提高加热蒸汽的压力；②减压浓缩降低溶液沸点。在采取措施提高传热温差的同时，应注意对热敏性物质、热能的有效利用、药液厚度带来的静压强影响以及随着沸点的降低、蒸发时间的延长，药液浓度和黏度增加而降低蒸发效率的问题。

2. 传热系数（K）的影响

增加传热系数 K 是提高蒸发器效率的主要途径。

$$K = \frac{1}{\dfrac{1}{\alpha_0} + \dfrac{1}{\alpha_i} + R_{\mathrm{W}} + R_{\mathrm{S}}}$$

式中，α_0 为管间蒸汽冷凝传热膜系数，$kJ/(m^2 \cdot h \cdot ℃)$；α_i 为管内药液沸腾传热膜系数，$kJ/(m^2 \cdot h \cdot ℃)$；R_{W} 为管壁热阻，$1/[kJ/(m^2 \cdot h \cdot ℃)]$；$R_{\mathrm{S}}$ 为管内垢层热阻，$1/[kJ/(m^2 \cdot h \cdot ℃)]$。

由上式可知，增大传热系数 K 的主要途径是减少各部分的热阻。通常管壁热阻 R_{W} 很小，可忽略不计。在一般情况下，蒸汽冷凝的热阻在总热阻中占的比例不大，但操作中应注意对不凝性气体的排除，否则，其热阻也会增大。管内药液侧的垢层热阻 R_{S}，在许多情况

下是影响 K 的重要因素，尤其是处理易结垢或结晶的药液时，往往很快就在传热面上形成垢层，致使传热速率降低。为了减少垢层热阻，可以采取加强搅拌和定期除垢的方法增加传热系数，还可以改进设备结构。

五、蒸发浓缩过程与分类

制药生产中浓缩方法有很多，根据料液的性质与蒸发浓缩的要求，选择适宜的浓缩方法和设备。目前制药生产中常用的浓缩方法有蒸发浓缩和膜浓缩等方法，其中膜浓缩（膜分离技术）在第八章已有介绍，这里不再赘述。

蒸发是将药液加热后，使其中部分溶剂汽化并被去除，从而提高药液中溶质的浓度或使药液浓缩至饱和而析出溶质，也就是使挥发性的溶剂与不挥发的溶质进行分离的一种重要的单元操作。

蒸发过程的进行需要满足三个条件。第一，供应足够的热能，以维持溶液的沸腾温度和补充因溶剂汽化所带走的热能。第二，及时排除汽化出来的溶剂蒸汽。第三，具有一定的热交换面积，才能实现蒸发。

为了区别加热蒸汽和汽化蒸汽，把用作热源的蒸汽叫做一次蒸汽，从料液中汽化出来的蒸汽叫二次蒸汽。

1. 蒸发浓缩的基本过程

蒸发过程包括两个组成部分，即加热物料使溶剂（水）沸腾汽化与不断除去汽化产生的二次蒸汽。一般前一部分在加热器中进行，后一部分在冷凝器中完成（图 9-3）。

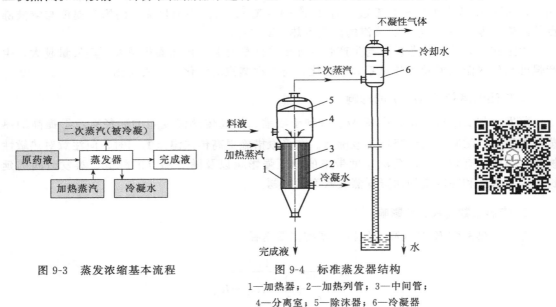

图 9-3 蒸发浓缩基本流程　　图 9-4 标准蒸发器结构

1—加热器；2—加热列管；3—中间管；
4—分离室；5—除沫器；6—冷凝器

蒸发器实质上是一个换热器，如图 9-4 所示，由加热器 1 和汽液分离室 4 两部分组成。加热器使用的加热介质应用最多的是水蒸气。通过换热，间壁另一侧的物料加热、沸腾、蒸发浓缩。药液蒸发出的水蒸气在分离室 4 中与溶液分离后从蒸发器上部引出。为防止液滴随蒸汽带出，一般在分离室上都设有除沫器 5。从蒸发器抽出的蒸汽称为二次蒸汽，便于同加热蒸汽相区别。二次蒸汽进入冷凝器 6 冷凝，冷凝水从下部排出，二次蒸汽中的不凝性气体由真空泵抽出。浓缩后的完成液由蒸发器底部排出。

2. 蒸发浓缩的分类

(1) 根据药液的流程分类　蒸发浓缩根据药液的流程分为单程式和循环式。单程式指的是料液在加热室经过一次加热得到的浓缩液。例如管式薄膜蒸发器就是一种单程式蒸发器。循环式指的是料液在加热室经过多次加热得到的浓缩液。循环式蒸发器的特点是溶液在蒸发器内作循环流动。根据造成液体循环原理的不同，又可将其分为自然循环和强制循环两种类型。前者是借助在加热室不同位置上溶液的受热程度不同，使溶液产生密度差而引起的自然循环；后者是依靠外加动力使溶液进行强制循环。目前常用的自然循环型蒸发器有中央循环管蒸发器，如图9-4所示，又称为标准蒸发器，还有悬筐式蒸发器（图9-5）、外加热式蒸发器（图9-6）等。强制循环蒸发器是利用外加动力（循环泵）使溶液沿一定方向作高速循环流动（图9-7）。

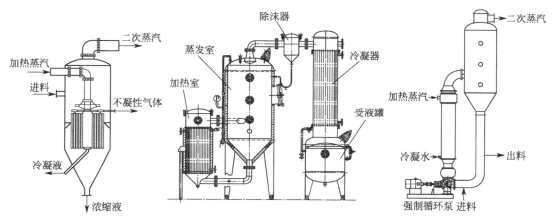

图 9-5　悬筐式蒸发器　　　　图 9-6　外加热式蒸发器　　　　图 9-7　强制循环蒸发器

(2) 根据加热器结构分类　加热器有多种，最初采用夹套式或盘管式加热装置，后来有竖式短管加热室，例如中央循环管蒸发器，后来又出现了竖式长管薄膜蒸发器以及刮板式薄膜蒸发器等，见后续介绍。薄膜蒸发器中的料液在加热室经过一次加热，因而属于单程式蒸发器。

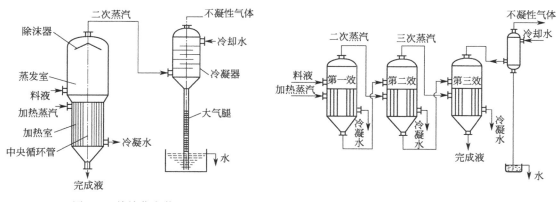

图 9-8　单效蒸发装置　　　　　　图 9-9　三效蒸发浓缩流程

(3) 根据加热蒸汽被利用的次数分类　按照蒸汽的利用情况可以分为单效蒸发（图9-8）、二效蒸发和多效蒸发（图9-9）。要保证蒸发的进行，二次蒸汽必须不断地从蒸发室中移除，

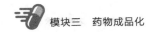

若二次蒸汽移除后不再利用时,这样的蒸发称为单效蒸发;若二次蒸汽被引入另一蒸发器作为热源,在另一蒸发器中被利用,称为二效蒸发;依次类推,如蒸汽多次被利用串联操作,则称为多效蒸发。多效蒸发可提高初始加热蒸汽的利用率。

制药生产中的多效浓缩装置,一般采用二效、三效,有时,还常有热泵装置,效数增加,有利于节约热能,但设备投资费用增加,所以效数的确定,必须全面综合考虑。

(4)根据压力分类 根据压力分类可分为常压蒸发浓缩和减压蒸发浓缩,见后续介绍。

这些不同分类方法的蒸发浓缩,在实际生产中可以相互组合使用,提高浓缩效果,如三效降膜式蒸发浓缩、真空薄膜蒸发浓缩等。考虑到药物的热敏性等特殊性质,在制药生产中,常采用减压蒸发浓缩和薄膜蒸发浓缩。

第一节 减压蒸发浓缩

蒸发浓缩按照利用压力又可分为常压蒸发浓缩和减压蒸发浓缩。常压蒸发浓缩是指药液在一个大气压下进行蒸发的方法,又称常压浓缩。若待浓缩药液中的有效成分是耐热的,且溶剂无毒、无燃烧性,可用此方法进行浓缩。浓缩过程应加强搅拌以避免药液表面结膜,影响蒸发,并应随时排走所产生的大量水蒸气,可在操作室内配备排风装置。

常压浓缩的特点是蒸发温度高、速度慢、时间长,药物成分易破坏,适用于非热敏性药物的浓缩。常压浓缩若以水为溶剂的提取液多采用可倾式夹层蒸发锅(罐);若是以乙醇等有机溶剂为提取液,则采用蒸馏装置。

图 9-10 所示为一敞口蒸发锅(罐),是典型的常压浓缩设备。加热蒸汽通入夹套,冷凝水从夹套底部排出,产生的二次蒸汽直接排放在大气中。蒸发操作结束后,完成液的排出可通过夹层缸支撑轴上的蜗轮蜗杆传动,转动手柄即可使缸体倾斜,而将完成液倒出。

图 9-10 常压可倾式夹层蒸发锅

减压浓缩是根据降低液面压力使液体沸点降低的原理来进行的。由于要减压抽真空,有时也叫真空浓缩,为加快其浓缩往往伴随加热使其蒸发更快。适用于一些不耐热的生化药物和制品。

减压浓缩的特点是:①适用于热敏性溶液和不耐高温的溶液,即减少或防止热敏性物质的分解;②增大传热温度差,蒸发效率提高;③能不断地排除溶剂蒸汽,有利于蒸发顺利进行;④对热源的要求降低,可利用低压蒸汽或废气加热,能回收乙醇等有机溶剂。然而,药液随着溶液沸点降低黏度增大,对传热过程不利。另外,减压浓缩需要增加真空装置,并增加了能量的消耗。

一、真空旋转蒸发仪

减压浓缩就是减压或真空条件下进行的蒸发过程，实验室常用的真空浓缩装置是真空旋转蒸发仪（图 9-11）。真空蒸发时冷凝器和蒸发器溶液侧的操作压力低于大气压，此时系统中的不凝性气体必须用真空泵抽出。真空使蒸发器内溶液的沸点降低，排气阀门是调节真空度的，在减压下当溶液沸腾时，会出现冲料现象，此时可打开排气阀门，吸入部分空气，使蒸发器内真空度降低，溶液沸点升高，从而沸腾减慢。

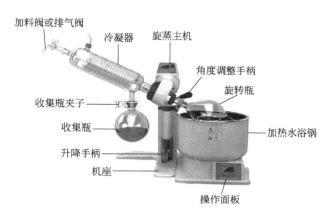

图 9-11　真空旋转蒸发仪

二、真空浓缩罐

制药生产中减压装置常采用真空浓缩罐。根据浓缩罐的形状不同有圆柱形真空浓缩（通用式，图 9-12）、球形真空浓缩罐（图 9-13）和锥形真空浓缩罐（图 9-14）；根据换热器的形式不同，可分为夹套式浓缩罐、盘管式浓缩罐和薄膜式浓缩罐。

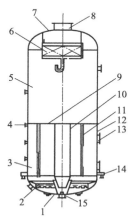

图 9-12　通用式真空浓缩罐

1—罐底盖；2—入料装置；3—加热室；
4—接真空口；5—蒸发室；6—捕沫器；
7—罐顶盖；8—二次蒸汽；9—管板；10—中央
降液管；11—加热管；12—加热室外壳；
13—蒸汽入口；14—冷凝水出口；15—出料管

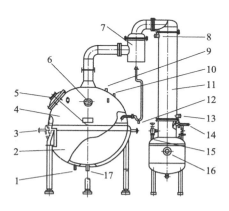

图 9-13　球形真空浓缩罐

1—冷凝水出口；2—夹套；3—蒸汽进口；4—内胆；
5—人孔；6—进料口、视镜；7—汽液分离器；8—冷却水
出口；9—真空表接口；10—温度计接口；11—冷凝器；
12—直气角口；13—冷却水进口；14—接真空口；
15—直气角口；16—受液槽、视镜；17—放液口

1. 通用式真空浓缩罐

通用式真空浓缩罐，也称之为中央循环管蒸发器。加热室由加热管束和中央循环管组成，中央循环管的截面积比较粗大，料液在加热管中沸腾上升，而在中央循环管中，由于截面积大，料液达不到加热管中的温度，密度较大，于是料液下降。中央循环管与加热管内液体之间的密度差，造成料液在内部的循环，将水分蒸发，达到浓缩的目的。而加热蒸汽释放出潜热后，变成水，从底部排出。

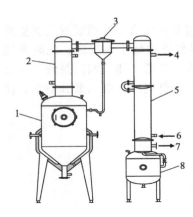

图 9-14　锥形真空浓缩罐
1—加热室；2—分离室；3—分凝器；
4—冷却水出口；5—冷凝器；6—冷
却水进口；7—抽真空；8—接收器

该浓缩罐由加热室和蒸发室组成。①加热室：由加热管、中央降液管和上下管板组成，中央降液管的作用是形成内循环，它的内截面积是加热管总内截面积的25%，上下管板的作用是将物料和蒸汽分开。②蒸发室：在加热室上方有一定空间，保证药液有足够的蒸发空间，便于汽液进行分离，防止药液被二次蒸汽带走，故有一定的高度要求，即不应小于从沸腾表面被蒸汽带出液滴升高的距离，另外，还要考虑清洗、维修加热管的需要，一般取加热管长的 1.1～1.5 倍。

2. 夹套式真空浓缩罐

夹套式真空浓缩罐（图 9-15）采用夹套方式通入蒸汽间接加热，由圆筒形夹套壳体、汽液分离器、真空系统等部分组成。对于黏稠的物料，可设置搅拌装置（图 9-16），在下罐体外壁有一夹套，在夹套间通入加热蒸汽，对罐内药液进行浓缩，同时通过横卧在下罐体的搅拌器不断进行搅拌。搅拌以强化流动，不断更新加热接触表面的药液，从而提高浓缩效果和保证产品质量。溶剂在低压条件下蒸发。二次蒸汽从顶部排出，经冷凝器冷凝回收。该浓缩罐优点是结构简单，操作控制容易；缺点是加热面积小，生产能力低，不能连续生产。

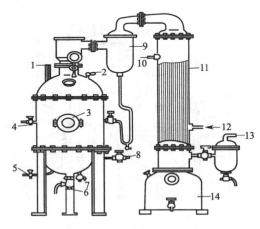

图 9-15　夹套式真空浓缩罐
1—温度计；2—放气阀；3—观察窗；4—料液入口；
5—蒸汽入口；6—浓缩液出口；7—夹层排水口；
8—废气出口；9—分离器；10—冷却水出口；
11—冷凝器；12—冷却水入口；
13—接真空泵；14—接收器

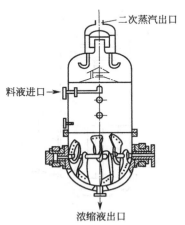

图 9-16　带有搅拌器的夹套式
真空浓缩罐

3. 盘管式真空浓缩罐

盘管式真空浓缩罐（图9-17）是制药厂较早采用的一种真空单效浓缩装置。在罐体内有盘管，管内通加热蒸汽，对物料加热。

盘管一般由4～5组分层排列，每组有1～3圈。盘管的蒸汽进口和凝结水出口有两种形式：①盘管多采用扁平椭圆形截面，以减少罐内流体自然循环阻力，而且便于清洗；②各层盘管单独用阀门控制，可根据药液面来调节加热面。

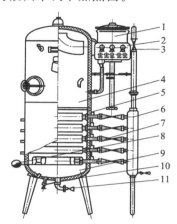

图 9-17　盘管式真空浓缩罐

1—汽液分离器；2—仪表箱；3—总汽阀；4—上罐体；5—加热盘管；
6—汽包；7—分汽阀；8—疏水器；9—下罐体；10—取样阀；11—出料阀

4. 薄膜式真空浓缩罐

在减压条件下，液体形成薄膜后实现快速蒸发的装置，这在下一节中介绍。

第二节　薄膜蒸发浓缩

薄膜蒸发浓缩是指料液沿加热管壁呈膜状流动而进行传热和蒸发，变成浓溶液。薄膜蒸发浓缩具有传热效率高、蒸发速度快、物料停留时间短等优点，因此特别适合氨基酸、抗生素等热敏性小分子物质的蒸发，但对容易结晶析出的生化药物以及容易受到薄膜剪切力影响变性的蛋白质、核酸等生物大分子不宜使用。

薄膜蒸发器的特点是：①浸提液的受热温度低，浓缩速度快，受热时间短；②具有极大的汽化表面，不受液体静压和过热影响，成分不易被破坏；③能连续操作，可在常压或减压下进行；④能将溶剂回收重复使用。

薄膜蒸发器由预热器、加热室、汽液分离器三部分组成，按照蒸发器的结构形式及成膜原因可分为管式、套管式（自然循环）、板式、刮板式、离心式等薄膜蒸发器。按照料液流动方向不同，可分为升膜式、降膜式和升降膜式等。

一、升膜式蒸发器

升膜式蒸发器（图9-18）是指在蒸发器中形成的液膜与蒸发的二次蒸汽气流方向相同，由下而上并流上升，其结构由蒸发加热管、二次蒸汽液沫导管、分离器等部分组成。

升膜式蒸发器是原料液经预热后由蒸发器的底部进入，加热蒸汽在管外冷凝。当溶液受热沸腾后迅速汽化，所生成的二次蒸汽在管内高速上升，带动液体沿管内壁成膜状向上流

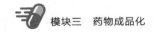

动,上升的液膜因受热而继续蒸发。升膜蒸发器适用于蒸发量较大(如稀溶液)、具有热敏性、易起泡沫、黏度小的溶液,但不适用于高黏度、有晶体析出或易结垢的溶液。

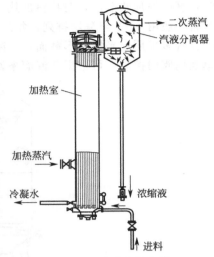

图 9-18　升膜式蒸发器

图 9-19 为套管式升膜蒸发器,该蒸发器用于低温浓缩链霉素溶液,效果较好,能自然循环,操作方便。

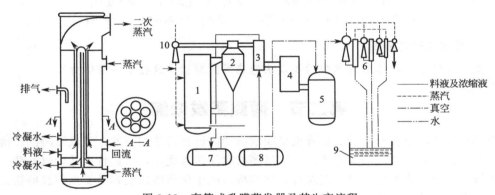

图 9-19　套管式升膜蒸发器及其生产流程

1—蒸发器;2—分离器;3—热交换器;4—冷凝器;5—真空罐;
6—四级喷射真空泵;7—浓缩液罐;8—料液罐;9—水池;10—喷射泵

二、降膜式蒸发器

降膜式蒸发器(图 9-20)的结构与升膜式蒸发器基本一致,区别在于药液是从蒸发器的顶部经液体分布装置均匀分布后进入加热管中,在重力作用下沿管壁成膜状下降。随着液膜的下降,部分药液被汽化,蒸出的二次蒸汽由于管顶有药液封住,所以只能随着液膜往管底排出,然后在分离器中分离。

由于降膜式蒸发器中,蒸发及液膜的运动方向都是由上向下,所以药液停留的时间比较短,受热影响小,因此可用来蒸发浓度较高的溶液,特别适用于热敏性物料,对于黏度较大的物料也能适用。但因液膜在管内分布不易均匀,传热系数比升膜式蒸发器较小,不适用于易结晶或易结垢的物料。

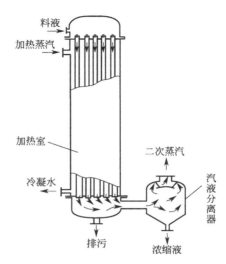

图 9-20　降膜式蒸发器

三、升降膜式蒸发器

升降膜式蒸发器是一种能获得高蒸发速率的蒸发器，其结构如图 9-21 所示。在一个加热器内安装两组加热管，一组作升膜式，另一组作降膜式。物料溶液先进入升膜加热管内，沸腾蒸发后浓缩，汽液混合物上升至顶部，然后经液体分布装置，将初步浓缩后黏度较大的溶液转入另一半加热管，进行降膜蒸发，浓缩液从下部进入汽液分离器，分离后，二次蒸汽从分离器上部排入冷凝器，浓缩液从分离器下部出料。

特点是两个浓缩过程串联，可以提高产品的浓缩比，减低设备高度。适用于蒸发过程中溶液黏度变化很大、溶液中水分蒸发量不大和厂房高度有一定限制的场合。

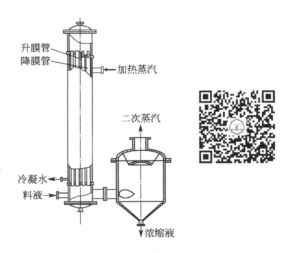

图 9-21　升降膜式蒸发器

四、刮板式薄膜蒸发器

刮板式薄膜蒸发器（图 9-22）中的料液从进料管以稳定的流量进入随轴旋转的分配盘中，在离心力的作用下，通过盘壁小孔被抛向器壁，受重力作用沿器壁下流，同时被旋转的刮板刮成薄膜，薄膜溶液在加热区受热，蒸发浓缩，同时受重力作用下流，瞬间另一块刮板将浓缩料液翻动下推，并更新薄膜，这样物料不断形成新液膜蒸发浓缩，直到料液离开加热室流到蒸发器底部，完成浓缩过程。

由于刮板的搅拌作用，药液成薄膜状流动，降低液体的黏度，药液不易滞留，且停留时间短（一般为数秒或几十秒），传热系数高。刮板式薄膜蒸发器对物料的适应性很强，例如高黏度、热敏性和易结晶、结垢的物料都能适用。缺点是结构复杂，传动件需要维修，造价高，动力消耗大。受夹套传热面的限制，其处理量也很小。

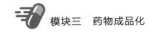

五、离心式薄膜蒸发器

离心式薄膜蒸发器结构如图 9-23 所示，主要部件为离心转鼓和外壳。叠放着的一组碗形空心碟片称为转鼓，碟片之间隔开一定空间。

离心式薄膜蒸发器适用于高黏度浓缩液，热敏性的药液，或处理易结晶、易结垢的溶液，尤其对热敏性的中药提取液效果良好。

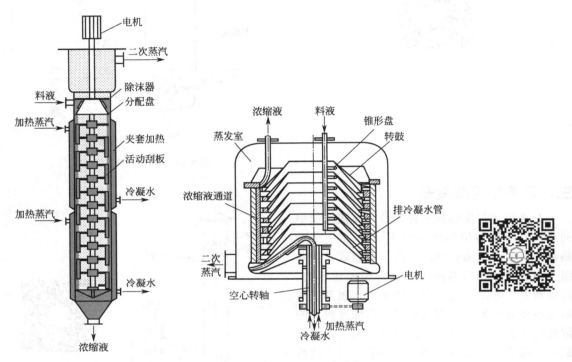

图 9-22 刮板式薄膜蒸发器   图 9-23 离心式薄膜蒸发器

工作原理是操作时转鼓高速旋转，经过滤后的药液从蒸发器顶部进入，由喷嘴分别喷入空心碟片下面，在离心力作用下，药液向外流动迅速分散形成极薄的液膜（厚度小于0.1mm），在极短时间内迅速蒸发浓缩，浓缩液在离心力的作用下流至外缘，汇集到环形液槽，由吸液管从蒸发器上段抽出进入浓缩液槽。加热蒸汽由底部通过空心轴进入蒸发器锥形盘夹层中，冷凝水受离心力作用由小孔甩出，落在转鼓的最低位置流出。二次蒸汽由蒸汽排出口进入冷凝器移除。蒸发完毕后还可用热水或冷水通过洗涤水喷嘴冲洗蒸发器各部。

离心式薄膜蒸发器的优点是传热系数高，物料受热时间短，设备体积小，浓缩比高，浓缩时不易起泡和结垢，设备便于拆洗。缺点是配套设备较多，价格昂贵。

第三节 其他浓缩方法与设备

1. MVR 蒸发浓缩

MVR 蒸发浓缩采用压缩机提高二次蒸汽的能量，并对提高能量的二次蒸汽加以利用，回收二次蒸汽的潜热，可见，MVR 蒸发器可以不需要外部新鲜蒸汽，依靠蒸发器自循环来实现蒸发浓缩的目的（图 9-24）。如今 MVR 蒸发浓缩技术正逐步取代传统的多效蒸发浓缩技术，大大降低了生产成本。

其工作原理是将蒸发器产生的二次蒸汽，通过压缩机的绝热压缩，其压力、温度提高后，再作为加热蒸汽送入蒸发器的加热室，冷凝放热，因此蒸汽的潜热得到了回收利用。原料液在进入蒸发器前，通过热交换器吸收了冷凝水的热量，使之温度升高，同时也冷却了冷凝液和完成液，进一步提高热的利用率。

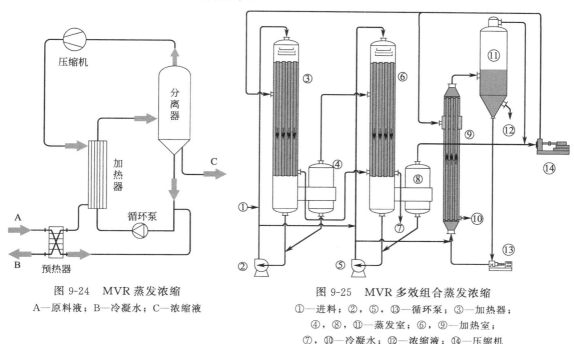

图 9-24　MVR 蒸发浓缩
A—原料液；B—冷凝水；C—浓缩液

图 9-25　MVR 多效组合蒸发浓缩
①—进料；②、⑤、⑬—循环泵；③—加热器；
④、⑧、⑪—蒸发室；⑥、⑨—加热室；
⑦、⑩—冷凝水；⑫—浓缩液；⑭—压缩机

MVR 蒸发浓缩也可实现多效蒸发浓缩（图 9-25），多级蒸发器共用一台压缩机。各级多效蒸发器的末效二次蒸汽并流送入压缩机，经压缩后并流分配给各级蒸发器的首效。物料经冷凝水预热后依次顺流送入一级、二级等蒸发器后，经过多级浓缩后在末级蒸发达到高浓度。

2. 冷冻浓缩

冷冻浓缩是近年来发展迅速的一种浓缩方式，是利用冰与水溶液之间的固液相平衡原理，将水以固态方式从溶液中去除的一种浓缩方法。特别适用于要求保留生物大分子的结构、天然药物活性的热敏性生化药物以及中药汤剂。

从简单的双组分相图（图 9-26）中可以看出，曲线 DABE 是溶液的冰点线，D 点是纯水的冰点，E 是共晶点。当溶液的浓度增加时，其冰点是下降的（在一定的浓度范围内）。某一稀溶液 A1 的起始浓度为 ω_A，若对该溶液进行冷却降温，当温度降到与冰点线相交的 A 点时，如果溶液中无"冰种"，则溶液并不会结冰，其温度将继续下降至 C 点，变成过冷液体。过冷

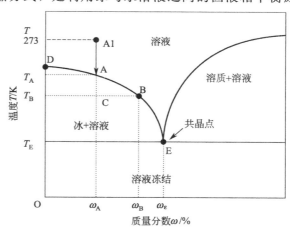

图 9-26　简单的双组分相图

225

液体是不稳定液体，受到外界干扰（如振动），溶液中会产生大量的冰晶，并成长变大。此时，溶液的浓度增大为 ω_B。如果把溶液中的冰粒过滤出来，即可达到浓缩目的。这个操作过程即为冷冻浓缩。其前提条件是溶液的浓度低于共晶点浓度。

冷冻浓缩基本过程包括冷却、冰晶的生成和冰晶体的分离。冷冻浓缩的主要原理是溶剂在低温下形成冰晶固体，而溶质还停留在溶液中，通过离心或过滤，去除冰晶溶剂，从而实现浓缩。

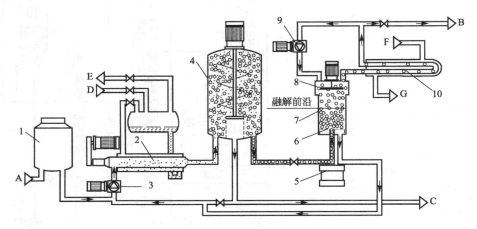

图 9-27　冷冻浓缩装置
1—原料罐；2—刮板式热交换器；3—循环泵；4—再结晶罐；5—液压装置；
6—多孔板活塞；7—冰洗涤柱；8—刮冰搅拌器；9—循环泵；10—融冰加热器；
A—原料液；B—冰水；C—浓缩液；D、G—制冷剂；E、F—制冷剂蒸汽

图 9-27 为冷冻浓缩系统，原料罐中稀溶液通过循环泵首先输入到刮板式热交换器，在冷媒作用下冷却，生成细微的冰晶，然后进入再结晶罐（成熟罐）。结晶罐保持一个较小的过冷却度，溶液的主体温度将介于该冰晶体系的大、小晶体平衡温度之间，高于小晶体的平衡温度而低于大晶体的平衡温度。小冰晶开始融化，大冰晶成长。结晶罐下部有一个过滤网，通过滤网从罐底出来的浓缩液，一部分作为浓缩产物排出系统，另一部分与进料液一起再循环冷却进行结晶。未通过滤网的大冰晶料浆从罐底出来后进入活塞式洗涤塔。洗涤塔出来的浓缩液再循环冷却结晶，融化的冰水由系统排出。

 知识拓展

冷冻浓缩的优点和缺点

优点：由于是在低温下对溶液的浓缩，因而，对热敏性物料，尤其是生物活性物质的浓缩非常有利；冷冻浓缩中溶剂水的排出不是通过加热蒸发，而是依靠从溶液到冰晶的相际传递，因此，可避免生物活性物质的变性失活和低沸点的活性成分因挥发造成的损失。

缺点：冷冻浓缩的浓缩比较低，物料最终浓度不超过其共晶点浓度；晶液的分离技术要求高，且溶液的黏度越大，分离越困难，冰晶的夹带损失也越大；成品中的微生物活性未能受到抑制，加工后仍需采用加热等后处理或需要冷冻贮藏；生产成本较高。

3. 吸收浓缩

吸收浓缩是通过吸收剂直接吸收除去溶液中溶剂分子使溶液浓缩的方法。吸收剂与溶液

不起化学反应，对生化药物不起吸附作用，容易与溶液分开。吸收剂除去溶剂后能重复使用。

最常用的吸收剂有聚乙二醇、聚乙烯吡咯烷酮、蔗糖、凝胶等。使用聚乙二醇吸收剂时，先将含有生化药物的溶液装入半透膜的袋里，扎紧袋口，外加聚乙二醇覆盖，袋内溶剂渗出即被聚乙二醇迅速吸去，聚乙二醇被溶剂饱和后，可更换新的，直到浓缩至所需的浓度为止。例如透析袋浓缩蛋白质溶液是应用最广的一种方法。

4. 吹干浓缩

将蛋白质溶液装入透析袋内，放在电风扇下吹。此法简单，但速度慢。另外，温度不能过高，最好不能超过 15℃。

 案例分析

一、丹参浸膏的减压浓缩

复方丹参片具有活血化瘀、理气止痛的作用，是治疗心脏疾病的良药。临床用于胸中憋闷、心绞痛等，其主要活性成分为丹参酮ⅡA。复方丹参片是《中国药典》2020 版一部收载的品种，由丹参、三七（田七）、冰片 3 味中药组成。该品种为半浸膏片，即丹参浸膏粉与三七细粉混合，干燥后粉碎成细粉制粒，与颗粒干燥后加入研细的冰片混匀压片，包薄膜衣而成。丹参浸膏粉制备工艺如图 9-28 所示。

图 9-28　丹参浸膏粉制备工艺流程

① 粉碎，取检测合格的丹参药材，粗碎成粒径 5～12mm 颗粒。

② 提取，提取前加入乙醇浸泡 1h 后，置多功能提取机组，提取 3 次。第一次提取时间90min，95％乙醇用 6 倍量，单独浓缩至适量放入洁净不锈钢容器，及时冷藏储存备用；第二次提取时间 90min，50％乙醇用 6 倍量，单独浓缩至适量放入洁净不锈钢容器；第三次提取时间 120min，提取水用 8 倍量，单独浓缩至适量放入洁净不锈钢容器备用。

③ 减压浓缩，提取液置球形浓缩器中减压浓缩。

传统浓缩生产设备为多功能乙醇回收常压浓缩器，采用列管式加热方式，料液易黏附于蒸发器列管内壁，易残留物料。因丹参酮ⅡA对热敏感，其损失随加热温度升高和加热时间延长而增加，易造成丹参酮ⅡA、丹酚酸B含量降低；同时提取液浓缩后物料呈疙瘩状，收料时易堵塞，影响浸膏收率。这些因素均造成丹参酮ⅡA、丹酚酸B含量不符合质量标准，不易清洁，不符合 GMP 清洁要求，加大了后续制剂生产控制难度。

改进工艺为采用减压浓缩装置。浓缩工艺参数控制为：浓缩温度≤60℃，浓缩真空度≤0.04MPa，浓缩密度（浸膏密度）≥1.25g/mL（热测）。

表 9-1　原提取液浓缩生产工艺和新提取液浓缩生产工艺结果对比

原提取液浓缩生产工艺			新提取液浓缩生产工艺		
浸膏率/％	丹参酮ⅡA/(mg/片)	丹酚酸B/(mg/片)	浸膏率/％	丹参酮ⅡA/(mg/片)	丹酚酸B/(mg/片)
21	0.08	0.34	26	0.56	9.2

药典规定复方丹参薄膜衣片质量合格标准：丹参酮ⅡA 每片不少于 0.20 mg，丹酚酸 B 每片不少于 5.0 mg。传统浓缩与减压浓缩结果对比见表 9-1，浓缩后浸膏率超过了 25%，提高了浸膏收率，而且产品质量得到保证。

 知识拓展

丹参中的活性成分

丹参酮是从中药丹参中提取的具有抑菌作用的脂溶性化合物，从中分得丹参酮Ⅰ、丹参酮ⅡA、丹参酮ⅡB、隐丹参酮、异隐丹参酮等 10 余个丹参酮单体，截止到目前发现其中的隐丹参酮、二氢丹参酮Ⅱ、羟基丹参酮、丹参酸甲酯、丹参酮ⅡB 5 个单体具有抗菌作用，尚有抗炎、降温作用，但这些活性成分是脂溶性的，不易被人体吸收，因而应用受到限制。而丹参酮ⅡA 的磺化产物丹参酮ⅡA 磺酸钠能溶于水，经临床试验证明治疗心绞痛效果显著，副作用小，是治疗冠心病的新药。

二、球形真空浓缩罐的选择

上述丹参浸膏减压浓缩设备可以选择球形真空浓缩罐，球形浓缩器主要由浓缩罐主体、汽液分离器、冷凝器、回收液贮罐等部件组成。浓缩罐主体为球形夹套结构，其他辅助设备包括真空系统（真空泵、缓冲罐等）、料液计量罐、排液泵等设备。

表 9-2　各种型号规格的球形真空浓缩罐

参数	QN-200	QN-500	QN-700	QN-1000	QN-1500	QN-2000
蒸发量/(kg/h)	60	110	150	200	300	400
容积/L	200	500	700	1000	1500	2000
蒸汽压力/MPa	<0.1					
真空度/MPa	−0.08					
加热面积/m²	0.9	1.5	2.1	2.7	3.5	4.0
冷凝面积/m²	1.7	3.4	5.0	7.0	8.5	10
外形尺寸/m	1.7×0.9×2.3	2.3×1.1×2.6	2.3×1.3×2.6	2.7×1.5×2.9	3×1.6×3	3.1×1.8×3

注：除表系列规格外，亦可根据实际要求定制。

根据药液量的需要，选择合适规格的真空浓缩罐（表 9-2）。注意与物料接触部分采用不锈钢制造，增强耐腐蚀性能，同时符合 GMP 标准。

三、浓缩效率降低的原因

制药工业中浓缩罐经常会出现浓缩效率降低的情况，分析结果如下：

1. 传热效果不理想

① 蒸汽管或蒸汽夹层有泄漏，使蒸汽供应量不正常，甚至未达到使罐内药液沸腾的程度。②夹层锅表面结垢，增加热阻，这是进料药液密度大或固体颗粒多，浓缩时温度过高，使用后又未及时清洗所致。

2. 罐内真空度较低

真空度高于 0.06MPa 时浓缩效率高。引起真空度降低的原因有：①蒸汽泄漏至浓缩罐内，蒸汽泄漏时，往往引起真空度降低，浓缩温度升高。②循环冷却水温度较高，当冷却水温度高于40℃，冷却水与浓缩罐产生的两次蒸汽温度差减小，阻碍了两次蒸汽的迅速排除使浓缩罐内真空度降低。③其他泄漏，如有关阀门未关紧，视镜盖、管道连接处等密封不良。

3. 药液温度、含量及成分

药液的温度、含量及所含的成分等均会影响浓缩效率：①进料药液贮存过久，使温度偏低，加热时间延长。②罐内药液过满，温度过高或逐渐变稠易发生暴沸现象，从而导致跑料，造成损失。③碱性药液及含有皂苷、黏液质或蛋白质等的药液浓缩至沸点时，产生大量泡沫，易产生泡沸现象，使浓缩难以进行。

4. 蒸汽或冷却水泄漏

蒸汽或供冷却的自来水有泄漏，其泄漏至浓缩罐内与药液相混，导致浓缩效率降低，浓缩温度和出液温度的变化。

四、提高浓缩效率的措施

1. 提高热传递效果和真空度

严格按照操作规程进行操作，使用前应检查设备的完好性，浓缩罐、管道、阀门是否密封完好，蒸汽、冷却水是否正常，若发现有泄漏，应修补完好，方可使用。药液浓缩前需经过滤器，除去大颗粒，浓缩罐使用后及时用热水清洗，以防结垢，提高药液温度，药液过滤后，趁热浓缩，既省时又节约能源。加大冷却水的流量，降低冷却水温度，提高冷却效果。

2. 防止产生暴沸与泡沸现象

控制药液的沸腾度，可防暴沸的产生，为此，浓缩时药液温度不宜过高，以60～70℃为宜，药液变稠时，视药液沸腾情况，可适当降低些温度。另外，浓缩罐内的药液不宜过满，一般不超过罐容积的2/3。对于含有皂苷、黏液质或蛋白质等药液，浓缩时易产生泡沸现象，可以采用连续浓缩法，即一边加入药液，一边浓缩，如此可以抑制泡沸现象的发生，当然向罐内药液加入少量矿物油，熔融的石蜡、白蜡或黄蜡亦可减轻泡沸现象，从而提高浓缩效率。

 总结归纳

本章知识点思维导图

浓缩技术

- 基础知识
  - 蒸发基本原理
  - 浓缩密度
  - 浓缩比
  - 影响蒸发浓缩效率的因素
  - 蒸发浓缩过程与分类
- 减压蒸发浓缩
  - 真空旋转蒸发仪
  - 真空浓缩罐
    - 通用式真空浓缩罐
    - 夹套式真空浓缩罐
    - 盘管式真空浓缩罐
    - 薄膜式真空浓缩罐
- 薄膜蒸发浓缩
  - 升膜式蒸发器
  - 降膜式蒸发器
  - 升降膜式蒸发器
  - 刮板式薄膜蒸发器
  - 离心式薄膜蒸发器
- 其他浓缩方法与设备
  - MVR蒸发浓缩
  - 冷冻浓缩
  - 吸收浓缩
  - 吹干浓缩

拓展阅读

制药生产上的浓缩操作主要目的是目标产物的富集以及溶剂的回收，此外浓缩后的药液因体积减小，便于后续的分离纯化操作，节省溶剂。例如在猪胰脏提取胰岛素工艺的浓缩工艺中，一方面富集了胰岛素药液，回收了乙醇溶剂，另一方面浓缩至一定浓度的胰岛素药液，便于后续的盐析分离操作。因为盐析操作中加适量的盐需要在合适的蛋白质浓度下，沉淀效果最好。同时因浓缩增大了胰岛素浓度，相应地也减少了盐的用量。另外，在结晶操作之前，通常需要将药液浓缩至过饱和浓度下才能进行结晶操作。

近年来市场上各种各样的浓缩产品已悄然走进千家万户，浓缩的产品给我们的生活带来了诸多的方便。俗话说浓缩的就是精华，因此浓缩的产品相比较浓缩之前使用较少的量，就可以达到相应的要求。浓缩以后溶液的浓度提高了，溶剂水分脱除了，可以便于保存。另外浓缩以后的产品由于体积缩小会更加方便运输。

1. 浓缩洗涤剂

浓缩洗涤剂主要由高含量的表面活性剂为主要活性物并配以纯碱、硅酸盐和抗沉积剂等助剂组成，有些产品还加有漂白、杀菌等功能性助剂成分。洗衣液中表面活性剂含量15％至25％的称为普通型，25％至30％为浓缩型，30％以上可标示"浓缩洗衣液标志"。

浓缩洗涤剂具有用量省、去污强、绿色环保、节能等特点。和普通洗涤剂相比，浓缩洗涤剂提高了单位体积的洗涤剂的有效成分含量（或提高单位质量的洗涤剂的去污性能），从而增强单位体积（单位质量）洗涤剂的洗涤效果，同时减少非有效化学品和水等的使用，节约运输、仓储成本，减少排放。

2. 浓缩丸

浓缩丸是指药物或部分药物的煎液或提取液浓缩成浸膏，与适宜的辅料或药物细粉制成的丸剂。体积小，便于服用，发挥药效好；同时利于保存，不易霉变。根据所用黏合剂不同，分为浓缩水丸、浓缩蜜丸和浓缩水蜜丸。目前市场上也有仅仅只是水蜜丸剂型药品，是将药材细粉用蜜水为黏合剂泛制而成的小球形干燥丸剂，大家购买时需看清药品说明书。

例如六味地黄丸，药典规定，其水蜜丸一次服9g，其中含生药4.5g。制成浓缩水蜜丸仅服2.6g，服量仅为蜜丸的1/4。服用量少易服，增加了疗效，携带及运输均较方便。一般来说，达到一定的规定剂量药效差异等同，但浓缩丸服用方便。

3. 浓缩铀

铀（U）是存在于自然界中的一种稀有化学元素，具有放射性。根据国际原子能机构的定义，浓度为3％的^{235}U为核电站发电用低浓缩铀，浓度大于80％的^{235}U为高浓缩铀，其中浓度大于90％的称为武器级高浓缩铀。

天然铀矿中含有^{234}U、^{235}U和^{238}U三种天然放射性同位素，其中^{234}U和^{238}U是不能进行核反应的，能够用于核反应的^{235}U含量极低，只有大约0.7％，所以必须使用一定的方法提高^{235}U的浓度，这个过程就是铀浓缩。获得铀是非常复杂的系列工艺，要经过探矿、开矿、选矿、浸矿、炼矿、精炼等流程，而浓缩分离是其中最后的流程，需要很高的科技水平。获得 1kg 武器级^{235}U 需要 200 至 1000t 铀矿石。

由于涉及核武器问题，铀浓缩技术是国际社会严禁扩散的敏感技术。除了五个核大国之外，日本、德国、印度、巴基斯坦、伊朗等国家都掌握铀浓缩技术。提炼浓缩铀的主要方法有气体扩散法和气体离心法。大核国家一般采用气体扩散法，小核国家通常采用气体离心法，气体离心分离机是其中的关键设备，因此美国等国家通常把是否拥有该设备作为判断一个国家是否能够进行核武器研究的标准。

我国虽然是核大国，但是在铀离心浓缩技术方面起步较晚。经过几十年的研制，2013 年我国宣布核工业关键技术——铀浓缩技术完全实现自主化，并成功实现工业化应用。这标志着我国成为继俄罗斯等少数几个国家后，自主掌握铀浓缩技术并成功实现工业化应用的国家。

来源：陈渝."宝中宝"高浓缩铀诞生 [N]. 科技日报，2014-10-08（003）.

❓ 复习与练习题

一、选择题

1. 蒸发浓缩操作中，从溶液中汽化出来的蒸汽，常称为（　　　）。

A. 生蒸汽　　　　　B. 一次蒸汽　　　　　C. 额外蒸汽　　　　　D. 二次蒸汽

2. 提高蒸发器生产强度的主要途径是增大（　　　）。

A. 传热温度差　　　B. 加热蒸汽压力　　　C. 传热系数　　　　　D. 传热面积

3. 夹层锅属于（　　　）浓缩设备。

A. 常压　　　　　　B. 减压　　　　　　　C. 加压　　　　　　　D. 真空

4. 中央循环管式蒸发器属于（　　　）蒸发器。

A. 自然循环　　　　B. 强制循环　　　　　C. 薄膜式　　　　　　D. 单程式

5. 蒸发热敏性而不易于结晶的溶液时，宜采用（　　　）蒸发器。

A. 列文式　　　　　B. 薄膜式　　　　　　C. 外加热式　　　　　D. 标准式

6. 膜式蒸发器适用于（　　　）的蒸发。

A. 普通溶液　　　　B. 热敏性溶液　　　　C. 恒沸溶液　　　　　D. 不能确定

7. 薄膜蒸发浓缩效率高的主要原因是（　　　）。

A. 蒸发温度高　　　　　　　　　　　　　B. 药液沸点降低

C. 药液蒸发时流速快　　　　　　　　　　D. 药液汽化表面积大

8. 薄膜蒸发器不具有（　　　）特点。

A. 传热效果好　　　　　　　　　　　　　B. 传热效果差

C. 蒸发速度快　　　　　　　　　　　　　D. 无液相静压造成的温差损失

9. 降膜式蒸发器适合处理的溶液是（　　　）。

A. 易结垢的溶液

B. 有晶体析出的溶液

C. 黏度较大、热敏性、无晶体析出、不易结垢的溶液

D. 易结垢且有晶体析出的溶液

10. 冷冻浓缩系统中冰晶在（　　　）中生成。

A. 刮板式换热器　　　　　　　　　　　　B. 刮板式换热器后面的管路

C. 结晶罐　　　　　　　　　　　　　　　D. B 和 C

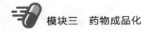

二、简答题

1. 简述影响蒸发浓缩的因素。
2. 简述减压蒸发浓缩的特点。
3. 简述真空浓缩罐的分类及其结构。
4. 简述薄膜蒸发浓缩的特点。
5. 简述 MVR 蒸发浓缩的工作原理。
6. 简述冷冻浓缩的原理。

第十章　结晶技术

　　结晶纯化分离是一种历史悠久的分离技术，早在 5000 年前我们的祖先就已开始利用结晶原理制造食盐。目前结晶技术广泛应用于化工、制药、食品等行业，在氨基酸、有机酸和抗生素等小分子的药物生产中，结晶已作为一种重要的精制手段。结晶与沉淀（指非晶型沉淀）的生成都属于固相析出过程，二者的区别在于固相析出的原理不同。沉淀是杂乱无章地相互碰撞形成的较大颗粒，形态是无定形的，析出速度快；而结晶是同种分子或离子相互聚集形成有规则的形状，形态是有规则的，析出速度慢。

　　结晶形成的条件十分严格，其纯度远远高于沉淀。结晶一方面完成了将产品从溶解状态直接变为固体的过程，另一方面也纯化了产品。晶体内的分子呈规则排列，为研究生物大分子的高级结构以及结构与功能之间的关系提供了十分有利的条件，是现代生物学家常用的一种手段。

　　大部分药物不仅需要药物活性组分以特定晶型存在，而且晶体尺寸一般控制在 $0.1 \sim 10\mu m$ 之间，控制颗粒形状是非常重要的。制药生产中不仅需要高纯度的晶体药物，而且要求有特定分子结构形状的晶体药物，因此结晶操作至关重要。

　　结晶具有能耗少、选择度高、纯度高、可以控制晶体的粒度和晶型、设备简单、操作方便等特点。

 基础知识

一、结晶相关专业术语

由于结晶技术中涉及的专业名词比较多，现将它们归纳解释如下。

① 饱和溶液：当溶液中溶质浓度等于该溶质在同等条件下的饱和溶解度时，该溶液称为饱和溶液。

② 过饱和溶液：溶质浓度超过饱和溶解度时，该溶液称之为过饱和溶液。溶质只有在过饱和溶液中才能析出，要使溶质从溶液中结晶出来，必须设法产生一定的过饱和度作为推动力。

③ 溶液的过饱和度：过饱和度是指在温度降低或溶质增多或溶剂减少的情况下溶液的过饱和状态，用 σ 表示。$\sigma = C - C_0$，式中，C 为过饱和溶液浓度，C_0 为饱和溶液浓度。

④ 结晶：从液相或气相生成形状一定、分子（或原子、离子）有规则排列的晶体的现象。

结晶可以从液相或气相中生成，但工业结晶操作主要以液体原料为对象。显然，结晶是新相生成的过程，是利用溶质之间溶解度的差别进行分离纯化的一种扩散分离操作。

⑤ 晶体：内部结构中的质点（原子、离子、分子）作规律排列的固态物质，如图 10-1(a)。

⑥ 晶格：假设通过原子结点的中心划出许多空间直线所形成的空间格架，如图 10-1(b)。

⑦ 晶胞：能反映晶格特征的最小组成单元，如图 10-1(c)。

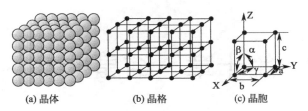

(a) 晶体　　　　(b) 晶格　　　　(c) 晶胞

图 10-1　晶体、晶格、晶胞的形态

⑧ 晶浆：又称悬浮体。溶液在结晶器中进行结晶时，结晶出来的晶体和母液构成的混合物。通常要用搅拌器或其他方法把晶浆中的晶体悬浮在母液中，以促进结晶过程。

⑨ 母液：从晶浆中结晶分离出晶体后的溶液。

⑩ 晶粒：结晶物质在生长过程中，由于受到外界空间的限制，未能发育成具有规则形态的晶体，而只是结晶成颗粒状，称晶粒。晶粒的内部晶胞方向与位置基本一致而外形不规则。

⑪ 晶核：过饱和溶液中新生成的微小晶体粒子，为晶体的生长中心。晶核的形成有两种方式：若在液相中，各个区域内出现新相晶核的概率是相同，称为均匀形核；若在液相中，新相优先在某些区域内形核，则称为非均匀形核。

⑫ 晶种：在结晶法中，通过加入不溶的添加物即晶种，形成晶核，加快或促进与之晶型或立体构型相同的对映异构体结晶的生长。

⑬ 晶形：由晶面围成的各种不同的几何形态，即晶体的外形或形态。晶体的理想形态是由几个平滑的晶面围成的几何形体。

⑭ 晶习：又称结晶习惯。从溶液中结晶出来的晶体在一定的外界条件下总是趋向于形成某一种形态的特性的现象。

一种物质可能存在多种晶习。一般在特定的结晶条件下，只有一种晶习是稳定的，其他晶习有向此种晶习转变的趋向。某些物质的晶习可以相互转变。不同晶习往往分子微观结构存在差异。当结晶物质存在多种晶习，而且晶习之间能够转化时，会导致结晶过程复杂化，影响产品。在结晶过程中，对晶习转化及其条件必须注意，并予以控制。

二、实验室结晶操作

实验室常用的结晶方法有蒸发结晶和冷却结晶。加热蒸发结晶适用于随温度变化溶解度变化不大的物质，如氯化钠的制备等［图 10-2(a)］。冷却结晶适用于随温度变化溶解度变化大的物质，如硝酸钾的制备等。

玻璃棒可以起到搅拌的作用，防止液体局部过热而飞溅。当有大量晶体析出时，停止加

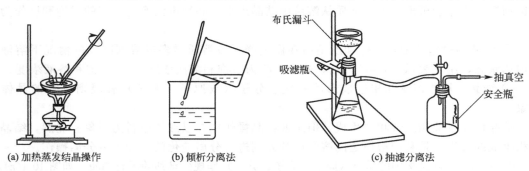

(a) 加热蒸发结晶操作　　　　(b) 倾析分离法　　　　(c) 抽滤分离法

图 10-2　实验室结晶操作

热,利用余热蒸干而不能直接蒸干。从溶液中分离晶体的方法有倾析法［图 10-2(b)］、过滤、抽滤［图 10-2(c) 所示］。具体操作如下:

1. 固体溶解

按照溶剂选择原则,选用合适溶剂溶解,尽可能少地加入待纯化样品中,使之大部分溶解(不可加入溶剂后加热溶解,避免化合物分解;也不可溶剂沸腾后加入样品,避免暴沸危险)。当样品较多、溶剂较多时可安上回流管,以避免溶剂挥发。搅拌下加热,使之溶解。必要时添加少量溶剂,每次加入量一定少。

若待纯化物质含有不溶或难溶杂质,不要误认为溶剂不够,而加入过多溶剂。若分不清是杂质还是样品,则宁愿将其滤掉。在这过程中若需要脱色,可以提前加入活性炭,且不可在溶液沸腾后加入,否则产生强烈暴沸,存在危险。

2. 脱色

可以在溶液中加入少量脱色剂,实验室常用的脱色剂为活性炭、氧化铝等,煮沸 5~10min,趁热滤去。

3. 趁热过滤

制备好的热溶液必须经过热过滤除去不溶杂质,以免在过滤中温度下降,在滤器上析出结晶。若某物质非常易结晶析出,宁可将溶液配稀一些,过滤后可再浓缩之。

4. 结晶析出及过滤

(1) 结晶　将滤液放置,慢慢冷却,有较大结晶析出。大晶体内包含杂质也较多。骤冷或搅拌将会影响结晶的形成,使晶体变小。小晶体包含杂质较少,但其表面大,吸附于表面的杂质和母液较多。为得到较纯物质往往进行二三次重结晶,可得到均匀而较好的晶体。

若冷却后的溶液仍无结晶,可通过下列方法诱发结晶。①用玻璃棒摩擦瓶壁。②加入少量晶种,使结晶析出,这一操作称为"种晶"。实验室没有这种结晶,可以自己制备,方法为:取数滴过饱和溶液于一小滴管中,旋转之,使该溶液在试管壁形成一薄膜,然后将此试管放入冷却剂中,形成少量结晶作为"晶种";也可以取一滴过饱和溶液于表面皿上,使溶剂挥发得到晶种。③冰箱中放置较长时间。

(2) 结晶的过滤与洗涤　用减压过滤装置过滤,收集结晶。瓶壁残留结晶,应先用母液转移结晶,抽干。减去负压后,用冷的新的溶剂洗涤结晶,轻轻搅动之,以清除表面吸附的杂质和母液,然后迅速抽干。

5. 结晶的干燥

最常用的结晶干燥法是将结晶置于表面皿上或蒸发皿上自然风干,或烘箱干燥。

第一节　结晶原理与过程

溶质呈晶态从溶液中析出来的过程称为结晶。所谓晶态就是外观形状一定、内部的分子和离子在三维空间进行有规则的排列而产生的物质存在形态。由于只有同类分子或离子才能排列成晶体,故结晶后,溶液中的大部分杂质会留在母液中,使产品得到纯化。结晶不但是一种纯化手段,也是一种固化手段(产品从溶解状态变成了固体),由于许多生化物质具有形成晶体的性质,所以结晶法是生化物质进行分离纯化的一种常用方法。但不是所有的生化物质都能从溶液中形成晶体,如核酸,由于其分子高度不对称,呈麻花形的螺旋结构,虽已

达到很高的纯度，也只能获得絮状或雪花状的固体。这一过程不仅包括溶质分子凝聚成固体，还包括这些分子有规律地排列在一定的晶格中。

一、结晶的基本原理

结晶是指溶质自动从过饱和溶液中析出形成新相的过程。这一过程不仅包括溶质分子凝聚成固体，并包括这些分子有规律地排列在一定的晶格中，这种有规律的排列与表面分子化学键力的变化有关，因此结晶过程也是一个表面化学反应的过程。当溶液的浓度等于溶质的溶解度时，该溶液称为饱和溶液，溶质的浓度超过溶解度时的溶液则称为过饱和溶液，溶质只有在过饱和溶液中才有可能析出。

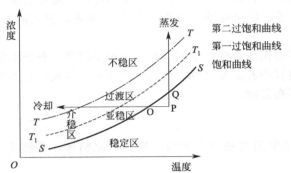

图 10-3　溶液的过饱和度与超溶解度曲线

众所周知，溶解度与温度有关，一般物质的溶解度随温度升高而增大，也有少数例外，如红霉素的溶解度反而随温度的升高而降低。溶解度与温度的关系，可以用饱和曲线和过饱和曲线来表示，如图 10-3 所示。图中 S-S 线为饱和溶解度曲线，在此曲线以下的区域为不饱和区，称为稳定区。T-T 线为过饱和溶解度曲线，在此曲线以上的区域称为不稳区。而介于 S-S 线和 T-T 线之间的区域称为亚稳区。

在稳定区内的任一点溶液都是稳定的，不管采用什么措施都不会有结晶析出。在亚稳区内的任一点，如不采取措施，溶液也可以长时间保持稳定，若加入晶种，溶质就会在晶种上长大，溶液的浓度随之下降到 S-S 线。

亚稳区中各部分的稳定性并不一样，接近 S-S 线的区域较稳定，而接近 T-T 线的区域极易受刺激而结晶。因此有人提出将亚稳区再一分为二，上半部为刺激结晶区，下半部为养晶区。

在不稳区内的任一点溶液都能立即自发结晶，在温度不变时溶液浓度会自动降至 S-S 线。因此，溶液需要在亚稳区或不稳区才能结晶。在不稳区结晶生成很快，来不及长大，浓度即降至溶解度，易形成大量细小的晶体，这是工业结晶不希望的。为了得到颗粒较大而又整齐的晶体，通常需加入晶种并把溶液浓度控制在亚稳区的养晶区内，让晶体缓慢长大，因为在养晶区内自发产生晶核的可能性很小。

晶体的产生虽取决于固体物质与溶液之间的平衡关系。若溶液未达到饱和，则固体溶解；如果溶液饱和，则固体与饱和溶液处于平衡状态，其溶解速度等于沉淀速度。只有当溶液浓度超过饱和浓度达到过饱和时，才有可能析出结晶，因此过饱和度是结晶过程的推动力和首要条件。

二、结晶过程

结晶是从均一的溶液中析出固相晶体的过程，通常包含三个方面内容，即过饱和溶液的形成、晶核的生成与晶体的生长。

1. 过饱和溶液的形成

结晶的前提条件是溶液的过饱和。过饱和溶液的形成有冷却法、蒸发浓缩法以及其他浓缩法等方法。

（1）热饱和溶液冷却法　将热饱和溶液冷却形成过饱和溶液的结晶方法称之为冷却结晶，适用于溶解度随着温度降低而显著减小的情况。从饱和曲线图 10-3 中可以看出，图中 P 点为未饱和时的溶液。如果保持溶剂量不变降温到 O 点，此时处于溶解平衡状态，不会有晶体析出，但如果继续降温，则进入到过饱和溶液状态，就会有晶体析出。

（2）蒸发浓缩法　将蒸发浓缩形成过饱和溶液的结晶方法称之为蒸发结晶，对于热敏性物质采用减压蒸发，适用于溶解度随着温度降低而变化不大的情况。从饱和曲线图 10-3 中可以看出，图中如果从 P 点未饱和时的溶液状态保持温度不变移除溶剂到 Q 点，此时处于溶解平衡状态，不会有晶体析出，但如果继续移除溶剂，则进入到过饱和溶液状态，就会有晶体析出。

（3）其他浓缩法　除了通过蒸发浓缩外，利用分离纯化过程中的萃取、膜分离等方法也可以实现浓缩的目的，达到过饱和溶液浓度。例如，青霉素生产上从滤液萃取到乙酸丁酯的浓缩比（料液体积/萃取剂体积）为 1.5～2.5 倍，当从乙酸丁酯反萃取到水相时，因分配系数较大，故浓缩倍数可较高些，一般为 3～5 倍。经过几次反复萃取后共浓缩 10 倍左右，浓度已达到结晶的要求。

2. 晶核的生成

晶核是在过饱和溶液中最先析出的微小颗粒，是以后结晶的中心。单位时间内在单位体积溶液中生成的新晶核数目，称为成核速度。成核速度是决定晶体产品粒度分布的首要因素。工业结晶过程要求有一定的成核速度，如果成核速度超过要求必将导致细小晶体生成，影响产品质量。

（1）成核速度的影响因素　成核速度主要与溶液的过饱和度、温度以及溶质种类有关。

在一定温度下，当过饱和度超过某一值时，成核速度则随过饱和度的增加而加快。但实际上成核速度并不按理论曲线进行，因为过饱和度太高时，溶液的黏度就会显著增大，分子运动减慢，成核速度反而减少。由此可见，要加快成核速度，则需要适当增加过饱和度（图 10-4）。

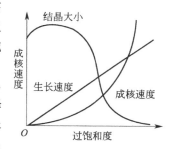

图 10-4　过饱和度对成核速度的影响

在过饱和度不变的情况下，温度升高，成核速度也会加快，但温度又对过饱和度有影响，一般当温度升高时，过饱和度降低。所以温度对成核速度的影响要从温度与过饱和度相互消长速度来决定。根据经验，一般成核速度开始随温度升高而上升，当达到最大值后，温度再升高，成核速度反而降低。

成核速度与溶质种类有关。对于无机盐类，有下列经验规则：阳离子或阴离子的化合价越大，越不容易成核，而在相同化合价下，含结晶水越多，越不容易成核。对于有机物质，一般结构越复杂，分子量越大，成核速度就越慢。例如，过饱和度很高的蔗糖溶液，可保持长时间不析出。

（2）晶核的诱导　真正自动成核的机会很少，加晶种能诱导结晶。晶种可以是同种物质或相同晶形的物质，有时惰性的无定形物质也可作为结晶的中心，如尘埃也能导致结晶。

实验室结晶操作时，如有现成晶体，可取少量研碎后，加入少量溶剂，离心除去大的颗粒，再稀释至一定浓度（稍稍过饱和），使悬浮液中具有很多小的晶核，然后倒进待结晶的溶液中，用玻璃棒轻轻搅拌，放置一段时间后即有结晶形成。如若没有现成晶体，常使用玻璃棒轻轻刮擦玻璃容器的内壁，刮擦时产生的玻璃微粒可作为异种的晶核。另外，玻璃棒沾有溶液后暴露于空气部分，很容易蒸发形成一层薄薄的结晶，再浸入溶液中便成为同种晶核。同时用玻璃棒边刮擦边缓慢地搅动也可以帮助溶质分子在晶核上定向排列，促成晶体的生长。

对以光学异构体进行诱导结晶时，加入的晶种需根据分离晶体性质而定。例如，加入光学性质相同的晶体，便优先诱导形成同种异构体的结晶。此外，有些蛋白质和酶结晶时，常要求加入某种金属离子才能形成晶核，如锌胰岛素和镉铁蛋白的结晶。它们结合的金属离子便是形成晶核时必不可少的成分。

工业生产上有自然起晶法、刺激起晶法和晶种起晶法三种方法。自然起晶法是指在一定温度下使溶液进入不稳区，形成符合要求的晶核后加入稀溶液使溶液进入亚稳区，溶质在晶核表面长大。刺激起晶法是指将溶液蒸发进入亚稳区后加以冷却，使之进入不稳区后产生一定的晶核，晶核析出后会使溶液浓度降低再进入亚稳区，在亚稳区内使晶体生长。晶种起晶法是指将溶液蒸发或冷却至亚稳区后投入一定数量和大小的晶种，使溶质在所加晶种表面长大，该方法容易控制，所得晶体形状大小均较理想，是一种常用的工业起晶方法。

3. 晶体的生长

在过饱和溶液中已有晶核形成或加入晶种后，以过饱和度为推动力。晶核或晶种将长大，这种现象称为晶体的生长。晶核的生成速度和晶体的生长速度的大小关系决定了晶体的大小。如果晶体生长速度大大超过晶核生成速度，过饱和度主要用来使晶体成长，则可得到粗大而有规则的晶体；反之，过饱和度主要用来生成新的晶核，则所得晶体颗粒参差不齐，晶体细小，甚至呈无定形。

影响晶体生长速度的因素主要有杂质、搅拌、温度、过饱和度和晶种等，详见本章第二节中结晶的影响因素介绍。

三、重结晶

首次结晶纯度不够时可以进行重结晶。重结晶就是将晶体用合适的溶剂溶解后再次进行结晶，以提高纯度。虽然从理论上说通过一次结晶可以得到纯的产物，但实际上，通过一次结晶得到的产物总含有一些杂质。这是因为一些溶解度与产品相近的杂质也会部分一起结晶。有些杂质还会被结合到产品结晶的晶格中去，或因洗涤不完全，不能除去结晶中夹杂的母液，使晶体沾染了杂质。因此需要重结晶来进一步提高产品的纯度。

重结晶的关键是选择合适的溶剂。用于重结晶的溶剂一般应具备下列条件：

① 对需重结晶的产物有一定的溶解度，但不宜过大，当外界条件改变时其溶解度明显减少；

② 对色素、降解产物等杂质有较好的溶解度；

③ 无毒或低毒，沸点低便于回收利用。

常用于重结晶的溶剂有蒸馏水、丙酮、甲醇和乙醇等低级醇、石油醚、乙酸乙酯等。若该产物结晶易溶于某一种溶剂而难溶于另一种溶剂，且该两种溶剂能互溶，则可以用两者的混合溶剂来进行重结晶。重结晶的操作方法是将该产物先溶于溶解度较大的溶剂中，然后缓慢加入第二种溶剂直至稍呈浑浊，即结晶刚开始时为止，冷却放置一段时间，使结晶完全。例如将维生素 B_{12} 粗品结晶溶解于少量蒸馏水中，滤去不溶杂质，然后加入水溶液体积 8～10 倍的丙酮至呈现浑浊为止，冷却静置两天，可得纯度较高的产品。

第二节　结晶的影响因素与方法

一、结晶的影响因素

结晶形成过程复杂，受到的影响因素较多，主要有样品纯度、晶浆浓度、结晶时间、结晶温度和晶种等因素。

1. 样品纯度

结晶是同种物质分子有序堆砌。杂质分子的存在是结晶物质分子规则化排列的空间障碍，所以多数生物大分子需要相当的纯度才能进行结晶。一般地说，纯度越高越容易结晶，结晶母液中目的物的纯度应接近或超过 50%。但已结晶的制品不表示达到了绝对的纯化，只能说纯度相当高。有时虽然制品纯度不高，若能创造条件，如加入有机溶剂和制成盐等，也能得到结晶。

2. 晶浆浓度

溶质的结晶必须在超过饱和浓度下才能实现，所以目的物的浓度是结晶的首要条件，一定要予以保证。浓度高，结晶收率高。但溶液浓度过高时，结晶物的分子在溶液中聚集析出的速度太快，超过这些分子形成晶核的速率，便得不到晶体，只获得一些无定形固体微粒。另外，溶液浓度过高相应的杂质浓度也增大，容易生成纯度较差的粉末结晶。因此，应根据工艺和具体情况确定或调整浓度，才能得到较好、较多的晶体。一般生物大分子的质量分数控制在 3%～5% 是比较适宜的。对小分子物质如氨基酸等浓度可适当增大。

3. pH 值

一般地说，两性生化物质在等电点附近溶解度低，有利于达到过饱和使晶体析出，所以生化物质结晶时的 pH 一般选择在等电点附近。如溶菌酶的 5% 溶液，pH 为 9.5～10，在 4℃放置过夜便析出晶体。

4. 结晶时间

蛋白质等生物大分子因分子量大，立体结构复杂，其结晶过程远比小分子物质困难得多。由于分子的有序排列消耗能量较大，生物大分子的晶核生成和晶体长大都比较缓慢，所以从不饱和到饱和的调节过程需缓慢进行，以免溶质分子来不及形成晶核而以无定形沉淀析出。即使形成晶核，也会因晶核数量太多，造成晶粒过小。晶体小会导致表面积增加，吸附杂质增多，纯度下降，同时因晶体过小造成分离困难而降低收率。为了有利于晶体缓慢生长，得到足够多、足够大的结晶物，需要提供一定的结晶时间。如早年用于 X 射线衍射研究的胃蛋白酶晶体是用了好几个月时间才制得的。

5. 结晶温度

在结晶过程中，通过控制温度或者加入晶种，可以控制晶体的大小和均匀度。首先，晶体的析晶过程分为晶核的生成和晶体的生长两个过程，二者是相互竞争的，而形成晶核的动力是溶液的过饱和度。温度降低或者溶液中加入晶种均会使溶液的过饱和度增加，因此快速降温和加入较多的晶种会使过饱和度较大，此时溶液中晶核形成占主要地位，因此会得到晶体较细的颗粒。这类的晶体如果用于制剂且溶解度较好，则会省去粉碎的工序。然而，较细的颗粒在原料药的结晶过滤中却存在不便，可能会使得过滤缓慢，甚至得到的产品由于太细、发黏，无法过滤只能采用压滤机来处理，增加了工艺的复杂性。可以控制结晶条件使得晶体长大占主要优势，即可得到较大的晶体。在降温过程中采用前缓后快的降温方式，一直维持结晶溶液中较低的过饱和度，使得在一定的晶核下，晶体不断长大。在实际操作中，经常会采用保温析晶的方式，既可以使得结晶纯度高，又可以培养晶体长大。还可以采用不断升温溶解，再适度降温析晶的方式，不断溶解较小的晶核，培养晶体长大。

6. 晶种

加入晶种同样可以增加溶液的过饱和度，如上所述，适度加入晶种（质量浓度1％即可）控制过饱和度可以使晶体有较好的生长。实验表明如果加入5％的晶种，结晶的粒度反而会更小。另外，加入晶体的尺寸也会影响结晶产品的大小，一般而言由于较大晶种的比表面积较大，会形成较大的晶体，当然这也与温度、搅拌速度、溶剂量等有关系。既然加入晶种是常用而且有效的析晶手段，那么何时加入晶种，在实际中如何操作，就至关重要。例如，在降温析晶过程中，加入晶种，确保与晶种相同的晶型，如果加入过早，晶种溶解，加入过晚，产品可能会瞬间析出。可以先确定一个大概的析晶温度范围，然后在快接近范围上限时，加入晶种，若瞬间溶解，则继续补加晶种至有少量不溶。在析晶温度范围内，保温搅拌析晶，待析出晶体较多时，再降温析晶。

> **【实例解析】普鲁卡因青霉素生产工艺**
> 青霉素钾盐溶于缓冲溶液然后冷却至5～8℃并加入适量晶种，滴加盐酸普鲁卡因溶液同时剧烈搅拌，产生普鲁卡因青霉素微粒晶体。为什么在剧烈搅拌下进行结晶操作？采用了哪些结晶方法？
> 解析：该生产过程利用的是反应结晶，因普鲁卡因青霉素是供肌内注射的混悬剂，必须是微粒结晶，故本工艺必须在剧烈搅拌下进行结晶操作，以保证得到细小的晶体。为保证结晶产品质量，采用了冷却结晶法和晶种结晶法。

7. 促进剂

溶剂对于晶体的形成和晶体质量的影响十分显著，选择合适的溶剂对于结晶操作非常重要。对于大多数生化小分子来说，水、乙醇、甲醇、丙酮、氯仿、乙酸乙酯等溶剂使用较多。尤其是乙醇，既具亲水性，又具亲脂性，价格便宜，安全无毒，所以应用较广。对于蛋白质、酶和核酸等大分子，使用较多的是硫酸铵溶液、氯化钠溶液、磷酸缓冲液、乙醇等。有时某单一溶剂不能促使样品进行结晶，则需要考虑使用混合溶剂（但这两种溶剂应能互相混合）。操作时先将样品用溶解度较大的溶剂溶解，再缓慢地分次少量加入对样品溶解度小的溶剂，直至产生浑浊为止，然后放置或冷却即可获得结晶。也可选用在低沸点溶剂中容易溶解，在高沸点溶剂中难溶解的高低沸点两种混合溶剂。当结晶液放置一段时间，低沸点溶剂慢慢挥发而使结晶形成。许多生物小分子结晶使用的混合溶剂有水-乙醇、醇-醚、水-丙酮等。

8. 搅拌速度

结晶操作中的搅拌主要有两个目的：一是使溶液温度均匀，防止溶液局部浓度不均匀，结垢等弊病；二是提高溶质扩散的速度，使晶核散布均匀，有利于晶体成长，防止晶簇形成，影响产品质量。增大搅拌速度可提高成核和生长速度，但搅拌速度过快会造成晶体的剪切破碎，影响结晶产品质量。

　　加热结晶时，搅拌可以促进水分的挥发，从而使结晶更快形成。临近结晶时不搅拌，因为快结晶时再搅拌的话就会使刚形成的晶核破裂，从而破坏晶体的长大，最后获得的成品常常是多晶体或是非晶体。如果需要形成大的晶块，尽量不要搅拌，搅拌产生的晶体颗粒较小。可以通过搅拌或者控制结晶时间来获得想要的晶粒尺寸。

　　工业上常用的搅拌装置有锚式搅拌桨和推进式搅拌桨。锚式搅拌桨（图 10-5）可以很好地去除贴壁析晶的块状固体，但是缺点是该类搅拌桨使得釜内液体基本呈现水平混合，缺少上下的混合，温度不均一，因此过饱和度不均一，不利于晶体的长大。推进式搅拌桨（图 10-6）能够将液体上下、左右均混合较好。适用于固液两相的搅拌，对于温度的均一性和晶核的有效悬浮均有较好的作用，较适合用于结晶。另外，为了增加混合的剧烈程度，可以加装挡板，这同增加搅拌速率一样，但是不利于大晶体的生成。

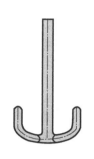

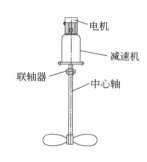
电机
减速机
联轴器
中心轴

(a) 螺带式

(b) 螺杆式

图 10-5　锚式搅拌桨　　　　图 10-6　推进式搅拌器　　　图 10-7　螺旋式搅拌器

　　工业上一般为获得较好的混合状态，同时避免结晶的破碎，可采用气提式混合方式，或利用直径或叶片较大的搅拌桨（图 10-7），降低桨的转速。

二、结晶方法

　　结晶的方法主要是冷却结晶和蒸发结晶。除此之外，在实际操作中，还可利用一些降低溶质溶解度的方法来促进结晶，例如，化学反应结晶法、等电点结晶法、解析结晶法等。

1. 冷却结晶法

　　这是最简便而常用的结晶方法，适用于溶解度随温度降低而显著减小的场合。如冷却 L-脯氨酸的浓缩液至 4℃ 左右，放置 4h，L-脯氨酸结晶将大量析出。再如制霉菌素的浓缩液，将其在 5℃ 条件下冷却 4～6h 即能结晶完全。与此相反，对溶解度随温度升高而显著减少的场合，则应采用加温结晶。

2. 蒸发结晶法

　　蒸发结晶是使溶液在加压、常压或减压下加热，蒸发除去部分溶剂达到过饱和的结晶方法。此法主要适用于溶解度随温度的降低而变化不大的场合。为了避免产物在高温下易破坏，生物合成药物一般多采用减压蒸发。如灰黄霉素的丙酮萃取液真空浓缩除去部分丙酮后即可有结晶析出，再如赤霉素的乙酸乙酯提取液在减压下浓缩，除去溶剂后即有结晶析出。

3. 化学反应结晶法

　　此法是通过加入反应剂生成一个新的溶解度更低的物质，当其浓度超过它的溶解度时，就有晶体析出。许多抗生素、蛋白质也常加入某些成盐剂，以生成难溶性盐或复盐的形式从溶液中析出结晶。如在浓度为 10 万～20 万单位/mL 的青霉素钾盐的水溶液中加入盐酸普鲁卡因溶液，即可制得普鲁卡因青霉素结晶；在头孢菌素 C 的浓缩液中加入乙酸钾即析出头孢菌素 C 钾盐；在利福霉素 S 的乙酸丁酯萃取浓缩液中加入氢氧化钠，利福霉素 S 即转为其钠盐而析出；在红霉素乙酸丁酯提取液中加入硫氰酸钠溶液，并调节 pH 值为 6.0 左右，即生成红霉素硫氰酸盐结晶；在狗肝的提取液中加入固体硫酸镉，冰箱放置过夜，形成红褐色菱形的镉铁蛋白结晶；在胰岛素的精制液中加入锌盐，形成胰岛素锌盐结晶。

4. 等电点结晶法

等电点结晶法多用于一些两性物质。例如，四环素、氨基酸等水溶液，当其 pH 调至等电点附近时就会析出结晶或沉淀。

氨基酸等一些两性化合物，常利用它们在等电点时溶解度最小的原理，只需调节溶液的 pH 值就可获得结晶。例如，谷氨酸溶液加盐酸调 pH 值至谷氨酸的等电点 3.2 即可析出晶体。再如，6-氨基青霉烷酸的钠盐水溶液，用盐酸调节至 pH 3.8～4.1 时即可从水溶液中结晶出来。

5. 解析结晶法

解析法是向溶液中加入某些物质，使溶质的溶解度降低，形成过饱和溶液而结晶析出。这些物质被称为抗溶剂或沉淀剂，它们可以是固体，也可以是液体或气体。抗溶剂最大的特点就是极容易溶解在原溶液的溶剂中。解析法常用固体氯化钠作为抗溶剂使溶液中的溶质尽可能地结晶出来，这种结晶方法称为盐析结晶法，如普鲁卡因青霉素结晶时加入一定量的食盐，可以使晶体容易析出。解析法还常采用向水溶液中加入一定量亲水性的有机溶剂，如甲醇、乙醇、丙酮等，降低溶质的溶解度，使溶质结晶析出，这种结晶方法称为有机溶剂结晶法。如利用卡那霉素容易溶于水而不溶于乙醇的性质，在卡那霉素脱色液中加入 95% 的乙醇至微浑，加晶种并保温，即可得到卡那霉素的粗晶体。巴龙霉素硫酸盐的浓缩液中加入 10～20 倍体积的 95%（质量分数）乙醇，即可得到硫酸巴龙霉素的晶体。一些容易溶于有机溶剂的物质，向其溶液中加入适量水即可析出晶体，这种方法叫作水析结晶法。另外，还可将氨气直接通入无机盐水溶液中降低其溶解度使无机盐结晶析出。

解析法的优点是：可与冷却法结合，提高溶质从母液中的析出率；结晶过程可将温度保持在较低的水平，有利于热敏性物质的结晶。但解析法的最大缺点是常需处理母液、分离溶剂和抗溶剂等，增加回收设备。

工业生产中，除了单独使用上述各法外，还常将几种方法合并使用。例如，制霉菌素结晶就是并用饱和溶液冷却和部分溶剂蒸发两种方法。先将制霉菌素的乙醇提取液真空浓缩 10 倍，再冷却至 5℃ 放置 2h 即可得到制霉菌素结晶。维生素 B_{12} 的结晶就是并用饱和溶液冷却和解析法两种方法，在维生素 B_{12} 的结晶原液中，加入 5～8 倍用量的丙酮，使结晶原液呈浑浊为止，在冷库中放置 3 天，就可得到紫红色的维生素 B_{12} 结晶。此外，在抗生素工业生产中还采用共沸蒸馏结晶法来制取青霉素钠（钾）盐。例如在高浓度的青霉素钠盐萃取液中，加入能与水形成共沸的正丁醇，在减压条件下进行共沸蒸馏，使青霉素钠盐结晶析出。共沸点的温度较低，水分的蒸发可在较温和的条件下进行，因而减少了青霉素的破坏损失，不但结晶收率高，而且晶体粗大疏松，容易过滤，便于洗涤，提高了成品质量。

三、提高晶体质量的方法

晶体的质量主要是指晶体的大小、形状和纯度三个方面。工业上通常希望得到粗大而均匀的晶体。粗大而均匀的晶体较细小不规则的晶体便于过滤与洗涤，在储存过程中不容易结块。但某些抗生素作为药品时有其特殊要求。非水溶性抗生素一般为了使人体容易吸收，粒度要求较细。例如，普鲁卡因青霉素是一种混悬剂，细度规定为 $50\mu m$，超过此规定，不仅不利于吸收而且注射时容易阻塞针头，或注射后产生局部红肿疼痛，甚至发热等症状。但晶体过分细小，有时粒子会带静电，由于其相互排斥，四处跳散，并且会使比热容过大，给成品的分装带来不便。

1. 晶体的大小

晶核形成及晶体生长是同时进行的，因此必须同时考虑影响两者的因素。过饱和度增加能使成核速度和晶体生长速度增快，但成核速度增加更快，因而得到细小的晶体，尤其过饱和度很高时影响更为显著。例如，生产上常用的青霉素钾盐结晶方法，由于形成的青霉素钾盐难溶于乙酸丁酯造成过饱和度过高，因而形成较小晶体。采用共沸蒸馏结晶法时，在结晶过程中始终维持较低的过饱和度，因而得到较大的晶体。

当溶液快速冷却时，能达到较高的饱和度，得到较细小的晶体；反之，缓慢冷却常得到较大的晶体。例如，土霉素的水溶液以氨水调 pH 至 5，温度从 20℃ 降低到 5℃，使土霉素碱结晶析出，温度降低速度越快，得到的晶体比表面就越大，晶体越细。

当溶液的温度升高时，成核速度和晶体生长速度都加快，但对后者影响显著，因此低温得到较细晶体。例如，普鲁卡因青霉素结晶时所需用的晶种，粒度要求在 $2\mu m$ 左右，所以制备这种晶种时温度要保持在 -10℃ 左右。

搅拌能促进成核加快扩散，提高晶体长大的速度。但当搅拌强度到达一定程度后，再加快搅拌效果就不显著，相反，晶体还会被打碎。经验表明，搅拌越快，晶体越细。例如，普鲁卡因青霉素微粒结晶搅拌转速为 1000r/min，制备晶种时，则采用 3000r/min 的转速。

2. 晶体的形状

同种物质用不同的方法结晶时，得到的晶体形状可以完全不一样，虽然它们属于同一种晶系。外形的变化是由于在一个方向生长受阻，或在另一方向生长加速所致。前已指出，快速冷却常导致针状结晶。其他影响晶形的因素有过饱和度、搅拌、温度、pH 等。从不同溶剂中结晶常得到不同的外形。例如，普鲁卡因青霉素在水溶液中结晶得方形晶体，而从乙酸丁酯中结晶呈长棒状。

杂质的存在也会影响晶形，杂质可吸附在晶体的表面上，而使其生长速度受阻。例如，普鲁卡因青霉素结晶中，作为消沫剂的丁醇的存在也会影响晶形，乙酸丁酯的存在会使晶体变得细长。

3. 晶体的纯度

从溶液中结晶析出的晶体常会包含母液、尘埃和气泡等。所以结晶器需要非常清洁，结晶液也应仔细过滤以防止夹带灰尘、铁锈等。要防止夹带气泡可避免剧烈搅拌和剧烈翻腾。晶体表面有一定的物理吸附能力，因此表面上有很多母液和杂质。晶体越细小，表面积越大，吸附的杂质也就越多。表面吸附的杂质可通过晶体的洗涤除去。对于非水溶性晶体，可用水洗涤，如红霉素、制霉菌素等。有时用溶液洗涤能除去表面吸附的色素，对提高成品质量起很大作用。例如，灰黄霉素晶体，本来带黄色，用丁醇洗涤后就显白色；又如青霉素钾盐的发黄变质主要是成品中含有青霉烯酸和噻唑酸，而这些杂质都很容易溶于醇中，故用丁醇洗涤时可除去。用一种或多种溶剂洗涤后，为便于干燥，最后常用容易挥发的溶剂，如乙醇、乙醚等洗涤。为加强洗涤效果，最好是将溶液加到晶体中，搅拌后再过滤。边洗涤边过

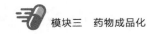

滤的效果较差，因为容易形成沟流使有些晶体不能洗到。

过细的晶体不仅吸附的杂质过多，而且洗涤过滤很难进行，甚至影响生产。当结晶速度过大时（如过饱和度较高、冷却速度很快时），常容易形成晶簇，而包含母液等杂质，或晶体对溶液有特殊的亲和力，晶格中常会包含溶剂，对于这种杂质，用洗涤的方法不能除去，只能通过重结晶来除去。例如，红霉素从有机溶剂中结晶时，每1个分子碱可含1～3个分子丙酮，只有在水中结晶才能除去。

杂质与晶体具有相同晶形，称为共晶现象。对于这种杂质需用特殊的物理化学方法分离除去。

四、结晶操作过程中出现的问题与解决措施

1. 晶体结块

晶体结块给使用带来很多不便。结块的原因主要是晶体的吸湿、粒径分布以及晶体产品中杂质的存在。吸湿性强的晶体容易结块，当空气中湿度较大时，表面晶体吸湿溶解成饱和溶液，充满于颗粒缝隙中，以后如空气中湿度降低时，饱和溶液蒸发又析出晶体，而使颗粒胶结成块。粒度不均匀的晶体，由于大晶粒之间的空隙填充着较小晶粒，单位体积中接触点增多，结块倾向较大，而且不容易弄碎。另外，如果母液中的杂质没有去除干净，温度的变化会使杂质析出，而使颗粒胶结在一起。

减少晶体之间的接触点可以减轻结块现象，因此工业上尽量使粒度加大，但这是有限度的，这样会造成设备处理能力过低（造成晶体生长时间长，容器体积过大）。另外一个更主要的方法是制成均匀的球形，大颗粒均匀球形的优点是同样质量的结晶表面积最小、接触点最少，这都有利于减少吸湿和黏结的可能性。除了尽可能去除晶体中的杂质外，还有一种有效改善的方法是在晶体产品中加入少量的防结块添加剂（抗结剂），改进颗粒表面性质，以达到防止结块的目的。

2. 晶体粒度过细

一般情况下，造成晶体粒度过细的原因有三点：一是温度，温度高些粒度小些；二是浓度，浓度低些粒度小些；三是转速，转速高些粒度小些。要真正控制好粒度，那么首先温度不能有明显变化，浓度也尽量保持稳定（逐步加料），转速要注意均匀度（即边缘的与中间的线速度要差不多，方法有桶边加挡板，转轴不能是圆的）。

3. 晶习改变

晶习改变是指具有晶型的化合物在结晶过程中，外部结晶环境的差异，使晶体结晶过程中外部形态发生的改变。引起晶习改变的因素很多，这些因素包括溶液中所含的杂质、溶液的pH、过饱和度、溶剂等。一般将共存的杂质称为媒晶剂。媒晶剂有无机物和有机物，前者仅在浓度较高时起作用，后者则可在浓度很低时起作用。其作用机理为媒晶剂被吸附在晶体表面的特定面上，阻碍该晶面结晶，因而使晶型改变。晶习对于晶体以后的处理过程和产品性质有着重要影响，因此在反应过程中为了防止晶习发生改变，要严格控制反应条件。

4. 晶体不纯

晶体不纯可采用重结晶的方式来进行。重结晶是将晶体用合适的溶剂溶解，再次结晶，使纯度提高。因为杂质和结晶物质在不同溶剂和不同温度下的溶解度是不同的。

重结晶的关键是选择合适的溶剂。例如，溶质在某种溶剂中加热时能溶解，冷却时能析出较多的晶体，则这种溶剂可以认为适用于重结晶。如果溶质容易溶于某一溶剂而难溶于另一溶剂，且两溶剂能互溶，则可以用两者的混合溶剂进行试验。其方法为将溶质溶于溶解度较大的一种溶剂中，然后将第二种溶剂加热后小心加入，一直到稍显浑浊，结晶刚开始为止，接着冷却，放置一段时间使结晶完全。

第三节　结晶设备

结晶设备的类型很多：按照形成过饱和溶液途径的不同可分为冷却结晶设备、蒸发（浓缩）结晶设备和其他结晶设备；按流动方式可分为母液循环结晶器和晶浆（母液和晶体的混合物）循环结晶器；按操作方式可分连续结晶器和间歇结晶器。这里介绍常用的结晶器及其特点。

一、冷却结晶设备

冷却结晶设备常用于温度对溶解度影响比较大的物质结晶，结晶前先将溶液升温浓缩，而后冷却结晶。

1. 间接冷却结晶器

间接冷却结晶器目前应用较广，主要有内循环式冷却结晶器和外循环式冷却结晶器。内循环式冷却结晶器（图10-8），其冷却剂与溶剂通过结晶器的夹套进行热交换，这种设备由于换热器的换热面积受结晶器的限制，其换热器量不大。外循环式冷却结晶器（图10-9），其冷却剂与溶液通过结晶器外部的冷却器进行热交换，这种设备的换热面积不受结晶器的限制，传热系数较大，易实现连续操作。

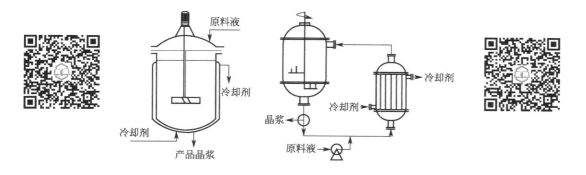

图 10-8　内循环式冷却结晶器　　图 10-9　外循环式冷却结晶器

2. 卧式冷却结晶箱

卧式冷却结晶箱通常是带大半圆底的卧式敞口长槽，槽外装有槽身的 3/4 部分通冷却水的夹套，槽内装有两组螺条形的搅拌桨叶（图10-10）。可应用于谷氨酸钠的助晶和葡萄糖的结晶。

卧式冷却结晶箱设备比较简单，特点是体积大，晶体悬浮搅拌所消耗的动力较小，对于结晶速度较快的物料可串联操作，进行连续结晶。适合于产量较大，周期比较长的料液结晶。

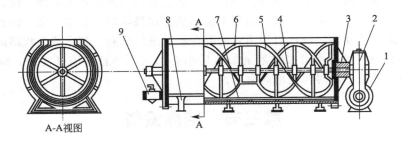

图 10-10　卧式冷却结晶箱

1—马达；2—蜗杆蜗轮减速箱；3—轴封；4—轴；5—左旋搅拌桨叶；

6—右旋搅拌桨叶；7—冷却夹套；8—支脚；9—排料阀

3. 立式冷却结晶箱

对于产量较小，结晶周期较短的，多采用立式冷却结晶箱（图 10-11）。其冷却装置为夹套或蛇管，蛇管中通入冷却水或冷冻盐水。

常用于生产量较小的柠檬酸结晶。柠檬酸结晶 96h 得到的柠檬酸结晶颗粒比较粗大均匀。结晶成熟后，晶体连同母液一起从设备的锥底排料孔放出。立式冷却结晶箱多采用框式搅拌器，卧式冷却结晶箱多采用螺旋式搅拌器。

二、蒸发浓缩结晶设备

蒸发浓缩结晶工艺是一个制药、化工工艺中常用的操作单元，十分普遍地应用在几乎所有的结晶性药物的生产工序之中。当前工业普遍使用的蒸发浓缩结晶主要有热对流型和强制循环型，其中以强制外循环蒸发结晶居多。

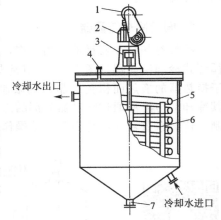

图 10-11　立式冷却结晶箱

1—马达；2—减速器；3—搅拌轴；4—进料口；

5—冷却蛇管；6—框式搅拌器；7—出料口

1. 普通型蒸发结晶器

普通型蒸发结晶器（图 10-12）与用于溶液浓缩的蒸发器在设备结构及操作上完全相同，该设备的结晶过程与蒸发过程同时进行。溶液被加热至沸点，蒸发浓缩达到过饱和而结晶。用蒸发器浓缩溶液使其结晶时，可以在减压下操作，维持较低的温度，使溶液产生较大的过饱和度，但对晶体的粒度难于控制。因此，遇到必须严格控制晶体粒度的场合，可先将溶液在蒸发器中浓缩至略低于饱和浓度，然后移送至另外的结晶器中完成结晶过程。

2. 奥斯陆蒸发结晶器

奥斯陆（OSLO）蒸发式结晶器（图 10-13）是一类典型的蒸发式结晶器，该结晶器主要由结晶室、蒸发室及加热室组成。工作时，原料液由进料口加入，经循环泵输送至加热器加热，加热后的料液进入蒸发室。在蒸发室内，部分溶剂被蒸发，形成的二次蒸汽由蒸发室顶部排出，浓缩后的料液经中央管下行至结晶室底部，然后向上流动并析出晶体。由于结晶室呈锥形，自下而上截面积逐渐增大，因而固液混合物在结晶室内自下而上流动时，流速逐渐减小。由沉降原理可知，粒度较大的晶体将富集于结晶室底部，因而能与新鲜的过饱和溶

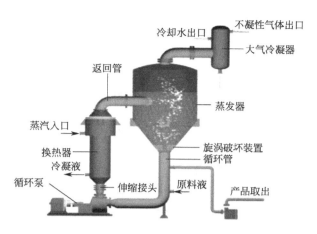

图 10-12　普通型蒸发结晶器

液相接触，故粒度将愈来愈大。而粒度较小的晶体则处于结晶室的上层，只能与过饱和度较小的溶液相接触，故粒度只能缓慢增长。显然，结晶室中的晶体被自动分级，这对获取均匀的大粒度晶体十分有利，故此为奥斯陆结晶器的一个极为突出的优点。

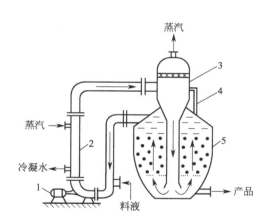

图 10-13　奥斯陆蒸发结晶器
1—循环泵；2—加热室；3—蒸发室；
4—通气管；5—结晶室

　　奥斯陆结晶器同时也是一个母液循环式结晶器。工作时，到达结晶室顶层的溶液，其过饱和度已消耗完毕，其中也不再含有颗粒状的晶体，故可以澄清母液参与管路中循环。奥斯陆结晶器的操作性能优异，缺点是结构复杂、投资成本较高。奥斯陆结晶器也有改进型的冷却结晶器。

3. DTB 型蒸发结晶器

　　DTB（draft tube battle）型蒸发结晶器（图 10-14）具有导流筒及挡板，生产强度大，容器内晶体不易结块，已成为连续结晶器的最主要形式之一。结晶器内有一圆筒形挡板，中央有一导流筒。在其下端装置的螺旋桨式搅拌器的推动下，悬浮液在导流筒及导流筒与挡板之间的环形通道内循环流动，形成良好的混合条件。圆筒形挡板将结晶器分为晶体成长区与澄清区。挡板与器壁间的环隙为澄清区，此区内搅拌的作用已基本上消除，使晶体得以从母

液中沉降分离，而细晶随部分母液从澄清区的顶部进入循环管并受热溶解返回结晶器，从而实现对晶核数量的控制。晶体产品从淘析柱下部卸出。

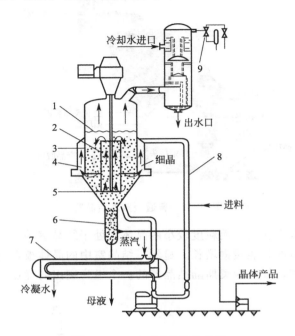

图 10-14　DTB 型蒸发结晶器
1—沸腾液面；2—导流筒；3—挡板；4—澄清区；5—螺旋桨；
6—淘析柱；7—加热器；8—循环管；9—喷射真空

　　操作时热饱和料液连续加到循环管下部，与循环管内夹带有小晶体的母液混合后经泵送至加热器。加热后的溶液在导流筒底部附近流入结晶器，并由缓慢转动的螺旋桨沿导流筒送至液面。溶液在液面蒸发达过饱和状态，其中部分溶质在悬浮的颗粒表面沉积，使晶体长大。

　　DTB 型蒸发结晶器属于典型的晶浆内循环结晶器。其特点是器内溶液的过饱和度较低，并且循环流动所需的压力很低，螺旋桨只需在低速下运转。此外，桨叶与晶体间的接触成核速率也很低，这也是该结晶器能够生产较大粒度晶体的原因之一。如将该装置顶部冷凝器改为精馏塔，可在一台装置中完成青霉素结晶与混合溶剂的分离回收两个单元过程。

4. 煮晶锅

　　煮晶锅（图 10-15）是一个带搅拌的夹套加热真空蒸发罐，设备操作简单，整个设备可分为加热蒸发室、加热夹套、汽液分离器、搅拌器等。对于结晶速度比较快，容易自然起晶，且要求晶体较大的产品，多采用真空煮晶锅进行煮晶，如谷氨酸钠、蔗糖等的结晶就采用这种设备。

　　对于煮晶锅一般多采用锚式搅拌，配合溶液在沸腾时的自然循环，可使晶体悬浮。当晶体颗粒比较小，容易沉积时，为防止堵塞，排料阀要采用流线型直通式（图 10-16），同时加大出口，以减少阻力。必要时安装保温夹层，防止突然冷却而结块。为防止搅拌轴的断裂，应安装保险装置，如保险连轴鞘等。其他如排气装置、管道等应适当加大或严格保温，以防止晶体的堵塞。

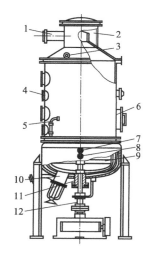

图 10-15　真空煮晶锅
1—二次蒸汽排出管；2—气液分离器；
3—清洗孔；4—视镜；5—吸液孔；
6—人孔；7—压力表孔；8—蒸汽进口管；
9—锚式搅拌器；10—排料阀；
11—轴封填料箱；12—搅拌轴

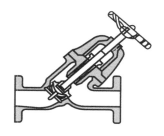

图 10-16　流线型直通式排料阀

 案例分析

一、青霉素钾盐共沸结晶工艺

青霉素钾工业盐生产过程大体由发酵、提取（包括过滤、萃取、脱色、碱化）及精制（包括结晶、过滤、洗涤、干燥）三步组成。

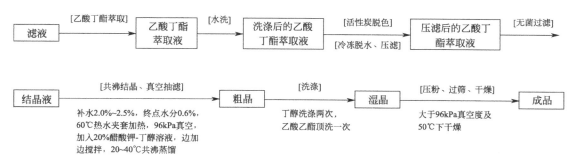

图 10-17　青霉素钾盐共沸结晶工艺

在青霉素钾盐的结晶过程中，为了获得长针形的纯度较高的晶体，采用共沸结晶的方法。图 10-17 为青霉素共沸结晶工艺。利用青霉素在酸性条件下易溶于有机溶剂、在中性条件下易溶于水的性质，在生产过程中调节 pH 值，把青霉素从发酵液提取到乙酸丁酯中，先进行提取液的水洗，经加入活性炭脱色、冷冻脱水后，再进行压滤、无菌过滤，将提取液中的杂质滤除，得到结晶液。再将青霉素的乙酸丁酯提取液转入结晶罐内进行共沸结晶。结晶分为反应与蒸发两个阶段。反应剂醋酸钾一旦加入结晶罐内，即与青霉素游离酸生产青霉素钾盐。青霉素钾盐溶于水而不溶于乙酸丁酯，因此生成的青霉素钾盐在水中达到饱和后，就

249

会有细小的青霉素钾盐晶核析出。反应完成后，为了使溶于水的青霉素钾盐结晶出来，开始真空蒸发过程，在此阶段水与乙酸丁酯、丁醇形成三元共沸物不断馏出，随之青霉素钾盐不断析出，晶核逐渐长大，形成晶粒。再通过真空抽滤得到粗晶，再通过丁醇、乙酸乙酯的洗涤得到湿晶，最后通过干燥等步骤得到成品。

共沸结晶分离出来的青霉素晶体大，质量好，共沸结晶终点水分低，收率高。工艺路线短，设备少。青霉素质量的好坏与晶形的控制好坏有很大关系。另外，影响晶形主要有两方面的因素。第一，溶液的过饱和度大小，它直接影响着晶核形成的大小，并对以后晶体成长起确定性作用，此工艺中，出晶前丁醇补加时机直接影响了溶液过饱和度大小。第二，搅拌速度，搅拌过快会有磨损，搅拌过慢会结成晶簇，容易使母液包藏在晶粒间而使以后洗涤发生困难，这样也会使产品纯度降低。

青霉素钾盐在乙酸丁酯中的溶解度很小，但在水中的溶解度很大，因此要求在结晶过程中尽量将乙酸丁酯中夹带的水分除去。利用乙酸丁酯和水能形成共沸物的特性，可以在真空下将其共沸物蒸出，以减少乙酸丁酯中的水分而利于结晶。

但是为了增加结晶的时间，使乙酸丁酯中的水分逐渐减少，以获得晶形较大的晶体，故在乙酸丁酯萃取液中加入适量的水。如在生产中可往乙酸丁酯内加入 $2.0\%\sim2.5\%$ 的水，将其放在结晶罐中，然后在 96kPa 的真空下，加入 20% 的乙酸钾-丁醇溶液，边加边搅拌，在 25℃ 左右时首先是丁醇-水共沸物蒸出，在 30℃ 左右时蒸出丁醇-乙酸丁酯-水的三元共沸物，在 35℃ 左右蒸出的是乙酸丁酯-水的共沸物，最后温度升至 38～40℃，乙酸丁酯中的水分可降至 0.6% 左右。随着水分不断去除，结晶过程逐步完成。结晶前青霉素钾盐的纯度只有 70% 左右，但结晶后纯度可提高至 98% 以上。

二、红霉素结晶工艺

红霉素结晶工艺主要有单溶剂法结晶、乳酸盐结晶和硫氰酸盐结晶三种（图 10-18）。

1. 单溶剂法结晶

在乙酸丁酯结晶液中加入丙酮，冷却至 −5℃ 放置，使红霉素结晶析出。尽管红霉素在丙酮溶液中随温度升高溶解度降低，但是加液温度高结晶会形成块状物，难以过滤，所以一般加液操作温度要低。结晶产生后，适当提高温度，减少母液中红霉素含量，使结晶完全。结晶经分离并洗涤后可除去红霉素 C 杂质，得红霉素粗品。

工业生产上为了提高红霉素粗碱的纯度，还要进一步重结晶。将红霉素粗碱溶于 1∶7 的丙酮中，经过滤后，加入红霉素丙酮滤液体积的 1.5～2 倍的蒸馏水，在温室下静置过夜，即可制得红霉素精制品，通过重结晶红霉素的效价一般可提高 10%。

2. 乳酸盐结晶

该方法是将反应结晶法与溶析结晶法相结合。乳酸盐结晶法是依据红霉素分子中碱性糖的二甲氨基可与乳酸成盐，从萃取液中沉淀析出。生产上是在高浓度乙酸丁酯萃取液中用无水硫酸钠除水，过滤除去硫酸钠后，在搅拌下将乳酸加入乙酸丁酯萃取液中析出红霉素乳酸盐，分离掉溶剂，将此盐溶解于丙酮水溶液中，加氨水碱化转化为红霉素碱，然后在红霉素丙酮溶液中加入抗溶剂水，使红霉素结晶析出，经过滤、洗涤，真空干燥后得红霉素成品。

3. 硫氰酸盐结晶

该方法与乳酸盐结晶法原理类似。向萃取液中加入硫氰酸钠（NaSCN）和冰醋酸，使

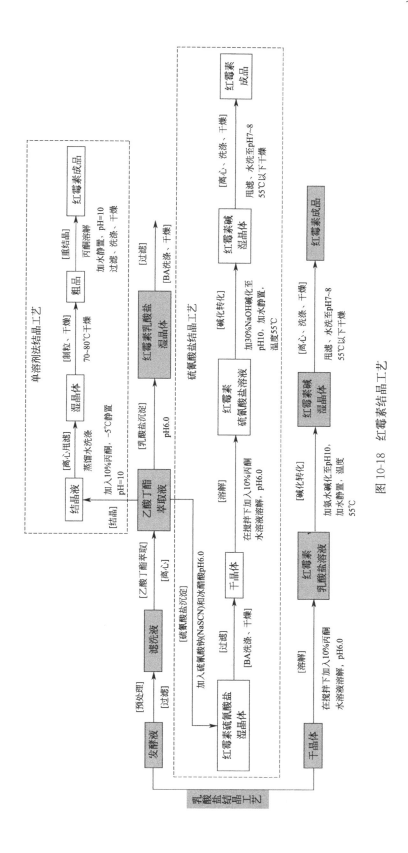

图 10-18 红霉素结晶工艺

红霉素以红霉素硫氰酸盐形式结晶出来，之后经过滤、洗涤、干燥，得到红霉素硫氰酸盐，用于兽药。再溶解于丙酮中，经过碱化转化，加入抗溶剂水，使红霉素结晶析出，经过滤、洗涤，真空干燥后得红霉素成品。红霉素硫氰酸盐作为中间体，还用于合成罗红霉素、阿奇霉素、克拉霉素等大环内酯类抗生素。

 总结归纳

本章知识点思维导图

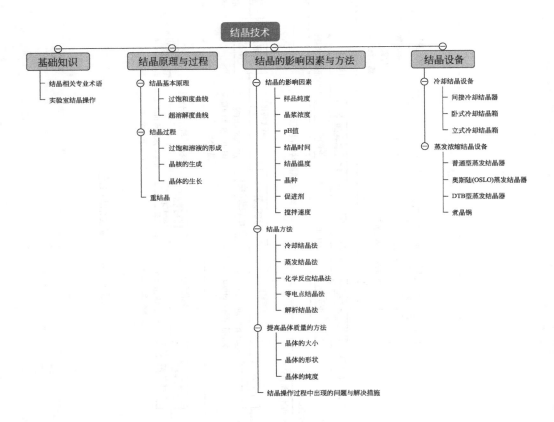

 拓展阅读

蜂蜜的结晶

　　不知道同学们有没有发现一个现象，有些蜂蜜放到冬天之后，会渐渐地有沉淀出来，甚至整瓶都变成固体，这就是蜂蜜结晶了。可是有些蜂蜜，又不会这样子。即使是天气变冷了，它是变浓稠了一些，但还是液体，根本没有什么东西析出来。有人说，蜂蜜出现了沉淀，那是因为蜂蜜掺了白糖。还有人说，蜂蜜不会结晶，那是因为这蜂蜜是假的！真的是这样吗？事实到底是什么呢？为什么有的蜂蜜会结晶，而有的蜂蜜又不会结晶呢？

　　蜂蜜结晶是蜂蜜的一种自然现象。这得先看看蜂蜜的成分。蜂蜜是一种高度复杂的糖类混合物，主要成分是糖类，它占蜂蜜总量的四分之三以上，其中有单糖、双糖和多糖。蜂蜜中的糖分又以单糖为主，即葡萄糖和果糖，占总糖量的80%～90%，通常情况下，蜂蜜中的果糖和葡萄糖含量大体相同。其次是双糖，双糖中蔗糖占5%～10%，还有其他的麦芽糖、曲二糖、龙胆二糖、松二糖等。此外，还有少量寡糖与多糖，如麦芽三糖等。蜂蜜中还有蛋白质、氨基酸、有机酸、维生素、色素、芳香物质等。除了干物质外其余的就是水分。

蜂蜜的结晶，是蜂蜜里葡萄糖分子在做无规则运动，但蜂蜜里葡萄糖超过它的溶解度，成为过饱和溶液时，就有一部分葡萄糖分子在蜂蜜里开始有规则地运动、排列起来，形成一个微小的结晶核，成为一个结晶的中心，更多的葡萄糖分子有规则地排列在它的各面，逐渐形成较大的晶体，从蜂蜜里分离出来，这就是蜂蜜结晶。

（1）蜜种和浓度　蜂蜜因蜜种的不同或采集地区的不同，结晶的快慢、状态也都不同，高浓度蜂蜜含水分少，结晶体黏稠，质地较硬。

（2）气温和湿度　蜂蜜在气温降低，存放温度在13～14℃，湿度改变时最容易结晶；温度高时则不易结晶；温度降到一定程度因分子结构稳定，则结晶速度又减慢。

（3）容器中有没有以前蜂蜜的残留　当容器内有前次蜂蜜残留时，前次蜂蜜可作为晶种，这样蜂蜜中的结晶分子易促进结晶；而真空包装的蜂蜜，因性状相对稳定，不易出现结晶现象。

蜂蜜结晶了，对蜂蜜的营养价值不会有任何影响，只是吃蜂蜜的时候口感有了变化。所以，如果蜂蜜结晶了，不要担心；如果蜂蜜没有结晶，只要不是假蜂蜜，那么也不要担心。像是油菜蜜、向日葵蜜、荆条蜜、野桂花蜜、荔枝蜜，这些蜂蜜都比较容易结晶；而槐花蜜、龙眼蜜等比较难结晶。

来源：江名甫. 蜂蜜结晶是自然现象［N］. 湖南科技报，2005-07-05（005）.

？ 复习与练习题

一、选择题

1. 下列关于沉淀和晶体的说法正确的是（　　）。

A. 沉淀和晶体会同时生成，纯度相似

B. 析出速度慢产生的是结晶，结晶纯度远高于沉淀

C. 析出速度快产生的是结晶，结晶纯度远高于沉淀

D. 析出速度慢产生的是沉淀，结晶纯度低于沉淀

2. 结晶的前提是（　　）。

A. 溶液的过饱和度　　B. 过饱和溶液的形成　　C. 晶核的形成　　D. 晶体的生长

3. 结晶的推动力是（　　）。

A. 溶液的过饱和度　　B. 过饱和溶液的形成　　C. 晶核的形成　　D. 晶体的生长

4. 成核速度的影响因素有（　　）。

A. 过饱和度　　　　B. 温度　　　　C. 溶质种类　　D. 以上都包括

5. 结晶过程中，溶质过饱和度大小（　　）。

A. 不仅会影响晶核的形成速度，而且会影响晶体的长大速度

B. 只会影响晶核的形成速度，但不会影响晶体的长大速度

C. 不会影响晶核的形成速度，但会影响晶体的长大速度

D. 不会影响晶核的形成速度，而且不会影响晶体的长大速度

6. 氨基酸的结晶纯化是根据氨基酸的（   ）性质。

A. 溶解度和等电点　B. 分子量　　　　　C. 酸碱性　　　　D. 生产方式

7. 在（   ）情况下得到粗大而有规则的晶体。

A. 晶体生长速度大大超过晶核生成速度　　B 晶体生长速度大大低于晶核生成速度

C. 晶体生长速度等于晶核生成速度　　　　D. 以上都不对

8. 当溶液处于（   ）时，表现为溶液过饱和，无加晶种等外界扰动作用下，不发生晶核的自发形成。

A. 稳定区　　　　　　B. 不稳区　　　　　　C. 介稳区　　　　D. 过饱和曲线

9. 在结晶操作中，工业上最常用的起晶方法有（   ）。

A. 自然起晶法　　　B. 刺激起晶法　　　C. 晶种起晶法　D. 以上都是

10. 卧式冷却结晶箱采用的搅拌器是（   ），立式冷却结晶箱采用的搅拌器是（   ），煮晶锅采用的搅拌器是（   ），DTB 型结晶器采用的搅拌器是（   ）。

A. 锚式搅拌器　　　　B. 框式搅拌器　　　　C. 螺旋式搅拌器　　D. 桨式搅拌器

二、简答题

1. 为什么晶体产品具有较高的纯度？

2. 结晶的首要条件是什么？制备过饱和溶液一般有哪几种方法？

3. 在什么条件下可采用加晶种进行结晶？

4. 简述结晶方法。

5. 晶体质量包括哪几方面？

6. 结晶设备如何分类？

第十一章　干燥技术

在制药生产过程中，经常会遇到各种湿物料，湿物料中所含的需要在干燥过程中除去的任何一种液体都称为湿分。药物是一类特殊产品，必须保证具有较高的质量，其中湿分含量是保证药物质量的重要指标之一。如颗粒剂的含水量不得超过 3%，若含水量过高，易导致颗粒剂结块、发霉变质等，从而导致药物失效，甚至危害人身健康。

为了药物的安全性、有效性，便于加工、运输、贮存，必须将分离纯化所获得的产物中的湿分除去，因此药物干燥技术是制药生产中不可或缺的工艺步骤。药物干燥可以起到提高药物的稳定性，便于物料进一步处理以及便于制备各种制剂的作用。

 基础知识

干燥就是从各种物料中去除湿分的过程，各种物料可以是固体、液体或气体，而湿分一般是物料中的水分，也可以是其他溶剂。

在干燥过程中，水分从物料内部移向（扩散）表面，再由表面扩散到热空气中。干燥的基本流程为：分离过程去除杂质→固液分离或浓缩→除湿。

干燥过程得以进行的必要条件是被干燥物料中的水分所产生的水蒸气分压大于热空气中水蒸气分压。若二者相等，表示蒸发达到平衡，干燥停止；若热空气中水蒸气分压大，物料反而吸水。所以为了使物料干燥，必须控制热空气的相对湿度。

一、湿空气的性质

湿空气是干空气和水汽的混合物。在对流干燥过程中，最常用的干燥介质是湿空气，将湿空气预热成热空气后与湿物料进行热量与质量交换，可见湿空气既是载热体，也是载湿体。在干燥过程中，湿空气的水汽含量及温度等性质都会发生变化。

1. 湿空气的压力和温度

作为干燥介质的湿空气是不饱和的空气，即空气中的水汽的分压低于同温度下水的饱和蒸气压。由于干燥过程的压力较低，对于这种状态下的湿空气，通常可作为理想气体来处理，即假定理想气体的一切定律均适用于湿空气。

根据道尔顿分压定律，湿空气的总压 P 等于绝对干空气的分压 P_g 与水汽的分压 p 之和。当总压一定时，空气中的水汽分压 p 越大，空气中的水汽含量亦越大。有下列关系存在：

$$P = P_g + p$$

由物质的量之比等于分压之比可以得到下式：

$$\frac{n_w}{n_g} = \frac{p}{P_g} = \frac{p}{P-p}$$

式中　n_w——湿空气中水汽的物质的量，kmol；

　　　n_g——湿空气中绝对干空气的物质的量，kmol。

湿空气的温度若是用普通温度计测得的，此温度称为干球温度，为湿空气的真实温度，简称空气的温度。如果用湿纱布包裹温度计的感温部分，将它置于一定温度和湿度的流动的空气中，达到稳定时所测得的温度称为空气的湿球温度。

2. 湿度

湿度又称为湿含量或绝对湿度。它以湿空气中所含水汽的质量与绝对干空气的质量之比表示，使用符号 H，其单位为 kg/kg。

$$H = \frac{湿空气中水汽的质量}{湿空气中绝对干空气的质量}$$

因气体的质量等于气体的物质的量乘以分子量，则有

$$H = \frac{湿空气中水汽的质量}{湿空气中绝对干空气的质量} = \frac{M_w n_w}{M_g n_g}$$

式中　M_w——水汽的分子量，kg/kmol；

　　　M_g——绝对干空气的平均分子量，kg/kmol。

在干燥过程中，湿空气中水汽的质量是变化的，而干空气仅作为载热体和载湿体，其质量或质量流量是不变的。因此，用单位质量干空气作基准计算湿空气的湿度则很方便。

将空气和水汽的分子量代入上式得到

$$H = \frac{18p}{29(P-p)} = 0.621 \frac{p}{P-p}$$

由上式可见，湿度与湿空气的总压及其中的水汽分压有关，当总压一定时，则由水汽的分压决定。

若水汽分压为同温度下水的饱和蒸气压 P_s，则表明湿空气呈饱和状态，此时湿空气的绝对湿度称为饱和湿度 H_s，即

$$H_s = 0.621 \frac{p_s}{P-p_s}$$

3. 相对湿度

在一定温度及总压下，湿空气的水汽分压 p 与同温度下水的饱和蒸气压的比，称为相对湿度（相对湿度），用符号 φ 表示，即

$$\varphi = 0.621 \frac{p}{p_s}$$

当相对湿度为100％时，表示湿空气中的水汽已达到饱和，此时水汽的分压为同温度下水的饱和蒸气压，亦即湿空气中水汽分压的最高值。未饱和空气相对湿度小于100％，绝对干空气相对湿度为0。相对湿度 φ 越低，则距离饱和程度越远，表示该湿空气吸收水汽能力越强。

二、湿物料中水分的性质

当物料与一定温度及湿度的干燥介质接触时，势必会放出水分或吸收水分，并达到一定的值。在干燥介质状态不变的情况下，物料中的水分总是维持该定值，此定值称为该物料在一定干燥介质状况下的平衡水分。平衡水分代表物料在一定干燥介质状态下可以干燥的限度。只有物料中超出平衡水分的那部分，才有可能在干燥过程中被脱除。该部分水分称为自

由水分。物料所含总水分是由自由水分和平衡水分所组成的（图 11-1）。

1. 平衡水分

平衡水分指在一定空气状态下，物料表面产生的水蒸气压与空气中水蒸气分压相等时物料中所含的水分，该部分水是干燥所除不去的水分。物料的平衡水分含量与空气相对湿度有关，随空气的相对湿度上升而增大。干燥器内空气相对湿度，应低于被干燥物自身的相对湿度。

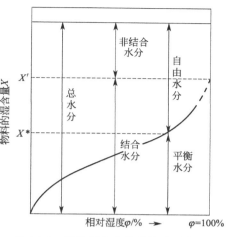

图 11-1　湿物料中水分的性质示意图

2. 自由水分

自由水分指物料中所含大于平衡水分的那部分水，或称游离水。自由水可在干燥过程中除去。

3. 结合水分

结合水分指主要以物理方式结合的水分，结合水分与物料性质有关，具有结合水分的物料，称为吸水性物料。

4. 非结合水分

非结合水分主要指以机械方式结合的水分，与物料的结合力很弱，仅含非结合水的物料叫作非吸水性物料。

三、干燥分类

1. 根据除湿原理分类

可分为机械分离法、物理化学法与加热干燥法。

（1）机械分离法　当固体湿物料中含液体较多时，可先用沉降、过滤、离心分离等机械分离的方法除去其中大部分的液体，这些方法能耗较少，但湿分不能完全除去。该方法适用于液体含量较高的湿物料的预干燥。

（2）物理化学法　将干燥剂如无水氯化钙、硅胶、石灰等与固体湿物料共存，使湿物料中的湿分经气相转入干燥剂内。这种方法费用较高，只适用于实验室小批量低湿分固体物料的干燥。

（3）加热干燥法　利用热能，使湿物料中的湿分汽化而除去的方法。该方法适用于大规模工业化生产的干燥过程。按热量供给方式可分为传导干燥、对流干燥、辐射干燥和介电加热干燥。

① 传导干燥。热能通过传热壁面以传导方式传给物料，产生的湿分蒸汽被气相（又称干燥介质）带走，或用真空泵排走，如耙式、盘式干燥。还有冷冻干燥也是属于一种传导干燥，是将物料冷冻至冰点以下，使水结成冰，然后在一定真空度下，用热传导方式供热，使冰直接升华为水蒸气而被除去。冷冻干燥属于低温操作，可以保存被干燥物料的原有结构和特性，该法适用于热敏性药物、生化药物的干燥，但这种干燥的操作费用较高。

② 对流干燥。利用对流传热的方式向湿物料供热，产生的蒸汽被干燥介质所带走，如气流、喷雾干燥。

③ 辐射干燥。由辐射器产生的辐射能以电磁波形式到达物料表面，为物料所吸收而重

新变为热能，从而使湿分汽化，如红外线干燥。

④ 介电加热干燥。将需要干燥的物料置于高频电场中，利用高频电场的交变作用将湿物料加热，水分汽化，物料被干燥，如高频、微波干燥。

2. 根据操作压强分类

可分为常压干燥、真空干燥和加压干燥。真空干燥时温度较低、蒸汽不易外泄，适宜于处理热敏性、易氧化、易爆或有毒物料以及产品要求含水量较低、要求防止污染及湿分蒸汽需要回收的情况。加压干燥只在特殊情况下应用，通常是在高压下加热后突然减压，水分瞬间发生汽化，使物料发生破碎或膨化。

3. 根据操作方式分类

可分为连续干燥和间歇干燥。工业生产中多采用连续干燥，其生产能力大、产品质量较均匀、热效率较高、劳动条件较好；间歇干燥的投资费用较低，操作控制灵活方便，故适用小批量、多品种或干燥时间要求较长的物料。

四、对流干燥过程

在恒定干燥条件下，依据干燥速度的变化，对流干燥过程可分为预热阶段、恒速阶段、降速阶段和平衡阶段。

1. 预热阶段

干燥速度由零升到最大值，热量主要消耗在物料加温和少量水分汽化上，水分降低很少。

2. 恒速阶段

干燥速度达最大值后，物料表面水分蒸气分压大于该温度下热空气的蒸气压，物料内部的水分不断向表面扩散，使其保持润湿状态。只要物料表面有水分时，汽化速度就可保持不变，故称恒速阶段。特点是干燥速度达到最大值并保持不变，含水量迅速下降。

3. 降速阶段

达到临界含水量以后，随着干燥时间的延长，水分由内部向表面扩散的速度降低，并低于表面水分汽化的速度，干燥速度也随之下降，称为降速阶段。

4. 平衡阶段

当被干燥对象中水分达到平衡水分时，水分不再向热空气汽化，干燥速度等于零，故称平衡阶段。

五、对流干燥速率及其影响因素

1. 干燥速率

干燥速率是指单位时间、单位干燥面积上被干燥物料所能汽化的水分量，即水分量减少值。

$$U = \frac{dW}{A\,d\tau}$$

式中　U——干燥速率，$kg/(m^2 \cdot h)$；

　　　W——汽化水分质量，kg；

A——干燥面积，m^2；

τ——干燥所需时间，h。

2. 干燥曲线与干燥速率曲线

干燥过程的计算内容包括确定干燥操作条件、干燥时间及干燥器尺寸，为此，必须求出干燥过程的干燥速率。但由于干燥机制及过程很复杂，直至目前研究得尚不充分，所以干燥速率的数据多取自实验测定值。为了简化影响因素，测定干燥速率的实验是在恒定条件下进行。如用大量的空气干燥少量的湿物料时可以认为接近于恒定干燥情况。如图 11-2 所示为干燥过程中物料含水量 X 与干燥时间 τ 的关系曲线，此曲线称为干燥曲线。图 11-3 所示为物料干燥与物料含水量的关系曲线，称为干燥速率曲线。

由干燥速率曲线可以看出，干燥过程主要分为恒速干燥和降速干燥两个阶段。

（1）恒速干燥阶段　此阶段的干燥曲线如图中 BC 段所示，这一阶段中，物料表面充满着非结合水分，其性质与液态纯水相同。在恒定干燥条件下，物料的干燥速率保持恒定，其值不随物料含水量多少而变。

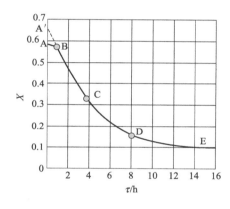

图 11-2　恒定干燥条件下的干燥曲线

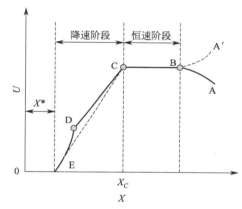

图 11-3　恒定干燥条件下的干燥速率曲线

在恒定干燥阶段中，由于物料内部水分扩散速率大于表面水分汽化速率，空气传给物料的热量等于水分汽化所需的热量。物料表面的温度始终保持为空气的湿球温度，这个阶段干燥速率的大小主要取决于空气的性质，而与湿物料的性质关系很小。图中 AB 段为物料预热阶段，此阶段所需时间很短，干燥计算中往往忽略不计。

（2）降速干燥阶段　如图 11-3 所示，干燥速率曲线的转折点（C 点）称为临界点，该点的干燥速率仍等于恒速阶段的干燥速率，与该点对应的物料含水量，称为临界 X_C。当物料的含水量降到临界含水量以下时，物料的干燥速率亦逐渐降低。图中所示 CD 段为第一降速阶段，这是因为物料内部水分扩散到表面的速率已小于表面水分在湿球温度下的汽化速率，这时物料表面不能维持全面湿润而形成"干区"，由于实际汽化面积减小，从而以物料全部外表面积计算的干燥速率下降。

图中 DE 段称为第二降速阶段，水分的汽化面随着干燥过程的进行逐渐向物料内部移动，从而使热、质传递途径加长，阻力增大，造成干燥速率下降。到达 E 点后，物料的含水量已降到平衡含水量 X^*（即平衡水分），再继续干燥亦不可能降低物料的含水量。

降速干燥阶段的干燥速率主要取决于物料本身的结构、形状和大小等，而与空气的性质关系很小。这时空气传给湿物料的热量大于水分汽化所需的热量，故物料表面的温度不断上升，而最后接近于空气的温度。

3. 影响干燥速率因素

（1）恒速干燥阶段 干燥速率主要取决于物料中的水分在表面汽化的速率。
强化途径：提高空气温度、降低其湿度可加速干燥，改善物料与空气的接触情况。
（2）降速干燥阶段 干燥速率主要由物料的水分扩散速率决定。
强化途径：提高物料温度，改善其分散度，加速干燥。

六、常见的干燥方法

物料干燥的方法有很多，常见的传导干燥设备有耙式干燥器、盘式干燥器、滚筒干燥器和冷冻干燥。对流干燥设备有厢式、洞道式、带式、转筒、气流、流化床和喷雾等干燥器，其特点是气流与物料直接接触加热。考虑到药物的特殊性，药物干燥主要有气流干燥、流化床干燥、真空干燥、喷雾干燥和冷冻干燥，在本章中重点介绍后两种干燥方法。

在对流干燥中，固体湿物料的干燥是由传热和传质两个过程所组成。传热过程是当湿物料与热空气相接触时，干燥介质（热空气）将热能传递至湿物料表面，由表面传递至物料的内部；传质过程是热量传递同时，湿物料中的水分从物料内部以液态或气态扩散到物料表面，由物料表面通过气膜扩散到热空气中去。

1. 气流干燥

气流干燥是一种连续的常压干燥方法。物料通过给料器送入干燥器，干燥在竖管中进行，干燥物料和干燥介质（空气）在速度 10～15m/s 下并流移动，用风机在加热器中预热，干物料从旋风分离器中被分离出来（图 11-4）。

这种干燥将细粉或颗粒状的湿物料通过空气、烟道气或惰性气体将其分散于悬浮气流中，并和热气流做并流流动。气流干燥主要适用于颗粒状物料。在气流干燥中，为了蒸发水分和除去水蒸气，使用了空气、烟道气、惰性气体作为气体干燥介质并借助于干燥介质实现脱水要求。这是一种古老的传统方法，常与通风、加热结合起来。该法成本较低、干燥量大，但时间稍长，容易污染。阿司匹林、四环素、对乙酰氨基酚、胃酶、胃黏膜素等常用气流干燥的方法进行干燥。

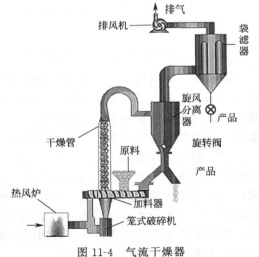

图 11-4 气流干燥器

2. 流化床干燥

流化床干燥即沸腾，是利用热空气流使湿颗粒悬浮，呈流态化，似"沸腾状"，热空气在湿颗粒间通过，在动态下进行热交换，带走水汽而达到干燥目的一种方法（图 11-5）。适用于湿粒性物料，如湿粒、水丸的干燥。优点是气流阻力较小，物料磨损轻，热利用率较高，干燥速度快，产品质量好，干湿度均匀，没有杂质带入，不需翻料，自动出料，节省劳动力。缺点是热能消耗大，清扫设备较麻烦，尤其是有色颗粒。

3. 真空干燥

真空干燥，又称为减压干燥，是指物料处于真空条件下进行的干燥。它与真空浓缩在去除湿分的原理上是相似的，在真空减压状态下物料溶剂的沸点降低，因此适用于热敏性物料

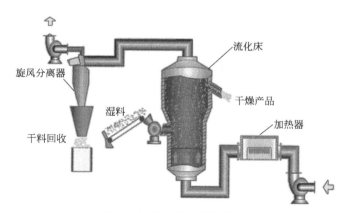

图 11-5　沸腾（流化床）干燥器

的干燥以及在空气中易氧化、易燃、易爆的物料。具有干燥温度低、干燥速度快、干燥的产品易于粉碎等优点。真空设备有厢式、耙式和锥式等真空干燥器。

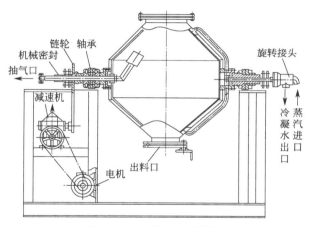

图 11-6　双锥真空干燥器

图 11-6 所示的锥式干燥器为双锥形的回转罐体，罐内在真空状态下，向夹套内通入蒸汽或热水进行加热，热量通过罐体内壁与湿物料接触，湿物料吸热后蒸发的水汽，通过真空泵经真空排气管被抽走。罐体内处于真空状态，且罐体的回转使物料不断上下内外翻动，因此加快了物料的干燥速度，提高干燥效率，达到均匀干燥的目的。

第一节　喷雾干燥

早在 1865 年，科学家利用喷雾干燥法对蛋液进行处理取得了成功。1872 年美国人 Percy 申请了喷雾干燥的技术专利。在 20 世纪初这种技术主要用于脱脂奶粉的生产，并在食品工业中开始应用。随着喷雾干燥技术的不断开发和完善，这项技术在制药行业中已得到了广泛应用，例如生化药物、生物制品的干燥。

一、喷雾干燥原理

喷雾干燥是利用雾化器将药液分散为细小雾滴，并在热气体中迅速蒸发溶剂形成制品的过程。热气体可以是热空气、氮气或过热水蒸气，一般常为热空气。料液可以是溶液、乳浊液和悬浮液，也可以是熔融液和膏糊液。干燥产品根据生产需要制成粉体、颗粒、空心球或团粒，可省去蒸发、粉碎等工序。喷雾干燥具有快速高效、可在无菌条件下操作、产品溶解性好的优点。缺点是热利用率不高，有粘壁问题，设备投资费用大。

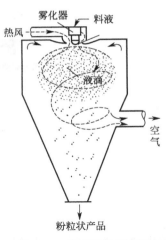

图 11-7 喷雾干燥示意图

二、喷雾干燥过程

喷雾干燥实质上是流化技术用于液态物料的一种干燥方法。喷雾干燥过程可分为四个阶段：料液雾化、雾滴与空气接触、雾滴干燥、干燥产品与空气分离。首先利用泵将料液输送到雾化器中，通过雾化器将料液分散成微小的雾滴，这是喷雾干燥的关键步骤，然后形成的雾滴与热空气接触混合（图 11-7）。在干燥塔内进行雾滴干燥，得到的气固混合物通过旋风分离器实现干燥产品与空气的分离（图 11-8）。

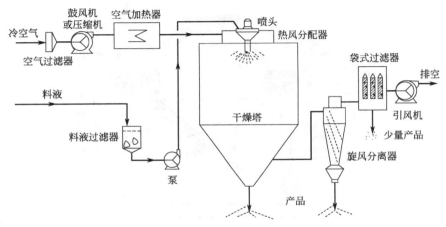

图 11-8 喷雾干燥工艺流程图

1. 料液雾化

料液雾化的目的在于将料液分散为微细的雾滴，雾滴的平均直径为 $20\sim60\mu m$，因此具有很大的表面积。当其与温度为 $100\sim300℃$ 的热空气接触时，雾滴就迅速汽化而干燥为粉末或颗粒产品。雾滴的大小和均匀度对产品质量和技术经济指标影响很大，特别是对热敏性物料的干燥尤其重要。如果喷出的雾滴大小不均匀，就会出现大颗粒还未达到干燥要求，小颗粒却已干燥过度而变质。另外，料液的浓度或密度应控制在合理的范围。若浓度过稀，则会增加干燥成本，若浓度过高，会影响雾化的效果。例如，中药提取液的密度一般在 $1.15\sim1.20g/cm^3$ 之间为宜。

使料液雾化的部件是雾化器，它是喷雾干燥的关键部件。目前常用的雾化器有三种类型，分别是气流雾化器、压力雾化器和离心雾化器（图 11-9）。气流雾化器采用压缩空气或蒸汽以很高的速度（$\geqslant200m/s$）从喷嘴喷出，靠气液两相间的速度差所产生的摩擦力，使料液分裂为雾滴。压力雾化器用高压泵使液体获得高压，高压液体通过喷嘴时，将压力能转变为动能而高速喷出时分散为雾滴。离心雾化器是料液在高速转盘（圆周速度 $90\sim160m/s$）中受离心力作用从盘边缘甩出而雾化。

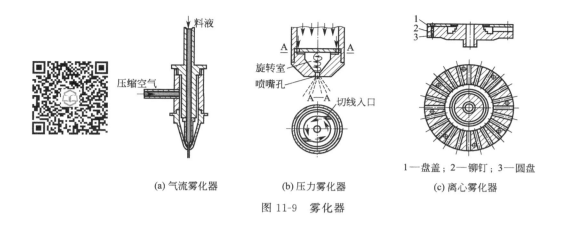

(a) 气流雾化器   (b) 压力雾化器   (c) 离心雾化器

1—盘盖；2—铆钉；3—圆盘

图 11-9　雾化器

2. 雾滴与空气接触

（1）热风分配器　热空气与物料接触前，要先经过一个装置，其目的是使气流在干燥塔内有规则流动，避免产生涡流，以防止焦粉产生，这个装置就是热风分配器。热空气在干燥塔内的流动方向、速度以及是否均匀分布，都直接关系到产品的干燥质量。

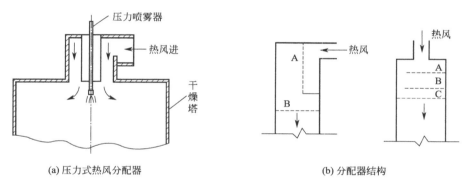

(a) 压力式热风分配器   (b) 分配器结构

图 11-10　压力喷雾的热风分配器

热风分配器主要有直线运动分配型和螺旋分配型两种类型。直线运动分配型指的是压力式喷雾设备中的热风分布器，如图 11-10 所示。热风从干燥塔右上方进入干燥塔内，通过若干个分配器的整流，作直线向下运动。分配器内有垂直和水平两块板隔断，也有三块水平板隔断，增加热空气均匀分布与湍流的程度。

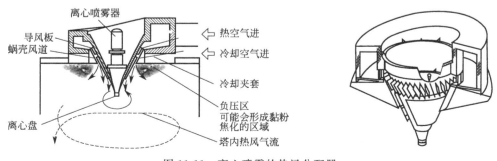

图 11-11　离心喷雾的热风分配器

螺旋分配型指的是离心式喷雾设备中热风分配器。图 11-11 为离心式喷雾设备中热风分配器，热风沿干燥塔切线方向进入，做螺旋向下运动。整个蜗壳型热风分配器外观很像蜗牛壳，进风口由大逐渐变小，其原因是因为热风在顺着蜗壳风道流动，其中一部分热风会进入干燥塔，风量减少。为保证热风能均匀地进入到塔内，因此通常采用蜗壳式设计。

(2) 雾滴与热空气的接触方式　在干燥室内，雾滴与热空气的接触有并流式、逆流式和混流式三种（图 11-12）。雾滴和空气接触方式的不同，对干燥室内的温度分布、液滴和颗粒的运动轨迹、物料在干燥室中的停留时间以及产品的质量都有较大的影响。

在并流系统中，最热的干燥空气与水分最大的雾滴接触，因而水分迅速蒸发，雾滴表面的温度接近于空气的湿球温度，同时空气温度也显著降低。因此从雾滴到干燥成品的整个历程中，物料温度不高，这对热敏性物料的干燥是十分有利的。这时，由于迅速蒸发，液滴膨胀甚至胀裂，并流操作时所获得的产品常为非球形的多孔颗粒。

对于逆流系统，在塔顶喷出的雾滴与塔底上来的较湿空气接触，因此干燥推动力较小，水分蒸发速度比并流式慢。在塔底，最热的干燥空气与最干的物料接触。因此，此方法适合于能耐受高温、含水量低、较高松密度的非热敏性物料的处理。

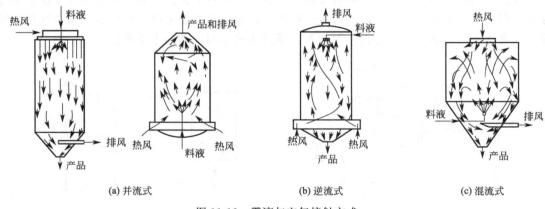

(a) 并流式　　　　　　　　(b) 逆流式　　　　　　　　(c) 混流式

图 11-12　雾滴与空气接触方式

在混流式系统中，干燥室底的喷雾嘴向上喷雾，热空气从室顶进入，于是雾滴先向上行，然后随空气向下流动，因此混流系统实际上是并流与逆流的混合，其性能也兼二者之间。

3. 雾滴干燥

雾滴干燥主要包括恒速干燥和降速干燥两个阶段。雾滴与干燥空气接触时，热量即由空气经过雾滴表面的饱和蒸汽膜传递给雾滴，于是雾滴中的水分蒸发。只要雾滴内部的水分扩散到雾滴表面的量足以补充表面的水分损失，蒸发就以恒速进行，这时雾滴表面温度相当于热空气的湿球温度，这就是恒速干燥阶段。当雾滴内部水分向表面扩散不足以保持表面的润湿状态，雾滴表面逐渐形成干壳，干壳随时间增厚，水分从液滴内部通过干壳向外扩散的速率也会随之降低，这一阶段就是降速干燥阶段。由此可见，干燥过程是传热和传质同时进行的过程。

4. 干燥产品与空气分离

此阶段目的是回收物料，防止浪费及对环境的污染。干燥的粉末或颗粒落到干燥室的锥体四壁并滑落到锥体，通过鼓形阀（星形阀或旋转阀）之类的排料阀排出，少量的细粉则随空气进入旋风分离器进一步分离。有时还使用袋滤器除尘，袋滤器是一种除尘效率极高的装置，通常作为旋风分离器后的末级除尘。然后将这两处成品输送到另一处混合后储入成品库或直接包装。

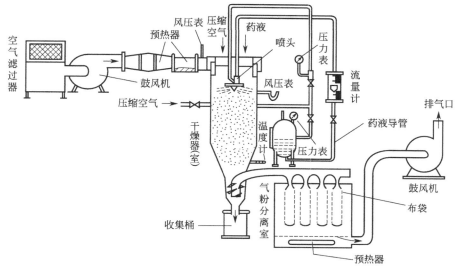

图 11-13　喷雾干燥设备

为了节省占地面积，现如今喷雾干燥设备将以上四个阶段所涉及的装置紧凑整合在一起，如图 11-13 所示。

三、喷雾干燥的应用

对于干燥生物制品来说，喷雾干燥的主要优点不仅可以保证"温和"的干燥条件，而且使干燥过程在无菌条件下进行，得到的产品不容易被外来微生物污染。喷雾干燥主要用来生产各种抗生素、维生素、酶、人血清、糊精、肝精（肝浸膏）以及其他医用制剂的干燥。

喷雾干燥还可以用来进行造粒、包衣、制备微囊等剂型，如采用聚乙烯醇（PVA）利用喷雾干燥进行薄膜包衣，可见喷雾干燥技术在制药生产以及剂型的制备方面起着愈来愈重要的作用。

第二节　冷冻干燥

冷冻干燥就是将含水物料先冻结成固态，然后利用冰的升华作用，在低压条件下加热，使其物料中的水分由固体冰升华而变成气态被除去的过程，简称冻干。冻干后的药物制品具有特有的疏松多孔结构，可以使药物易于复水而恢复活性，而且冻干制品含水量低，易长期稳定保存。

冷冻干燥技术是在第二次世界大战期间，因大量需要血浆和青霉素而发展起来的，现已广泛应用于制药、食品等行业，特别是应用于含有生物活性物质的生物药品方面最为普遍。凡是对热敏感、易氧化、在溶液中不稳定的药物均可采用此法干燥，尤其适用于抗生素、激素、核酸、血液和一些免疫制品等温度敏感药物的干燥。

一、冷冻干燥基本原理

自然界的水存在固态、液态和气态三种形式，相态的变化与温度、压强密切相关（图

11-14)。在标准大气压下，随着温度的升高，固态的冰，如图中 E 点所示，将融化成液态的水，如图中 F 点所示，OA 为融化曲线；达到沸点时，如图中 G 点所示，液态的水转化成气态的水蒸气，如图中 H 点所示，OB 为蒸发曲线。图 3 中 O 点为三相点，所对应的温度为 0.01℃，水蒸气压强为 4.6mmHg（1mmHg＝133.3224Pa），在此点处，固态、液态和气态三相共存。当固体的冰，如图中 E 点所示在气压下降至三相点以下时，固态中的冰吸热以后，将不融化，直接升华为水蒸气，如图中 J 点所示，从而将水去除，OC 为升华曲线，表明不同温度下冰的蒸气压，真空干燥最基本的原理就在 OC 线上。

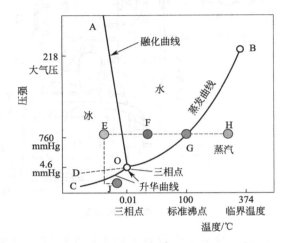

图 11-14　水的相图

图中 OA 是融化曲线，OB 是蒸发曲线，OC 是升华曲线，O 为三相点

二、冷冻干燥的特点

冷冻干燥的优点是能够保持药物成分的生物活性；药物中的一些挥发性成分损失很少，能较好地保持药物原来性状；干燥后药物的体积变化很少，有利于保持药物原有结构；干燥后的制品疏松多孔，具有稳定性及复水（溶解）性；制品接触氧气少，一些易氧化的物质得到了保护；液体加工方便，制品适合注射用针剂的使用；无需过热处理就能去除制品中的水分。缺点是其设备结构复杂，一次性投资大；干燥过程中制冷、加热系统能耗占总能耗的80％以上，且冻干过程时间较长，生产成本高，效率低；干燥产品呈多孔疏松状结构，暴露于空气中容易吸湿和氧化，对包装和储藏条件有特殊的要求。

三、冷冻干燥机系统组成

冻干后的制品称为冻干粉，冻干的设备称为冻干机。冻干机系统由冻干箱、冷凝器、冷冻系统、真空系统和冷热交换系统五部分组成（图 11-15）。冻干箱是制品的冻干场所，搁板内通导热液或导热油，箱内有西林瓶压塞机构。冷凝器的作用是将来自冻干箱中制品所升华的水汽进行冷凝。冷冻系统是作用是为冷凝器及冻干箱提供冷源，在冷凝器内，采用直接蒸发式；在冻干箱内采用间接供冷。真空系统的作用是抽真空，降低压强，使冻结的冰升华。冷热交换系统的作用是将循环于搁板中的导热液或导热油进行降温或升温。

四、冷冻干燥过程

需要冻干的物品需配制成一定浓度的液体，为了能保证干燥后有一定的形状，一般冻干产品应配制成含固体物质浓度在 4％～25％之间的稀溶液，以浓度为 10％～15％最佳。这种

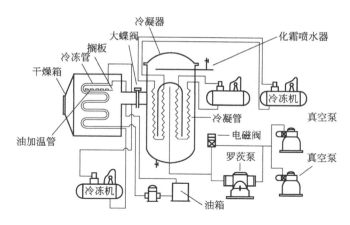

图 11-15　冷冻干燥机结构示意图

溶液中的水，大部分是以分子的形式存在于溶液中的自由水，少部分是以分子吸附在固体物质晶格间隙中或以氢键方式结合在一些极性基团上的结合水。固定于生物体和细胞中的水，大部分是可以冻结和升华的自由水，还有一部分不能冻结、很难除去的结合水。冻干就是在低温、真空环境中除去物质中的自由水和一部分吸附于固体晶格间隙中的结合水。因此，冷冻干燥过程一般分三步进行，即预冻阶段、升华干燥（或称第一阶段干燥）、解吸干燥（或称第二阶段干燥）。

1. 预冻阶段

冷冻干燥首先要把原料进行冻结，使原料中的水变成冰，为下阶段的升华做好准备。在预冻中，需要对预冻温度和冻结速率这两个重要参数进行控制。还要防止出现外形塌陷或冻干损伤，通常加入适当的赋形剂或保护剂。

（1）预冻温度　料液冻结温度通常比溶剂低，料液彻底冻结的温度或者说溶剂和溶质同时析出结晶混合物时的温度叫共晶点，也相当于已经冻结的制品开始熔化的温度又称为共熔点，测定料液的共晶点是冷冻干燥操作的首要任务。在冻干中，通常需要将料液在共晶点低10～20℃的温度下保持1～3h，以保证料液被彻底冻结。

（2）冻结速率　冻结速率的快慢直接关系到物料中冰晶颗粒的大小。冰晶颗粒的大小影响到固态物料的结构及升华速率。冻结的方式有两种：事先将干燥箱搁板冷却至－40℃左右再将产品放入，称为速冻，速冻形成细微的冰晶，有利于酶类或活菌的保存，制得产品疏松易溶，但后续的升华速度较慢，成品引湿性也较大；将产品放进干燥箱后再开始对搁板降温，称为慢冻，慢冻所得的晶体较大，对于生物细胞，慢冻对生命体型影响大，虽然降温速率较慢，但后续的升华干燥效率提高，升华后制品中空隙相对较大。例如，蛋白质多肽类药物以慢速冻干有利，而对于病毒和疫苗通常是快速降温有利。

（3）赋形剂和保护剂　赋形剂是能防止有效组分随水蒸气一起升华逸散，并使有效组分成形的物质。对于激素、酶、疫苗等剂量相对较小的热敏型药品，为了增加冻干制品结构的牢固性和保证外观的平整，大多需要添加赋形剂，如甘露醇、乳糖等。

除了一些食品、人血浆、牛奶等少数物料可以直接冷冻干燥外，大多数的药品和生物制品，都需要添加合适的冻干保护剂和添加剂，配制成混合液后，才能进行有效的冷冻干燥和贮藏。冻干保护剂是指在冻结和干燥过程中，可以防止活性组分发生变性的物质。对于大分子生物蛋白质类药品或具有生物膜结构缓释类药品，为防止冻干过程中蛋白质的变性或膜结

构的破坏，需要加入适当的冻干保护剂，如甘油、二甲基亚砜（DMSO）等。

糖类是生物制品冷冻干燥过程中使用最频繁的保护剂，一般不选用还原性糖，因为它可能与蛋白质之间发生非酶褐变反应，常用的糖有海藻糖和蔗糖。某些多元醇类物质也可用作生物制品在冷冻干燥过程中的保护剂或赋形剂，例如甘露醇、山梨醇和甘油。某些聚合物，因其起着低温保护剂和脱水保护剂的作用而常被用作保护剂，例如右旋糖酐、聚乙烯吡咯烷酮（PVP）、牛血清（BSA）和聚乙二醇（PEG）等。

2. 升华干燥（一次干燥）

升华干燥，又称为第一个阶段的干燥过程，料液中 90% 水分是在此阶段去除，通常是比较容易去除的自由水。水分升华的过程需要吸收大量的热量，所以在此过程中需要对产品进行供能加热，通常是搁板加热。但是需要对加热速率进行控制以保证产品的温度在共晶点以下，避免产品温度过高导致产品融化、冻干失败。

升华的两个基本条件：一是保证冰不融化；二是冰周围的水蒸气必须低于物料冻结点的饱和蒸气压。

升华干燥一方面要不断移走水蒸气，使水蒸气压低于要求的饱和蒸气压，另一方面为加快干燥速度，要连续不断地提供维持升华所需的热量，这便需要对水蒸气压和供热温度进行最优化控制，以保证升华干燥能快速、低能耗完成。

在温度尚不到升华所必需的低温时，不能抽真空。否则，没有完全冻结的浓缩液体会产生"沸腾"，容易使一些具有较低共熔点温度的制品出现"难以干燥"的玻璃化状态。

干燥是在接近真空条件下进行的，通常用到真空泵。气压越低，越有利于升华的发生和水蒸气的逸出，加快干燥速度；但是过低的气压不利于热量的传导，产品难以获得热量而降低了干燥速度。干燥过程中需要对这两方面进行综合考虑，一般将气压控制在 10～30Pa 范围内。

为了掌握和控制冻干过程，常在干燥箱的观察孔附近事先放数支样品，升华过程中可观测到样品从上到下，层层干燥直至冰层全部消失。再维持搁板温度一段时间，以使整箱药品升华完毕。

3. 解吸干燥（二次干燥）

升华干燥结束后，料液中的自由水已经全部升华，剩余约 10% 的水以结合水的形式残留。解吸干燥就是要把残余的未冻结水分除去，最终得到干燥物料。通常冻干药品的水分含量低于或接近于 2% 较好，原则上最高不应超过 3%。

在干燥的第二阶段，为了进一步减少产品中的水分，需要对产品进一步加热以促进结合水的升华，即解吸干燥。此过程中，可将温度升高至 20～40℃，要注意制品干燥的允许最高温度，真空度进一步增加以促进结合水的解吸。

五、冻干曲线

为了获得良好的冻干药物，一般在冻干时应根据每种冻干机的性能和药物的特点，在经过试验的基础上制订出一条冻干曲线，然后控制机器，使冻干过程各阶段的温度变化符合预先制订的冻干曲线，通常可在冻干机的操作界面上进行设置。因此冻干曲线定义为在冻干过程中，把制品的温度、搁板的温度、冷凝器的温度和真空度（压强）对照时间绘成的曲线，简单来说就是温度和压强随时间变化的关系曲线图。

如图 11-16 中所示的三条虚垂线将冻干过程分成了三个阶段分别是预冻、第一阶段干燥（升华干燥）和第二阶段干燥（解吸干燥）。

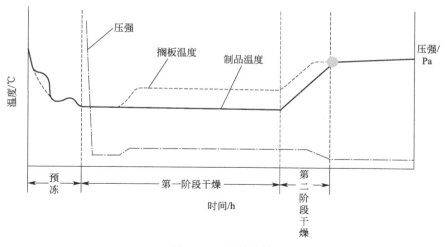

图 11-16　冻干曲线

预冻阶段制品温度降低，通常制品温度低于共晶点的温度，此阶段真空泵没有工作，因此压强属于常压状态。

制品预冻后，启动真空泵，冰的升华随即开始。刚进入第一阶段干燥，由于此时真空泵开始工作，压强迅速降低，搁板温度与制品温度仍然相同。而后搁板温度升高，此时冻干箱内的压强略微上升，而制品的温度仍然维持在共晶点左右，以免出现坍塌，冻干失败。随后搁板温度、制品温度和压强均很稳定。此阶段的干燥速度依赖于水汽的传递排出速率及所需的升华热，升华所需热量主要依靠搁板对制品的热传导。搁板的作用就是提供冰升华所需要的热量。

进入第二阶段后，由于是除掉难以去除的结合水，因而需要进一步提高真空度，降低压强。因冻干箱内水汽量减少，压强也有所下降，更有利于被吸附水分的排除。同时升高搁板温度，注意不能超过制品干燥的允许温度。由于此阶段制品中的大部分水都已去除，因而制品温度可以进一步提高，最后到达冻干终点。冻干终点的判断方法主要有两种，一是通过温度法判断，即制品温度与搁板温度相同时即为冻干终点，另一种是通过压强测量法判定冻干终点，将干燥箱与冷凝器之间的阀门关闭一段时间，如果冻干箱内压强没有变化，即表示干燥已到终点。在实际冻干中，通常在冻干终点维持 2h 以上，冻干才结束，以充分去除残留水分。

 案例分析

一、链霉素的喷雾干燥工艺

链霉素溶液经过薄膜蒸发浓缩后，再经过活性炭进一步脱色，透光度达到 95％以上后加入柠檬酸钠、亚硫酸钠等稳定剂，经过无菌过滤、喷雾干燥后，即得粉针剂。链霉素喷雾干燥对料液的要求是密度为 $1.1\sim1.5g/cm^3$，固含率为 40％～50％。因为在蒸发器中蒸发水为在喷雾干燥器中蒸发水的 1/10，将料液蒸发浓缩至一定固含率，节约生产成本。

热空气进口温度 120～135℃，雾滴在干燥塔内停留时间 10～20s，热空气出口温度 84～85℃。虽然喷雾干燥的热风温度比较高，但在接触雾滴时大部分热量都用于水分的蒸发，所以出口温度并不高，物料温度也不会超过周围热空气的湿球温度，一般在 50℃左右，

因此，可以保证链霉素热敏性物质的产品质量。

雾滴干燥结束后，经旋风分离器分离后，收集到白色链霉素粉末，含水量低于3%，粉末微粒直径10～30μm，溶解性能好，符合国家药典要求。

二、喷雾干燥制剂

中药制剂生产的一般工艺仍以产生大量提取液为特征，应用喷雾干燥技术可以将提取液的浓缩、干燥、粉碎甚至制粒一步完成，避免了传统蒸发操作与减压干燥工艺耗时长、干燥质量差的缺点，大大提高了生产效率，同时又能相对提高干燥成品的质量，喷雾干燥的中药提取物为粉末状或颗粒状，较传统干燥成品的流动性好、含水量小、质地均匀、溶解性能好，可以直接供片剂、颗粒剂、胶囊剂的成形。

另外，应用喷雾干燥法还可制得阿司匹林、门冬酰胺酶等微囊、微球。利用喷雾干燥技术制备微囊可克服直接口服给药时药物在胃酸环境中的不稳定性、药物对胃壁的刺激作用以及肝脏中酶对药物的降解作用等弊端，掩盖药物的不良气味与口味，提高药物的稳定性、缓释性和控释性，从而使更多的药物可经口服给药。微囊自身还可用作胶囊剂、颗粒剂、片剂、注射液（混悬型）及软膏剂等各种剂型制备的基础原料。因此，喷雾干燥制备微囊的技术是一种具有发展前景的新型制剂技术。

三、甲肝疫苗的冻干工艺

肝炎是一类严重威胁人体健康的传染性疾病。我国已经发现甲肝、乙肝等多种类型的肝炎，甲型肝炎的感染率和发病率始终居于各种病毒性肝炎之首。现代免疫学研究证实，注射疫苗是预防甲肝的最有效的途径。一次接种可获得较长时间的免疫保护。

甲肝疫苗冻干粉针剂是将药物的灭菌水溶液无菌罐装后，进行冷冻干燥而制成的注射用粉末。以每批次生产6万支灭活甲肝疫苗冻干工艺为例。干燥前疫苗的物料状态及冻干机的条件如下：

疫苗物料的含水率为75%，密度是1.2g/cm³。西林瓶为5mL，装液量为0.5mL，

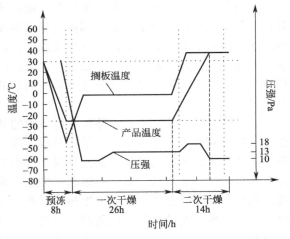

图 11-17　甲肝疫苗冻干曲线
（图中虚线部分为辅助线）

装液高度2mm。冻干机搁板尺寸1.2m×1.1m，搁板数量13层，有效冻干面积15.6m²，装瓶数量6万支。

预冻时间8h，一次干燥时间26h，二次干燥时间14h，整个冻干工艺周期为48h。加上辅助生产时间24h（纯化、灭菌、配液、灌装），一批生产周期约为3天。下面结合甲肝疫苗冻干曲线（图11-17）分析甲肝疫苗的冻干工艺参数。

1. 预冻

为保证疫苗保持良好的物料性状与溶解速度，采取速冻方式，降温速率以8～15℃/h为宜（大生产中的降温速率与小试相比存在差异）。本工艺的降温速率为10～12℃/h。

一般制品预冻温度在共晶点以下10～20℃保持1～3h，保证冷冻完全，甲肝疫苗的共晶点在-20℃到-15℃之间，因此预冻温度要在-40℃到-25℃。本工艺中的干燥腔内的制品

冻结温度为－25℃，此时搁板的温度为－45℃。

预冻时间应保证水分全部固化，一般是到达预冻最低温度后再维持1～2h。本工艺中制品温度达到－25℃维持2h。

2. 升华干燥（一次干燥）

（1）搁板与制品温度控制　在升华干燥过程中，制品吸收热量后所含水分在真空下升华成水蒸气，消耗大量热能，使得制品温度较搁板层温度低十几甚至几十摄氏度（本工艺制品温度比搁板温度低25℃）。多数疫苗第一次干燥应在－30℃或以上温度（但要低于共晶点温度）下进行，因此板层温度一般在－10～－3℃之间（本工艺第一次干燥阶段的制品温度为－25℃，搁板温度为0℃）。如果温度过高，会出现软化、塌陷等现象，造成冻干失败；如果温度过低，不仅给制冷系统提出了过高的要求，而且大大降低了升华过程的速率，费时又耗能。

（2）冻干箱内压强的控制　当压强低于10Pa时，对流传热很难进行；而高于30Pa时升华速度也会减慢，而且产品温度容易上升，若升至共晶点以上则会导致产品融化，故冻干箱的压强控制在10～30Pa为宜。本工艺中的第一次干燥阶段的压强稳定在10～13Pa。

3. 解吸干燥（二次干燥）

（1）搁板与制品温度控制　升华干燥之后，在干燥制品的多孔结构表面和极性基团上结合水的吸附能量很大，因此必须提供较高的温度和足够的热量才能实现结合水的解吸过程。该过程中，升高搁板温度，制品的含水量不断减少，冷凝器温度则逐渐下降，有利于提高干燥速率。制品温度可以升至接近最高允许温度。通过控制搁板温度及控制箱内真空度来调控制品温度。本工艺中二次干燥阶段的搁板温度由0℃升高到40℃。

二次干燥目的虽然是使残存在多孔疏松状固体中的水被去除，但适当的水分（通常1%～3%）对于保持疫苗结构完整性和活性也是必要的。最终搁板温度是制品水分含量的一个主要决定因素，其数值不能超过制品的最高允许温度，对于大多数疫苗来说，最终搁板温度应该在25～40℃之间。本工艺中二次干燥阶段的最终搁板温度控制在40℃，并维持10h。

（2）冻干箱内压强控制　第二次干燥阶段的前期，冻干箱压强控制在10～30Pa。到干燥结束前的2～5h，冻干箱应保持高真空（压强2～10Pa），以利于残留水分的继续排出。本工艺中的第二阶段的前期，冻干箱压强控制在13～18Pa，这里需要指出的是，适当升高压强，有利于加强对流传热，提高干燥速率，然后将压强降低到10Pa，维持5h，将残留的结合水除去。

（3）冻干结束的判别与控制　前阶段制品达到最高允许温度并已维持2h以上；制品与搁板温度差在1～2℃范围保持2h以上；关闭干燥箱与冷凝器之间的阀门30～60s内冻干箱压强没有明显上升，符合上述条件即标志冻干过程可以结束。

4. 密封保存

冻干结束后，通过搁板液压升降系统，将半加塞的疫苗瓶在真空状态下密封。使用的管状玻璃瓶和胶塞应配套，将其密封后置45℃水浴24h，观察疫苗瓶中是否有水吸入，考察真空密封效果。胶塞应该在135℃干燥4h，不宜使用高压灭菌，因为高压灭菌胶塞会使疫苗的水分提高2%～5%。

四、中药冻干粉

许多医疗中需要使用注射药剂，真空冷冻干燥技术在这方面有很多应用。和传统的注射液相比，中药复方或单方制成冻干粉针之后，无论是水溶性还是成形性都要比传统注射液优

点多，药剂的稳定性有了较大的提高。目前制成中药冻干粉针剂有雪莲、红花、双黄连等，把双黄连注射液制成冻干粉针，和传统的注射液进行对比，发现通过冷冻干燥方法制备的双黄连冻干粉针的稳定性、水溶性、成形性都比较好。

传统加工红花注射液的方法存在一定的问题，例如注射液的稳定性差，将冷冻干燥技术应用到了红花注射剂中，得到的药物复水性好、形状饱满，水分含量小于 1%。

 总结归纳

本章知识点思维导图

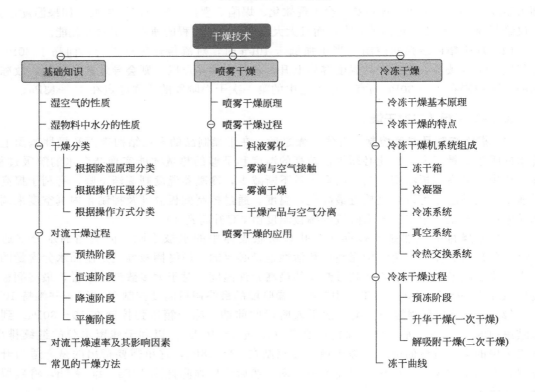

拓展阅读

冷冻干燥技术的发展历史

在生活中，我们都知道在 0℃ 以下的寒冷冬天，将洗干净的衣服晾在室外，很快就会冻结，但经过一段时间，衣服也会变干。古代北欧的海盗利用干寒空气的自然条件可以干燥和保存食物。其实无论是衣服晾干，还是食物保存，这些现象都可以算作是"冷冻干燥"了。但是，将冷冻干燥作为一门科学技术还是近百年来的事。

随着冷冻干燥技术的发展，冷冻干燥机被广泛应用于医药生产、档案去湿、标本保鲜、食品生产、文物考古等诸多领域。冷冻干燥技术也经历了一个比较漫长的发展过程。

1. 国外冷冻干燥技术的发展简史

1890 年阿特曼（Altmann）改变了用有机溶剂制作标本的方法，采用冷冻干燥法冻干了多种器官和组织，防止标本中的物质在有机溶剂中溶解。他的工作确立了生物标本系统的冻干程序，是冻干在制作生物标本中的最早应用。

1909 年谢盖尔（Shackell）将冻干引入细菌学和血清学学科。他采用盐冰预冻，在真空状态下，用硫酸作吸水剂，对补体（一种血清蛋白质）、抗毒素、狂犬病毒等进行冻干，这是后来先进冻干机的原型。

在此后的一段时间内，许多学者为发展冻干技术进行了大量实验研究，遗憾的是并没有什么进展，仍旧停留在实验室研究阶段。当时的冻干系统是由玻璃器皿组成的，冷源是干冰（固态 CO_2）。直到 1930 年后，以氟利昂为制冷工质的机械式制冷装置的兴起，为冻干技术的推广应用提供了条件。1933 年美国宾州大学的 Flosdorf 和 Mudd，首次实现血清的冷冻干燥。随后，1935 年第一台商业用冻干机问世，使得冻干生物制品技术由实验室走向工业化大生产。

1928 年，A. Fleming 发现了青霉素。在 1938 年，牛津大学的 Chain 实现了青霉素的冷冻干燥，并和 Florey 一起将冻干的青霉素应用于第二次世界大战期间伤者的救治。同时，冻干技术还制备了冻干的人血浆，解决了血液的存储运输问题，在二战期间挽救了百万士兵的生命。他们三人于 1945 年获诺贝尔生理学或医学奖。二战也推动了冻干技术在医药、血液制品等方面的应用和迅速发展。战后，冻干技术应用于疫苗领域，成为保存疫苗的一种常用方法。

2. 我国冷冻干燥技术的发展简史

我国的冷冻干燥技术的发展相对滞后。1930～1940 年间，有微生物学家用盐水预冻，在蒸发器内抽真空，用吸水剂的方法冻干菌种，保存备用。1950 年，大连生物所用简易冻干装置生产了破伤风抗毒素、气性坏疽抗毒素等。1951 年军事医学科学院王克勤等研制了小型冻干机，生产了冻干动物和人的血浆。20 世纪 50 年代初，哈尔滨、郑州和南昌等地兽药厂开始生产冻干疫苗。

1954 年，我们研制出了长效疫苗，这要归功于我国生物制品学家谢毓晋。20 世纪50 年代初，谢毓晋收到广西的一封来信，反映当地农民被疯狗咬伤后，注射了狂犬疫苗，仍然发病死亡。分析发现是因为疫苗不耐热，当地保存不当而失效。因此，谢毓晋决心改良疫苗质量。他带领助手经过半年的艰苦实验，于 1954 年研制出国际上领先的耐热真空冷冻干燥乙醚灭活狂犬病疫苗。该疫苗在 45℃ 以下能保存一年以上而不变质。随后，他又在国内率先试制冻干抗狂犬病血清，获得有效制剂。后来他又与助手们系统地成功研究了生物制品的真空冷冻干燥工艺技术，并在全国推广应用。到 1960 年，国内开始批量生产冻干疫苗及冻干人血浆，并将冷冻干燥技术应用于制药和食品工业。改革开放后，我国的冻干技术也得到快速发展，已能生产出中小型的冷冻干燥机的设备，开发出一些冻干产品工艺，但在冻干时间、冻干效率以及节能方面与国外还存在一定的差距。如今冻干机设备朝着智能化、无人化、信息化的方向发展。

来源：曹筑荣，贺丽清，梁铃. 冷冻干燥技术用于生物制药的研究进展 ［J］. 长江大学学报（自然科学版），2010，7（02）：76-78.

？ 复习与练习题

一、选择题

1. 相同的湿空气以不同流速吹过同一湿物料，流速越大，物料的平衡含水量（　　　）。

A. 越大　　　　　　　B. 越小　　　　　　　C. 不变　　　　　　　D. 视具体情况定

2. 关于去除湿物料中水分的叙述不正确的是（　　　）。

A. 不能除去结合水　　　　　　B. 物料不同，在同一空气状态下平衡水分不同

C. 不能除去平衡水分　　　　　　D. 干燥过程中仅可除去自由水分

3. 恒速干燥阶段与降速干燥阶段，（　　　）。

A. 恒速干燥阶段先发生　　B. 降速干燥阶段先发生　　C. 同时发生　　D. 只有一种会发生

4. 干燥过程处于恒速阶段时（　　　）。

A. 干燥速度与物料湿含量无关　　　　B. 干燥速度与物料湿含量呈反比

C. 干燥速度与物料湿含量呈正比　　　　D. 物料湿含量等于临界湿含量

5. 干燥时，湿物料中不能除去的水分是（　　　）。

A. 结合水　　　　　　B. 非结合水　　　　　　C. 平衡水分　　　　　　D. 自由水分

6. 下列关于湿物料中水分的表述不正确的是（　　　）。

A. 平衡水分是不能除去的结合水分

B. 自由水分全部分为非结合水分

C. 非结合水分一定是自由水分

D. 临界含水量是湿物料中非结合水分和结合水分划分的界限

7. 对流干燥是一个（　　　）的过程。

A. 传热　　　　　　B. 传质　　　　　　C. 传热与传质相结合　　　D. 化学平衡

8. 下列对于沸腾干燥的特点说法错误的是（　　　）。

A. 适用于湿粒性物料的干燥　　　B. 热利用率高

C. 适用于液态物料的干燥　　　　D. 干燥速度快

9. 对减压干燥叙述正确的是（　　　）。

A. 干燥温度高　　　B. 适用热敏性物料　　C. 干燥时间长　　　D. 干燥产品较难粉碎

10. 下列（　　　）干燥方法不适用于制药生产。

A. 自然干燥　　　　　　B. 减压干燥　　　　　　C. 流化干燥　　　　　　D. 喷雾干燥

11. （　　　）是喷雾干燥设备的关键部件。

A. 干燥室　　　　　　B. 雾化器　　　　　　C. 加热器　　　　　　D. 分配室

12. 制备颗粒剂时湿颗粒的干燥最好采用（　　　）。

A. 鼓式薄膜干燥　　　B. 沸腾干燥　　　　　C. 喷雾干燥　　　　　D. 冷冻干燥

13. 下列关于喷雾干燥叙述错误的是（　　　）。

A. 数小时内完成水分蒸发　　　B. 获得制品为疏松的细颗粒或细粉

C. 适用于热敏性物料　　　　　　D. 适用于液态物料的干燥

14. 以下关于喷雾干燥的叙述，错误的是（　　　）。

A. 进行喷雾干燥的药液，不宜太稠厚

B. 喷雾干燥产品为疏松粉末，溶解性较好

C. 喷雾干燥是流化技术用于液态物料的一种干燥方法

D. 喷雾时进风温度较高，多数成分极易因受热而破坏

15. 有关喷雾干燥叙述正确的是（　　　）。

A. 干燥温度高，不适于热敏性药物

B. 可获得硬颗粒状干燥制品

C. 能保持中药提取液的色香味

D. 密度为 $1.20\sim1.35g/cm^3$ 的中药料液均可进行喷雾干燥

16. 下列采用升华原理的干燥方法有（　　）。

A. 喷雾干燥　　　　　B. 冷冻干燥　　　　　C. 沸腾干燥　　　　　D. 真空干燥

17. 冷冻干燥的特点不包括（　　）。

A. 低温减压下干燥，不易氧化　　　　B. 成品多孔疏松，易溶解

C. 适于热敏性液体药物，可避免药品因高热而分解变质

D. 操作过程中只降温，不升温，生产成本低

18. 下列关于冷冻干燥的正确表述（　　）。

A. 冷冻干燥的产品质地疏松，加水后迅速溶解

B. 干燥是在真空条件下进行，所制产品不利于长期储存

C. 冷冻干燥应在水的三相点以上的温度与压力下进行

D. 冷冻干燥过程是水分由固变液而后由液变气的过程

19. 冷冻干燥的工艺流程正确的是（　　）。

A. 预冻→升华→解吸干燥→测共晶点　　B. 测共晶点→预冻→升华→解吸干燥

C. 预冻→测共晶点→升华→解吸干燥　　D. 测共晶点→预冻→解吸干燥→升华

20. 下列（　　）不是在冻干粉针中加入的冻干保护剂。

A. 聚乙烯吡咯烷酮　　B. 聚乙二醇　　　　　C. 乙醇　　　　　　　D. 海藻糖

二、简答题

1. 什么是干燥？干燥过程得以进行的条件是什么？

2. 干燥过程可分为哪些阶段？哪些是主要阶段？分别受什么控制？

3. 固体物料与一定状态的湿空气进行接触干燥时，可否获得绝干物料？为什么？

4. 何谓干燥速率？其受哪些因素的影响？

5. 简述喷雾干燥的原理及其干燥过程。

6. 简述冷冻干燥的原理及其干燥过程。

项目化教学案例（扫描二维码参考使用）

附　录

附录 1　调整硫酸铵溶液饱和度计算表（0℃）

	在 0℃硫酸铵终浓度,饱和度/%																
	20	25	30	35	40	45	50	55	60	65	70	75	80	85	90	95	100
	每100mL溶液加固体硫酸铵的质量/g																
0	10.6	13.4	16.4	19.4	22.6	25.8	29.1	32.6	36.1	39.8	43.6	47.6	51.6	55.9	60.3	65.0	69.7
5	7.9	10.8	13.7	16.6	19.7	22.9	26.2	29.6	33.1	36.8	40.5	44.4	48.4	52.6	57.0	61.5	66.2
10	5.3	8.1	10.9	13.9	16.9	20.0	23.3	26.6	30.1	33.7	37.4	41.2	45.2	49.3	53.6	58.1	62.7
15	2.6	5.4	8.2	11.1	14.1	17.2	20.4	23.7	27.1	30.6	34.3	38.1	42.0	46.0	50.3	54.7	59.2
20	0	2.7	5.5	8.3	11.3	14.3	17.5	20.7	24.1	27.6	31.2	34.9	38.7	42.7	46.9	51.2	55.7
25		0	2.7	5.6	8.4	11.5	14.6	17.9	21.1	24.5	28.0	31.7	35.5	39.5	43.6	47.8	52.2
30			0	2.8	5.6	8.6	11.7	14.8	18.1	21.4	24.9	28.5	32.3	36.2	40.2	44.5	48.8
35				0	2.8	5.7	8.7	11.8	15.1	18.4	21.8	25.4	29.1	32.9	36.9	41.0	45.3
40					0	2.9	5.8	8.9	12.0	15.3	18.7	22.2	25.8	29.6	33.5	37.6	41.8
45						0	2.9	5.9	9.0	12.3	15.6	19.0	22.6	26.3	30.2	34.2	38.3
50							0	3.0	6.0	9.2	12.5	15.9	19.4	23.0	26.8	30.8	34.8
55								0	3.0	6.1	9.3	12.7	16.1	19.7	23.5	27.3	31.3
60									0	3.1	6.2	9.5	12.9	16.4	20.1	23.1	27.9
65										0	3.1	6.3	9.7	13.2	16.8	20.5	24.4
70											0	3.2	6.5	9.9	13.4	17.1	20.9
75												0	3.2	6.6	10.1	13.7	17.4
80													0	3.3	6.7	10.3	13.9
85														0	3.4	6.8	10.5
90															0	3.4	7.0
95																0	3.5
100																	0

硫酸铵初浓度,饱和度/%

附录 2 调整硫酸铵溶液饱和度计算表（25℃）

	在25℃硫酸铵终浓度,饱和度/%																
	10	20	25	30	33	35	40	45	50	55	60	65	70	75	80	90	100
	每1000mL溶液加固体硫酸铵的质量/g																
0	56	114	144	176	196	209	243	277	313	351	390	430	472	516	561	662	767
10		57	86	118	137	150	183	216	251	288	326	365	406	449	494	592	694
20			29	59	78	91	123	155	189	225	262	300	340	382	424	520	619
25				30	49	61	93	125	158	193	230	267	307	348	390	485	583
30					19	30	62	94	127	162	198	235	273	314	356	449	546
33						12	43	74	107	142	177	214	252	292	333	426	522
35							31	63	94	129	164	200	238	278	319	411	506
40								31	63	97	132	168	205	245	285	375	469
45									32	65	99	134	171	210	250	339	431
50										33	66	101	137	176	214	302	392
55											33	67	103	141	179	264	353
60												34	69	105	143	227	314
65													34	70	107	190	275
70														35	72	153	237
75															36	115	198
80																77	157
90																	79

硫酸铵初浓度,饱和度/%

附录3 制备较低体积分数乙醇1L所需较高体积分数乙醇及水的用量表（mL， 20℃）

较高体积分数乙醇的体积分数/%	溶剂	95	90	85	80	75	70	65	60	55	50	45	40	35	30	25	20	15	10	5
100	醇	950	900	850	800	750	700	650	600	550	500	450	440	350	300	250	200	150	100	50
	水	62	119	174	228	282	334	385	436	487	537	385	633	681	727	772	817	862	908	953
95	醇		947	895	842	789	737	684	632	579	526	474	421	368	316	263	211	158	105	53
	水		61	119	176	233	288	344	397	451	504	556	608	608	708	756	805	852	901	950
90	醇			994	889	833	778	722	667	611	556	500	444	389	333	278	222	167	111	56
	水			62	122	182	241	299	357	414	471	526	580	358	687	739	791	842	894	947
85	醇				941	882	834	765	706	647	588	529	471	412	353	294	235	176	118	59
	水				65	128	190	252	313	374	434	493	552	609	665	721	776	832	887	943
80	醇					938	875	813	750	688	625	563	500	438	375	313	250	188	125	63
	水					67	134	200	265	330	394	457	520	581	641	701	760	819	879	939
75	醇						933	867	800	733	667	600	533	467	400	333	267	200	133	76
	水						71	141	211	280	349	417	483	550	614	678	742	806	870	929
70	醇							929	857	786	714	643	571	500	429	357	286	214	143	77
	水							76	150	225	298	371	443	514	584	653	722	790	860	929
65	醇								923	846	769	692	615	538	462	385	308	231	154	77
	水								81	160	240	319	396	473	548	624	698	773	848	923
60	醇									917	833	750	667	583	500	417	333	231	167	83
	水									87	173	258	343	426	509	591	672	753	835	917
55	醇										909	817	727	636	545	455	364	273	182	91
	水										94	187	279	370	461	551	640	730	819	909
50	醇											900	800	700	600	500	400	300	200	100
	水											103	204	305	405	504	603	701	800	900
45	醇												889	778	667	556	444	333	222	111
	水												113	225	336	447	557	667	778	889
40	醇													875	750	625	500	375	250	125
	水													126	252	376	500	625	750	875
35	醇														857	714	571	429	286	143
	水														144	286	429	571	714	857
30	醇															833	667	500	333	167
	水															167	333	500	667	833
25	醇																800	600	400	200
	水																200	400	600	800
20	醇																	750	500	250
	水																	250	500	750
15	醇																		667	333
	水																		333	667
10	醇																			500
	水																			500

附录4　膜分离过程的基本特征

过程	示意图	膜类型	推动力	传递机理	透过物	截留物
微滤 MF	原料液 → 滤液	多孔膜	压力差 （~0.1MPa）	筛分	水、溶剂、溶解物	悬浮物各种微粒
超滤 UF	原料液 → 浓缩液、滤液	非对称膜	压力差 （0.1~1MPa）	筛分	溶剂、离子、小分子	胶体及各类大分子
反渗透 RO	原料液 → 浓缩液、溶剂	非对称膜,复合膜	压力差 （2~10MPa）	溶剂的溶解-扩散	水、溶剂	悬浮物、溶解物、胶体
电渗析 ED	浓电解质 溶剂 阳极 阴极 阴膜 阳膜 原料液	离子交换膜	电位差	离子在电场中的传递	离子	非解离和大分子颗粒
气体分离 GS	混合气 → 渗余气、渗透气	均质膜,复合膜,非对称膜	压力差 （1~15MPa）	气体的溶解-扩散	易渗透气体	难渗透气体
渗透汽化 PVAP	原料液 → 溶质或溶剂、渗透蒸汽	均质膜,复合膜,非对称膜	浓度差,分压差	溶解-扩散	易溶解或易挥发组分	不易溶解或难挥发组分
膜蒸馏 MD	原料液 → 浓缩液、渗透液	微孔膜	由于温度差而产生的蒸气压差	通过膜的扩散	高蒸气压的挥发组分	非挥发的小分子和溶剂

附录 5　膜分离推动力及其分离范围

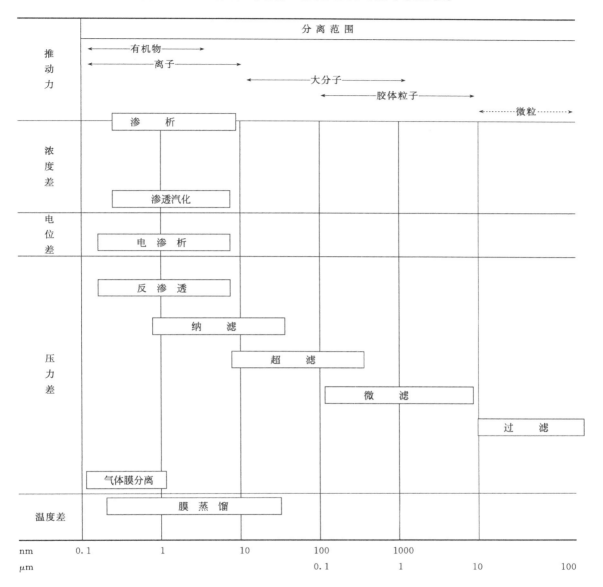

参考文献

[1]   刘叶青. 生物分离工程实验 [M]. 第 2 版. 北京：高等教育出版社，2014.

[2]   辛秀兰. 生物分离与纯化技术 [M]. 第 3 版. 北京：科学出版社，2016.

[3]   孙彦. 生物分离工程 [M]. 第 3 版. 北京：化学工业出版社，2013.

[4]   吴梧桐. 生物制药工艺学 [M]. 第 2 版. 北京：中国医药科技出版社，2006.

[5]   冯淑华. 药物分离纯化技术 [M]. 北京：化学工业出版社，2009.

[6]   张雪荣. 药物分离与纯化技术 [M]. 第 3 版. 北京：化学工业出版社，2015.

[7]   陈优生. 药物分离与纯化技术 [M]. 北京：人民卫生出版社，2013.

[8]   朴香兰. 民族药物提取分离新技术 [M]. 北京：中央民族大学出版社，2011.

[9]   俞昕. 生物药物分离技术 [M]. 北京：化学工业出版社，2008.

[10]   李万才. 生化分离技术 [M]. 北京：中国农业大学出版社，2009.

[11]   任平. 生物药物制备技术 [M]. 北京：北京师范大学出版社，2012.

[12]   舒克拉，埃策尔，伽达等. 生物制药工业中生产规模的生物分离 [M]. 北京：中国轻工业出版社，2011.

[13]   林强，霍清. 制药工艺学 [M]. 北京：化学工业出版社，2010.

[14]   张爱华，王云庆. 生化分离技术 [M]. 北京：化学工业出版社，2012.

[15]   朱善元，王安平. 生物制药技术专业技能实训教程 [M]. 北京：中国轻工业出版社，2010.

[16]   王振宇，赵海田. 生物活性成分分离技术 [M]. 哈尔滨：哈尔滨工业大学出版社，2015.

[17]   王雅洁. 生物制药应用技术实训 [M]. 南京：东南大学出版社，2013.

[18]   宋航. 天然药物制备技术与工程 [M]. 北京：化学工业出版社，2014.

[19]   张裕卿. 天然产物及药物分离材料 [M]. 天津：天津大学出版社，2012.

[20]   吴晓英，范一文，周世水. 生物药物分析与检验 [M]. 第 2 版. 北京：化学工业出版社，2011.

[21]   欧阳平凯，胡永红，姚忠. 生物分离原理及技术 [M]. 第 2 版. 北京：化学工业出版社，2010.

[22]   严希康. 生物物质分离工程 [M]. 北京：化学工业出版社，2010.

[23]   张立冰. 生物药物检测技术 [M]. 北京：化学工业出版社，2014.

[24]   冯孝庭. 吸附分离技术 [M]. 北京：化学工业出版社，2000.

[25]   郭立玮. 中药分离原理与技术 [M]. 北京：人民卫生出版社，2010.

[26]   陈欢林. 新型分离技术 [M]. 第 2 版. 北京：化学工业出版社，2013.

[27]   赵黎明. 膜分离技术在食品发酵工业中的应用 [M]. 北京：中国纺织出版社，2011.

[28]   丁明玉. 现代分离方法与技术 [M]. 第 2 版. 北京：化学工业出版社，2012.

[29]   毛忠贵. 生物工程下游技术 [M]. 北京：科学出版社，2013.

[30]   李巧枝，董淑丽. 生物化学实验技术 [M]. 北京：中国轻工业出版社，2010.

[31]   陈建业，王含彦. 生物化学实验技术 [M]. 北京：科学出版社，2015.

[32]   徐清华. 生物工程设备 [M]. 北京：科学出版社，2004.

[33]   汪世龙. 蛋白质化学 [M]. 上海：同济大学出版社，2012.

[34]   贾志谦. 膜科学与技术基础 [M]. 北京：化学工业出版社，2012.

[35]   严寒，田志宏. 生化技术教材中硫酸铵盐析公式参数的校正 [J]. 植物生理学通讯，2007 (04)：155-156.

[36]   王侠. 链霉菌发酵液固液分离过程研究 [D]. 石家庄：河北科技大学，2011.

[37]   董明，邵琼芳，高浩其. 发酵液絮凝分离过程控制技术研究 [C]. 广西化学化工研究生学术论坛. 2006.

[38]   吴昊，任晓乾，姜岷，等. 络合萃取分离丁二酸发酵液的研究 [J]. 食品与发酵工业，2010，036 (004)：1-5.

[39]   陈琳，孟祥晨. 超滤法分离植物乳杆菌 KLDS1.0391 发酵液中的细菌素 [J]. 食品科学，2011，32 (005)：198-201.

[40]   李静，王晓义，蒲宇红，等. 健儿消食口服液澄清工艺的实验研究 [J]. 中成药，2011，33 (001)：158-160.

[41]   夏冬. 双黄连口服液不同纯化工艺的比较 [J]. 科学与财富，2017，000 (008)：146.

[42]   邓莉. MCS[+] 血细胞分离机单采血浆 1 例报道 [J]. 重庆医学，2011，40 (002)：204.

[43]   温柏平，杨跃煌. 血细胞分离机 [M]. 北京：人民卫生出版社，2007.

[44]   林秀丽，主沉浮，陆维玮. 高效液相色谱法的进展及其在生化医药方面的应用 [J]. 中国生化药物杂志，1999 (03)：155-157.

[45]   顾觉奋. 大孔网状聚合物吸附剂在中药、天然药物分离纯化上的应用 [C]. 中国化学会第 15 届反应性高分子学术讨论会论文摘要预印集. 2010.

［46］ 张正玉，吴绵斌．抗生素分离纯化技术研究进展［J］．中国生物工程杂志，2012（06）：98-103．

［47］ 江咏，李晓玺，李琳，等．双水相萃取技术的研究进展及应用［J］．食品工业科技，2007，28（10）：235-238．

［48］ 徐小龙，邹建国，刘燕燕等．药用生物碱的应用与分离纯化技术［J］．食品科学，2009（15）：238-240．

［49］ 王元秀．生物活性肽分离纯化技术研究进展［J］．济南大学学报（自然科学版），2014（28）：321-325．

［50］ 于才渊，王宝和，王喜忠．喷雾干燥技术［M］．北京：化学工业出版社，2013．

［51］ 徐成海．真空干燥技术［M］．北京：化学工业出版社，2012．

［52］ 张福成，吴燕，徐荣．药品食品冷冻干燥手册［M］．北京：军事医学科学出版社，2011．

［53］ 安静，董占军，蒋晔．复杂基质中药物现代分离纯化技术的应用进展［J］．药物分析杂志，2014（8）：1337-1342．

［54］ 李津，俞詠霆，董德祥．生物制药设备和分离纯化技术［M］．北京：化学工业出版社，2003．

［55］ 张旗．注射用阿奇霉素冻干剂的制备工艺与质量研究［J］．黑龙江科技信息，2015（16）：3．

《药物分离技术》

任务活页工作单

大肠杆菌细胞的破碎及破碎效果的测定

材料与试剂

细胞破碎缓冲溶液：50mmol/L，pH8.0 磷酸缓冲溶液。

肉汤液体培养基：牛肉膏 5g/L，蛋白胨 10g/L，氯化钠 5g/L。

肉汤固体培养基：上述培养基中加 2％琼脂，用于菌种的活化与保藏。

仪器与设备

超声波细胞破碎仪、显微镜、酒精灯、载玻片、接种环、恒温振荡器、离心机、血细胞计数板、冰浴（可以在烧杯里加入一些碎冰和水）

| 超声波细胞破碎仪 | 恒温振荡器 | 离心机 | 显微镜 | 血细胞计数板 |

操作步骤

1. 大肠杆菌的培养和收集

将活化后的大肠杆菌接入肉汤液体培养基中，于 37℃ 振荡培养，当达到对数生长期后（约 6h），取培养液 3000r/min 离心 20min 收集菌体。

2. 大肠杆菌菌悬液的制备

用细胞破碎缓冲溶液洗涤 3 次，再按照 1：20 的比例将离心后的大肠杆菌溶解于细胞破碎缓冲溶液中，转移至 100mL 烧杯内。

破碎前，取 1mL 细胞悬浮液经适当稀释后，滴一滴在血细胞计数板上，盖上盖玻片，用显微镜进行观察，计数。

3. 细胞破碎

将烧杯置于冰浴中，采用超声波破碎（功率 300W，破碎 10s，间歇 10s，破碎 20min），注意超声破碎细胞时，超声波破碎仪的探头一定要接近烧杯的底部 0.5～1cm。

4. 破碎效果的测定

（1）直接测定　取 1mL 破碎后的细胞悬浮液经适当稀释后，用血细胞计数板在显微镜下计数，计算细胞破碎率。

（2）间接测定　测定破碎前后大肠杆菌菌悬液 OD_{280} 的变化，观察破碎效果。也可以采用革兰氏染色的方法鉴定大肠杆菌超声破碎的程度，还可以通过检测细胞破碎前后的上清液中蛋白质含量判断破碎效果。取破碎后的细胞悬液，于 12000r/min，4℃离心 30min，去除细胞碎片。用劳里法（Lowry 法）检测上清液中蛋白质含量（选做）。

实验记录

1. 大肠杆菌细胞的破碎

实验操作	操作条件	现象记录或注意事项
大肠杆菌的培养和收集		
大肠杆菌菌悬液的制备		
细胞破碎效果的测定		

2. 破碎效果的测定

大肠杆菌	细胞数	OD_{280}	革兰压染色	蛋白质含量（选做）
破碎前				
破碎后				
破碎效果评价				

青霉素钾盐的酸化萃取与萃取率的计算

材料与试剂

硫酸（10%）、青霉素钾盐（工业品）、乙酸丁酯（化学纯）、丁醇（分析纯）、碳酸钾溶液（30%）、饱和食盐水、蒸馏水、精密 pH 试纸（0.8～2.4）、精密 pH 试纸（5.4～7.0）、淀粉指示剂、重铬酸钾（分析纯）、氢氧化钠（分析纯）、盐酸（分析纯）

$Na_2S_2O_3$ 滴定液（0.1mol/L）：取 $Na_2S_2O_3$ 2.6g 与无水 Na_2CO_3 0.02g，加入新煮沸过的冷蒸馏水适量溶解，定容到 100mL。

碘滴定液（0.1mol/L）：取碘 1.3g，加入 KI 3.6g 与水 5mL 使之溶解，再加 HCl 1～2 滴，定容到 100mL。

HAc-NaAc（pH4.5）缓冲液：取 83g 无水 NaAc 溶于水，加入 60mL 冰醋酸，定容到 1L。

仪器与设备

烧杯（100mL）、烧杯（250mL）、分液漏斗（500mL）、磁力搅拌器、酸式滴定管、移液管、容量瓶、量筒、玻璃棒、电子天平

操作步骤

1. 酸化萃取

用天平称量 40g 青霉素钾盐，放入烧杯中。在磁力搅拌下，加入 100mL 的蒸馏水溶解（溶液呈透明，无颗粒）。向溶液中滴加 10% 的硫酸，注意加入速度一定要缓慢，以不产生白色絮状物质为宜。边加入硫酸，边检测 pH 值，当 pH 值为 2.0±0.2 时停止加入硫酸。加入 40mL 的乙酸丁酯（分两次加入，第一次用量 3/5，第二次用量 2/5），边加入边调大搅拌，萃取在 10min 内完成。

将上述溶液移入分液漏斗中，静置 10min。待分层后，用两个烧杯分别收集上层乙酸丁酯相（轻相）和下层水相（重相）。

重相计量体积，并做好记录。加入 40mL 的乙酸丁酯，对重相进行第二次萃取（操作方法同第一次萃取）。记录重相体积。将重相 pH 值调至中性，倒入废液缸。

收集两次轻相，记录体积。

2. 脱水

在磁力搅拌下，向乙酸丁酯萃取相中加入 1/5 体积的饱和食盐水，分两次（等量）洗涤萃取液 10min。将上述溶液移入分液漏斗中，静置 10min，待分层后，将上层萃取相收集在干净的烧杯中，下层饱和食盐水废弃，再重复 1～2 次，得到脱水后的乙酸丁酯萃取相。

3. 反萃取

在磁力搅拌下，向脱水后的乙酸丁酯萃取相中，缓慢滴加 30％的碳酸钾溶液，边加入边检测 pH 值，当 pH 值为 7.0±0.2 时停止加入。

将上述混合液移入分液漏斗中，静置 10min，待分层后，用烧杯收集下层水相（重相），上层乙酸丁酯相（轻相）倒入回收瓶中（避免倒入下水道）。

重相加入 20mL 丁醇，形成稀释液。

4. 萃取率的计算

（1）$Na_2S_2O_3$ 的标定：取 $K_2Cr_2O_7$ 0.15g 于碘量瓶中，加入 50mL 水，使之溶解，再加入 KI 2g，溶解后加入 10％硫酸 40mL，摇匀，密闭。在暗处放置 10min，取出后再加水 250mL 稀释，用 $Na_2S_2O_3$ 滴定临近终点时，加淀粉指示剂 3mL，继续滴定至蓝色消失，记录 $Na_2S_2O_3$ 消耗的体积。

（2）取 5mL 定容好的青霉素钾盐溶液于碘量瓶中，加 NaOH 溶液 1mL，放置 20min，再加入 1mL HCl 溶液与 5mL HAc-NaAc 缓冲液，精密加入碘滴定液 5mL，摇匀，密闭，在 20～25℃暗处放置 20min，用 $Na_2S_2O_3$ 滴定液滴定，临近终点时加入淀粉指示剂 3mL，继续滴定至蓝色消失，记录 $Na_2S_2O_3$ 消耗的体积（$V_{对照}$）。

（3）另取 5mL 定容好的青霉素钾盐溶液于碘量瓶中，加入 5mL HAc-NaAc 缓冲液，再精密加入碘滴定液 5mL，用 $Na_2S_2O_3$ 滴定液滴定至蓝色消失，记录 $Na_2S_2O_3$ 消耗的体积（$V_{空白}$）。

（4）取萃余相 5mL 于碘量瓶中，按步骤（2）的方法进行测定，记录 $Na_2S_2O_3$ 消耗的体积（$V_{样品}$）。

备注：青霉素过敏者可以不做本实验。

 **实验记录**

1. 青霉素钾盐的酸化萃取

实验操作	操作条件	现象记录或注意事项
酸化萃取		
脱水		
反萃取		

2. 萃取数据记录

酸化萃取	第一次萃取	第二次萃取
重相体积/mL		
轻相体积/mL		

3. 萃取率的计算

实验操作	数据记录	数据处理（过程）	计算结果
$Na_2S_2O_3$ 的标定			
萃取前与青霉素反应的碘			
萃取前青霉素含量			
萃取后与青霉素反应的碘			
萃取后青霉素含量			

牛乳中酪蛋白和乳蛋白素粗品的制备

材料与试剂

脱脂牛乳或低脂牛乳、蒸馏水、无水硫酸钠、纱布、玻璃棒、无水乙醇、浓盐酸、氢氧化钠、五氧化二磷、酸性 pH 试纸、滤纸

仪器与设备

100mL 量筒、100mL 烧杯（2 个）、250mL 烧杯、水浴锅、布氏漏斗、抽滤瓶、真空泵、pH 计、离心机、离心管、磁力搅拌器、干燥箱

 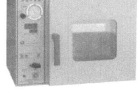  

抽滤装置　　　　　　　　干燥箱　　　　　　　　pH计　　　　　　　　离心机

操作步骤

1. 盐析沉淀法制备酪蛋白

（1）将 50mL 牛乳倒入 250mL 烧杯中，于 40℃水浴中加热并搅拌。

（2）向上述烧杯中缓缓加入（约 10min 内分次加入）10g 无水硫酸钠，再继续搅拌 10min。

（3）将溶液用细纱布过滤，分别收集沉淀和滤液。沉淀悬浮于 30mL 无水乙醇中，倾于布氏漏斗中过滤除去乙醇溶液，抽干。将沉淀从布氏漏斗中移出，在表面皿上摊开以除去乙醇，干燥后得到的是酪蛋白。准确称重。

2. 等电点沉淀法制备乳蛋白素

（1）将制备酪蛋白操作步骤（3）所得滤液置于 100mL 烧杯中，一边搅拌，一边利用 pH 计进行测定，以浓盐酸调整 pH 至 3±0.1。

（2）将溶液倒入离心管中，6000r/min 离心 15min，倒掉上清液。

（3）取出沉淀干燥，并称重。

实验记录

1. 酪蛋白和乳蛋白素粗品的制备

实验操作	操作条件	现象记录或注意事项
制备酪蛋白		
制备乳蛋白素		

2. 数据记录及处理

实验操作	数据记录	数据处理(过程)	计算结果
制备酪蛋白			
制备乳蛋白素			

细胞核与线粒体的分级分离

材料与试剂

小白鼠、0.9％氯化钠溶液（生理盐水）、0.25mol/L 蔗糖-0.003mol/L 氯化钙溶液、1％甲苯胺蓝、0.02％詹纳斯绿 B 染液

仪器与设备

解剖刀剪、小烧杯、冰浴、漏斗、尼龙织物、玻璃匀浆器、普通离心机、高速离心机、平皿、载玻片、显微镜

玻璃匀浆器

普通离心机

高速离心机

显微镜

操作步骤

1. 细胞核的分离提取

（1）用颈椎脱位的方法处死小白鼠后，迅速剖开腹部取出肝脏，剪成小块（去除结缔组织）尽快置于盛有 0.9％氯化钠溶液的烧杯中，反复洗涤，尽量除去血污，用滤纸吸去表面的液体。

（2）将湿重约 1g 的肝组织放在小平皿中，用量筒量取 8mL 预冷的 0.25mol/L 蔗糖-0.003mol/L 氯化钙溶液，先加少量该溶液于平皿中，尽量剪碎肝组织后，再全部加入。

（3）剪碎的肝组织倒入匀浆管中，使匀浆器下端浸入盛有冰块的器皿中，左手持之，右手将匀浆捣杆垂直插入管中，上下转动研磨 3～5 次，用 3 层纱布过滤匀浆液于离心管中，然后制备一张涂片①，做好标记，自然干燥。

（4）将装有滤液的离心管配平后，放入普通离心机，以 2500r/min，离心 15 min。

① 缓缓取上清液，移入高速离心管中，保存于有冰块的烧杯中，待分离线粒体用；

② 同时涂一张上清液片②做好标记，自然干燥；

③ 余下的沉淀物进行下一步骤。

（5）加入 6mL 0.25mol/L 蔗糖-0.003mol/L 氯化钙溶液悬浮沉淀物，以 2500r/min 离心 15 min 弃上清，将残留液体用吸管吹打成悬液，滴一滴于干净的载玻片上，涂片③，自然干燥。

（6）将涂片①、涂片②、涂片③用 1% 甲苯胺蓝染色后盖片即可观察。

（7）分别于高倍镜下观察三张涂片，描述镜下所见。

2. 高速离心分离提取线粒体

（1）将装有上清液的高速离心管，从装有冰块的烧杯中取出，配平后，以 17000r/min 离心 20min，弃上清，留取沉淀物。

（2）加入 1mL 0.25mol/L 蔗糖-0.003mol/L 氯化钙溶液，用吸管吹打成悬液，以 17000r/min 离心 20min。将上清液吸入另一试管中，留取沉淀物，加入 1mL 0.25mol/L 蔗糖-0.003mol/L 氯化钙溶液混匀成悬液（可用牙签）。

（3）取上清液和沉淀物悬液，分别滴一滴于干净载玻片上（分别标记涂片④、涂片⑤），各滴一滴 0.02% 詹纳斯绿 B 染液盖上盖片染 20min。

（4）油镜下观察，颗粒状的线粒体被詹纳斯绿 B 染成蓝绿色。

 **实验记录**

实验操作	操作条件	现象记录或注意事项	显微镜观察记录
细胞核的分离提取			
高速离心分离提取线粒体			

葛根素的提取、分离和精制

9787122388858

材料与试剂

葛根、葛根素标准品、D101 树脂、95％乙醇、70％乙醇、正丁醇、无水乙醇、冰醋酸、甲醇

仪器与设备

粉碎机、标准筛（10 目）、加热回流装置（1000mL 烧瓶、冷凝管、加热套、温度计、搅拌器）、过滤装置（布氏漏斗、滤纸、抽滤瓶）、分液漏斗、量筒、烧杯（50mL、100mL、500mL）、锥形瓶（100mL）、滴管、铁架台、旋转蒸发仪、天平、容量瓶（100mL、25mL）、移液管（1mL）、真空干燥箱、紫外分光光度计

粉碎机　　　　加热回流装置　　　大孔吸附树脂柱　　旋转蒸发仪　　　　真空干燥箱

操作步骤

1. D101 型大网格吸附树脂的预处理

大网格聚合物吸附剂在使用前要预处理，特别是新购买的大网格聚合物吸附剂，含有许多脂溶性杂质。取 50g 树脂，用 95％乙醇溶液浸泡树脂 24h，充分溶胀后湿法装柱，以 2BV/h 的流速洗脱，至流出液与水混合（比例 1∶5）不呈混浊为止，再用蒸馏水洗至无醇味，备用。

2. 葛根的预处理

称取 50g 葛根，用粉碎机粉碎，过 10 目筛。将葛根粉末装入到提取瓶中，加入 6 倍量的 95％乙醇，过夜。

3. 葛根素的粗提

用加热回流装置从葛根中提取葛根素，一共加热回流 3 次：第一次加 6 倍量的 95％乙醇加热回流提取 2h，过滤；第二次滤渣加入 4 倍量的 95％乙醇加热回流提取 1.5h，过滤；第三次滤渣加入 2 倍量的 95％乙醇加热回流提取 1h，过滤。合并三次提取液，减压浓缩得到粗提浸膏。

4. 葛根素的分离

将葛根素粗提物用适量的水溶解后，滤去不溶物，以 2BV/h 的流速通过处理好的大孔树脂柱（吸附剂用量为粗提物的 7 倍）。穿透液重复吸附 3 次，静置 30 min。用蒸馏水洗去糖类、蛋白质、鞣质等水溶性杂质，至水清。改用 70％乙醇洗脱（乙醇用量为粗提物的 12 倍），流速 2BV/h，收集洗脱液。浓缩回收乙醇至无醇味。

5. 葛根素的精制

洗脱液浓缩后加等体积正丁醇萃取 4 次，合并正丁醇萃取液，回收正丁醇至干。加入少量无水乙醇溶解，然后加入等量冰醋酸，放置析出晶体，过滤得葛根素精品，60℃真空干燥。

实验记录

1. 提取、分离和精制实验现象

实验操作	操作条件	现象或数据记录
D101 型大网格吸附树脂的预处理		
葛根的预处理		
葛根素的粗提		
葛根素的分离		
葛根素的精制		
葛根素收率的测定		

2. 葛根素收率的测定

（1）标准溶液吸光度值测定

试管号	0	1	2	3	4	5
葛根素标准溶液/mL	0	1	2	3	4	5
甲醇溶液/mL	10	9	8	7	6	5
标准溶液浓度 C_1/(mg/mL)	0	0.004	0.008	0.012	0.016	0.020
A_{248}						

（2）样品溶液吸光度值测定

试管号	0	样品试管
葛根素标准溶液/mL	0	2
甲醇溶液/mL	10	8
A_{248}		
样品溶液浓度 C_2/(mg/mL)	—	

（3）葛根素收率的计算

$$葛根素收率 = \frac{n \times C_2 \times V}{m} = \frac{稀释倍数 \times 样品溶液浓度 \times 样品溶液体积}{葛根质量}$$

离子交换法制备去离子水

材料与试剂

732 阳离子交换树脂、711 阴离子交换树脂、滤纸、pH 试纸、硝酸（1 mol/L）、氢氧化钠（2 mol/L）、氨水（2 mol/L）、硝酸银（0.1 mol/L）、氯化钡（1 mol/L）、铬黑 T、钙指示剂

仪器与设备

电导率仪、烧杯、离子交换柱（2 根）

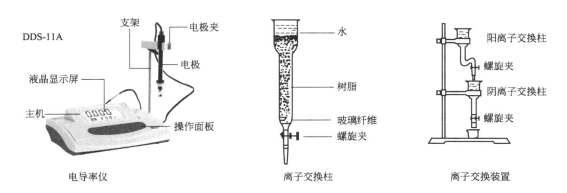

电导率仪　　　　　　　　　　离子交换柱　　　　　　　离子交换装置

操作步骤

1. 离子交换装置的制作

离子交换装置由两根离子交换柱串联组成。上面一根柱子中装阳离子交换树脂，下面一根柱子中装阴离子交换树脂。柱子底部垫有玻璃纤维，防止树脂颗粒掉出柱外。

用烧杯将离子交换树脂装入柱内，一直填满到离柱口大约 2cm 处。在装填过程中一定要填实，不能让柱子内部出现空洞或者气泡，出现以上情况可以拿玻璃棒伸入树脂内部捣实。

最后加水封住离子交换树脂，以避免接触空气。

装置的工作流程为自来水→阳离子交换柱→阴离子交换柱→去离子水。

2. 去离子水的制备

将自来水加入阳离子交换柱上端的开口（注意：在实验过程中，要随时补充自来水，以防树脂干涸，水位要求能盖住树脂表面）。调节螺旋夹，使得流出液的速度为 15～20 滴/min，并流过阴离子交换柱，而且要保持上下柱子流速一致。

用烧杯在阴离子交换柱下盛接大约 15mL 流出液后，再用烧杯收集水样至满，然后进行检验。

实验结束后将上下两个螺旋夹旋紧，并把两个柱子内加满水。

3. 水质的检验

对自来水和制备得到的去离子水，分别进行如下检测，记录实验结果。

（1）电导率的测定　每次测定前，都要先后用蒸馏水和待测水样冲洗电导电极，并用滤纸吸干，再将电极浸入水样中，务必保证电极头的铂片完全被水浸没，然后按照电导率仪的说明进行操作。

（2）离子的定性检验

① Ca^{2+} 离子：取水样 1mL，加入 1 滴 2 mol/L NaOH 溶液，再加入少许钙指示剂，观测溶液颜色。

② Mg^{2+} 离子：取水样 1mL，加入 1 滴 2 mol/L 氨水，再加入少许铬黑 T，观察溶液颜色。

③ SO_4^{2-} 离子和 Cl^- 离子：自己设计检验方案。

在这几组方案中，为了使实验现象更明显和便于比较，应当采取对照的方法。如检验 Ca^{2+} 离子时，将 2 支试管内分别装入自来水和去离子水，然后按实验步骤进行，观察比较 2 支试管内的颜色。

实验记录

1. 操作步骤

实验操作	操作条件	现象记录或注意事项
离子交换装置的制作		
去离子水的制备		
水质的检验		

2. 水质的检验

测试水样	电导率/(μS/cm)	检验现象			
		Ca^{2+} 离子	Mg^{2+} 离子	SO_4^{2-} 离子	Cl^- 离子
自来水					
制得的去离子水					

3. 结论

_____ 。

葡聚糖凝胶柱色谱分离

葡聚糖凝胶 G-25（Sephadex G-25）、三羟甲基氨基甲烷（Tris 溶液）、溴酚蓝、蓝色葡聚糖-2000

（1）Tris-醋酸缓冲液（pH7.0）：取 0.01mol/L Tris 溶液（含 0.1mol/L KCl）900mL，用浓醋酸调 pH 至 7.0，加蒸馏水至 1000mL，即为洗脱溶液。

（2）溴酚蓝溶液：称取溴酚蓝 10mg，溶于 5mL 乙醇中，充分搅拌使其溶解，然后逐滴加入 Tris-醋酸缓冲液（pH7.0）至溶液呈深蓝色。

（3）蓝色葡聚糖-2000 溶液：称取蓝色葡聚糖-2000 10mg，溶于 2mL Tris-醋酸缓冲液（pH7.0）中即成。

（4）样品溶液：取溴酚蓝溶液 0.1mL，蓝色葡聚糖-2000 溶液 0.5mL 混匀后为上柱样品溶液。

电子天平，色谱柱（1.0cm×25cm），乳胶管及螺旋夹，可见分光光度计，洗脱液瓶（带下口的三角瓶，250mL），试管（20 根）及试管架，量筒 10mL

电子天平

凝胶色谱连接示意图

可见分光光度计

1. 凝胶的制备

商品凝胶是干燥的颗粒，使用时需经溶胀处理，称取 4g 葡聚糖凝胶 G-25，加 50mL 蒸馏水，搅拌均匀，在室温溶胀 6h，或沸水浴溶胀 2h，一般采用后一种方法。再用倾泻法除去凝胶上层水及细小颗粒，用蒸馏水反复洗涤几次，再以缓冲溶液（pH7.0 的 Tris-醋酸缓冲液）洗涤 2～3 次，使 pH 和离子强度达到平衡，最后抽去溶液及凝胶颗粒内部气泡，凝胶可保存在缓冲液内。

2. 装柱

将色谱柱洗净，垂直固定在铁支架上，选择有薄膜端作为色谱柱下口，将下口接上乳胶管并用螺旋夹夹紧。色谱柱中加入洗脱液，打开下口螺旋夹，让溶液流出，排除残留气泡，最后保留约 2cm 高度的洗脱液，拧紧螺旋夹。将凝胶轻轻搅动均匀，用玻璃棒沿色谱柱内壁缓缓注入柱中，待凝胶沉积到柱床下已超过 1cm 时，打开下口螺旋夹，继续装柱至柱床高度达到 8cm，关闭出口。装柱过程中严禁产生气泡，尽可能一次装完，避免出现分层。再用洗脱液平衡 1～2 个柱床体积，凝胶面上始终保持有一定的洗脱液。平衡后，拧紧下端螺旋夹。

3. 加样品

打开螺旋夹使柱面上的洗脱液流出，直至床面与液面刚好平齐为止，关闭下端出口。取溴酚蓝及蓝色葡聚糖-2000 混合液 0.3mL，小心地加于凝胶表面上，切勿搅动色谱柱床表面。打开下端出口，使样品溶液进入凝胶内，并开始收集流出液。当样品溶液恰好流至与凝胶表面平齐时，关闭下端出口。用少量洗脱液清洗色谱柱加样区，共洗涤三次，每次清洗液应完全进入凝胶柱内后，再进行下一次洗涤。最后在凝胶表面上加入洗脱液，保持高度为 3～4cm。

4. 洗脱与收集

连接好凝胶柱色谱系统，调节洗脱液流速为 1mL/min，进行洗脱。仔细观察样品在色谱柱内的分离现象，收集洗脱液，每收集 3mL 即换一支收集管（试管预先编号），收集 20 管左右，样品即可完全被洗脱下来。将各收集管中的洗脱液分别用可见分光光度计在波长 540nm 处测定其吸光度，以 Tris-醋酸缓冲液为空白。

5. 凝胶回收处理方法

将样品完全洗脱下来后，继续用 3 倍柱床体积的洗脱液冲洗凝胶后，将柱下口放在小烧杯中，慢慢打开，再将上口慢慢松开，使凝胶全部回收至小烧杯中，备用。

 实验记录

1. 葡聚糖凝胶柱色谱分离实验

实验操作	操作条件	现象记录或注意事项
凝胶的制备		
装柱		
加样品		
洗脱与收集		
凝胶回收处理方法		

2. 洗脱液检测

洗脱管号	1	2	3	4	5	6	7	⋯	
A_{540}									

以洗脱管号为横坐标，以吸光度值为纵坐标作图即得洗脱曲线。分析洗脱曲线图并讨论实验结果。

超滤膜分离实验

1. 中空纤维超滤膜实验试剂

保护液：1%甲醛水溶液。

聚乙二醇水溶液：液量 35L（储槽使用容积），浓度 30mg/L。

料液配制：取聚乙二醇 1.1g 置于 1000mL 的烧杯中，加入 800mL 水，溶解，在储槽内稀释至 35L，并搅拌均匀。

2. 中空纤维超滤膜分离工艺

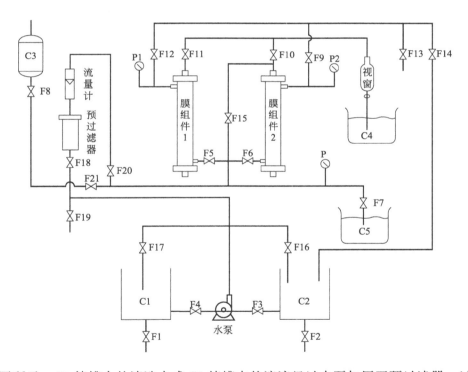

如图所示，C1 储槽中的清洗水或 C2 储槽中的溶液经过水泵加压至预过滤器。过滤掉杂质后，经过流量计及水切换阀 F20 至 F5、膜组件 1 或 F6、膜组件 2，透过液经 F11 或 F10 至视窗流入 C4，未透过液经 F12 或 F9 至 F13 取样或 F14 流入溶液储槽 C2 中。C3 中的保护液经 F8 和 F21 至 F5 和 F6 进入膜组件，排放保护液时，打开 F7 阀，保护液流入 C5 中。

3. 分析检测试剂与材料

聚乙二醇（分子量 20000）、冰乙酸（化学纯）、次硝酸铋（化学纯）、醋酸钠（化学纯）、碘化钾（分析纯）、滤纸、蒸馏水

4. 显色剂配制

① A 液：准确称取 0.800g 次硝酸铋，置于 50mL 容量瓶中，加冰乙酸 10mL，全溶，蒸馏水稀释至刻度。

② B 液：准确称取 20.000g 碘化钾置于 50mL 棕色容量瓶中，蒸馏水稀释至刻度。

③ Dragendoff 试剂（简称 DF 试剂）：量取 A 液、B 液各 5mL 置于 100mL 棕色容量瓶中，加冰乙酸 40mL，蒸馏水稀释至刻度。有效期半年。（实际配制时，可量取 A 液、B 液各 50mL 置于 1000mL 棕色容量瓶中，加冰乙酸 400mL，蒸馏水稀释至刻度。）

④ 醋酸缓冲液的配制：量取 0.2mol/L 醋酸钠溶液 590mL 及 0.2mol/L 冰乙酸溶液 410mL 置于 1000mL 容量瓶中，配制成 pH4.8 醋酸缓冲液。

 仪器与设备

中空纤维超滤膜装置（JY-MFLI）、可见分光光度计、电子天平、烧杯（100mL，5 个）、棕色容量瓶（100mL，2 个）、容量瓶（50mL，21 个；100mL，6 个；1000mL，1 个）、移液管（0.5mL、1mL、2mL、3mL 各 1 支；5mL，3 支；25mL，3 支）、量液管（10mL，2 支）、量筒（100mL，1 个；500mL，1 个）

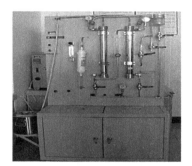

中空纤维超滤膜装置　　　　　　电子天平　　　　　　可见分光光度计

 **操作步骤**

1. 排超滤组件中的保护液

为防止中空纤维膜被微生物浸蚀而损伤，不工作期间，在超滤组件内加入保护液。在实验前，须将保护液放尽。开启阀 F7、F5、F6、F12、F9、F15，保护液由 C5 处流出，用烧杯接盛，之后倒入装甲醛的容量瓶中。保护液停止流动后即认为保护液排完。

2. 清洗超滤组件

关闭 F7，打开 F4、过滤器阀 F18、流量计后的水切换阀 F20。将水泵电源线插入插座，按下水泵开启按钮，开泵，用蒸馏水清洗膜组件，开泵前确认 F3 关闭，F4 打开。冲洗时，水流量 30～35L/h。F15 打开 5min 后关闭，F6 稍关小，让水同时充满膜组件 1 和膜组件 2，调节 F6 阀，使压力表 1 读数为 0.04MPa，冲洗 20min，清洗完毕。将清洗液倒掉，清洗液不要流入原料储槽中。

3. 排水

先关泵，关闭 F4，打开阀 F7、F15，将阀 F12、F9 稍开大些，排掉膜组件 1、2 及管路中的水，组件中的水排完后中空纤维收缩，F7 中无水排出时认为水已排尽。用烧杯接水，不要流入原料储槽中。排完水后除过滤器阀 F18、流量计后的水切换阀 F20 保持打开状态外，关闭其他所有阀门。将桶中水倒掉。

4. 分离测样

（1）用干净烧杯取原料液样品 100mL，放置，待测吸光度 A 和浓度 C。

（2）打开阀 F3、F5、F12、F13。用膜组件 1 分离物料。开泵（开泵前确认 F3 打开，F4 关闭），流量为 10L/h。调节 F12 阀，将压力表 1 压力调节为 0.04MPa，几分钟后，窗口中有透过液出现，这时准确记录时间。在 C4 处用烧杯接透过液 1min，测量体积；计算流量；在 F13 处用烧杯接未透过液 1min，计算流量。用烧杯各取 100mL 原料液、透过液和未透过液，用 25mL 移液管分别移取 25mL 原料液、透过液、未透过液试样于 50mL 容量瓶中，测定吸光度。

（3）每隔 20min 取一次样，共取 6 次样，每次都要重新测量透过液和未透过液流量，重新取样测定吸光度。每次所取样都要标记清楚（如原料液 0、原料液 1、透过液 1、未透过液 1、原料液 2、透过液 2、未透过液 2 等）。

（4）改变流量（分别为 10L/h、15L/h、20L/h、25L/h、30L/h），重复步骤（1）、（2）、（3）（注意始终保持压力表 1 压力为 0.04MPa）。

（5）停泵，关闭 F3，打开 F4。

（6）放掉膜组件及管路中的原料液。打开阀 F7、F6、F15，将膜组件中的原料液排入原料储槽中。

5. 清洗膜组件

待膜组件中的原料液流完后，关闭 F7。打开 F9，开泵，开泵前确认 F3 关闭，F4 打开。清洗膜组件 5min 后，F15 关闭，调节 F12、F9，使压力表 1、2 读数为 0.02MPa，视窗中有透过液出现，继续清洗 15min，清洗液不要流入原料储槽中。打开阀 F7、F15，排尽膜组件及管路中的水。关闭阀 F7、流量计后的水切换阀 F20。

6. 加保护液

将实验前放出来的保护液加入保护液储槽 C3 中。打开阀 F8，保护液切换阀 F21（确认水切换阀 F20 已关闭），膜组件中加入保护液，中空纤维膨胀，待膜组件中保护液加满后，关闭所有阀门。

7. 检测分析

测标准溶液的吸光度，绘制标准曲线。根据测试样的吸光度，从标准曲线上查试样浓度。

（1）标准溶液吸光度值测定　准确称取在 60℃下干燥 4h 的聚乙二醇 1.000g 溶于 1000mL 容量瓶中，分别吸取聚乙二醇溶液 0.5mL、1.0mL、1.5mL、2.0mL、2.5mL、3.0mL 稀释于 100mL 容量瓶内配成浓度为 5mg/L、10mg/L、15mg/L、20mg/L、25mg/L、30mg/L 聚乙二醇标准溶液。再各取 25mL 加入 50mL 容量瓶中，分别加入 DF 试剂及醋酸缓冲液各 5mL，蒸馏水稀释至刻度，放置 30min，于波长 510nm 下，用 1cm 比色皿，在可见分光光度计上测定吸光度，蒸馏水为空白。以聚乙二醇浓度为横坐标，吸光度为纵坐标作图，绘制出标准曲线。

50mL 容量瓶号	0	1	2	3	4	5	6
聚乙二醇标准溶液/mL	0	25	25	25	25	25	25
蒸馏水/mL	40	15	15	15	15	15	15
DF 试剂/mL	5	5	5	5	5	5	5
醋酸缓冲溶液/mL	5	5	5	5	5	5	5
浓度 C/(mg/L)	0	2.5	5.0	7.5	10.0	12.5	15.0
A_{510}							

（2）试样分析　取试样 25mL 置于 50mL 容量瓶中，分别加入 5mL DF 试剂和 5mL 醋酸缓冲液，加蒸馏水稀释至刻度，摇匀，静置 30min，测定吸光度，再从标准曲线上查浓度值。

50mL 容量瓶号	0	试样
PEG 标准溶液/mL	0	25
蒸馏水/mL	40	15
DF 试剂/mL	5	5
醋酸缓冲液/mL	5	5
A_{510}		
样品溶液浓度/(mg/L)	—	

8. 整理归位

将仪器清洗干净，放在指定位置，切断分光光度计的电源。实验结束。

实验记录

1. 超滤膜分离操作

实验操作	操作条件	现象记录或注意事项
排超滤组件中的保护液		
清洗超滤组件		
排水		
分离测样		
清洗膜组件		
加保护液		
检测分析		
整理归位		

2. 按下表记录实验条件和资料

压力（表压）：＿＿ MPa　　温度：＿＿ ℃　　　时期：　　年　　月　　日

实验序号	起止时间	浓度/(mg/L)			流量/(mL/min)	
		原料液	透过液	未透过液	透过液	未透过液
1						
2						
3						
4						
5						
6						

酒精溶液的蒸发浓缩

材料与试剂

体积分数 10% 酒精溶液 450mL

仪器与设备

旋转蒸发仪，水循环真空泵

旋转蒸发仪

水循环真空泵

操作步骤

1. 真空旋转蒸发仪操作

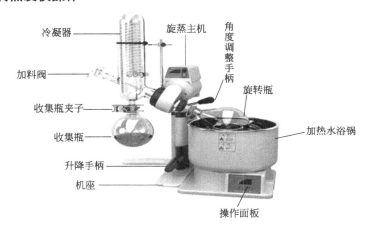

冷凝器　旋蒸主机　角度调整手柄
加料阀
收集瓶夹子
收集瓶
旋转瓶
加热水浴锅
升降手柄
机座
操作面板

安装好旋转蒸发仪的各部件，使得仪器稳固，装上收集瓶（回收瓶），用卡口卡牢，打开冷凝水。

（1）在旋转瓶（浓缩瓶）中加入待蒸液体，体积不能超过 2/3。装好烧瓶，用卡口卡牢。

（2）打开水泵电源，抽真空，待旋转瓶固定后，用升降控制开关将其置于水浴锅内。

（3）打开旋转蒸发仪的电源，慢慢打开旋钮，调整至稳定的转速。

（4）加热水浴，根据蒸发器内液体的沸点设定加热温度。

（5）在设定温度下旋转蒸发。

（6）浓缩结束后用升降控制开关使旋转瓶（浓缩瓶）离开水浴，关闭转速旋钮，停止旋转。打开真空活塞，使体系连通外界，平衡气压，取下旋转瓶，关闭水泵。

2. 操作注意事项

（1）玻璃仪器应轻拿轻放，安装前应洗干净，擦干或烘干。

（2）仪器磨口、密封面、密封圈及接头安装前都需要涂一层真空脂。

（3）加热槽通电前必须加水，不允许无水干烧。

（4）如真空度达不到预期效果，需检查：

① 各接头、接口是否密封。

② 密封圈、密封面是否有效。

③ 主轴与密封圈之间真空脂是否涂好。

④ 真空泵及其皮管是否漏气。

⑤ 玻璃件是否有裂缝、碎裂、损坏的现象。

3. 浓缩操作

先将旋转瓶（浓缩瓶）中装 10％酒精溶液 300mL，装好旋转瓶，用卡口卡牢。按上述方法进行操作。根据酒精在 −0.1MPa 真空度下的沸点，将水浴锅温度控制在 55℃左右。

4. 补料操作

关停旋转按钮。打开加料阀，将剩余的 10％酒精溶液 150mL，通过皮管吸入浓缩瓶中，继续打开旋转按钮，将浓缩瓶体积浓缩至 50mL 为止，按上述真空旋转蒸发仪操作方法完成浓缩停止操作。

 **实验记录**

实验操作	操作条件/步骤	现象记录或注意事项	数据记录	数据处理
真空旋转蒸发仪操作				
浓缩操作				
补料操作				

蛋清中溶菌酶的提取与结晶

材料与试剂

纱布、氯化钠（研细）、五氧化二磷、氢氧化钠（1mol/L）、丙酮、溶菌小球菌、磷酸缓冲液（0.1mol/L，pH6.2）、溶菌酶晶种、牛肉膏蛋白胨固体、液体培养基、底物悬液（溶菌小球菌的细胞壁）、鸡蛋蛋清

仪器与设备

抽滤装置、真空干燥器、电子天平、离心机、匀浆器、恒温水浴锅、可见分光光度计

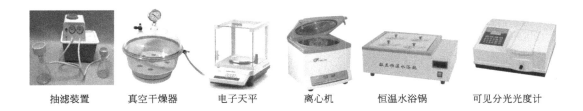

抽滤装置　　　真空干燥器　　　电子天平　　　离心机　　　恒温水浴锅　　　可见分光光度计

操作步骤

1. 溶菌酶的提纯与结晶

（1）将 2 只鸡蛋的蛋清置于小烧杯中（蛋清 pH 不得低于 8.0），慢慢搅拌数分钟，使蛋清稠度均匀，然后用两层纱布滤去卵带或碎蛋壳，量取蛋清体积。

（2）按 100mL 蛋清加 5g 氯化钠的比例，向蛋清内慢慢加入氯化钠细粉，边加边搅拌，使氯化钠及时溶解，避免氯化钠沉于容器底部，而造成因局部盐浓度过高，产生大量白色沉淀。

（3）氯化钠溶解后，用 1mol/L 氢氧化钠调节蛋清液 pH 至 9.5～10.0，边加边搅匀，避免局部过碱。加入少量溶菌酶结晶作为晶种，4℃放置数天。当肉眼观察有结晶形成后，吸取晶液一滴，置载玻片上，用显微镜观察（×100），记录晶形。

（4）晶体用布氏漏斗过滤得到，用 0℃丙酮洗涤数次，置真空干燥器内干燥至恒重。

2. 底物悬液的制作（选做）

将菌种接种于液体培养基扩大培养（28℃，24h），离心（4000r/min，20min），倾去上清液，沉淀为菌体。加入少量蒸馏水，用玻璃棒搅成悬液，离心，倾去上清液，如此反复洗

涤菌体数次，最后用少量蒸馏水制成悬液，冷冻干燥。亦可将菌体铺于玻板上吹干，刮下，置干燥器中。

取干菌粉 5mg，置匀浆器中，加入少量 pH6.2 磷酸缓冲液，研磨数分钟，倾出，用少量缓冲液洗匀浆器，一并稀释至 20～25mL。比色测定 A_{450}。此悬液吸光度应在 0.5～0.7 范围内。

3. 溶菌酶活力测定（选做）

（1）酶液的制备：准确称取干酶粉 5mg，用 0.1mol/L pH6.2 磷酸缓冲液溶解成 1mg/mL 酶液。用时稀释 20 倍，则每毫升酶液酶量为 50μg。

（2）将酶液和底物悬液分别置 25℃水浴中保温 10～15min，然后吸底物悬液 3.0mL 置比色皿中，比色测定 A_{450}，此为零时读数。然后加入酶液 0.2mL（10μg 酶），迅速摇匀，从加入酶计时，每隔 30s 测一次 A_{450}，共测 3 次。

（3）本实验的酶活力单位定义为：每分钟 A_{450} 下降 0.001 为一个活力单位（25℃，pH6.2）。

$$P = \frac{(A_0 - A_1) \times 1000}{m}$$

式中　P——每毫克酶的活力单位，U/mg；

A_0——零时 450nm 处的吸光度；

A_1——1min 时 450nm 处的吸光度；

m——样品的质量，mg；

1000——0.001 的倒数，即相当于除以 0.001。

 **实验记录**

实验操作	操作条件/步骤	现象记录或注意事项	数据记录	数据处理
溶菌酶的提纯与结晶				
底物悬液的制作（选做）				
溶菌酶活力测定（选做）				

阿奇霉素冻干试验

阿奇霉素原料、0.9％氯化钠注射液、丙二醇、磷酸氢二钠、针剂用活性炭粉、盐酸、微孔滤头、5mL玻璃管制注射剂瓶、橡胶丁基胶塞、铝盖

仪器与设备

LGJ-10冻干机、电子天平、pH计、微孔滤头

  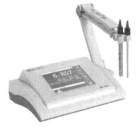 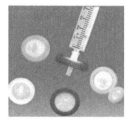

LGJ-10冻干机　　　　　电子天平　　　　　　pH计　　　　　　微孔滤头

操作步骤

1. 处方

阿奇霉素 2.5g，盐酸 0.6mL，注射液 2mL，丙二醇加至 20mL，制成 10 支（2mL/支）。

2. 制备工艺

按照处方量精密量取盐酸溶液，加适量的注射液制成浓度为 1.2 mol/L 的盐酸溶液。再按照处方量精密称取阿奇霉素，加 2mL 的注射液和适量的丙二醇，混合搅拌均匀，使其成混悬溶液。再向混悬液中缓慢地滴加上述制得的 1.2 mol/L 的盐酸溶液使之充分反应。再取 1.0 mol/L 的磷酸氢二钠溶液调节其 pH 值，使其 pH 值在 6.3～7.8 范围内，最后向其加入 1.0 g/L 的针剂用活性炭粉适量，搅拌，30 min 后进行过滤除炭，先用 0.45μm 的微孔滤膜进行精滤，再用 0.22μm 的微孔滤膜进行过滤除菌，并从滤器上补加丙二醇至 20mL，混合均匀。将其分别灌装于 5mL 的玻璃管制注射剂瓶中，压塞、轧盖、冻干。

3. 预冻速率对成品率的影响

（1）冻干参数条件一　冻干参数为预冻温度－40℃，预冻时间3h；主干燥升温时间为2h；主干燥温度为0℃，压力为0.1Mbar（1bar＝10^5Pa）；二次干燥温度为30℃，压力为0.03Mbar。

（2）冻干参数条件二　冻干参数为预冻温度－40℃，预冻时间1h；主干燥升温时间为2h；主干燥温度为0℃，压力为0.1Mbar；二次干燥温度为30℃，压力为0.03Mbar。

4. 主干燥升温速率对成品率的影响

（1）冻干参数条件一　冻干参数为预冻温度－40℃，预冻时间3h；主干燥升温时间为2h；主干燥温度为0℃，压力为0.1Mbar；二次干燥温度为30℃，压力为0.03Mbar。

（2）冻干参数条件二　冻干参数为预冻温度－40℃，预冻时间3h；主干燥升温时间为2h；主干燥温度为5℃，压力为0.1Mbar；二次干燥温度为30℃，压力为0.03Mbar。

 实验记录

实验操作		成品率
预冻速率对成品率的影响	预冻温度－40℃,预冻时间3h	
	预冻温度－40℃,预冻时间1h	
主干燥升温速率对成品率的影响	主干燥温度为0℃,压力为0.1Mbar	
	主干燥温度为5℃,压力为0.1Mbar	
阿奇霉素冻干较优操作条件		

ISBN 978-7-122-38885-8

9 787122 388858 >

定价：59.80元